液压传动与控制

（第2版）

主　编　张平格
副主编　赵喜敬　张伟杰　姚贵英

北　京
冶金工业出版社
2014

内容简介

本书共分12章，分别介绍了液压流体力学、液压元件（泵、马达、缸、开关控制阀、比例阀、逻辑阀和辅助元件）的结构原理、液压基本回路、液压系统及其设计计算；液压伺服阀及液压伺服控制系统；液压系统的故障诊断与维修等内容。

本书可作为高等学校机械类专业的教学用书，也可供有关科研、设计单位及企业的工程技术人员参考。

图书在版编目（CIP）数据

液压传动与控制/张平格主编．—2版．—北京：冶金工业出版社，2009.1（2014.1重印）

ISBN 978-7-5024-4537-9

Ⅰ.液…　Ⅱ.张…　Ⅲ.①液压传动　②液压控制　Ⅳ.TH137

中国版本图书馆CIP数据核字（2008）第209561号

出版人　谭学余

地　址　北京北河沿大街嵩祝院北巷39号，邮编100009

电　话　(010)64027926　电子信箱　yjcbs@cnmip.com.cn

策划编辑　张　卫　责任编辑　王雪涛　美术编辑　李　新

版式设计　张　青　责任校对　侯　瑁　责任印制　李玉山

ISBN 978-7-5024-4537-9

冶金工业出版社出版发行；各地新华书店经销；北京印刷一厂印刷

2004年8月第1版，2009年1月第2版，2014年1月第5次印刷

787mm×1092mm　1/16；19.75印张；475千字；300页

36.00元

冶金工业出版社投稿电话：(010)64027932　投稿信箱：tougao@cnmip.com.cn

冶金工业出版社发行部　电话：(010)64044283　传真：(010)64027893

冶金书店　地址：北京东四西大街46号(100010)　电话：(010)65289081(兼传真)

第2版前言

冶金工业出版社出版的《液压传动与控制》第1版，自2004年出版以来，被全国很多高等院校的有关专业采用，有关教师通过教学实践后给我们提出了许多宝贵意见，这使我们极受鼓舞，并获得很大教益。因此，在原书基础上我们根据有关教师及热心支持我们的读者的要求，对原书进行了删改和补充。其修订内容如下：

(1) 在每章节前增加了阅读要求；

(2) 对第3章中流动阻力部分内容重新进行了组织和编写；

(3) 对第4章中齿轮泵部分内容进行了删节和重新编写；

(4) 对第8章中容积调速部分内容进行了修改；

(5) 对其他章节也作了少量修改。

参加第2版修订工作的有张平格(修改第1章、第6章、第9章、第11章)、赵喜敬(修改第2章、第3章、第5章、第7章)、张伟杰(修改第4章、第10章)、卢军民(修改第8章、第12章)，张平格负责全书的修订组织和最后定稿。

修改后的本书有较明显的改进和提高。但由于编者水平所限，书中难免有疏漏或不妥之处，敬请广大读者批评指正。

编　者

2008年12月

前　言

为了适应培养21世纪应用型工程技术人才的需要，更充分地反映我国液压传动与控制技术的进步，更好地为工程实际服务，在本书编写过程中，编者参阅了大量有关文献，结合多年的教学实践经验，本着基本观点、基本理论、基本方法与实际应用相结合的原则，并考虑到本专业的通用性特点，本书力求简明扼要，体现液压技术的先进性和系统性。

本书内容包括：液压流体力学、液压元件（泵、马达、开关控制阀、比例控制阀、逻辑阀、伺服阀和辅助元件）的结构原理、液压系统基本回路、液压传动系统、液压系统的设计计算、液压伺服控制系统、液压系统的故障诊断与排除等。

本书由河北工程学院张平格主编，赵喜敬、张伟杰、姚贵英任副主编，潘越、刘志民、朱桂英参编。张平格编写第8章、第11章，赵喜敬编写第1章、第2章、第3章，张伟杰编写第6章，姚贵英编写第5章、第9章、第10章，潘越、刘志民编写第7章、第12章，朱桂英编写第4章。全书由张平格统稿。

河北工程学院于治福教授为本书主审，他对本书进行了详尽细致的审阅，提出了许多宝贵意见，在此表示感谢。

在本书的编写过程中，参考了大量文献，在此谨向有关作者表示衷心感谢；同时，还得到了有关领导和老师的大力支持和帮助，在此表示感谢。

由于编者水平有限，书中有不妥与疏漏，敬请广大读者批评指正。

编　者

2004年4月

目　录

1　液压传动概述 …… 1

1.1　液压传动的基本工作原理及组成 …… 1
1.1.1　液压传动的基本工作原理 …… 1
1.1.2　液压传动的主要工作特征 …… 2
1.1.3　液压传动系统的组成 …… 3
1.2　液压传动系统的工作特点 …… 4
1.2.1　液压传动的主要优点 …… 4
1.2.2　液压传动的主要缺点 …… 4
思考题与习题 …… 4

2　液压传动中的工作液体 …… 5

2.1　液体的主要物理性质 …… 5
2.1.1　液体的压缩性 …… 5
2.1.2　黏性 …… 5
2.2　液压传动中的工作介质 …… 8
2.2.1　液压传动系统对工作介质的基本要求 …… 8
2.2.2　常用工作介质的基本类型及其主要性能 …… 10
2.2.3　选用工作介质的基本原则 …… 11
2.3　工作介质的污染及其控制 …… 11
2.3.1　污染物的种类及其危害 …… 11
2.3.2　污染的原因 …… 12
2.3.3　污染的测定 …… 12
2.3.4　污染度的等级 …… 12
2.3.5　工作介质的污染控制 …… 14
2.4　液压冲击与气穴现象 …… 14
2.4.1　液压冲击 …… 14
2.4.2　气穴与气蚀现象 …… 16
思考题与习题 …… 17

3　液压流体力学 …… 18

3.1　液体静力学 …… 18
3.1.1　液体静压力及其特性 …… 18

3.1.2　静止液体的平衡微分方程 …… 18
3.1.3　重力场中静止液体的基本方程式 …… 19
3.1.4　压力表示方法 …… 20
3.2　液体运动学 …… 20
3.2.1　液体流动的几个基本概念 …… 20
3.2.2　流动的连续性方程式 …… 23
3.3　液体动力学 …… 23
3.3.1　理想液体运动的微分方程式 …… 23
3.3.2　理想液体微小流束的伯努利方程式 …… 24
3.3.3　实际液体的伯努利方程式 …… 25
3.3.4　动量方程式 …… 27
3.4　流动阻力 …… 28
3.4.1　流态、雷诺判据 …… 29
3.4.2　黏性流体的运动微分方程式 …… 30
3.4.3　管内层流运动的沿程损失 …… 30
3.4.4　管内紊流运动的沿程损失 …… 32
3.4.5　沿程阻力系数 …… 32
3.4.6　局部阻力损失 …… 35
3.5　孔口和缝隙液流 …… 35
3.5.1　孔口液流 …… 35
3.5.2　缝隙流 …… 36
思考题与习题 …… 40

4　液压泵和液压马达 …… 42

4.1　概述 …… 42
4.1.1　液压泵的用途和分类 …… 42
4.1.2　液压泵的工作原理 …… 43
4.2　液压泵和液压马达的基本性能参数 …… 43
4.2.1　液压泵的性能参数 …… 43
4.2.2　液压马达的主要性能参数 …… 45
4.3　齿轮泵 …… 46
4.3.1　外啮合齿轮泵 …… 46
4.3.2　摆线转子泵 …… 49
4.4　叶片泵 …… 50
4.4.1　单作用叶片泵 …… 50
4.4.2　双作用叶片泵 …… 54
4.5　柱塞泵 …… 56
4.5.1　轴向柱塞泵 …… 56
4.5.2　径向柱塞泵 …… 63

4.6　螺杆泵……65
4.6.1　螺杆泵的工作原理……65
4.6.2　螺杆泵的分类……66
4.6.3　螺杆泵的用途……66
4.6.4　螺杆泵的特点……67
4.7　液压马达……67
4.7.1　液压马达的结构特点和分类……67
4.7.2　齿轮式液压马达的工作原理……68
4.7.3　叶片式马达的工作原理……68
4.7.4　轴向柱塞马达的工作原理……69
4.7.5　内曲线多作用式径向柱塞马达的基本结构和工作原理……69
4.7.6　曲轴连杆型径向柱塞式液压马达的基本结构和工作原理……70
4.7.7　摆线马达的结构和工作原理……71
思考题与习题……73

5　液压缸……74

5.1　液压缸的分类……74
5.2　液压缸的典型结构和组成……75
5.2.1　液压缸的典型结构……75
5.2.2　液压缸的组成……76
5.2.3　几种典型的液压缸……78
5.3　液压缸的设计……80
5.3.1　设计依据和设计步骤……80
5.3.2　确定基本参数……81
5.3.3　液压缸的结构计算和校核……83
思考题与习题……84

6　液压控制阀……85

6.1　概述……85
6.1.1　按功能分类……85
6.1.2　按阀的控制方式分类……85
6.1.3　按结构形式分类……86
6.1.4　按连接方式分类……86
6.2　压力控制阀……86
6.2.1　溢流阀……86
6.2.2　减压阀……91
6.2.3　顺序阀……93
6.2.4　压力继电器……95
6.3　流量控制阀……96

6.3.1　截流口的形式和流量特性 …… 96
6.3.2　截流阀 …… 97
6.3.3　调速阀 …… 99
6.3.4　旁通调速阀(又称溢流截流阀) …… 100
6.3.5　温度补偿调速阀 …… 101
6.3.6　分流集流阀 …… 101
6.4　方向控制阀 …… 103
6.4.1　单向阀 …… 103
6.4.2　换向阀 …… 105
6.5　电液比例阀 …… 114
6.5.1　电液比例阀概述 …… 114
6.5.2　比例阀的特点 …… 114
6.5.3　电—机械转换器 …… 115
6.5.4　比例压力阀 …… 116
6.5.5　比例流量阀 …… 117
6.5.6　比例方向阀 …… 117
6.6　逻辑阀 …… 118
6.6.1　逻辑阀的组成 …… 118
6.6.2　逻辑阀单元——插装件 …… 118
6.6.3　逻辑方向阀 …… 119
6.6.4　逻辑压力阀 …… 123
6.6.5　逻辑流量阀 …… 124
思考题与习题 …… 125
7　液压传动系统辅件 …… 126
7.1　油箱 …… 126
7.1.1　油箱容积的确定 …… 126
7.1.2　油箱结构 …… 127
7.2　滤油器 …… 128
7.2.1　滤油器的主要性能参数 …… 128
7.2.2　常用滤油器的类型、结构与性能 …… 130
7.2.3　滤油器的选择 …… 132
7.2.4　滤油器在液压传动系统的安装位置 …… 133
7.3　蓄能器 …… 134
7.3.1　蓄能器的功用 …… 134
7.3.2　蓄能器的容量计算 …… 135
7.4　油管和管接头 …… 136
7.4.1　油管的种类 …… 136
7.4.2　油管通径和壁厚的选择 …… 137

7.5　密封装置 …… 137
7.5.1　密封装置的类型 …… 138
7.5.2　密封元件的常用材料 …… 138
7.5.3　常用密封元件的结构和性能 …… 138
7.6　冷却器和加热器 …… 141
7.6.1　冷却器 …… 141
7.6.2　加热器 …… 141
思考题与习题 …… 142

8　液压系统基本回路 …… 143

8.1　压力控制回路 …… 143
8.1.1　调压回路 …… 143
8.1.2　减压回路 …… 144
8.1.3　增压回路 …… 144
8.1.4　卸荷回路 …… 145
8.1.5　保压回路 …… 146
8.1.6　平衡回路 …… 147
8.1.7　顺序回路 …… 147
8.2　速度控制回路 …… 148
8.2.1　调速回路 …… 148
8.2.2　快速运动回路 …… 155
8.2.3　速度换接回路 …… 156
8.3　方向控制回路 …… 157
8.3.1　简单换向回路 …… 157
8.3.2　复杂换向回路 …… 157
8.4　多执行元件工作控制回路 …… 159
8.4.1　顺序动作回路 …… 159
8.4.2　同步回路 …… 160
8.5　其他回路 …… 163
8.5.1　缓冲制动回路 …… 163
8.5.2　浮动回路 …… 163
思考题与习题 …… 164

9　液压传动系统 …… 167

9.1　液压系统分类 …… 167
9.1.1　按工作液体的循环方式分类 …… 167
9.1.2　按执行元件类型分类 …… 168
9.1.3　按系统回路的组合方式分类 …… 168
9.2　典型液压系统 …… 169

9.2.1　组合机床动力滑台液压系统 …… 169
9.2.2　Q2-8 型汽车起重机液压系统 …… 171
9.2.3　YA32-200 型四柱万能液压机液压系统 …… 172
9.2.4　AM-50 型掘进机液压系统 …… 175
9.2.5　DY-150 型采煤机牵引部液压系统 …… 176
思考题与习题 …… 178

10　液压系统的设计计算 …… 180

10.1　明确系统的设计要求 …… 180
10.2　分析工况,确定主要参数 …… 181
10.2.1　工况分析 …… 181
10.2.2　确定主要参数 …… 181
10.3　拟定液压系统原理图 …… 183
10.3.1　概述 …… 183
10.3.2　拟定系统原理图时应注意的问题 …… 183
10.4　液压元件的计算与选择 …… 184
10.5　液压系统的性能验算 …… 184
10.5.1　回路压力损失验算 …… 184
10.5.2　发热温升验算 …… 185
10.6　液压系统的设计计算举例 …… 185
10.6.1　工况分析 …… 185
10.6.2　液压缸主要参数的确定 …… 186
10.6.3　液压系统图的拟定 …… 187
10.6.4　液压元件的选择 …… 188
10.6.5　液压系统的性能验算 …… 189
思考题与习题 …… 190

11　液压伺服控制系统 …… 191

11.1　液压伺服控制系统概述 …… 191
11.1.1　液压伺服控制原理及其特点 …… 191
11.1.2　液压伺服控制系统的组成和分类 …… 193
11.1.3　液压伺服控制的优缺点及其应用 …… 194
11.2　液压伺服阀 …… 195
11.2.1　液压伺服阀的结构及分类 …… 195
11.2.2　零开口四边滑阀的分析 …… 197
11.2.3　正开口四边滑阀的分析 …… 200
11.2.4　双边滑阀的分析 …… 201
11.2.5　带一个固定截流口的单边滑阀的分析 …… 203
11.2.6　液压伺服阀的功率输出及效率 …… 204

11.3　液压动力元件…… 205
11.3.1　四通阀控制双出杆液压缸…… 206
11.3.2　四通阀控制液压马达…… 215
11.4　机液伺服控制系统…… 216
11.4.1　系统的组成及方块图…… 216
11.4.2　系统的稳定性分析…… 217
11.4.3　系统的稳态误差…… 218
11.4.4　机液伺服系统的实际应用…… 220
11.5　电液伺服阀…… 229
11.5.1　电液伺服阀的结构及工作原理…… 229
11.5.2　电液伺服阀的基本特性…… 232
思考题与习题…… 234

12　液压系统故障诊断、维修及保养…… 236

12.1　液压系统故障诊断步骤与方法…… 236
12.1.1　液压系统故障产生的特征…… 236
12.1.2　液压系统故障诊断的步骤…… 237
12.1.3　液压系统故障诊断的方法…… 238
12.1.4　诊断故障部位的方法…… 241
12.1.5　建立故障档案…… 245
12.2　常用液压元件故障原因与消除对策…… 246
12.2.1　液压泵故障原因与消除对策…… 246
12.2.2　液压缸故障原因与消除对策…… 252
12.2.3　液压阀故障原因与消除对策…… 255
12.3　液压回路的故障诊断与排除…… 263
12.3.1　压力控制回路的故障诊断与排除…… 263
12.3.2　速度控制回路的故障诊断与排除…… 273
12.3.3　方向控制回路的故障诊断与排除…… 276
12.4　液压系统常见故障及排除方法…… 279
12.4.1　振动和噪声…… 279
12.4.2　液压冲击…… 284
12.4.3　“爬行”…… 286
12.4.4　液压卡紧…… 290
12.4.5　温度过高…… 290

附录　常用液压元件图形符号…… 294

附表1　基本符号和管路及连接…… 294
附表2　控制机构和控制方法…… 294
附表3　泵和马达…… 295

附表 4　执行元件 …… 295
附表 5　控制元件 …… 295
附表 6　辅助元件 …… 296

参考文献 …… 297
术语索引 …… 298
部分习题与思考题的答案 …… 300

1 液压传动概述

本章要求

掌握液压传动的基本工作原理、液压传动的主要工作特征及液压传动系统的组成和各部分的作用；了解液压传动系统的优缺点。

一部机器至少由以下 3 部分组成：原动机、传动机构和工作机构。

原动机：为机器提供动力，如电动机、内燃机等。

工作机构：机器完成工作任务的直接工作部分，如剪床的剪刀，车床的刀架、车刀、卡盘，工程起重机的起升机构、回转机构等。

传动机构：改变原动机输出的运动参数和动力参数，以适应机器工作性能的要求。传动机构通常分为机械传动、电气传动和流体传动机构。

流体传动是以流体为工作介质进行能量转换、能量传递和能量控制的传动。它包括液体传动和气体传动。液体传动又包括液力传动和液压传动。

液力传动主要是利用液体的动能进行能量转换、能量传递和能量控制的传动系统。

液压传动主要是利用液体的压力能进行能量转换、能量传递和能量控制的传动系统。

1.1 液压传动的基本工作原理及组成

1.1.1 液压传动的基本工作原理

现以液压千斤顶为例，来说明液压传动的工作原理及其系统组成。

图 1-1 所示为液压千斤顶工作原理图。

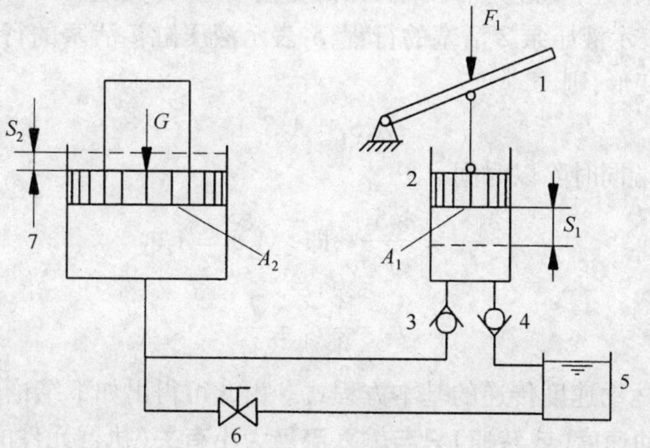

图 1-1　液压千斤顶工作原理图

1—手柄；2—手动泵；3—排油单向阀；4—吸油单向阀；5—油箱；6—截止阀；7—液压缸

当手柄 1 带动活塞向上运动时，手动泵 2 的容积增大形成局部真空，使排油单向阀 3 关闭，油箱 5 中的液体在大气压力的作用下，从油箱经管道及吸油单向阀 4 进入泵 2，此为吸油过程；当手柄 1 带动活塞下压时，吸油单向阀 4 关闭，泵 2 中的液体推开排油单向阀 3 经管道进入液压缸 7，迫使活塞克服外负载 G 向上运动从而对外做功，此为排油过程。当手动泵 2 的活塞在手柄 1 的带动下不断上下往复运动时，负载 G 就不断上升；当需要液压缸 7 的活塞停止时，使手柄 1 停止运动，此时排油单向阀 3 在液压力作用下关闭，液压缸 7 的活塞就自锁不动。工作时截止阀 6 关闭，当需要液压缸 7 的活塞放下时，打开此阀，液体在重力作用下经此阀流回油箱 5。这就是液压千斤顶的工作原理。

1.1.2　液压传动的主要工作特征

1.1.2.1　液体压力实现力（或力矩）的传递

图 1－1 中，液压泵 2 的活塞面积为 A_1，驱动力为 F_1，液体压力为 p_1，液压缸 7 的活塞面积为 A_2，负载力为 G，液压力为 p_2。

稳态时，液压泵 2 的活塞和液压缸 7 的活塞的静力平衡方程式分别为

$$\begin{cases} F_1 = p_1 A_1 \\ G = p_2 A_2 \end{cases} \tag{1-1}$$

如不考虑管道的压力损失，则

$$p_1 = p_2 \tag{1-2}$$

于是输出力，即所能克服的外负载为

$$G = p_2 A_2 = p_1 A_1 \tag{1-3}$$

式（1－3）为力传递的基本方程式。由此可知

$$p_1 = G/A_2 = p_2 \tag{1-4}$$

从以上分析可得出以下结论：

液压泵的工作压力 p_1 取决于外负载（执行元件的结构尺寸一定）。

1.1.2.2　液压泵速度（或转速）的传递

液压泵速度（或转速）传递是靠液体“容积变化相等”原则进行的。

图 1－1 中，S_1 表示液压泵 2 活塞的行程，S_2 表示液压缸 7 活塞的行程。如不考虑泄漏、液体的压缩管路的变形，则

$$A_1 S_1 = A_2 S_2 \tag{1-5}$$

将式（1－5）两端同时除以时间

$$\frac{A_1 S_1}{t} = \frac{A_2 S_2}{t} \quad \text{即} \quad A_1 v_1 = A_2 v_2$$

则

$$v_2 = \frac{A_1}{A_2} v_1 = \frac{Q_1}{A_2} \tag{1-6}$$

式（1－6）即为运动速度传递的基本方程式。由此可得出如下结论：

执行元件的运动速度（或转速）**只与输入流量大小有关**（执行元件的结构尺寸一定），**理论上讲与外负载无关。**

在实际工作中，泄漏是不可避免的，泄漏量与液体压力有关，压力越大，泄漏越多。因

液压传动与控制

（第2版）

主　编　张平格
副主编　赵喜敬　张伟杰　姚贵英

北京
冶金工业出版社
2014

内容简介

本书共分12章，分别介绍了液压流体力学、液压元件（泵、马达、缸、开关控制阀、比例阀、逻辑阀和辅助元件）的结构原理、液压基本回路、液压系统及其设计计算；液压伺服阀及液压伺服控制系统；液压系统的故障诊断与维修等内容。

本书可作为高等学校机械类专业的教学用书，也可供有关科研、设计单位及企业的工程技术人员参考。

图书在版编目（CIP）数据

液压传动与控制/张平格主编．—2版．—北京：冶金工业出版社，2009.1（2014.1重印）

ISBN 978-7-5024-4537-9

Ⅰ．液…　Ⅱ．张…　Ⅲ．①液压传动　②液压控制　Ⅳ．TH137

中国版本图书馆CIP数据核字（2008）第209561号

出 版 人　谭学余

地　　址　北京北河沿大街嵩祝院北巷39号，邮编100009

电　　话　（010）64027926　电子信箱　yjcbs@cnmip.com.cn

策划编辑　张　卫　责任编辑　王雪涛　美术编辑　李　新

版式设计　张　青　责任校对　侯　瑂　责任印制　李玉山

ISBN 978-7-5024-4537-9

冶金工业出版社出版发行；各地新华书店经销；北京印刷一厂印刷

2004年8月第1版，2009年1月第2版，2014年1月第5次印刷

787mm×1092mm　1/16；19.75印张；475千字；300页

36.00元

冶金工业出版社投稿电话：（010）64027932　投稿信箱：tougao@cnmip.com.cn

冶金工业出版社发行部　电话：（010）64044283　传真：（010）64027893

冶金书店　地址：北京东四西大街46号（100010）　电话：（010）65289081（兼传真）

（本书如有印装质量问题，本社发行部负责退换）

第2版前言

冶金工业出版社出版的《液压传动与控制》第1版，自2004年出版以来，被全国很多高等院校的有关专业采用，有关教师通过教学实践后给我们提出了许多宝贵意见，这使我们极受鼓舞，并获得很大教益。因此，在原书基础上我们根据有关教师及热心支持我们的读者的要求，对原书进行了删改和补充。其修订内容如下：

(1) 在每章节前增加了阅读要求；

(2) 对第3章中流动阻力部分内容重新进行了组织和编写；

(3) 对第4章中齿轮泵部分内容进行了删节和重新编写；

(4) 对第8章中容积调速部分内容进行了修改；

(5) 对其他章节也作了少量修改。

参加第2版修订工作的有张平格(修改第1章、第6章、第9章、第11章)、赵喜敬(修改第2章、第3章、第5章、第7章)、张伟杰(修改第4章、第10章)、卢军民(修改第8章、第12章)，张平格负责全书的修订组织和最后定稿。

修改后的本书有较明显的改进和提高。但由于编者水平所限，书中难免有疏漏或不妥之处，敬请广大读者批评指正。

编　者

2008年12月

前　言

为了适应培养21世纪应用型工程技术人才的需要，更充分地反映我国液压传动与控制技术的进步，更好地为工程实际服务，在本书编写过程中，编者参阅了大量有关文献，结合多年的教学实践经验，本着基本观点、基本理论、基本方法与实际应用相结合的原则，并考虑到本专业的通用性特点，本书力求简明扼要，体现液压技术的先进性和系统性。

本书内容包括：液压流体力学、液压元件（泵、马达、开关控制阀、比例控制阀、逻辑阀、伺服阀和辅助元件）的结构原理、液压系统基本回路、液压传动系统、液压系统的设计计算、液压伺服控制系统、液压系统的故障诊断与排除等。

本书由河北工程学院张平格主编，赵喜敬、张伟杰、姚贵英任副主编，潘越、刘志民、朱桂英参编。张平格编写第8章、第11章，赵喜敬编写第1章、第2章、第3章，张伟杰编写第6章，姚贵英编写第5章、第9章、第10章，潘越、刘志民编写第7章、第12章，朱桂英编写第4章。全书由张平格统稿。

河北工程学院于治福教授为本书主审，他对本书进行了详尽细致的审阅，提出了许多宝贵意见，在此表示感谢。

在本书的编写过程中，参考了大量文献，在此谨向有关作者表示衷心感谢；同时，还得到了有关领导和老师的大力支持和帮助，在此表示感谢。

由于编者水平有限，书中有不妥与疏漏，敬请广大读者批评指正。

编　者

2004年4月

目　录

1　液压传动概述 …… 1

1.1　液压传动的基本工作原理及组成 …… 1

1.1.1　液压传动的基本工作原理 …… 1

1.1.2　液压传动的主要工作特征 …… 2

1.1.3　液压传动系统的组成 …… 3

1.2　液压传动系统的工作特点 …… 4

1.2.1　液压传动的主要优点 …… 4

1.2.2　液压传动的主要缺点 …… 4

思考题与习题 …… 4

2　液压传动中的工作液体 …… 5

2.1　液体的主要物理性质 …… 5

2.1.1　液体的压缩性 …… 5

2.1.2　黏性 …… 5

2.2　液压传动中的工作介质 …… 8

2.2.1　液压传动系统对工作介质的基本要求 …… 8

2.2.2　常用工作介质的基本类型及其主要性能 …… 10

2.2.3　选用工作介质的基本原则 …… 11

2.3　工作介质的污染及其控制 …… 11

2.3.1　污染物的种类及其危害 …… 11

2.3.2　污染的原因 …… 12

2.3.3　污染的测定 …… 12

2.3.4　污染度的等级 …… 12

2.3.5　工作介质的污染控制 …… 14

2.4　液压冲击与气穴现象 …… 14

2.4.1　液压冲击 …… 14

2.4.2　气穴与气蚀现象 …… 16

思考题与习题 …… 17

3　液压流体力学 …… 18

3.1　液体静力学 …… 18

3.1.1　液体静压力及其特性 …… 18

3.1.2 静止液体的平衡微分方程……18
3.1.3 重力场中静止液体的基本方程式……19
3.1.4 压力表示方法……20
3.2 液体运动学……20
3.2.1 液体流动的几个基本概念……20
3.2.2 流动的连续性方程式……23
3.3 液体动力学……23
3.3.1 理想液体运动的微分方程式……23
3.3.2 理想液体微小流束的伯努利方程式……24
3.3.3 实际液体的伯努利方程式……25
3.3.4 动量方程式……27
3.4 流动阻力……28
3.4.1 流态、雷诺判据……29
3.4.2 黏性流体的运动微分方程式……30
3.4.3 管内层流运动的沿程损失……30
3.4.4 管内紊流运动的沿程损失……32
3.4.5 沿程阻力系数……32
3.4.6 局部阻力损失……35
3.5 孔口和缝隙液流……35
3.5.1 孔口液流……35
3.5.2 缝隙流……36
思考题与习题……40

4 液压泵和液压马达……42

4.1 概述……42
4.1.1 液压泵的用途和分类……42
4.1.2 液压泵的工作原理……43
4.2 液压泵和液压马达的基本性能参数……43
4.2.1 液压泵的性能参数……43
4.2.2 液压马达的主要性能参数……45
4.3 齿轮泵……46
4.3.1 外啮合齿轮泵……46
4.3.2 摆线转子泵……49
4.4 叶片泵……50
4.4.1 单作用叶片泵……50
4.4.2 双作用叶片泵……54
4.5 柱塞泵……56
4.5.1 轴向柱塞泵……56
4.5.2 径向柱塞泵……63

4.6　螺杆泵…… 65
4.6.1　螺杆泵的工作原理…… 65
4.6.2　螺杆泵的分类…… 66
4.6.3　螺杆泵的用途…… 66
4.6.4　螺杆泵的特点…… 67
4.7　液压马达…… 67
4.7.1　液压马达的结构特点和分类…… 67
4.7.2　齿轮式液压马达的工作原理…… 68
4.7.3　叶片式马达的工作原理…… 68
4.7.4　轴向柱塞马达的工作原理…… 69
4.7.5　内曲线多作用式径向柱塞马达的基本结构和工作原理…… 69
4.7.6　曲轴连杆型径向柱塞式液压马达的基本结构和工作原理…… 70
4.7.7　摆线马达的结构和工作原理…… 71
思考题与习题…… 73

5　液压缸…… 74

5.1　液压缸的分类…… 74
5.2　液压缸的典型结构和组成…… 75
5.2.1　液压缸的典型结构…… 75
5.2.2　液压缸的组成…… 76
5.2.3　几种典型的液压缸…… 78
5.3　液压缸的设计…… 80
5.3.1　设计依据和设计步骤…… 80
5.3.2　确定基本参数…… 81
5.3.3　液压缸的结构计算和校核…… 83
思考题与习题…… 84

6　液压控制阀…… 85

6.1　概述…… 85
6.1.1　按功能分类…… 85
6.1.2　按阀的控制方式分类…… 85
6.1.3　按结构形式分类…… 86
6.1.4　按连接方式分类…… 86
6.2　压力控制阀…… 86
6.2.1　溢流阀…… 86
6.2.2　减压阀…… 91
6.2.3　顺序阀…… 93
6.2.4　压力继电器…… 95
6.3　流量控制阀…… 96

6.3.1 截流口的形式和流量特性 …… 96
6.3.2 截流阀 …… 97
6.3.3 调速阀 …… 99
6.3.4 旁通调速阀(又称溢流截流阀) …… 100
6.3.5 温度补偿调速阀 …… 101
6.3.6 分流集流阀 …… 101
6.4 方向控制阀 …… 103
6.4.1 单向阀 …… 103
6.4.2 换向阀 …… 105
6.5 电液比例阀 …… 114
6.5.1 电液比例阀概述 …… 114
6.5.2 比例阀的特点 …… 114
6.5.3 电—机械转换器 …… 115
6.5.4 比例压力阀 …… 116
6.5.5 比例流量阀 …… 117
6.5.6 比例方向阀 …… 117
6.6 逻辑阀 …… 118
6.6.1 逻辑阀的组成 …… 118
6.6.2 逻辑阀单元——插装件 …… 118
6.6.3 逻辑方向阀 …… 119
6.6.4 逻辑压力阀 …… 123
6.6.5 逻辑流量阀 …… 124
思考题与习题 …… 125

7 液压传动系统辅件 …… 126

7.1 油箱 …… 126
7.1.1 油箱容积的确定 …… 126
7.1.2 油箱结构 …… 127
7.2 滤油器 …… 128
7.2.1 滤油器的主要性能参数 …… 128
7.2.2 常用滤油器的类型、结构与性能 …… 130
7.2.3 滤油器的选择 …… 132
7.2.4 滤油器在液压传动系统的安装位置 …… 133
7.3 蓄能器 …… 134
7.3.1 蓄能器的功用 …… 134
7.3.2 蓄能器的容量计算 …… 135
7.4 油管和管接头 …… 136
7.4.1 油管的种类 …… 136
7.4.2 油管通径和壁厚的选择 …… 137

7.5　密封装置 …… 137
7.5.1　密封装置的类型 …… 138
7.5.2　密封元件的常用材料 …… 138
7.5.3　常用密封元件的结构和性能 …… 138
7.6　冷却器和加热器 …… 141
7.6.1　冷却器 …… 141
7.6.2　加热器 …… 141
思考题与习题 …… 142

8　液压系统基本回路 …… 143

8.1　压力控制回路 …… 143
8.1.1　调压回路 …… 143
8.1.2　减压回路 …… 144
8.1.3　增压回路 …… 144
8.1.4　卸荷回路 …… 145
8.1.5　保压回路 …… 146
8.1.6　平衡回路 …… 147
8.1.7　顺序回路 …… 147
8.2　速度控制回路 …… 148
8.2.1　调速回路 …… 148
8.2.2　快速运动回路 …… 155
8.2.3　速度换接回路 …… 156
8.3　方向控制回路 …… 157
8.3.1　简单换向回路 …… 157
8.3.2　复杂换向回路 …… 157
8.4　多执行元件工作控制回路 …… 159
8.4.1　顺序动作回路 …… 159
8.4.2　同步回路 …… 160
8.5　其他回路 …… 163
8.5.1　缓冲制动回路 …… 163
8.5.2　浮动回路 …… 163
思考题与习题 …… 164

9　液压传动系统 …… 167

9.1　液压系统分类 …… 167
9.1.1　按工作液体的循环方式分类 …… 167
9.1.2　按执行元件类型分类 …… 168
9.1.3　按系统回路的组合方式分类 …… 168
9.2　典型液压系统 …… 169

9.2.1　组合机床动力滑台液压系统 …… 169
9.2.2　Q2-8 型汽车起重机液压系统 …… 171
9.2.3　YA32-200 型四柱万能液压机液压系统 …… 172
9.2.4　AM-50 型掘进机液压系统 …… 175
9.2.5　DY-150 型采煤机牵引部液压系统 …… 176
思考题与习题 …… 178

10　液压系统的设计计算 …… 180

10.1　明确系统的设计要求 …… 180
10.2　分析工况,确定主要参数 …… 181
10.2.1　工况分析 …… 181
10.2.2　确定主要参数 …… 181
10.3　拟定液压系统原理图 …… 183
10.3.1　概述 …… 183
10.3.2　拟定系统原理图时应注意的问题 …… 183
10.4　液压元件的计算与选择 …… 184
10.5　液压系统的性能验算 …… 184
10.5.1　回路压力损失验算 …… 184
10.5.2　发热温升验算 …… 185
10.6　液压系统的设计计算举例 …… 185
10.6.1　工况分析 …… 185
10.6.2　液压缸主要参数的确定 …… 186
10.6.3　液压系统图的拟定 …… 187
10.6.4　液压元件的选择 …… 188
10.6.5　液压系统的性能验算 …… 189
思考题与习题 …… 190

11　液压伺服控制系统 …… 191

11.1　液压伺服控制系统概述 …… 191
11.1.1　液压伺服控制原理及其特点 …… 191
11.1.2　液压伺服控制系统的组成和分类 …… 193
11.1.3　液压伺服控制的优缺点及其应用 …… 194
11.2　液压伺服阀 …… 195
11.2.1　液压伺服阀的结构及分类 …… 195
11.2.2　零开口四边滑阀的分析 …… 197
11.2.3　正开口四边滑阀的分析 …… 200
11.2.4　双边滑阀的分析 …… 201
11.2.5　带一个固定截流口的单边滑阀的分析 …… 203
11.2.6　液压伺服阀的功率输出及效率 …… 204

11.3 液压动力元件…… 205
11.3.1 四通阀控制双出杆液压缸…… 206
11.3.2 四通阀控制液压马达…… 215
11.4 机液伺服控制系统…… 216
11.4.1 系统的组成及方块图…… 216
11.4.2 系统的稳定性分析…… 217
11.4.3 系统的稳态误差…… 218
11.4.4 机液伺服系统的实际应用…… 220
11.5 电液伺服阀…… 229
11.5.1 电液伺服阀的结构及工作原理…… 229
11.5.2 电液伺服阀的基本特性…… 232
思考题与习题…… 234

12 液压系统故障诊断、维修及保养…… 236

12.1 液压系统故障诊断步骤与方法…… 236
12.1.1 液压系统故障产生的特征…… 236
12.1.2 液压系统故障诊断的步骤…… 237
12.1.3 液压系统故障诊断的方法…… 238
12.1.4 诊断故障部位的方法…… 241
12.1.5 建立故障档案…… 245
12.2 常用液压元件故障原因与消除对策…… 246
12.2.1 液压泵故障原因与消除对策…… 246
12.2.2 液压缸故障原因与消除对策…… 252
12.2.3 液压阀故障原因与消除对策…… 255
12.3 液压回路的故障诊断与排除…… 263
12.3.1 压力控制回路的故障诊断与排除…… 263
12.3.2 速度控制回路的故障诊断与排除…… 273
12.3.3 方向控制回路的故障诊断与排除…… 276
12.4 液压系统常见故障及排除方法…… 279
12.4.1 振动和噪声…… 279
12.4.2 液压冲击…… 284
12.4.3 “爬行”…… 286
12.4.4 液压卡紧…… 290
12.4.5 温度过高…… 290

附录 常用液压元件图形符号…… 294

附表1 基本符号和管路及连接…… 294
附表2 控制机构和控制方法…… 294
附表3 泵和马达…… 295

附表4 执行元件 …… 295
附表5 控制元件 …… 295
附表6 辅助元件 …… 296

参考文献 …… 297
术语索引 …… 298
部分习题与思考题的答案 …… 300

1 液压传动概述

本章要求

掌握液压传动的基本工作原理、液压传动的主要工作特征及液压传动系统的组成和各部分的作用;了解液压传动系统的优缺点。

一部机器至少由以下 3 部分组成:原动机、传动机构和工作机构。

原动机:为机器提供动力,如电动机、内燃机等。

工作机构:机器完成工作任务的直接工作部分,如剪床的剪刀,车床的刀架、车刀、卡盘,工程起重机的起升机构、回转机构等。

传动机构:改变原动机输出的运动参数和动力参数,以适应机器工作性能的要求。传动机构通常分为机械传动、电气传动和流体传动机构。

流体传动是以流体为工作介质进行能量转换、能量传递和能量控制的传动。它包括液体传动和气体传动。液体传动又包括液力传动和液压传动。

液力传动主要是利用液体的动能进行能量转换、能量传递和能量控制的传动系统。

液压传动主要是利用液体的压力能进行能量转换、能量传递和能量控制的传动系统。

1.1 液压传动的基本工作原理及组成

1.1.1 液压传动的基本工作原理

现以液压千斤顶为例,来说明液压传动的工作原理及其系统组成。

图 1－1 所示为液压千斤顶工作原理图。

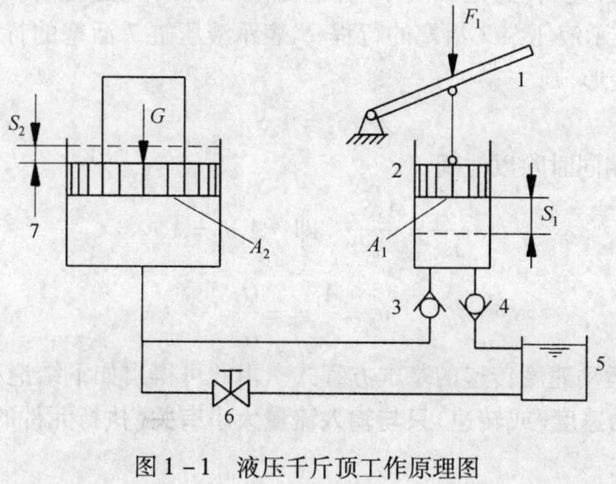

图 1－1 液压千斤顶工作原理图

1—手柄;2—手动泵;3—排油单向阀;4—吸油单向阀;5—油箱;6—截止阀;7—液压缸

当手柄1带动活塞向上运动时，手动泵2的容积增大形成局部真空，使排油单向阀3关闭，油箱5中的液体在大气压力的作用下，从油箱经管道及吸油单向阀4进入泵2，此为吸油过程；当手柄1带动活塞下压时，吸油单向阀4关闭，泵2中的液体推开排油单向阀3经管道进入液压缸7，迫使活塞克服外负载 G 向上运动从而对外做功，此为排油过程。当手动泵2的活塞在手柄1的带动下不断上下往复运动时，负载 G 就不断上升；当需要液压缸7的活塞停止时，使手柄1停止运动，此时排油单向阀3在液压力作用下关闭，液压缸7的活塞就自锁不动。工作时截止阀6关闭，当需要液压缸7的活塞放下时，打开此阀，液体在重力作用下经此阀流回油箱5。这就是液压千斤顶的工作原理。

1.1.2 液压传动的主要工作特征

1.1.2.1 液体压力实现力（或力矩）的传递

图1-1中，液压泵2的活塞面积为 A_1，驱动力为 F_1，液体压力为 p_1，液压缸7的活塞面积为 A_2，负载力为 G，液压力为 p_2。

稳态时，液压泵2的活塞和液压缸7的活塞的静力平衡方程式分别为

$$\begin{cases} F_1 = p_1 A_1 \\ G = p_2 A_2 \end{cases} \tag{1-1}$$

如不考虑管道的压力损失，则

$$p_1 = p_2 \tag{1-2}$$

于是输出力，即所能克服的外负载为

$$G = p_2 A_2 = p_1 A_1 \tag{1-3}$$

式(1-3)为力传递的基本方程式。由此可知

$$p_1 = G/A_2 = p_2 \tag{1-4}$$

从以上分析可得出以下结论：

液压泵的工作压力 p_1 取决于外负载（执行元件的结构尺寸一定）。

1.1.2.2 液压泵速度（或转速）的传递

液压泵速度（或转速）传递是靠液体“容积变化相等”原则进行的。

图1-1中，S_1 表示液压泵2活塞的行程，S_2 表示液压缸7活塞的行程。如不考虑泄漏、液体的压缩管路的变形，则

$$A_1 S_1 = A_2 S_2 \tag{1-5}$$

将式(1-5)两端同时除以时间

$$\frac{A_1 S_1}{t} = \frac{A_2 S_2}{t} \quad 即 \quad A_1 v_1 = A_2 v_2$$

则

$$v_2 = \frac{A_1}{A_2} v_1 = \frac{Q_1}{A_2} \tag{1-6}$$

式(1-6)即为运动速度传递的基本方程式。由此可得出如下结论：

执行元件的运动速度（或转速）只与输入流量大小有关（执行元件的结构尺寸一定），**理论上讲与外负载无关。**

在实际工作中，泄漏是不可避免的，泄漏量与液体压力有关，压力越大，泄漏越多。因

此,当负载发生变化时,泄漏量的变化,使实际流量发生变化,从而影响执行元件运动速度的变化。

1.1.3　液压传动系统的组成

图1-2为机床工作台液压传动系统图。

工作台要求实现慢速向右进给,然后向左快速退回的动作循环。

图中液压缸活塞通过活塞杆与工作台固定在一起,液压缸缸体固定在机床身上。图示电磁换向阀6处于通电状态,液压泵3排出的液体输入液压缸9的左腔,使其容积不断扩大,推动活塞和工作台向右做进给运动。这时,液压缸右腔的容积缩小回液,它排出的液体经管道及截流阀8返回油箱1。调节截流阀8的阀口通流面积,便可控制液压缸右腔的回液流量,达到控制进给速度的目的。

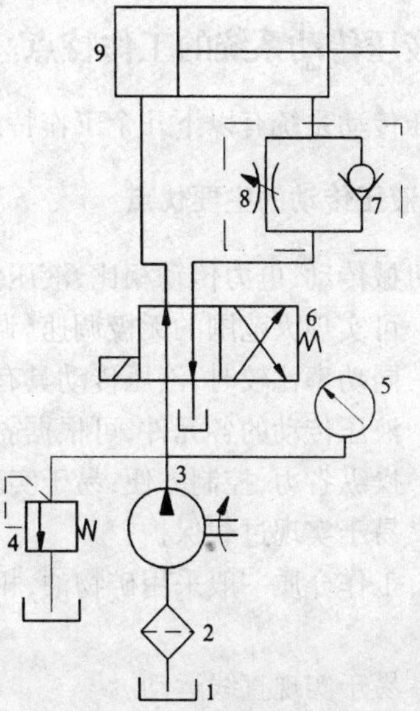

图1-2　机床工作台液压传动系统图

1—油箱;2—滤油器;3—液压泵;4—溢流阀;5—压力表;6—换向阀;7—单向阀;8—截流阀;9—液压缸

如果令电磁阀断电,则阀心便在弹簧力的作用下左移,使电磁换向阀6处于右位工作。这时液压泵排出的液体经过单向阀7输入液压缸右腔,推动活塞杆和工作台向左返回。而其左腔容积不断缩小回液,回液经电磁换向阀6直接流回油箱。在此过程中,液体不受截流阀的控制,工作台快速返回。

溢流阀4与液压泵的排液口并联。当活塞进给速度较慢时,系统中积累多余的液体将使其压力升高。压力上升到足以克服溢流阀阀心的弹簧力作用时,就将阀心推开,使多余的液体直接返回油箱,防止系统过载。

系统中压力表5用于监测系统的工作压力;吸液口滤油器2可以防止工作液体中的大颗粒固体杂质进入液压泵和传动系统,避免损坏液压元件。

由液压千斤顶和机床的液压传动系统可以看出,一个完整的液压传动系统包括以下五个基本组成部分。

1.1.3.1　液压动力元件

将原动机(常用的有人力机构、电动机和内燃机等)所提供的机械能转变为工作液体的液压能的机械装置,通常称为液压泵或油泵。

1.1.3.2　液压执行元件

将液压泵所提供的工作液体的液压能转变为机械能的装置。做直线往复运动的执行元件称为液压缸或油缸;做连续旋转运动的执行元件称为液压马达或油马达。

1.1.3.3　液压控制元件

对液压系统中工作液体的压力、流量和流动方向进行调节控制的机械装置,通常简称为液压控制阀或液压阀,如压力控制阀、流量控制阀、方向控制阀等。

1.1.3.4 液压辅助元件

上述三个组成部分以外的其他元件,如油箱、管道、管接头、密封元件、滤油器、蓄能器、冷却器、加热器以及各种液体参数的监测仪表等。它们的功能是多方面的,各不相同。

1.1.3.5 工作液体

工作液体是液压传动中能量传递载体,也是液压传动系统中最本质的一个组成部分。

1.2 液压传动系统的工作特点

液压传动系统有以下几个工作特点。

1.2.1 液压传动的主要优点

与机械传动、电力传动相比,液压传动具有以下优点:

(1) 可实现大范围的无极调速(调速范围可达2000:1);

(2) 同功率比较时,液压传动具有质量轻、体积小、运动惯量小、反应速度快等特点;

(3) 液压传动的各元件,可根据需要方便、灵活地来布置;

(4) 操纵省力,控制方便,易于实现自动化或遥控;

(5) 易于实现过载保护;

(6) 工作介质一般采用矿物油,相对运动表面可自行润滑,因此可提高系统和元件的使用寿命;

(7) 易于实现直线运动。

1.2.2 液压传动的主要缺点

液压传动的主要缺点如下:

(1) 液压传动系统同时存在压力损失、容积损失和机械损失,因此传动效率较低;

(2) 工作性能易受温度变化的影响,因此不易在较高或较低的温度条件下工作;

(3) 液压元件的制造精度要求较高,因而价格较贵;

(4) 由于液体介质的泄漏及可压缩性影响,不能得到严格的定传动比;

(5) 系统的故障诊断比较困难,使用和维修要求有较高的技术水平;

(6) 油液泄漏不仅污染场地,如处理不当,还可能引起火灾或爆炸事故。

思考题与习题

1-1 液压传动系统由哪几个基本部分组成,它们的基本功能是什么?试用示意图说明。

1-2 试比较液压传动与机械传动和电力传动的主要优缺点。

1-3 用附表中液压系统图形符号表示图1-1的液压千斤顶原理图。

1-4 说明图1-2所示的机床工作台传动系统,若用机械传动来实现同样功能,至少应由哪些部分和零件组成,试用简图表示之。

1-5 如图1-1所示,某液压千斤顶(设效率为1)可顶起10 t重物。试计算在30 MPa压力下,液压缸7的活塞面积A_2为多大?当人的输入功率为100 W时,将10 t重物提起0.2 m高所需的时间为多少?

2 液压传动中的工作液体

本章要求

掌握液压传动系统中工作液体的主要物理性质，尤其是液体的黏性和黏温特性；了解工作液体的类型及其主要性能。掌握选用工作液体的基本原则；了解工作液体的污染及其危害；掌握液压冲击、气穴、气蚀现象的产生机理。

工作液体是液压能的载体，其基本功能是进行能量的转换和传递。此外，它还对液压元件和系统进行润滑和冷却。

2.1 液体的主要物理性质

2.1.1 液体的压缩性

液体体积随作用压力的变化而发生相应变化的性质称为液体的压缩性。其压缩性的大小用压缩系数 β 表示，即

$$\beta = \lim\left(\frac{\Delta V}{V\Delta p}\right) = -\frac{1}{V}\frac{\mathrm{d}V}{\mathrm{d}p} \tag{2-1}$$

其平均值为

$$\bar{\beta} = -\frac{1}{V}\left(\frac{V'-V}{p'-p}\right) \tag{2-2}$$

式中 p、p'——压力，Pa；

V、V'——压力为 p 和 p' 的液体体积，m^3；

$\mathrm{d}p$——压力增量，Pa；

$\mathrm{d}V$——压力增加到 $p+\mathrm{d}p$ 时的液体体积减小量，m^3。

既然液体具有压缩性这一物理性质，那么当液体受到压缩时，它必然产生一种向外膨胀的力。当液体受到压缩时，所产生的这种向外膨胀的力，可以看成是一种弹性力，其大小用弹性系数 K 来表示：

$$K = \frac{1}{\beta} = -V\frac{\mathrm{d}p}{\mathrm{d}V} \tag{2-3}$$

2.1.2 黏性

俗话说："人往高处走，水往低处流。"但水为什么往低处流呢？从力学的角度考虑，这是因为高处的水在重力的作用下，沿着水的表面方向产生了剪切力，破坏了水的静止状态。水在剪切力的作用下开始滑动，从而产生了水的流动。

水之所以流动，其原因是水对其剪切力的阻抗很小，即抵抗剪切力的能力很小。同样，其他液体也具有这种特性。

但是，如果把水和油放置在两个同样的流道中，会发现二者的流动速度是不同的，即二者流动的快慢程度不同。这说明二者承受切应力的能力是不同的。液体承受切应力大小的能力反映了液体的一种物理性质——黏性，即黏性是液体承受切应力大小的能力。

黏性是液体阻止自身发生剪切变形的一种特性，它存在于液体的内部。由于液体黏性的存在，液体在流动过程中，因克服自身的内摩擦力必然要做功。因此，液体的黏性是液体产生机械能量损失的根源。

2.1.2.1　牛顿内摩擦定律

如图2-1所示，Ⅰ和Ⅱ为互相平行的两块平板，其间充满液体。若Ⅱ板固定，而Ⅰ板以某一等速向右平移，由于液体附着力的作用，直接与Ⅰ板相接触的液体层，将具有同Ⅰ板相同的速度 u 而随之移动，紧靠Ⅱ板的液体层则不动，但中间各层液体由于其质点间的内摩擦力作用，层与层之间互相影响，相对滑动。流速较快的液体层，对相邻流速较慢的液体层，有一个加速作用，流速较慢的液体层，对相邻流速较快的液体层，有一个减速的作用，在流速不同的液体层之间，黏性引起的内摩擦力是成对出现的。

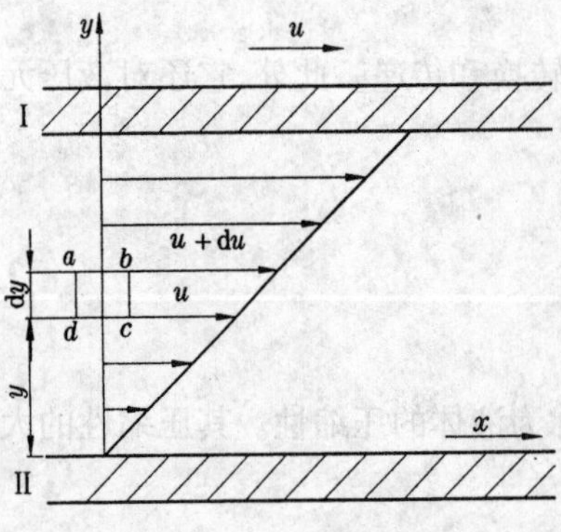

图2-1　平行平板流动

经过实验得知，两平板间各层液体的速度变化如图2-1中所示，各层间产生的内摩擦力 F，与接触面积 A，相对速度差 $\mathrm{d}u$ 成正比，而与垂直距离 $\mathrm{d}y$ 成反比，即 $F \propto A\mathrm{d}u/\mathrm{d}y$。如乘以比例常数，则有

$$F = \pm \mu A \frac{\mathrm{d}u}{\mathrm{d}y} \tag{2-4}$$

令 τ 为单位面积上的内摩擦力，则

$$\tau = \frac{F}{A} = \pm \mu \frac{\mathrm{d}u}{\mathrm{d}y} \tag{2-5}$$

式(2-4)和式(2-5)中的 $\mathrm{d}u/\mathrm{d}y$ 称为速度梯度，即速度在垂直于该速度方向上的变化率。

2.1.2.2　动力黏度

式(2-4)和式(2-5)中的比例系数 μ，它代表着液体的一种物理性质——黏性，称为绝对黏度或动力黏度。它表示两层相距1 m，具有相对速度1 m/s 的相对滑动的液体，在其1 m^2 的接触面上所发生的内摩擦力的大小，其单位为 $\mathrm{N \cdot s/m^2}$。

2.1.2.3　运动黏度

在实际应用中，常常运用动力黏度与密度的比值，即运动黏度来表示液体运动黏度的大小。运动黏度用 ν 表示，则

$$\nu = \frac{\mu}{\rho} \tag{2-6}$$

液压油的牌号一般都以运动黏度 ν 的 10^{-6} 运动黏度值来表示。比如20号机械油，指的就是这种油在50℃时运动黏度的平均值 $20 \times 10^{-6}\ \mathrm{m^2/s}$。

2.1.2.4 相对黏度(条件黏度)

由于液体的动力黏度和运动黏度直接测量比较困难,因此,在工程上常采用另一种可用仪器直接测量的黏度表示方法,即相对黏度。各国采用的相对黏度的单位有所不同。我国同欧洲一些国家采用恩氏黏度°E。

恩氏黏度的测定方法是利用恩氏黏度计。在一定温度下,将200 mL的被测液体从恩氏黏度计流出所需时间 t 与同体积20℃下的蒸馏水从该恩氏黏度计中流出所需时间 t_B 之比称为恩氏黏度,用符号°E表示:

$$°E = \frac{t}{t_B} \tag{2-7}$$

一般均以50℃为测量时的标准温度,符号为 $°E_{50}$。从上式看出,恩氏黏度只是一个比值,没有因次。

恩氏黏度°E与运动黏度 ν 之间的换算关系为

$$\nu = \left(0.0731°E - \frac{0.0631}{°E}\right) \times 10^{-4} \tag{2-8}$$

2.1.2.5 油液黏性与压力、温度的关系

A 黏性与压力的关系

一般而言,油液所受压力增大,其黏性变大。在压力不高且变化不大时,压力对黏性的影响可以忽略不计。在压力较高或变化较大时,需要考虑压力对黏性的影响。

油液的黏度与压力的关系可用下式表示:

$$\mu_p = \mu_0 e^{bp}$$

式中 μ_p——所求液体在压力为 p 时的动力黏度;

μ_0——该液体在大气压力下的动力黏度;

b——黏性压力指数。不同的液体具有不同的 b 值,一般为 $(0.002 \sim 0.004) \times 10^{-5} Pa^{-1}$;

p——液体压力,Pa。

液体中只有水在24℃时,其黏度随压力的增大反而稍有减小。

B 黏性与温度的关系

油液黏性对温度十分敏感,当油液温度升高时,黏性下降。油液的黏度与温度之间的关系称为油液的黏温特性。一般可用黏温计算图、经验公式或黏度指数 VI 来描述黏温特性。

黏度指数 VI 是油液黏温特性的相对比较值。如图2-2所示,被试液、$VI=100$ 的标准油和 $VI=0$ 的标准油,三者在100℃时有相同的黏度,而在40℃时的黏度分别为 U、H 和 L,按规定:

当 $0 \leqslant VI \leqslant 100$ 时,$VI = 100(L-U)/(L-H)$

当 $VI \geqslant 100$ 时,$VI = (10^{N-1}/0.00715) + 100$

其中 $N = (\lg H - \lg \nu)/\lg \nu$。

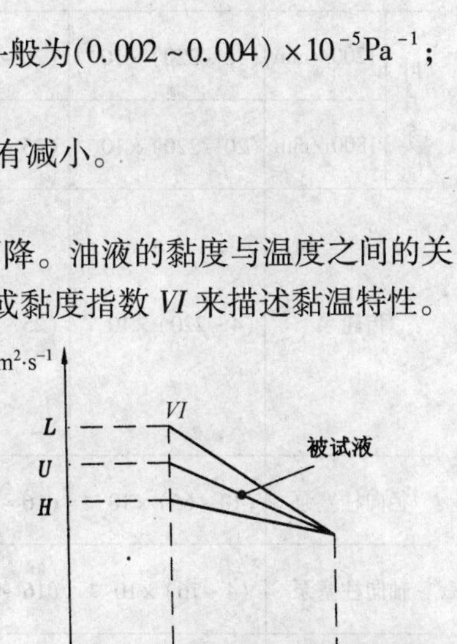

图2-2 黏度指数

显然,曲线越平坦,VI 越大。在计算 VI 时,L 和 $(L-H)$ 的数值可在有关的手册中查出。矿物油的 VI 一般为70~110,油包水乳化液的 VI 为130~170,水-乙二醇的 VI 为140~170,水包油乳化液的 VI 达180,磷酸酯的 VI 则为零以下,环烷基油液的 $VI=0$,石蜡基油液的 $VI \approx 100$。液

压系统一般要求工作液体的 VI 在 90 以上，优异的在 100 以上。

油液的动力黏度与压力、温度的关系可用如下经验公式表示：

$$\mu = \mu_0 e^{bp - \lambda (T - T_0)} \tag{2-9}$$

式中　μ——压力为 p、温度为 T 时的动力黏度；

μ_0——大气压下、温度为 T_0 时的动力黏度；

λ——油液的黏温系数，对石油基液压油 $\lambda = 0.017 \sim 0.050$，具体数值随油品而异。

2.2　液压传动中的工作介质

2.2.1　液压传动系统对工作介质的基本要求

液压传动系统在工作时，工作介质的各个状态参数（压力、温度、流速等）都处于不停的变化之中。工作介质应当适应这些参数的变化，保持液压传动系统工作性能稳定和自身的工作寿命。因此，工作介质应尽可能地具有以下特性。

2.2.1.1　合适的黏性和较好的黏温特性

黏度是工作介质的重要使用性能之一，黏度越大，液压传动系统的压力损失和机械摩擦损失就越大，严重时，可能会造成液压泵吸空或发生气穴现象；黏度过低，又会增大液压传动系统的容积损失，降低润滑性能。表 2－1 推荐了各种液压泵使用的工作介质的黏度。

表 2－1　液压泵的适用黏度与推荐用液压油牌号

液压泵类型		黏度范围/$m^2 \cdot s^{-1}$		工作压力/MPa	工作温度/℃	推荐用液压油牌号
		允　许	最　佳			
叶片泵	1200r/min	$(16 \sim 220) \times 10^{-4}$	$(26 \sim 54) \times 10^{-4}$	7	5～40	L—HH32，L—HH46
					40～80	L—HH46，L—HH68
	1800r/min	$(20 \sim 220) \times 10^{-4}$	$(25 \sim 54) \times 10^{-4}$	≥14	5～40	L—HM32，L—HM46
					40～80	L—HM46，L—HM68
齿轮泵		$(4 \sim 220) \times 10^{-4}$	$(25 \sim 54) \times 10^{-4}$	≤12.5	5～40	L—HH32，L—HH46
					40～80	L—HH46，L—HH68
				10～20	5～40	L—HM32，L—HM46
					40～80	L—HM46，L—HM68
				16～32	5～40	L—HM32，L—HM46
					40～80	L—HM46，L—HM68
径向柱塞泵		$(10 \sim 65) \times 10^{-4}$	$(16 \sim 48) \times 10^{-4}$	14～35	5～40	L—HM32，L—HM46
					40～80	L—HM46，L—HM68
轴向柱塞泵		$(4 \sim 76) \times 10^{-4}$	$(16 \sim 47) \times 10^{-4}$	≥35	5～40	L—HM32，L—HM46
					40～80	L—HM46，L—HM68
螺杆泵		$(19 \sim 49) \times 10^{-4}$		≥10.5	5～40	L—HH32，L—HH46
					40～80	L—HH46，L—HH68

2.2.1.2　良好的抗磨性

抗磨性是指减少液压元件零部件磨损能力。因此希望工作介质的润滑性好，其抗磨性就愈好。但在工作介质的选用中,应首先满足系统要求——黏性的性能要求,即应兼顾两者的需要。

2.2.1.3 良好的抗氧化安定性

工作介质抵抗空气中氧的氧化作用的能力,称为抗氧化安定性。

工作介质在储运和使用过程中,与空气接触就会被氧化变质,其黏度发生变化,酸值也会增加,从而可能改变传动系统的工作性质,腐蚀液压元件。严重时,会造成一些黏稠的液态和固态物质堵塞系统中的工作小孔和运动副间隙,加速零件磨损,破坏液压传动系统正常工作。

研究发现,工作介质的温度愈高,其氧化过程愈快。对于一般的液压系统,当采用矿物油类的工作介质时,其工作温度不应超过65℃,短期运转不得超过80℃;机床液压系统的工作温度一般为55℃。

国家专业标准 ZBE341014 规定了润滑油抗氧化安定性的测定方法。

2.2.1.4 良好的抗剪切安全性

工作介质通过液压元件内部时,由于受到运动零部件表面反复的剪切作用,其黏度与黏度指数都会下降,严重时会产生永久性下降,而使工作介质失去工作能力。工作介质抵抗剪切的能力称为抗剪切安全性,用黏度下降的百分数来表示。它的测试方法可以参考 ASTMD 2603 中的规定。

2.2.1.5 良好的防锈蚀性

空气和水对液压元件都有锈蚀作用。锈蚀严重时,也会破坏系统的正常工作或损坏液压元件。但矿物油有防锈作用,在一定程度上能够延缓金属零部件的锈蚀过程。

2.2.1.6 良好的抗乳化性

矿物油类工作介质工作过程中,在流动和液压元件的剧烈搅动下,可能与混入的水分形成乳化液。这种乳化液往往会促进工作介质变质,加速油液的挥发,生成腐蚀性的沉淀物,从而降低工作介质的润滑性能、防锈性和工作寿命。矿物油与水接触时,抵抗它们生成乳化液的能力,称为抗乳化性。

2.2.1.7 良好的抗泡沫性

抗泡沫性是指当工作介质中混入气体时,气体不易生成微小气泡和泡沫,即使生成,也会很快逸出。实际的液压系统都设置排气装置。

2.2.1.8 良好的清净性

工作介质不清净含有两方面的内容:一是油液的能量污染,如热能、电能和放射线等;二是油液的物质污染,如固体颗粒、水、空气等。详见本章第3节。

2.2.1.9 与密封材料和涂料的相容性

液压系统中使用的一些密封元件和涂料,都是由有机合成材料制成的,因此与工作介质之间有是否相容的问题。如果不相容,就会使密封元件发生膨胀、软化或硬化,降低它的工作寿命;使涂料溶解,破坏液压元件的保护涂层,污染工作介质并使其变质。在选择工作介质时必须特别注意。

2.2.1.10 对人体无毒害和无明显刺激作用

除了上述几项通用的要求之外,对于接触明火或高温热源的液压设备,还要求工作介质具有抗燃性。抗燃性的评定方法很多,对于矿物油通常采用闪点作为判断其抗燃性指标。闪点高的液体,抗燃性就好。一般认为,液体的工作温度比其闪点低 20 ~ 30℃时是安全的。国标 GB267 规定了闪点的测定方法。

2.2.2　常用工作介质的基本类型及其主要性能

2.2.2.1　常用工作介质的标准符号和基本组成

标准符号格式如图2-3所示。

例如：L—HH 68

L——润滑剂类；

HH——无抗氧化剂的精制矿物油；

68——40℃时该液压油的黏度为 $68\times10^{-6}m^2/s$。

其他产品参看文献[6]。

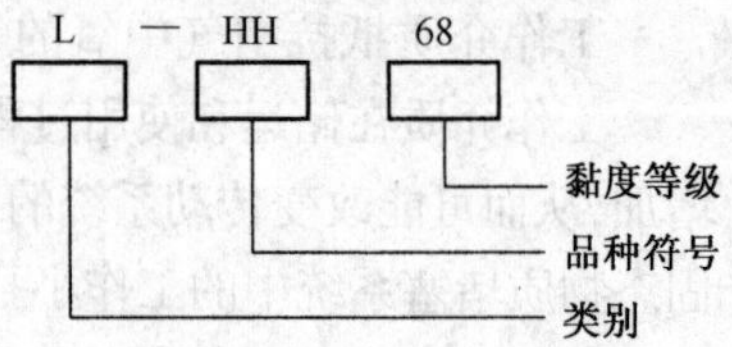

图2-3　标准符号格式

2.2.2.2　矿物油类工作介质

矿物油类工作介质主要有以下几种：

(1) L—HH液压油。本产品为无（或含少量）抗氧化剂的精致矿物油。适用于对工作介质无特殊要求的一般润滑系统。无本产品时可选用L—HL油。

(2) L—HL液压油。本产品是改善了防锈性能和抗氧化性的精致矿物油。常用于低压系统，也可用于要求换油期较长的轻负荷机械的油浴式非循环润滑系统。可用H—HM油或其他抗氧防锈型润滑油代替。

(3) L—HM液压油。本产品是在L—HL油基础上改善了抗磨性的工作介质。具有防锈、抗氧化和抗磨性。适用于低、中、高液压系统，也可用于中等负荷机械的润滑部位。L—HV油可以作为它的代用品。

(4) L—HV液压油。本产品是在L—HM油基础上改善了黏温特性的工作介质。具有防锈、抗氧化、抗磨性和很好的黏温特性。适用于环境温度变化较大和工作条件恶劣的低、中、高液压系统和中等负荷的机械润滑部位。

(5) L—HR液压油。本产品是在L—HL油基础上改善了黏温特性的工作介质。具有防锈、抗氧化和很好的黏温特性，适用于环境温度变化较大和工作条件恶劣的低压系统和轻负荷的机械润滑部位。

(6) L—HG液压油。本产品是在L—HM油基础上改善了黏—滑特性的工作介质。具有防锈、抗氧化、抗磨性和良好的黏温特性。适用于液压和导轨润滑系统合用的机床。

2.2.2.3　抗燃工作介质

抗燃工作介质即难燃液。目前我国常用的有四个品种。

(1) L—HFAE液压液。水包油型（O/W）乳化液。

通常矿物油和水是互不相溶的，也很难混合，但当我们在矿物油中加入某些添加剂，经过处理后，它便能与水均匀混合，其中一种液体分散成直径为0.2～40 μm的微小液珠，均匀散布在另一种液体中，形成稳定的乳状混合液体，称为乳化液。

L—HFAE液压液是一种高水基乳化液，通常含水80%以上，其抗燃性好，价格便宜，但低温性、黏温性和润滑性较差，适用于煤矿液压支架的液压传动系统和其他不要求回收废液或对润滑性能要求较低，而对抗燃性要求较高的液压传动系统或机械部位。这种液体的工作温度为5～50℃。

(2) L—HFB液压液。油包水型（W/O）乳化液。

L—HFB含矿物油60%以上，其余为水和添加剂，其性质与组成的矿物油基本相同，但抗燃性有明显提高。其缺点是工作温度范围较小,一般为50~60℃。其适用于冶金、煤炭等行业的中、高压,高温和易燃环境中的液压传动系统。

(3) L—HFC液压液。本产品通常为含乙二醇或其他聚合物的水溶液,水—乙二醇溶液中,乙二醇含量高达50%。其低温性、黏温性、对橡胶的适应性和抗燃性都比较好,但润滑性差。适用于冶金和煤炭等行业的中、低压液压系统。工作温度可为-20~50℃。

(4) L—HFDR液压液。本产品通常由无水的各种磷酸酯作基础油加入各种添加剂制成。抗燃性好,但黏温性差。工作温度范围为-20~100℃。适用于冶金、火力发电等高温环境下工作的高压液压系统。其缺点是与普通的耐油橡胶和涂料不相容,液压系统中需使用价格昂贵的氟橡胶和硅橡胶密封件,以及环氧树脂基的涂料——喷涂液压元件的材料。

2.2.3 选用工作介质的基本原则

正确选用工作介质,不仅可以保证液压传动系统的工作性能,而且可以提高它的可靠性和使用寿命,获得理想的经济效果。

选择工作介质就是确定给定的液压传动系统工作介质的类型和规格,其中最为重要的一点是确定工作介质的黏度参数。

2.2.3.1 正确选择工作介质的类型

首先,必须了解各类工作介质的性能和适用范围。

其次,根据液压传动系统的工作环境和载荷条件,选择工作介质的类型。例如,对于高温、热源或用火的工作环境应选择抗燃性好的工作介质;对于寒冷地区露天作业的设备,比如北方的汽车、铲雪车等应选择低温性好的工作介质;对于高压、高速的重载设备,大吨位的载重车、挖掘机应选择抗磨液压油。

第三,注意兼顾液压传动系统的成本和工作介质的价格。例如:对于液压伺服系统,必须选择高清洁度的工作介质,并采取必要的措施加以保证。

2.2.3.2 正确选择工作介质的黏度

在液压传动系统中,液压泵对工作介质的黏度最敏感,液压泵的最佳工作黏度,一般由试验决定。表2-1列出了常用液压泵各种相应的黏度数值和推荐用的工作介质。

2.3 工作介质的污染及其控制

实践证明,工作介质污染是液压传动系统发生故障的主要原因,它严重影响着液压传动系统的可靠性及元件的寿命。由于液压传动系统工作介质被污染,液压元件的实际使用寿命往往比设计寿命低得多。因此,液压传动系统工作介质的正确使用、管理以及污染控制,是提高液压传动系统可靠性及延长元件使用寿命的重要手段。

2.3.1 污染物的种类及其危害

液压传动系统中的污染物,是指包含在油液中的固体颗粒、水、空气、化学物质等杂物。工作介质被污染后,将对液压传动系统及元件产生不良后果,甚至使整个系统瘫痪。固体颗粒使元件加速磨损,寿命缩短,性能下降,甚至使阀心卡死,滤油器堵塞;空气的混入,有可能引起气蚀,降低工作介质的润滑性;水的侵入加速油液的氧化,并与添加剂作用产生黏性物质。

2.3.2　污染的原因

工作介质遭受污染的原因是很复杂的,污染物来源如表 2-2 所示。

表 2-2　液压工作介质中的污染物

外界侵入的污染物		工作过程中产生的污染物	
液压装置组装时残留下来的污染物	从周围环境混入的污染物	液压装置磨损产生的污染物	液压油物理化学性能变化时产生的污染物

2.3.3　污染的测定

工作介质的污染度是指单位容积工作介质中固体颗粒污染物的含量。测定污染物有以下两种方法。

2.3.3.1　*称重法*

把 100 mL 的工作样品进行真空过滤并烘干后,在精密天平上称出颗粒的重,按标准定出污染等级。此法设备简单,操作方便,重复精度高,但只能表示工作介质中颗粒污染物的总量,不能反映颗粒尺寸的大小及分布情况,适用于工作介质日常性的质量管理场合。

2.3.3.2　*颗粒计数法*

颗粒计数法是测定单位容积工作介质中含有某给定尺寸范围的颗粒数。其测定方法有以下两种:

(1) 显微镜颗粒计数法:将 100 mL 的工作样品进行真空过滤,并把得到的颗粒进行溶剂处理后,放在显微镜下,找出其尺寸大小及数量,然后依标准确定工作介质的污染度。此法的优点是能直接看到颗粒的种类、大小及数量,从而推定污染的原因;缺点是时间长,劳动强度大,精度低,且要求熟练的操作技巧。

(2) 自动颗粒计数法:利用光源照射工作介质样品时,根据工作液中颗粒在光电传感器上投影所发出的脉冲信号来测定油液的污染度。由于信号的强弱和多少与颗粒的大小和数量有关,将测得的信号与标准颗粒产生的信号相比较,即可算出工作介质样品中颗粒的大小与数量。此法能自动计数,简便、迅速、精确,可以及时从高压管道中抽样测定,因此得到了广泛的应用。但此法不能直接观察到污染颗粒本身。

2.3.4　污染度的等级

我国国家标准 GB/T14039—93(与国家标准 ISO4406 相同)规定,污染等级代号由用斜线隔开的两个标号组成:前面的标号表示 1 mL 工作介质中大于 5 μm 的颗粒数,后面的标号表示 1 mL 工作介质中大于 15 μm 的颗粒数。颗粒数与其标号的对应关系如表 2-3 所示。例如:等级代号 18/13 表示在 1 mL 给定工作介质中大于 5 μm 的颗粒数量在大于 1300~2500 个之间,大于 15 μm 的颗粒数量在大于 40~80 个之间。这种双标号表示法说明了实质性的工程问题,是很科学的方法,因为 5 μm 左右的颗粒对堵塞元件缝隙的危害最大,而大于 15 μm 的颗粒对元件的磨损作用最为显著,所以用它们来反映工作介质的污染度最为合适。因而工程上普遍采用这种标准。

表 2－3 工作介质中固体颗粒数与标号的对应关系（GB/T 14039—93）

1 mL 工作介质中固体颗粒数	标号	1 mL 工作介质中固体颗粒数	标号	1 mL 工作介质中固体颗粒数	标号
>80000～160000	24	>160～320	15	>0.32～0.64	6
>40000～80000	23	>80～160	14	>0.16～0.32	5
>20000～40000	22	>40～80	13	>0.08～0.16	4
>10000～20000	21	>20～40	12	>0.04～0.08	3
>5000～10000	20	>10～20	11	>0.02～0.04	2
>2500～5000	19	>5～10	10	>0.01～0.02	1
>1300～2500	18	>2.5～5	9	>0.005～0.01	0
>640～1300	17	>1.3～2.5	8	>0.0025～0.005	0.9
>320～640	16	>0.64～1.3	7		

美国污染度等级标准 NAS1638 如表 2－4 所示。以颗粒浓度为基础，按 100 mL 工作介质中，在给定的 5 个颗粒尺寸区间内的最大允许颗粒划分为 14 个等级，最清洁的为 00 级，污染最严重的为 12 级。

表 2－4 美国污染度等级标准 NAS1638（100 mL 液压油液中颗粒数）

尺寸范围/μm \ 污染等级 / 每 100mL 油液中所含颗粒的数目	00	0	1	2	3	4	5	6	7	8	9	10	11	12
5～15	125	250	500	1000	2000	4000	8000	16000	32000	64000	128000	256000	512000	1024000
15～25	22	44	89	178	356	712	1425	2850	5700	11400	22800	45600	91200	182400
25～50	4	8	16	32	63	126	253	506	1012	2025	4050	8100	16200	32400
50～100	1	2	3	6	11	22	45	90	180	360	720	1440	2880	5760
>100	0	0	1	1	2	4	8	16	32	64	128	256	512	1024

表 2－5 为典型液压传动系统允许的污染等级范围。

表 2－5 典型液压传动系统允许的污染等级范围

NAS1638 等级	2	3	4	5	6	7	8	9	10	11	12
GB/T14039—93 等级	12/9	13/10	14/11	15/12	16/13	17/14	18/15	19/16	20/17	21/18	22/19
系统类型											
污染极敏感的系统	▬	▬	▬	▬							
伺服系统		▬	▬	▬	▬						
高压系统			▬	▬	▬	▬					
中压系统					▬	▬	▬	▬			
低压系统						▬	▬	▬	▬		
低敏感系统							▬	▬	▬	▬	
数控机床液压系统		▬	▬	▬	▬						
机床液压系统					▬	▬	▬	▬			

续表 2-5

NAS1638 等级	2	3	4	5	6	7	8	9	10	11	12
一般机器液压系统							■	■	■		
行走机械液压系统					■	■	■	■			
重型设备液压系统						■	■	■	■		
重型和行走设备液压系统							■	■	■	■	
冶金轧钢设备液压系统					■	■	■	■			

2.3.5 工作介质的污染控制

工作介质污染的原因很复杂,工作介质自身又在不断产生脏物,因此要彻底解决工作介质的污染问题是困难的。为了延长液压元件的寿命,保证液压传动系统可靠地工作,将工作介质的污染度控制在某一限度以内是较为切实可行的办法。为此,就要对元件和系统进行清洗,清除在加工和组装过程中残留的污染物。液压元件在加工的每道工序后都应净化,装配后都要经过严格的清洗。

为了减少工作介质的污染,常采取如下一些措施:

(1) 液压传动系统在组装前,油箱和管道必须清洗。用机械方法除去残渣和表面氧化物,然后进行酸洗。液压传动系统在组装后进行全面的清洗,最好用液压传动系统工作时使用的工作介质清洗,不可用煤油。清洗时除油箱的通气孔(加防尘罩)外须全部密封。清洗时应尽可能加大流量,有可能时可采用热油冲洗。机械油在 80℃ 时的黏度为其 25℃ 时的 1/8,因此 80℃ 的热机械油能冲掉许多 25℃ 的机械油冲不掉的污物。系统在冲洗时须装设高效率滤油器,同时使元件动作,并用铜锤敲打焊口和连接部位。

(2) 防止污染物从外界侵入。工作介质在工作过程中会受到环境污染,因此可在油箱呼吸孔上装设高效的空气滤清器或采用密封油箱,防止尘土、磨料和冷却物的侵入。工作介质在运输和保管过程中会受到污染,买来的工作介质必须静放数天,然后通过滤油器注入液压传动系统。另外,对活塞杆端应装防尘密封,经常检查并定期更换。

(3) 采用合适的过滤器。这是控制工作介质污染度的重要手段,应根据液压传动系统的不同情况选用不同过滤精度、不同结构的过滤器,并定期检查和清洗,详见第 7 章。

(4) 控制工作介质的温度。工作介质工作温度过高对液压装置不利,工作介质本身也会加速氧化变质,产生各种生成物,缩短它的使用期限。一般液压传动系统的工作温度最好控制在 65℃ 以下,机床液压传动系统还应该更低一些。

(5) 定期检查和更换工作介质。每隔一定时间,对液压传动系统的工作介质进行抽样检查,分析其污染度是否还在该液压传动系统容许的使用范围之内。如已经不合要求,必须立即更换。不应在工作介质污染到使液压传动系统工作出现故障时才更换。在更换新工作介质前,整个液压传动系统必须清洗一次。

2.4 液压冲击与气穴现象

2.4.1 液压冲击

在液压系统中,由于某种原因使液体压力在一瞬间突然升高,产生很高的压力峰值,这种现象称为液压冲击。

液压冲击产生的压力峰值往往比正常工作压力高很多，可能达到管中原来正常压强的几十倍甚至几百倍，而且增压和减压交替频率很高，且常伴有噪声和振动，严重时会损坏液压元件、密封装置和管件等，有时还会引起某些液压元件的误操作。例如：安全阀溢流、单向阀反打等。因此必须采取措施减少或防止液压冲击。

一般地液压冲击表现为两大类：

(1) 液流通道迅速关闭或液流方向突然改变，使液流速度的大小或方向突然变化时，由液流的惯性力引起的液压冲击，如图2-4所示。

下面对图2-4所示管路发生液压冲击时压强变化的情形进行分析。

第一阶段，增压减速阶段。增压 $p_0+\Delta p$ 弹性波由阀门向上游水池传递。

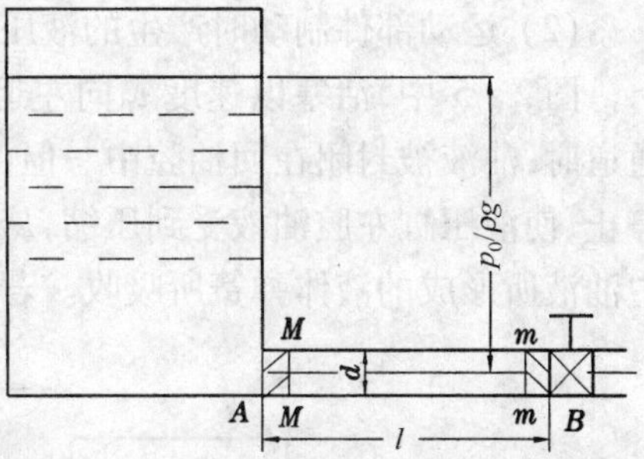

图2-4 液流突然停止流动时的液压冲击

在水头为 $+p_0/\rho g$ 的作用下，水以 $+v_0$ 速度从上游水池流向下游出口。当水管下游阀门突然关闭，则紧靠阀门的第一层水 $m—m$ 受阀门力的作用停止流动，它的动量在阀门关闭的这一瞬间便发生突然变化，由 mv_0 变为零。根据作用力和反作用力相等的原理，液体也以同样大小的力作用于阀门，使得阀门附近压力骤然升高到 $p_0+\Delta p$。于是在管流 $m—m$ 段上产生了两种变形——水的压缩和管壁的胀大。当靠近阀门的第一层水停止运动后，第二层以后的各层都相继地停止下来，直到靠近水池的 $M—M$ 层为止。水流速度 v_0 与动量相继减小必然引起压强的相继增高，出现了全管液体暂时的静止受压和整个管壁被胀大的状态。

以 c 表示水击波的传递速度，l 表示水管长度，则经过时间 $t=l/c$ 后，自阀门开始的水击波便传到了水池，这时管内的全部液体便处在 $p_0+\Delta p$ 作用下的受压缩状态。

第二阶段，常压 p_0 弹性波自水池向阀门传递。

由于水池中压强不变，在管路进口 $M—M$ 处的液体，便在管中水击压强与水池静压强的压差 Δp 作用下，以 $-v_0$ 立即向着水池方向流去。这样管中水受压缩的状态，便自进口 $M—M$ 处开始以波速 c 向下游方向逐层地迅速解除，这就是从水池反射回来的常压 p_0 弹性波。当 $t=2l/c$ 时，整个管中水流恢复到正常压强 p_0，而且都具有向水池方向的流动速度 $-v_0$。

第三阶段，低压 $p_0-\Delta p$ 弹性波由阀门处向水波方向传递。

当阀门处的压强恢复到常压 p_0 后，由于液体运动的惯性作用，管中的液体仍然往水池方向流去，致使阀门处的压强急剧降低到常压之下 $p_0-\Delta p$。

这一低压 $p_0-\Delta p$ 弹性波由阀门处又以波速 c 向上游进口 $M-M$ 处传递，直到时间 $t=3l/c$ 后传到水池口为止，此时管中液体便处在瞬时减压 $p_0-\Delta p$ 的静压状态。

第四阶段自水池第二次反射回的常压力 p_0 弹性波向阀门方向传递。

由于进口 $M-M$ 处，水池压强为 p_0，而水管压强为 $p_0-\Delta p$，则在压差的作用下，水又开始从水池以速度 $+v_0$ 流向管路。管中的水又逐层获得向阀门方向的速度 $+v_0$，压强也相应地逐层升到常压力 p_0，这是自水池第二次反射回的常压 p_0 弹性波。当 $t=4l/c$ 时，阀门处的压强也恢复到正常压强 p_0，此时水流恢复到水击未发生的起始正常状态。

因此水击波的周期为 $t=4l/c$。此后在液体的可压缩性及惯性作用下，上述的弹性波传递、反射、水流方向的来回变动，都将周而复始地进行着，直到水流的阻力损失、管壁和水因变形做功而耗尽了引起水击的能量时，水击现象方才终止。从以上分析不难看出，引起管路中流速突然变化的因素，如阀门突然关闭，这只是水击现象产生的外界条件，而液体本身的可压缩性和惯性是水击现象的内在原因。

（2）运动部件制动时产生的液压冲击。

图2-5中，活塞以速度 v_0 向左运动，活塞和负载的总质量为 M。当突然关闭出油口 T 通道时，油液被封闭在回油腔中。但由于运动部件的惯性，活塞将继续运动一段距离 x 后才停止，使液压缸左腔油液受到压缩，从而引起液体压力急剧增加。运动部件的动能被回油腔中油液所形成的液体弹簧所吸收。若不考虑损失，可得到压力峰值的近似表达式：

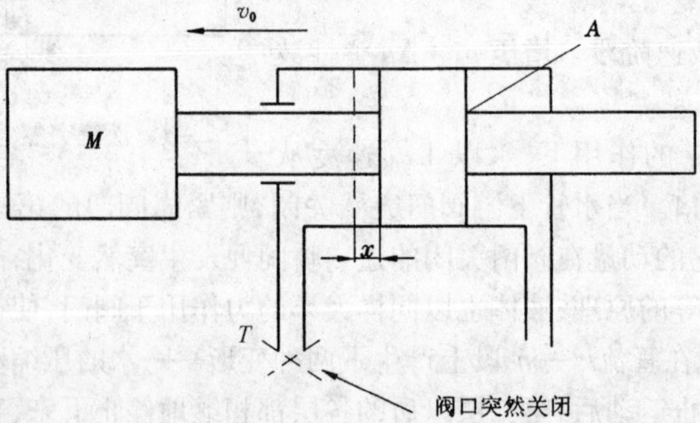

图2-5　运动部件制动时的液压冲击

$$\Delta p=\sqrt{\frac{Mk}{V}}v_0 \qquad (2-10)$$

式中　k——液体的体积弹性系数；

V——回油腔中被封闭的油液容积；

v_0——运动部件制动前的速度；

M——运动部件的总质量。

2.4.2　气穴与气蚀现象

气体常常以混入和溶解两种形式侵入液体内。混入液体中的气体，大多以0.25～0.5 mm直径的气泡悬浮于其中，呈游离状态。溶解于液体中的气体溶解量与其绝对压力成正比。常温常压下液体中空气溶解量约占总体积的6%～12%。

2.4.2.1　气穴现象

液压传动中的工作液体里的空气溶解量都按一个大气压时的溶解量考虑。当压力小于一个大气压时，溶解于液体中的空气处于过饱和状态，过饱和的空气将从液体中分离出来形成气泡。在液流中，由于压力降低，致使有气泡形成的现象统称为气穴现象。

当压力降到一定值，液体中形成一定体积的气泡，它是以微细气泡为核，体积膨胀并相互聚合，这种现象称为轻微气穴。压力降到空气分离压时，除有上述现象外，原来溶解于液体中的空气游离出来，产生大量气泡，这种现象称为严重气穴。压力继续降低到相应温度液体的饱和蒸汽压时，上述现象不但要继续加重，而且油液将会沸腾、汽化，产生大量气泡，使得油液变成混有许多气泡的不连续的状态，这种现象称为强烈气穴。

2.4.2.2　气蚀现象

液压系统产生气穴后，气泡随着流动的液体被带到高压区时，气泡体积急剧缩小或溃灭，并又重新混入或溶于油液中凝结成液体，使局部形成真空，周围的液体质点就会高速填补这一空间，液体质点互相碰撞而产生局部高温和高压，产生液压冲击，并伴有噪声和振动。如果反复的液压冲击和高温作用于固体壁面上，可引起固体壁面的氧化腐蚀，并产生剥落破坏，这种因气穴现象而产生的零件剥蚀现象称为气蚀现象。气蚀现象的产生会大大缩短液压元件的使用寿命，恶化系统的工作性能，因此必须防止其发生。

思考题与习题

2-1　说明工作介质在液压传动系统中的作用。

2-2　黏度有几种表示方法，它们之间的关系如何？

2-3　什么是乳化液，有哪些类型及各自的特点如何？

2-4　对液压工作介质有哪些基本要求？试说明理由。

2-5　在矿物油类工作介质中，有哪几种常用的工作介质，它们的性能和适用范围如何？

2-6　什么是液压工作介质的黏温特性，用什么指标来表示？

2-7　液压工作介质中的污染物是如何产生的？

2-8　为了减少液压工作介质的污染，应采取哪些措施？

2-9　什么是气蚀现象，它有哪些危害？

2-10　什么是液压冲击？举例说明其产生的过程。

3 液压流体力学

本章要求

掌握压力的基本概念，静压力的基本方程，压力作用在固体壁面上的作用力；了解液体流动中的几个基本概念；掌握流动液体的几个基本方程：连续性方程、伯努利方程和动量方程；了解流体的压力损失、流动状态、雷诺数等概念，掌握沿程阻力损失、局部阻力损失、孔口和缝隙液流的计算。

流体力学是以受力产生较大变形的流体为研究对象，研究流体的机械运动和平衡规律以及流体与固体的相互作用。液压流体力学是流体力学的一个组成部分，主要研究液体与液压元件间的相互作用规律。因此，液压流体力学是液压传动专业的基础知识。

3.1 液体静力学

液体静力学研究液体的平衡规律，是流体力学的基础。液体平衡系指液体之间没有相对运动，而液体整体可以如刚体一样进行各种运动。

3.1.1 液体静压力及其特性

作用在液体上的力可归纳为两类：质量力和表面力。作用在液体内部所有质点上的力，其大小与受作用的液体质量成正比，如重力、惯性力等，这种力称为质量力；作用在所研究的液体外表面上并与液体表面积成正比的力称为表面力。表面力可以是其他物体（如容器）作用在流体上的力（外力），也可以是一部分流体作用在另一部分流体上的力（内力）。

静止液体只能承受法向力，而不能承受切向力或其他别的力。液体单位面积上法向力的大小称为法向应力，即液体静压力，以 p 表示。

液体静压力具有两个基本特性：

(1) 液体静压力垂直于作用面，并且为内法线的方向；

(2) 液体中任一点的静压力与作用的方位无关，其值均相等。

3.1.2 静止液体的平衡微分方程

在静止液体中，取出一边长各为 dx、dy、dz 的微元平行六面体（分离体），如图 3－1 所示。先研究 x 轴方向的平衡方程。

3.1.2.1 *表面力*

若六面体的形心为 a，其静压力为 $p=f(x,y,z)$，根据流体的连续介质模型，压力是坐标的连续函数，将垂直于 x 轴的左右两个平面中心 b 和 c 点上的静压力，按泰勒级数展开，并略去二阶以上无穷小后，分别为

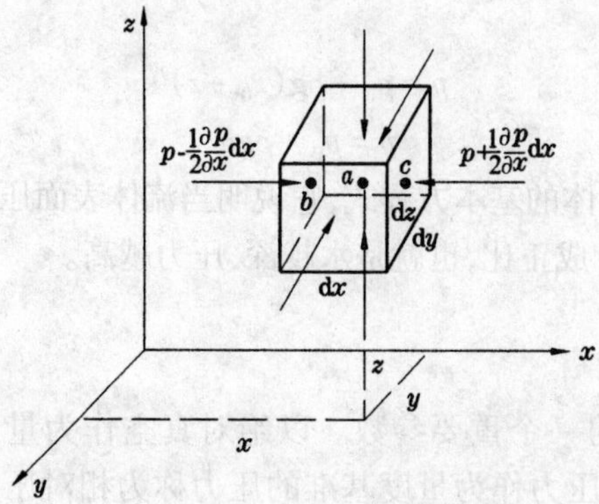

图 3-1　微元平行六面体

$$p-\frac{1}{2}\frac{\partial p}{\partial x}\mathrm{d}x \quad 和 \quad p+\frac{1}{2}\frac{\partial p}{\partial x}\mathrm{d}x$$

3.1.2.2　质量力

设 ρ 表示微小六面体的平均密度，X、Y、Z 表示沿直角坐标轴 x、y、z 上的单位质量力，则六面体质量力在 x、y、z 轴上的投影分别为 $X\rho\mathrm{d}x\mathrm{d}y\mathrm{d}z$，$Y\rho\mathrm{d}x\mathrm{d}y\mathrm{d}z$，$Z\rho\mathrm{d}x\mathrm{d}y\mathrm{d}z$。

根据 $\sum F_x=0$，x 轴方向各作用力的总和应等于零，即

$$\left(p-\frac{1}{2}\frac{\partial p}{\partial x}\mathrm{d}x\right)\mathrm{d}y\mathrm{d}z-\left(p+\frac{1}{2}\frac{\partial p}{\partial x}\mathrm{d}x\right)\mathrm{d}y\mathrm{d}z+X\rho\mathrm{d}x\mathrm{d}y\mathrm{d}z=0$$

以 $\rho\mathrm{d}x\mathrm{d}y\mathrm{d}z$ 除上式各项并化简，得

$$X-\frac{1}{\rho}\frac{\partial p}{\partial x}=0 \tag{3-1}$$

同理，在 y、z 轴方向得

$$\left.\begin{aligned}Y-\frac{1}{\rho}\frac{\partial p}{\partial y}=0\\ Z-\frac{1}{\rho}\frac{\partial p}{\partial z}=0\end{aligned}\right\} \tag{3-2}$$

将式(3-1)、式(3-2)分别乘以 $\mathrm{d}x$、$\mathrm{d}y$、$\mathrm{d}z$，然后相加整理得

$$\mathrm{d}p=\rho(X\mathrm{d}x+Y\mathrm{d}y+Z\mathrm{d}z) \tag{3-3}$$

3.1.3　重力场中静止液体的基本方程式

设在一容器中，盛有密度为 ρ 的静止的均质液体，从中取一点 I，坐标系如图 3-2 所示。单位质量力在各个坐标轴上的分量分别为：$X=0$，$Y=0$，$Z=-g$。将其代入式(3-3)，则得

$$\mathrm{d}p=-\rho g\mathrm{d}z \tag{3-4}$$

对上式积分，则得

$$p=-\rho gz+c \tag{3-5}$$

利用边界条件求积分常数 c。设自由表面上的压力为 p_0，当 $z=z_0$，$p=p_0$ 时，$c=p_0+\rho gz_0$，代入式

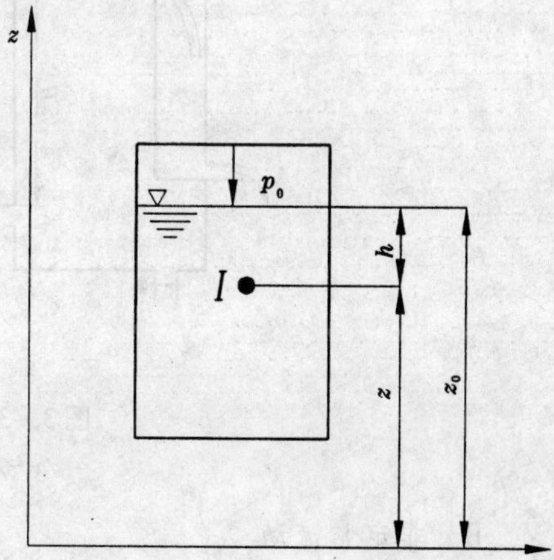

图 3-2　流体静力学基本方程式

(3-5),得

$$p = p_0 + \rho g(z_0 - z) \tag{3-6}$$

或

$$p = p_0 + \rho g h \tag{3-7}$$

这就是重力场中静止液体的基本方程式,它说明当流体表面压力一定时,静止液体中任意一点的静压力 p,与其深度 h 成正比,也就是水越深,压力越高。

3.1.4　压力表示方法

压力是表示液体状态的一个重要参数。以绝对真空作为量度基准的压力称为绝对压力,用符号 p_{abs} 表示,以大气压力作为量度基准的压力称为相对压力,用符号 p_{gage} 表示。当相对压力为负值时,称其绝对值为真空度,用符号 p_B 表示。三者之间的关系为:

$$p_{gage} = p_{abs} - p_a \tag{3-8}$$

$$p_B = |p_{gage}| \tag{3-9}$$

3.2　液体运动学

3.2.1　液体流动的几个基本概念

3.2.1.1　定常流动和非定常流动

A　定常流动

在所研究的流场中,任取一空间点,如果在不同时间内,液体各质点流经此空间点时,该点的压力和速度都不变的流动,称为定常流动。

在解析上表示为

$$\begin{aligned} p &= f_1(x,y,z) \\ u &= f_2(x,y,z) \end{aligned} \tag{3-10}$$

从表达式可以看出,定常流动的压力和速度只是空间坐标的函数,与时间无关,如图3-3a 所示。

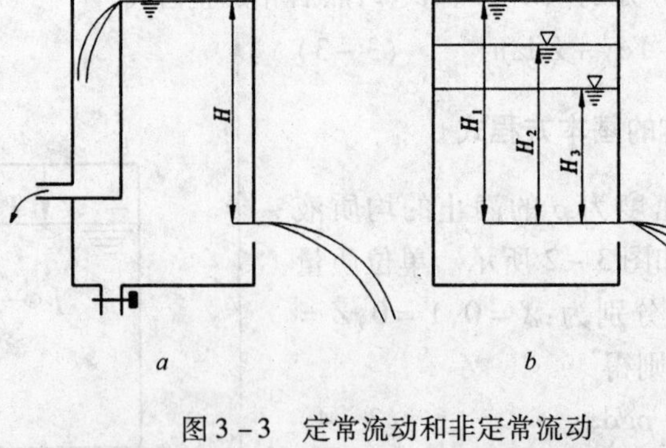

图3-3　定常流动和非定常流动

a—定常流动; b—非定常流动

B　非定常流动

在所研究的流场中,任取一空间点,如果液体各质点流经该空间点时,其压力和速度随着时间而变化,这种流动,称为非定常流动。

在解析上表示为：

$$\begin{aligned} p &= f_1(x,y,z,t) \\ u &= f_2(x,y,z,t) \end{aligned} \tag{3-11}$$

从表达式可以看出，非定常流动的压力和速度不只是空间坐标的函数，还与时间有关。如图3－3b所示。

3.2.1.2 流线和迹线

为了对流场进行描述，引入了流线和迹线的概念。

A 流线

流线是流场中某瞬间的一条空间曲线，在该曲线上，各空间点所对应的液体质点所具有的速度方向，与曲线在该点的切线重合。

B 迹线

迹线是流场中液体质点在某一段时间内的运动轨迹。

C 流线与迹线的区别

流线是某一瞬间一条线上无数液体质点的运动轨迹，而迹线则是一个液体质点在一段时间内流过的路线的轨迹。

3.2.1.3 流管、流束及总流

A 流管

在流场中，画一条不是流线的闭合曲线，通过这个闭合曲线上的各点作流线，这些流线族所围成的管，称为流管，如图3－4所示。

由于流管上各点的速度都与流线相切，故流管表面的速度也必然与流管相切，那么在垂直于流管表面的方向没有分速度。因此，液体不能穿过流管表面流入或流出。

B 流束

充满在流管内部的全部液体，称为流束。断面无穷小的流束，称为微小流束，如图3－5所示。

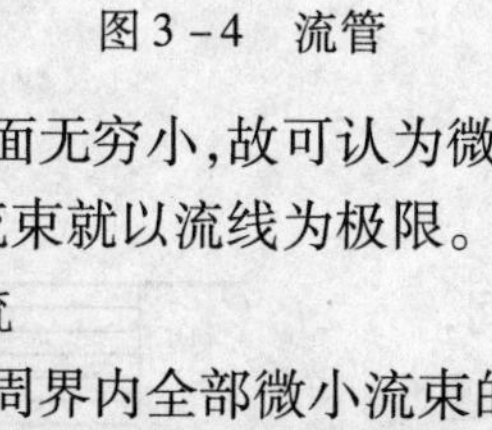

图3－4 流管

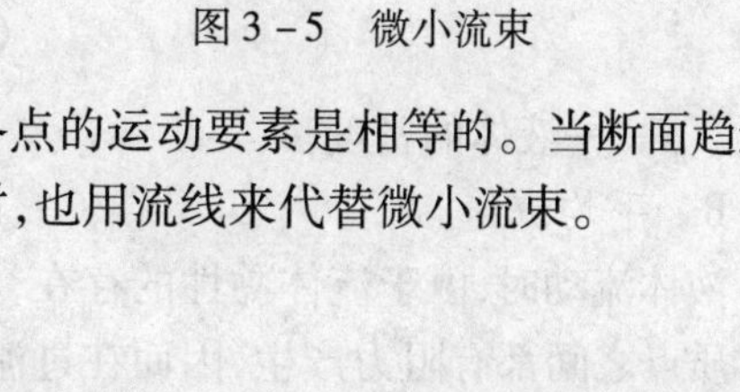

图3－5 微小流束

由于断面无穷小，故可认为微小流束断面上，各点的运动要素是相等的。当断面趋近于零时，微小流束就以流线为极限。因此，讨论问题时，也用流线来代替微小流束。

C 总流

在流动周界内全部微小流束的总和称为总流。

按周界性质的不同，总流可分为三类：

（1）有压流。若总流四周全部被固体边界限制，则称为有压流，如自来水管、矿井排水管、液压管中的流动等属于有压流。

（2）无压流。若总流周界一部分为固体限制，一部分与气体接触，则称为无压流，如河流、明渠等的流动。

(3) 射流。若总流四周不与固体接触,则称为射流,如通过孔口、喷嘴泄入大气的液流。最常见的是喷泉。

3.2.1.4　过流断面、湿周及水力半径

A　过流断面

垂直于总流(或流束)的横断面,称为总流(或流束)的过流断面(或有效断面),以 A 表示。

B　湿周

总流经过断面上,液体与固体相接触的线称为湿周,常以 X 表示。

C　水力半径

总流过流断面与其湿周之比,称为水力半径,以 R 表示:

$$R=\frac{A}{X} \tag{3-12}$$

如对充满液体的圆管,其水力半径为

$$R=\frac{A}{X}=\frac{\frac{\pi}{4}d^2}{\pi d}=\frac{d}{4}=\frac{1}{2}r$$

由此可见,水力半径与圆断面的几何半径 r 是完全不同的概念。

3.2.1.5　流量及断面平均流速

A　流量

单位时间内流过过流断面的液体体积或质量,称为体积流量或质量流量。

在液体中取一微小流束,其过流断面面积为 $\mathrm{d}A$,因断面面积很小,流速可以认为是相等的,以 u 表示,则微小流束的体积流量 $\mathrm{d}Q$ 和质量流量 $\mathrm{d}Q_m$ 为

$$\mathrm{d}Q=\frac{\mathrm{d}V}{\mathrm{d}t}=u\mathrm{d}A \tag{3-13}$$

$$\mathrm{d}Q_m=\frac{\mathrm{d}m}{\mathrm{d}t}=\rho u\mathrm{d}A \tag{3-14}$$

对于总流的体积流量 Q 和质量流量 Q_m,则为

$$Q=\int_A u\mathrm{d}A \tag{3-15}$$

$$Q_m=\int_A \rho u\mathrm{d}A \tag{3-16}$$

式中　ρ——液体的密度。

B　平均流速

液体流动时,由于流体黏性的存在,液体与固体壁之间,液体质点之间都有阻力产生,因而在过流断面上各点的流速是不相同的,一般与固体壁接近的部分,流速变慢渐趋于零,而中心部流速最大(图3-6a)。由于过流断面上各点的流速较难求得,在计算中一般用平均流速 v 代替。平均流速是一个假想流速(图3-6b),按照此流速流过过流断面的流量应与实际流量相等,则

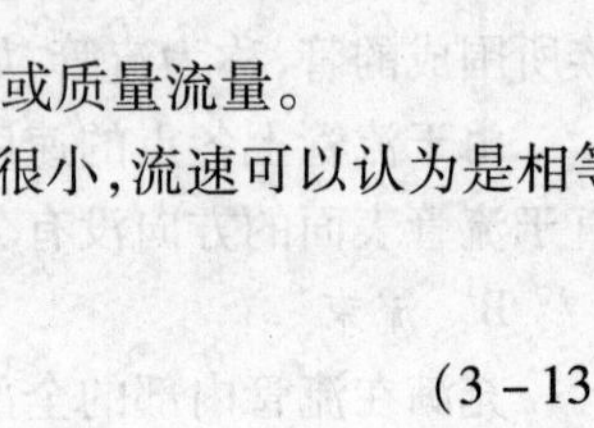

图3-6　平均流速

$$\left.\begin{aligned} Q &= vA = \int_A u\mathrm{d}A \\ v &= \frac{\int_A u\mathrm{d}A}{A} \end{aligned}\right\} \tag{3-17}$$

3.2.2 流动的连续性方程式

连续性方程是质量守恒定律在液体力学中的具体应用。

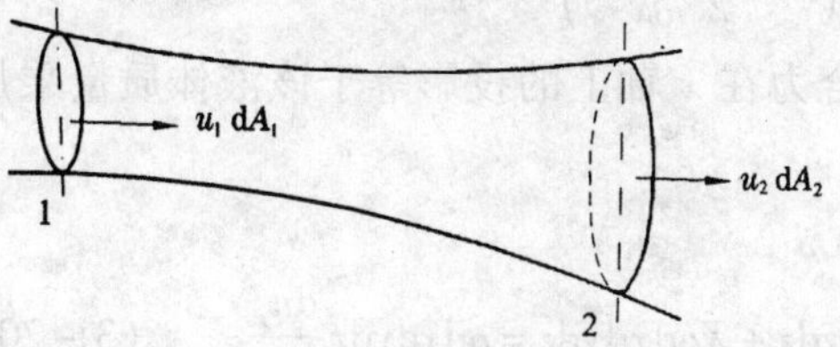

图3-7 微小流束

设在定常流动的流场中取出一微小流束，其两端的过流断面1和2的面积分别为$\mathrm{d}A_1$、$\mathrm{d}A_2$，通过的流速分别为u_1、u_2，如图3-7所示。

显然，在Δt时间内通过断面1的液体体积等于$u_1\mathrm{d}A_1\Delta t$，而通过断面2的液体体积等于$u_2\mathrm{d}A_2\Delta t$，考虑到定常流动的微小流束，其形状不随时间改变，液体不可能从侧面流入或流出；又因液体是不可压缩的，并且是充满空间无空隙的连续运动；因此，根据质量守恒定律，在Δt时间内，流过断面的质量应相等，即

$$\rho u_1\mathrm{d}A_1\Delta t = \rho u_2\mathrm{d}A_2\Delta t$$

消去$\rho\Delta t$得到

$$u_1\mathrm{d}A_1 = u_2\mathrm{d}A_2 = \mathrm{d}Q \tag{3-18}$$

这就是微小流束的连续性方程式。它的物理意义表示定常流动中微小流束任意断面的流量相等。

对上式沿整个过流断面积分可得总流的连续性方程式

$$\left.\begin{aligned} &Q = v_1A_1 = v_2A_2 \\ \text{或}\quad &\frac{v_1}{v_2} = \frac{A_2}{A_1} \end{aligned}\right\} \tag{3-19}$$

该式为总流连续性方程的一般表达式，它也说明在定常流动中，平均流速与过流断面面积成反比。由于连续性方程不涉及力的问题，因此，不管对理想液体或实际液体全部适用。

3.3 液体动力学

液体动力学研究引起液体运动的原因和决定运动的作用力、动量和能量。能量方程与连续性方程联立，可以解决压力、流速及能量损失之间的关系；动量方程可解决流动液体与固体边界之间的相互作用问题。

3.3.1 理想液体运动的微分方程式

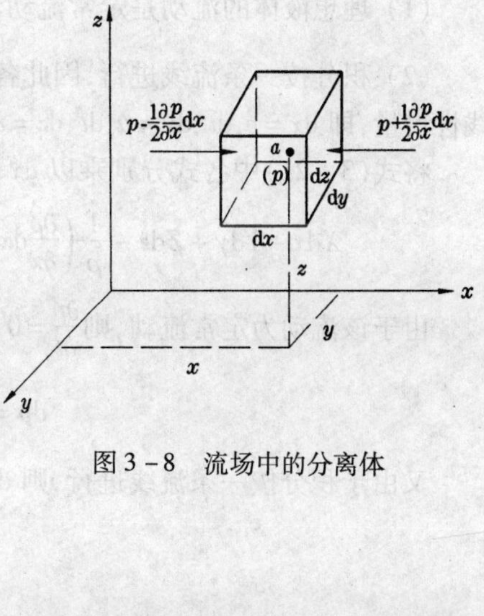

图3-8 流场中的分离体

如图3-8所示，在给定某一时刻，从流场中取一微小的平行六面体，并使六面体各边各与一坐标轴平

行，六面体各边长度分别为 dx、dy、dz，这个六面体的中心 a 的坐标为 x、y、z，压力为 p。

3.3.1.1　*质量力*

质量力在各轴上的投影分别为：$X\rho dxdydz$，$Y\rho dxdydz$，$Z\rho dxdydz$。

3.3.1.2　*表面力*

液体为连续介质，因此，压力是坐标的连续函数，将垂直于 x 轴的左右两个平面上的压力，按泰勒级数展开，并略去二阶以上无穷小后，分别为：

$$\left(p-\frac{1}{2}\frac{\partial p}{\partial x}dx\right)dydz \quad 和 \quad \left(p+\frac{1}{2}\frac{\partial p}{\partial x}dx\right)dydz$$

根据牛顿第二定律，作用在微小六面体上的合力在 x 轴上的投影等于该液体质量乘加速度在同轴上的投影，即 $F_x = ma_x = m\frac{du_x}{dt}$，则有

$$\left(p-\frac{1}{2}\frac{\partial p}{\partial x}dx\right)dydz-\left(p+\frac{1}{2}\frac{\partial p}{\partial x}dx\right)dydz+X\rho dxdydz=\rho dxdydz\frac{du_x}{dt} \tag{3-20}$$

式中　u_x——六面体的流速在 x 轴的分量；

$\frac{du_x}{dt}$——同轴加速度。

将上式两边除以 ρ，整理得

同理

$$\left.\begin{aligned} X-\frac{1}{\rho}\frac{\partial p}{\partial x}&=\frac{du_x}{dt}\\ Y-\frac{1}{\rho}\frac{\partial p}{\partial y}&=\frac{du_y}{dt}\\ Z-\frac{1}{\rho}\frac{\partial p}{\partial z}&=\frac{du_z}{dt}\end{aligned}\right\} \tag{3-21}$$

3.3.2　理想液体微小流束的伯努利方程式

为了求解式(3－21)中的 u_x、u_y、u_z 和 p，必须对该式进行积分。为了求解积分中出现的任意常数和任意函数，就需要补充起始条件和边界条件。而在液体力学中，起始条件不是经常能知道的，而边界条件有时很复杂，为此特作以下两条假设：

（1）理想液体的流动是定常流动，则 $\frac{\partial p}{\partial t}=0$、$\frac{\partial u_x}{\partial t}=0$、$\frac{\partial u_y}{\partial t}=0$、$\frac{\partial u_z}{\partial t}=0$；

（2）积分按一条流线进行，因此各坐标的微分是流速对各坐标投影在时间间隔 dt 中的线性增量，即 $dx=u_x dt$、$dy=u_y dt$、$dz=u_z dt$。

将式(3－21)中各式分别乘以 dx、dy、dz，相加整理得

$$Xdx+Ydy+Zdz-\frac{1}{\rho}\left(\frac{\partial p}{\partial x}dx+\frac{\partial p}{\partial y}dy+\frac{\partial p}{\partial z}dz\right)=\frac{du_x}{dt}dx+\frac{du_y}{dt}dy+\frac{du_z}{dt}dz \tag{3-22}$$

由于该流动为定常流动，则 $\frac{\partial p}{\partial t}=0$，因此压力仅是坐标的函数，其全微分为

$$dp=\frac{\partial p}{\partial x}dx+\frac{\partial p}{\partial y}dy+\frac{\partial p}{\partial z}dz \tag{3-23}$$

又由于积分按一条流线进行，则 $dx=u_x dt$、$dy=u_y dt$、$dz=u_z dt$，于是

$$\frac{du_x}{dt}dx+\frac{du_y}{dt}dy+\frac{du_z}{dt}dz=\frac{du_x}{dt}u_x dt+\frac{du_y}{dt}u_y dt+\frac{du_z}{dt}u_z dt$$

$$=u_x du_x+u_y du_y+u_z du_z=\frac{1}{2}d(u_x^2+u_y^2+u_z^2)=d\left(\frac{u^2}{2}\right) \tag{3-24}$$

将式(3-23)、式(3-24)代入式(3-22)中,整理得

$$Xdx+Ydy+Zdz-\frac{1}{\rho}dp-\frac{1}{2}du^2=0$$

如果作用在液体上的质量力只有重力,则有 $X=0,Y=0,Z=-g$,上式便可写成

$$-gdz-\frac{1}{\rho}dp-\frac{1}{2}du^2=0 \tag{3-25}$$

积分得

$$-gz-\frac{1}{\rho}p-\frac{u^2}{2}=c \qquad \text{(单位质量液体的伯努利方程)} \tag{3-26}$$

说明:该式中所有各项,系对液体的单位质量而言。若对单位重量应在各项中除以重力加速度 g,并考虑 $\gamma=\rho g$,整理有

$$z+\frac{p}{\rho g}+\frac{u^2}{2g}=H(\text{常数}) \tag{3-27}$$

式中 z——单位重力的液体所具有的位势能(或比位能),在流体力学中称为位置水头;

$p/\rho g$——单位重力的液体所具有的压力势能(或比压能),在流体力学中称为压力水头;

$u^2/2g$——单位重力的液体所具有的动能(或比动能),在流体力学中称为速度水头。

对于同一流线,或同一微小流束上任意两点,则上式可以写成

$$z_1+\frac{p_1}{\rho g}+\frac{u_1^2}{2g}=z_2+\frac{p_2}{\rho g}+\frac{u_2^2}{2g} \tag{3-28}$$

式(3-27)、式(3-28)称为理想液体微小流束的伯努利方程式,又名能量方程,是能量守恒定律在液体力学中的具体应用,它表明了运动要素之间的关系,是液体力学中最重要的方程式之一。

3.3.3 实际液体的伯努利方程式

3.3.3.1 实际液体微小流束的伯努利方程式

实际液体具有黏性,因此液体在流动过程中,液体内将产生内摩擦力,为了克服这种内摩擦力(阻力),液体就一定会消耗自身的部分能量(转变为声、热能等逸散,比如流水的声音)。那么,沿着液体流过的路程,单位重力液体所具有的总水头将不断减少。如用 h'_{w1-2} 表示微小流束从断面1—1流动到2—2的单位质量液体的水头损失,则质量力只有重力的实际液体的微小流束伯努利方程为

$$z_1+\frac{p_1}{\rho g}+\frac{u_1^2}{2g}=z_2+\frac{p_2}{\rho g}+\frac{u_2^2}{2g}+h'_{w1-2} \tag{3-29}$$

3.3.3.2 实际液体总流的伯努利方程式

式(3-29)只能应用于微小流束的液体上,但在工程技术中最常碰到的,乃是解决总流上的问题。因此,必须把微小流束的伯努利方程式,推广到实际液体总流上去。

推广时,要有一定的条件,这就是除满足推导微小流束伯努利方程式的假定以外,还必

须把所研究的断面取在缓变流上。

缓变流，其流线接近于直线流动，流线的曲率和彼此之间的夹角都很小，过流断面接近平面，如图3-9所示。这种流动的直线加速度及向心加速度都很小，故惯性力可略去。另外，过流断面与流动方向相垂直，其上没有速度投影。因此，缓变流任意断面上的压力分布，遵从重力场液体静力学规律，即

$$z+\frac{p}{\rho g}=\text{常数}$$

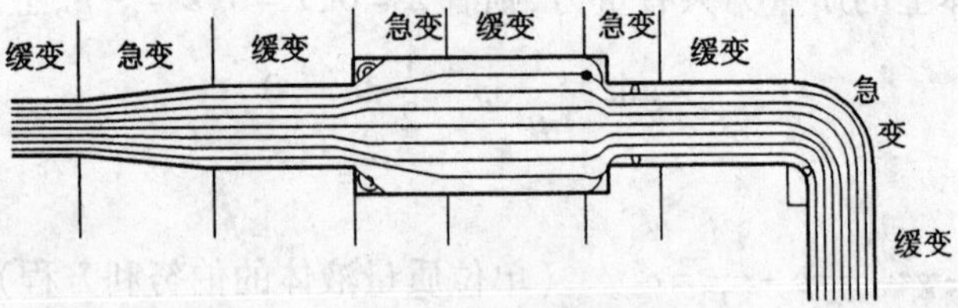

图3-9　急变流和缓变流

这是缓变流的一个重要特性。下面在实际液体微小流束伯努利方程的基础上，推导出总流的伯努利方程式。

式(3-29)是对单位质量液体而言的。如果单位时间流过微小流束断面1—1和2—2的液体质量为$\rho g\mathrm{d}Q$，用$\rho g\mathrm{d}Q$乘上式各项，然后再对总流相应断面A_1和A_2进行积分，就得出总流相应的伯努利方程式：

$$\int_{A_1}\left(z_1+\frac{p_1}{\rho g}+\frac{u_1^2}{2g}\right)\rho g\mathrm{d}Q=\int_{A_2}\left(z_2+\frac{p_2}{\rho g}+\frac{u_2^2}{2g}+h_{w1-2}\right)\rho g\mathrm{d}Q \tag{3-30}$$

根据$\mathrm{d}Q=u_1\mathrm{d}A_1=u_2\mathrm{d}A_2$，分别代入上式两边，并展开成

$$\begin{aligned}&\rho g\int_{A_1}\left(z_1+\frac{p_1}{\rho g}\right)u_1\mathrm{d}A_1+\frac{\rho}{2}\int_{A_1}u_1^3\mathrm{d}A_1\\&=\rho g\int_{A_2}\left(z_2+\frac{p_2}{\rho g}\right)u_2\mathrm{d}A_2+\frac{\rho}{2}\int_{A_2}u_2^3\mathrm{d}A_2+\rho g\int_{A_2}h'_{w1-2}u_2\mathrm{d}A_2\end{aligned} \tag{3-31}$$

将式(3-31)积分，再除以ρgQ总流上的流量，即为实际液体总流的伯努利方程式。为说明方便，将上式各项积分分别求解：

$$\rho g\int_A\left(z+\frac{p}{\rho g}\right)u\mathrm{d}A=\rho g\left(z+\frac{p}{\rho g}\right)\int_A u\mathrm{d}A=\rho g\left(z+\frac{p}{\rho g}\right)Q \tag{3-32}$$

$\frac{\rho}{2}\int_A u^3\mathrm{d}A$是总流过流断面上所具有的速度水头。但是，由于过流断面各点的速度u不同，又很难简单求出，因此均采用过流断面的平均流速v来代替点速u。用平均流速v表示的速度水头为$\frac{\rho}{2}v^3A$，由于$\frac{\rho}{2}\int_A u^3\mathrm{d}A\neq\frac{\rho}{2}v^3A$，可用系数$\alpha$加以修正。$\alpha$取为

$$\alpha=\frac{\frac{\rho}{2}\int_A u^3\mathrm{d}A}{\frac{\rho}{2}v^3A} \tag{3-33}$$

于是

$$\frac{\rho}{2}\int_A u^3 \mathrm{d}A = \alpha\frac{\rho}{2}v^3 A \tag{3-34}$$

α 称为动能修正系数。它的大小显然与过流断面上的速度分布不均匀有关。速度不均匀性愈大，α 值愈大。在一般管道和渠道中，α 值可取 1.03～1.1。如果要求不太精确，可取 1，只有在圆管层流运动中，α 才取 2。

$\rho g\int_A h'_w u\mathrm{d}A$ 为液体沿总流由断面 1—1 到 2—2 因克服阻力而损失的水头。这个积分是困难的。因为迄今为止，并不了解 h'_w 和 u 有什么关系。为了简便起见，一般均假设所有各流束的单位水头损失 h'_w 都相等，其总和为 h_w，或者设其平均值为 h_w，则

$$\rho g\int_A h'_w u\mathrm{d}A = \rho g h_w Q \tag{3-35}$$

将式(3-33)、式(3-34)、式(3-35)代入式(3-30)并除以 ρgQ，得

$$z_1 + \frac{p_1}{\rho g} + \frac{a_1 v_1^2}{2g} = z_2 + \frac{p_2}{\rho g} + \frac{a_2 v_2^2}{2g} + h_{w1-2} \tag{3-36}$$

这就是重力作用下，实际液体总流的伯努利方程式(或能量方程)，是液体力学最重要的方程之一。

3.3.4 动量方程式

液体力学中，有关液体运动方式的问题，一般可用流动的连续性方程和伯努利方程加以解决。但有些问题，由于事先无法求得流动的压头损失，伯努利方程无法求解。再有较复杂的液流，如弯曲流道的受力分析、水枪射流对煤壁作用力的分析等，这些问题的解决使用动量方程比较方便。因为完全可以不考虑液体的压缩性和黏性的影响，也无需考虑其流动过程。

定常流动的动量方程来源于理论力学的动量定理。

设物体的质量为 m，受力 $\boldsymbol{F}$，产生加速度 $\boldsymbol{a}$，它们之间的关系，即牛顿运动第二定律：$\boldsymbol{F}=m\boldsymbol{a}$，而加速度 $\boldsymbol{a}$ 等于速度对时间的变化率$\frac{\mathrm{d}v}{\mathrm{d}t}$，所以 $\boldsymbol{F}=m\frac{\mathrm{d}v}{\mathrm{d}t}$。在工程实际中，物体的质量是不变的，这样，动量方程可表达为：$\boldsymbol{F}=\frac{\mathrm{d}(mv)}{\mathrm{d}t}$。

对质点系来说上式可改写为

$$\sum \boldsymbol{F}_k = \frac{\mathrm{d}}{\mathrm{d}t}\sum m_k v_k \tag{3-37}$$

式(3-37)说明质点系的动量 $\sum m_k v_k$ 对时间的变化率，等于作用在该质点上所有外力的矢量和 $\sum \boldsymbol{F}_k$。

下面推导适用于液体运动特点的动量方程式表达式。在定常流动的总流中，任意取一液体段 11—22，以这个液体的侧面和总流边界流线所构成的流面为控制面，如图 3-10 所示。设 Q_1、A_1、v_1 分别为断面 1—1 的流量、断面面积和平均流速；Q_2、A_2、v_2 分别为断面 2—2 的流量、断面面积和平均流速。

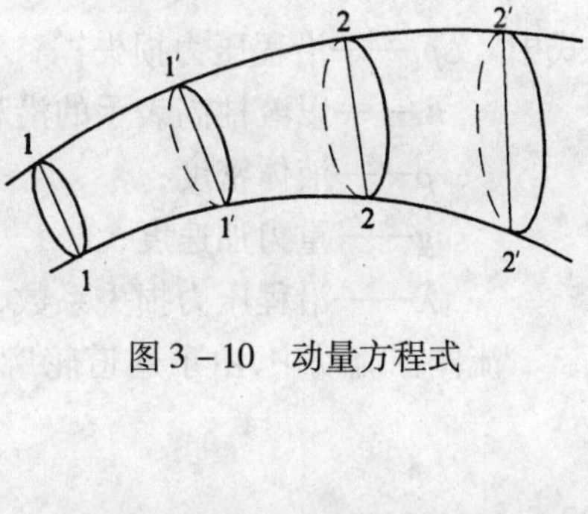

图 3-10 动量方程式

经过 dt 的时间后，液体段 11—22 移到 1′1′—2′2′，其动量的变化应等于 1′1′—2′2′段液体的动量与 11—

22 段液体动量之差。由于 1′1′—22 段为 11—22 和1′1′—2′2′所共有,而且在定常流动中,液体的动量在 dt 时间并无变化。因此,动量的增量等于 22—2′2′段液体的动量与 11—1′1′段液体的动量之差。

11—1′1′段的液体质量:$\rho A_1 v_1 \mathrm{d}t = \rho Q_1 \mathrm{d}t$

11—1′1′段的液体动量:$\rho Q_1 \mathrm{d}t v_1$

同理 22—2′2′段的液体动量:$\rho Q_2 \mathrm{d}t v_2$

因此,在 dt 时间内的动量增量为

$$\mathrm{d}\sum m_k v_k = \rho Q_2 \mathrm{d}t v_2 - \rho Q_1 \mathrm{d}t v_1 \tag{3-38}$$

整理得

$$\frac{\mathrm{d}}{\mathrm{d}t}\sum m_k v_k = \rho Q_2 v_2 - \rho Q_1 v_1 \tag{3-39}$$

设在时间 dt 内作用在总流控制体的表面力的总向量为$\sum \boldsymbol{F}_a$,作用在控制体的质量力的总向量为$\sum \boldsymbol{F}_b$,根据式(3-37)可写出液体运动的动量方程如下:

$$\sum \boldsymbol{F}_a + \sum \boldsymbol{F}_b = \frac{\mathrm{d}}{\mathrm{d}t}\sum m_k v_k = \rho Q_2 v_2 - \rho Q_1 v_1 \tag{3-40}$$

考虑 $Q_1 = Q_2 = Q$,上式可改为

$$\sum \boldsymbol{F}_a + \sum \boldsymbol{F}_b = \rho Q(v_2 - v_1) \tag{3-41}$$

该方程可以表达为:定常流动时,作用在总流控制体上表面力的总向量和质量力的总向量的向量和,等于单位时间内通过总流控制体流出与流入液体的动量的向量差。

3.4　流动阻力

黏性液体在运动时,与固体壁间会产生附着力,液体各质点间有内摩擦力(黏性力)。这样,过流断面上各点的液体速度各不相同。流速低的一层对高的一层有牵制作用,这就是液体的流动阻力。流动阻力包括沿程阻力和局部阻力。为了克服流动阻力,液体在流动中必然要消耗一部分能量,在流体力学中称为阻力损失。单位质量液体的能量损失称为比能损失。能量损失包括沿程阻力损失和局部阻力损失。

流体在直管和过流断面形状、尺寸沿程不变的明渠中流动时,产生的流动阻力称为沿程阻力。克服这种阻力损失的能量,称为沿程阻力损失或沿程压力损失,以 h_f 表示。它主要取决于管道长度 l、管径 d、液体流速 v、液体黏度以及液体在管中的流动状态。通过量纲分析和实验得到计算沿程压力损失的计算公式如下:

$$h_f = \lambda \frac{l}{d} \times \frac{v^2}{2g} \tag{3-42}$$

或

$$\Delta p_l = \lambda \frac{l}{d} \times \frac{\rho v^2}{2}$$

式中　Δp_l——沿程压力损失;

h_f——以液柱高表示的沿程压力损失;

ρ——液体密度;

g——重力加速度;

λ——沿程压力损失系数,不同的流态有不同的 λ 值。

流体在流动中,由于通道轮廓或流速的急剧变化(例如通过弯头、三通、异径管、突扩

管、突缩管、闸门等处)所产生的流动阻力,称为局部阻力,克服这种阻力损失的能量,称为局部阻力损失或局部压力损失,以 h_j 表示:

$$h_j = \xi \frac{v^2}{2g} \tag{3-43}$$

或

$$\Delta p_j = \xi \frac{\rho v^2}{2} \tag{3-44}$$

式中 Δp_j——局部压力损失;

h_j——以液柱高表示的局部压力损失;

ρ——液体密度;

ξ——局部压力损失系数;

v——流体过流断面上平均流速。

因此,伯努利方程式中的阻力损失 h_w 可表示为

$$h_w = \sum h_f + \sum h_j \tag{3-45}$$

3.4.1 流态、雷诺判据

图 3-11 所示为流速与流动损失关系的实验装置。稍微打开控制阀 10 和控制色水的控制阀 3,水平玻璃管 1 内流速不大,此时色水成一条鲜明的细流,非常平稳,并与管的中心线平行,这种流动状态称为层流。如果再继续开大,色水细流发生波动以致破断,水流的稳定性遭到破坏,如再增大流速,色水与水流一起形成环状涡流,进而互相混掺扩散,色迹完全消失,这种状态称为紊流。

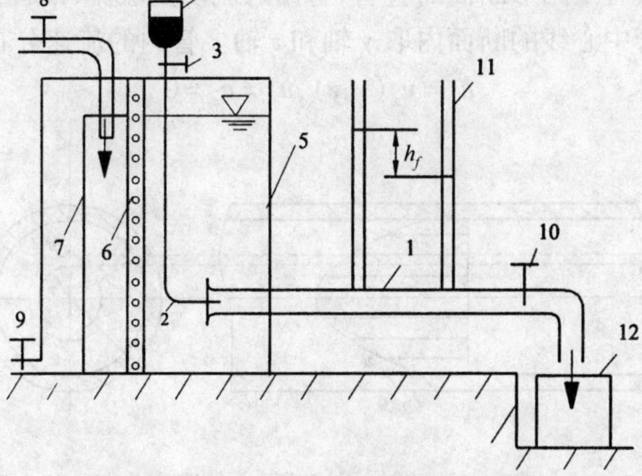

图 3-11 雷诺实验装置

1—水平玻璃管;2—细管;3—色水控制阀;4—色水杯;5—水箱;6—蜂窝板;7—溢水隔板;8—供水阀门;9—放水管;10—控制阀;11—测压管;12—量水筒

因此,流体的流动状态分为两种,即层流和紊流。流体的流动状态用雷诺数判定,雷诺数以 Re 来表示:

$$Re = \frac{vR}{\nu} \qquad \begin{matrix} Re < Rer \text{ 时为层流} \\ Re > Rer \text{ 时为紊流} \end{matrix} \tag{3-46}$$

式中　v——流体的流动速度，m/s；

R——水力半径，m；

ν——运动黏度，m^2/s；

Rer——对应于临界速度的雷诺数，即临界雷诺数。

3.4.2　黏性流体的运动微分方程式

由于黏性流体在流动时存在着流动阻力，因此在推导黏性流体的运动微分方程式过程中，除考虑流体质点所受的表面力和质量力外，还应考虑流体质点间的流动阻力，其详细推导过程可参见文献[20]。黏性流体的运动微分方程式为

$$\left.\begin{aligned} X-\frac{1}{\rho}\frac{\partial p}{\partial x}+\frac{\mu}{\rho}\left(\frac{\partial^2 u_x}{\partial x^2}+\frac{\partial^2 u_x}{\partial y^2}+\frac{\partial^2 u_x}{\partial z^2}\right)&=\frac{\mathrm{d}u_x}{\mathrm{d}t}\\ Y-\frac{1}{\rho}\frac{\partial p}{\partial y}+\frac{\mu}{\rho}\left(\frac{\partial^2 u_y}{\partial x^2}+\frac{\partial^2 u_y}{\partial y^2}+\frac{\partial^2 u_y}{\partial z^2}\right)&=\frac{\mathrm{d}u_y}{\mathrm{d}t}\\ Z-\frac{1}{\rho}\frac{\partial p}{\partial z}+\frac{\mu}{\rho}\left(\frac{\partial^2 u_z}{\partial x^2}+\frac{\partial^2 u_z}{\partial y^2}+\frac{\partial^2 u_z}{\partial z^2}\right)&=\frac{\mathrm{d}u_z}{\mathrm{d}t} \end{aligned}\right\} \tag{3-47}$$

3.4.3　管内层流运动的沿程损失

在同一个液流上，各过流断面的形状和面积都相等，而且在不同断面上相应点（同一流线的点）的流速也不变的流动称为均匀流动。例如，圆管中的层流运动就属于均匀流动，流线都与管的中心线平行，质点的运动规律比较简单，因此可应用黏性流体的运动微分方程加以解析。

如图 3－12 所示，有一圆形断面的直管，管内的流动是层流，设管半径为 r_0，沿圆管中心线取作 x 轴，垂直于管中心线的断面内取 y 轴和 z 轴。管内的流速分布为

$$u_x=u_x(y,z),u_y=u_z=0 \tag{3-48}$$

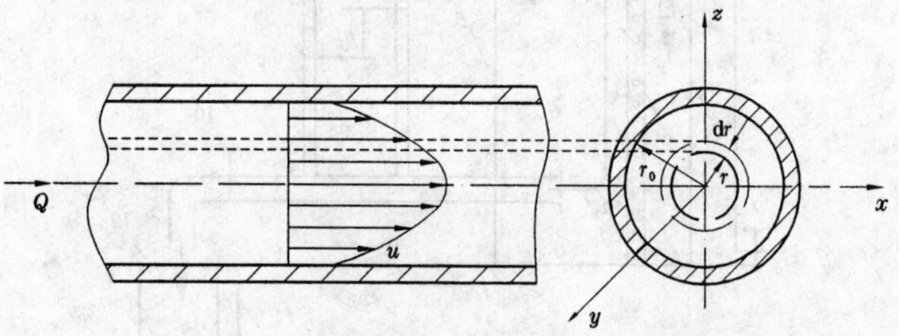

图 3－12　圆管层流断面上的速度分布

对于定常流动，在忽略重力的情况下，把式(3－48)代入式(3－47)，则黏性流体的运动微分方程将简化为

$$\left.\begin{aligned} -\frac{1}{\rho}\frac{\partial p}{\partial x}+\nu\left(\frac{\partial^2 u_x}{\partial y^2}+\frac{\partial^2 u_x}{\partial z^2}\right)&=0\\ -\frac{1}{\rho}\frac{\partial p}{\partial y}&=0\\ -\frac{1}{\rho}\frac{\partial p}{\partial z}&=0 \end{aligned}\right\} \tag{3-49}$$

整理得

$$\frac{\mathrm{d}p}{\mathrm{d}x}=\mu\left(\frac{\partial^2 u_x}{\partial y^2}+\frac{\partial^2 u_x}{\partial z^2}\right) \tag{3-50}$$

式(3-50)等号左侧只是 x 的函数,而右侧则是 y 和 z 的函数,这只有在等式两侧都等于一个数才能成立。从式中可以看出,只能是压力梯度为一常数,即 $\frac{\mathrm{d}p}{\mathrm{d}x}=-\frac{\Delta p}{l}=$ 常数。于是式(3-50)可改写为

$$\mu\left(\frac{\partial^2 u_x}{\partial y^2}+\frac{\partial^2 u_x}{\partial z^2}\right)=-\frac{\Delta p}{l}$$

式中 $\Delta p=p_1-p_2$——管长 l 段内的压降。

由于圆管中的流动对 x 轴是对称的,故

$$\frac{\partial^2 u_x}{\partial y^2}=\frac{\partial^2 u_x}{\partial z^2}=\frac{\partial^2 u_x}{\partial r^2}=\frac{\mathrm{d}^2 u_x}{\mathrm{d}r^2}$$

代入上式整理得

$$2\mu\frac{\mathrm{d}^2 u_x}{\mathrm{d}r^2}=-\frac{\Delta p}{l}$$

对上式进行积分得

$$2\mu\frac{\mathrm{d}u_x}{\mathrm{d}r}=-\frac{\Delta p}{l}r+c_1$$

在圆管中心处,$\frac{\mathrm{d}u_x}{\mathrm{d}r}=0$,$r=0$,故 $c_1=0$,代入上式得

$$2\mu\frac{\mathrm{d}u_x}{\mathrm{d}r}=-\frac{\Delta p}{l}r \tag{3-51}$$

再进行积分得

$$2\mu u_x=-\frac{\Delta p}{l}\frac{r^2}{2}+c_2$$

在管壁处,$r=r_0$,$u_x=0$,故 $c_2=\frac{\Delta p}{l}\times\frac{r_0^2}{2}$,于是上式变为

$$u=u_x=\frac{\Delta p}{4\mu l}(r_0^2-r^2) \tag{3-52}$$

最大流速在管轴心线处,即 $r=0$ 时

$$u=u_{\max}=\frac{\Delta p d^2}{16\mu l} \tag{3-53}$$

式中 d——圆管直径。

平均流速:

$$v=\frac{1}{A}\int_A u\mathrm{d}A=\frac{1}{A}\int_0^{r_0}\frac{\Delta p}{4\mu l}(r_0^2-r)\times 2\pi r\,\mathrm{d}r=\frac{\Delta p d^2}{32\mu l}=\frac{1}{2}u_{\max}$$

流量为

$$Q=Av=\frac{\pi}{4}d^2\times\frac{\Delta p d^2}{32\mu l}=\frac{\pi d^4\Delta p}{128\mu l} \tag{3-54}$$

由式(3-54)可知,沿程压力损失为

$$\Delta p_l = \frac{32\mu lv}{d^2} = \frac{64}{\frac{\rho vd}{\mu}} \times \frac{l}{d} \times \frac{\rho v^2}{2} \tag{3-55}$$

比较式(3-42)和式(3-55),可得 $\lambda = \frac{64}{\rho vd/\mu} = \frac{64}{Re}$　(3-56)

实际经验证明,管道的介质为水时:$\lambda = \frac{64}{Re}$;金属管中油的层流运动:$\lambda = \frac{75}{Re}$;橡胶软管中油的层流运动:$\lambda = \frac{80}{Re}$。

由此可见,液体做层流运动时,沿程损失系数 λ 仅与雷诺数 Re 有关,与管道内壁的表面粗糙度无关,这一结论已为实验所证实。

3.4.4　管内紊流运动的沿程损失

从雷诺实验知道,紊流的流速、压力等运动要素,在空间、时间上具有随机性质,紊流是一种非定常运动。由于目前还没有全部掌握紊流的规律,因此对紊流流动阻力损失的计算仍需借助于实验来确定。通过大量的实验研究得知,影响压力的因素有许多种,即

$$h_f = f(d、l、v、\rho、\mu、\Delta) \tag{3-57}$$

研究发现,紊流的能量损失一方面取决于反映流动内部矛盾的黏性力和惯性力的对比关系,另一方面是决定于流动的边壁几何条件。前者黏性力可以用雷诺数 Re 表示,而边壁条件则包括管长、过流断面形状、大小以及壁面的粗糙度 Δ 等。对于圆管来说,过流断面形状一定,而式(3-57)中也包括了管长 l 和管径 d,因此,边壁的几何条件中只剩下粗糙度需要通过沿程阻力系数 λ 来反映。这就是说沿程阻力系数 λ,主要取决于雷诺数 Re 和粗糙度 Δ 这两个因素,即 $\lambda = f\left(Re, \frac{\Delta}{d}\right)$。

因此,管内紊流运动的沿程损失 $\Delta p_l = \lambda \times \frac{l}{d} \times \frac{\rho v^2}{2}$

3.4.5　沿程阻力系数

为了探求沿程阻力系数 λ 的变化规律,尼古拉兹实验用多种管径和多种砂粒,得到了 $\frac{\Delta}{d} = \frac{1}{30} \sim \frac{1}{1014}$ 的 6 种不同的相对粗糙度 $\frac{\Delta}{d}$。同时根据图 3-13 的装置,测量不同流量时的断面平均流速 v 和沿程水头损失 h_f。

如图 3-13 为一个测量沿程损失的实验装置。从水面高度不变的水箱中接出一根管径不变的管道,选 1、2 两断面接测压管。根据伯努利方程,两断面的液面差即为 1、2 两断面间的沿程水头损失,测量管中通过的流量,算出平均流速。用阀门调节流量,可以测得不同流速下的沿程水头损失。

根据式(3-43)和式(3-54),可以得到不同粗糙度下的雷诺数 Re 和沿程阻力系数 λ,将 Re、λ 点绘在对数坐标纸上,可以得到尼古拉兹粗糙管沿程损失系数,如图 3-14 所示。

第Ⅰ区为层流区。当 $Re < 2000$ 时,所有的实验点,不论其粗糙度如何,都集中在一根直线上。这表明沿程阻力系数 λ 仅随雷诺数 Re 变化,而与粗糙度 Δ 无关。

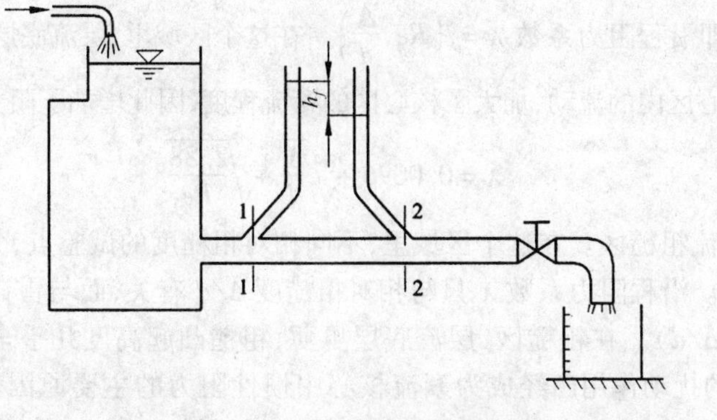

图 3-13 测量沿程损失的实验装置

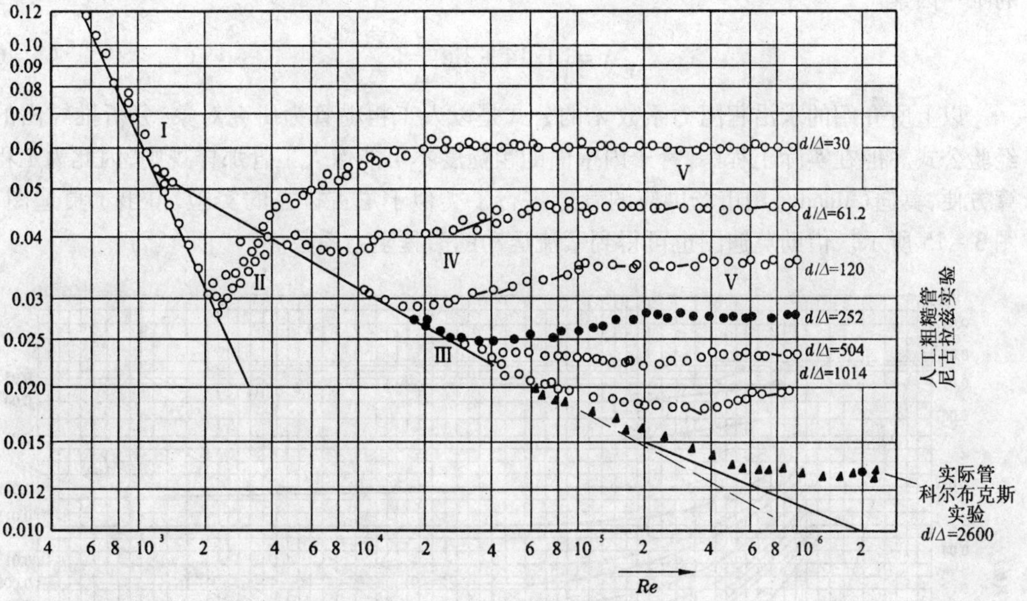

图 3-14 尼古拉兹实验

第Ⅱ区为临界区，在 $Re=2000\sim4000$ 范围内，是由层流向紊流的转变过程，沿程阻力系数 λ 随 Re 的增大而增大，与 Δ 无关。

第Ⅲ区为紊流光滑区，在 $Re>4000$ 后，不同相对粗糙度的试验点，均集中在曲线Ⅲ上，随着雷诺数 Re 的加大，相对粗糙度较大的管道，其试验点在较低的雷诺数 Re 时，就偏离曲线 Ⅲ；而相对粗糙度较小的管道，其试验点要在较大雷诺数 Re 时才偏离光滑区。在曲线Ⅲ范围内，沿程阻力系数 λ 只与雷诺数 Re 有关而与相对粗糙度 Δ/d 无关，即沿程阻力系数 $\lambda=f(Re)$。在光滑区，粗糙度 Δ 比层流底层的厚度 δ 小得多，粗糙的凸起部分完全被掩盖在层流底层以内，它对紊流核心的流动几乎没有影响，粗糙引起的扰动作用完全被层流底层内流体黏性的稳定作用所抑制。管壁粗糙对流动阻力和能量损失不产生影响。

当 $3\times10^3<Re<10^5$ 时，对于紊流光滑管，推荐

$$\lambda=0.3164Re^{-0.25} \tag{3-58}$$

第Ⅳ区为紊流过渡区。在这个区域内，试验点已偏离光滑区曲线。不同相对粗糙度的试验点各自分散成一条条波状的曲线。沿程阻力系数 λ 既与雷诺数 Re 有关，又与相对粗

糙度 Δ/d 有关，即沿程阻力系数 $\lambda=f\left(Re,\dfrac{\Delta}{d}\right)$。在这个区域里，层流底层厚度 δ 变薄，粗糙开始影响到紊流核心区内的流动，加大了核心区的紊流程度，因此增加了阻力和能量损失。

$$\lambda=0.0096+\sqrt{\frac{\Delta}{d}}+\sqrt{\frac{2.88}{Re}} \tag{3-59}$$

第Ⅴ区为紊流粗糙区。在这个区域里，不同相对粗糙度的试验点，分别落在一些与横坐标平行的直线上。沿程阻力系数 λ 只与相对粗糙度 Δ/d 有关，而与雷诺数 Re 无关，即沿程阻力系数 $\lambda=f(\Delta/d)$。在粗糙区，层流底层更薄，粗糙凸起高度几乎全部暴露在紊流核心中，$\Delta\gg\delta$。粗糙的扰动作用已经成为紊流核心中惯性阻力的主要原因。雷诺数 Re 对紊流强度的影响和粗糙的影响相比已微不足道了。相对粗糙度 Δ/d 成了影响沿程阻力系数 λ 的唯一因素。

$$\lambda=\left(1.14+2\lg\frac{d}{\Delta}\right)^{-2} \tag{3-60}$$

以上所介绍的求沿程阻力系数 λ 的公式是以人工粗糙管为研究对象，分析推导出的半经验公式。但在实际工程中，管子内壁面的粗糙度不可能像人工管那样规则，因此为工程计算方便，莫迪(Moody)用市场供应的管道进行了类似于尼古拉兹的实验，得出了莫迪图，如图 3－15 所示。借助莫迪图也可得到紊流运动的沿程阻力系数。

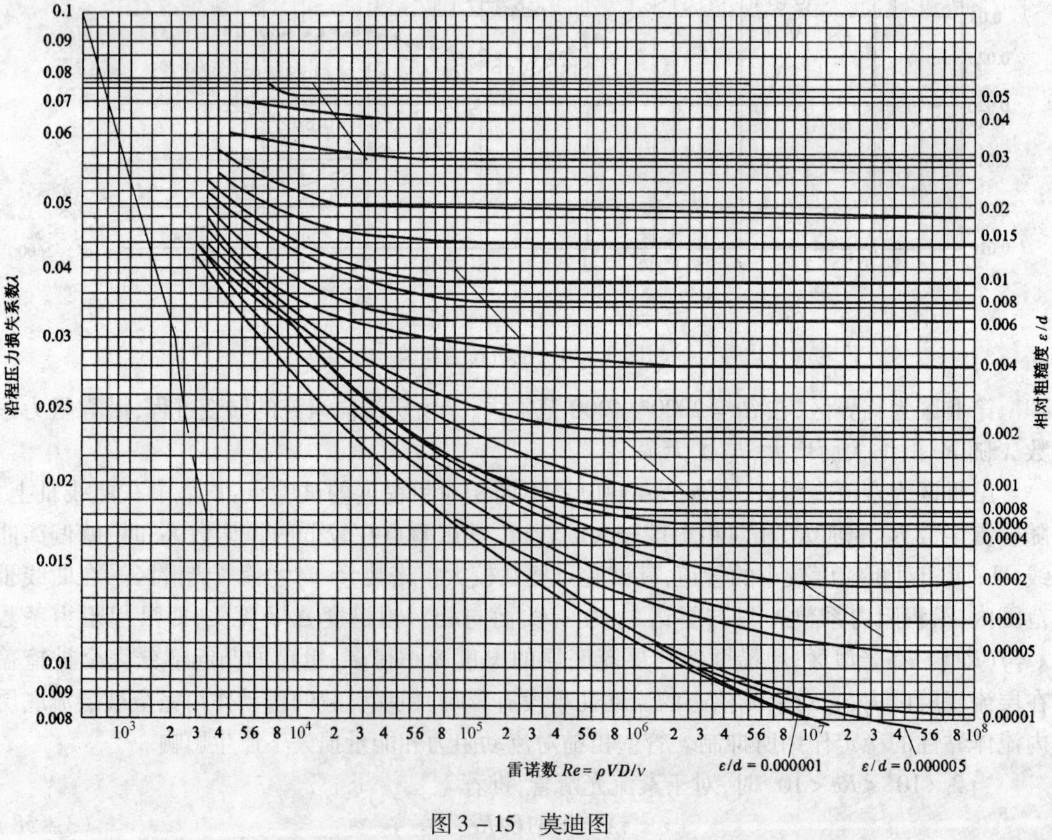

图 3－15　莫迪图

3.4.6 局部阻力损失

我们知道,各种工业管道都要安装一些阀门、弯头、三通等配件,用以控制和调节管内的流动。流体经过这类配件时,由于边壁或流量的改变,均匀流在这一局部地区遭到破坏,引起了流速大小、方向或分布的变化。由此产生的能量损失,称为局部损失。

工程上有不少管道,如通风管道(矿井通风)、采暖管道等,其局部损失占有很大比重,因此,要准确掌握这类管道中的流动,不能忽视局部损失的计算。由于局部损失的种类繁多,体形各异,其边壁的变化大多数比较复杂,加以紊流本身的复杂性,多数局部阻力的损失计算,还不能从理论上解决,必须借助于由实验得来的经验公式或系数。

局部阻力损失的公式为

$$h_j = \xi \frac{v^2}{2g} \tag{3-61}$$

式中 h_j——局部阻力损失;

ξ——局部损失阻力系数;

v——液体断面上的平均速度,m/s。

由式(3-61)可以知道,求局部阻力损失 h_j的问题,转换为求局部损失阻力系数 ξ 的问题。不同的局部结构形式具有不同的局部损失阻力系数 ξ,可参考文献[20]得到局部阻力损失系数 ξ 值。

3.5 孔口和缝隙液流

在液压传动系统中,液流流经小孔或缝隙的现象是普遍存在的,它们有的用来调节流量,有的造成泄漏而影响效率。不管是哪一种,都涉及小孔或缝隙的流量问题。

3.5.1 孔口液流

3.5.1.1 薄壁小孔

所谓薄壁小孔是指小孔的长度和直径之比 $l/d \leqslant 0.5$ 的孔,一般孔口边缘都做成锐缘形式,如图 3-16 所示。这种结构形式的阀口就是薄壁小孔的实际例子。

以小孔中心线所在的平面为基准面,列出图 3-16 中断面 1—1 和 2—2 的伯努利方程,并设速度不均匀系数为 1,有

$$\frac{p_1}{\rho g} + \frac{v_1^2}{2g} = \frac{p_2}{\rho g} + \frac{v_2^2}{2g} + h_j \tag{3-62}$$

式中,$h_j = \xi \dfrac{v_e^2}{2g}$,代入上式,整理得

$$v_e = \frac{1}{\sqrt{\xi}}\sqrt{\frac{2}{\rho}\Delta p} = C_v\sqrt{\frac{2\Delta p}{\rho}} \tag{3-63}$$

式中,C_v 为小孔的速度系数, $C_v = 1/\sqrt{\xi}$,Δp 为小孔前后的压差,$\Delta p = p_1 - p_2$。

则流经小孔的流量为

$$Q = A_e v_e = \varepsilon A_0 C_v \sqrt{\frac{2\Delta p}{\rho}}$$

$$=C_qA_0\sqrt{\frac{2\Delta p}{\rho}} \tag{3-64}$$

式中　A_0——小孔的截面面积；

ε——截面收缩系数，$\varepsilon = A_e/A_0$；

C_q——流量系数，即

$$C_q = \varepsilon C_v \tag{3-65}$$

流量系数 C_q 的值由实验确定。C_q、C_v、ε 与 Re 之间的关系如图 3－17 所示。

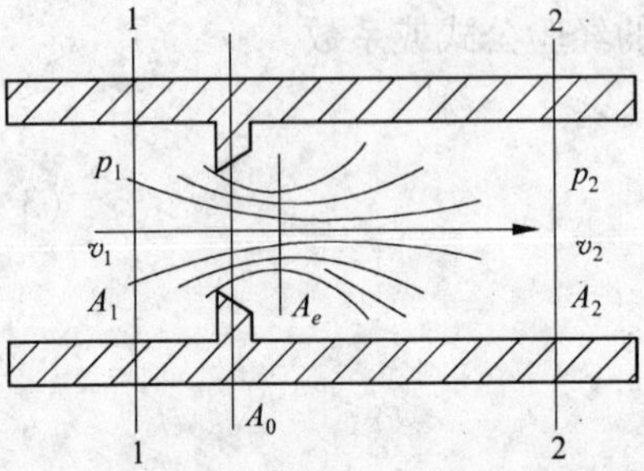

图 3－16　薄壁小孔

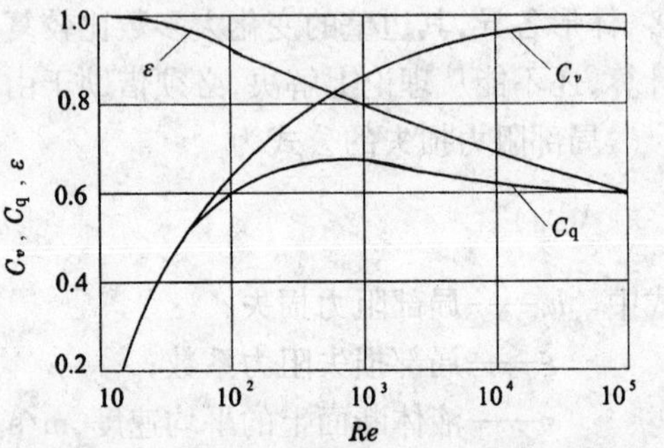

图 3－17　小孔的 C_q、C_v、ε 与 Re 之间的关系曲线

3.5.1.2　短孔和细长孔

短孔的流量公式依然是式(3－64)，但流量系数应由图 3－18 查出。

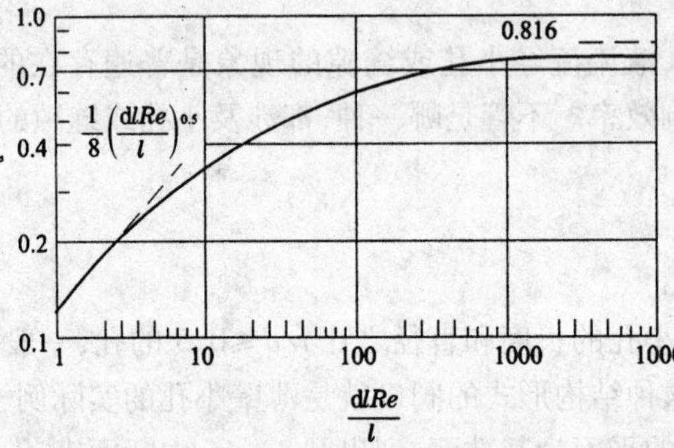

图 3－18　短孔的流量系数

所谓细长孔，一般是指长径比 $l/d>4$ 的小孔。流经细长孔的液流一般为层流，其流量可参照式(3－54)计算。但应注意，细长孔的流量对油温的变化很敏感，这一点是和薄壁小孔的特性不同的。

3.5.2　缝隙流

3.5.2.1　流经平行平面缝隙的流动

在实际的传动装置中，比如液压传动装置，由于传动部件之间间隙很小，而液体都是具有一定的黏性，以平面缝隙为例，其雷诺数一般小于 1000～2000，因此，液压传动的平行平面缝隙属于层流。

下面我们来分析平行平面缝隙的流动。

设有两块平行平板相距 h,长 l,宽 b,其间充满油液从一端向另一端流动。在缝隙流中取一微小液体块,它上面的作用力如图 3-19 所示。

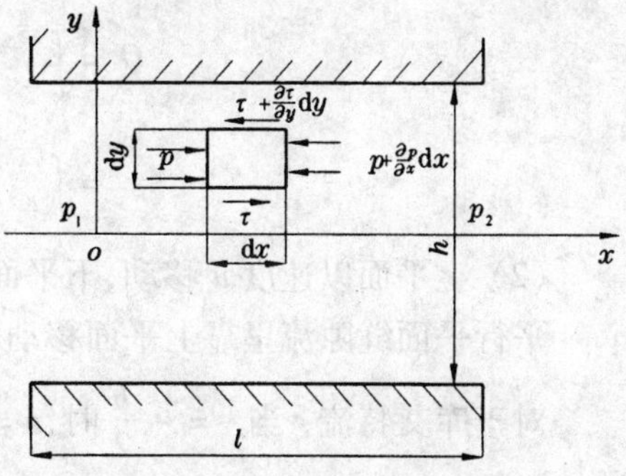

图 3-19 平行平面间的流动

建立直角坐标系 xoy,ox 轴通过平行平面缝隙的中心,并平行于平面,于是沿 ox 轴方向的平衡方程为

$$pb\mathrm{d}y-\left(p+\frac{\partial p}{\partial x}\mathrm{d}x\right)b\mathrm{d}y+\tau b\mathrm{d}x-\left(\tau+\frac{\partial\tau}{\partial y}\mathrm{d}y\right)b\mathrm{d}x=0$$

整理得

$$-\frac{\partial p}{\partial x}=\frac{\partial\tau}{\partial y}\tag{3-66}$$

由于平行平面流动 p 仅是 x 的函数,τ 仅是 y 的函数,因此上式改写为

$$\frac{\mathrm{d}\tau}{\mathrm{d}y}=-\frac{\mathrm{d}p}{\mathrm{d}x}$$

根据式(2-4)有

$$\frac{\mathrm{d}\tau}{\mathrm{d}y}=-\mu\frac{\mathrm{d}^2u}{\mathrm{d}y^2}$$

代入上式,整理得

$$\frac{\mathrm{d}^2u}{\mathrm{d}y^2}=\frac{1}{\mu}\frac{\mathrm{d}p}{\mathrm{d}x}\tag{3-67}$$

$\frac{\mathrm{d}p}{\mathrm{d}x}$为压力在 x 轴方向的变化率,则

$$\frac{\mathrm{d}p}{\mathrm{d}x}=-\frac{\Delta p}{l}$$

代入式(3-67)得

$$\frac{\mathrm{d}^2u}{\mathrm{d}y^2}=-\frac{1}{\mu}\frac{\Delta p}{l}\tag{3-68}$$

一次积分

$$\frac{\mathrm{d}u}{\mathrm{d}y}=-\frac{1}{\mu}\frac{\Delta p}{l}y+c_1$$

二次积分

$$u=-\frac{\Delta p}{2\mu l}y^2+c_1y+c_2\tag{3-69}$$

式中 c_1、c_2——积分常数。

下面我们利用边界条件确定积分常数 c_1、c_2。

(1) 两平行平面不动。

两平行平面不动,平面间的流动靠压差作用,即 $\Delta p\neq0$。靠两端的压差产生流动的流动称为压差流或泊肃叶流。

对于压差流:当 $y=+\frac{h}{2}$时,$u=0$;当 $y=-\frac{h}{2}$时,$u=0$。分别代入式(3-69)得

$$c_1=0,\ c_2=\frac{\Delta p}{8\mu l}h^2$$

则两平行平面不动的平行平面缝隙流的流速表达式为

$$u=\frac{\Delta p}{2\mu l}\left(\frac{h^2}{4}-y^2\right)\tag{3-70}$$

平行平面缝隙流的流量为

$$Q = \int_{-\frac{h}{2}}^{+\frac{h}{2}} ub\mathrm{d}y = \int_{-\frac{h}{2}}^{+\frac{h}{2}} \frac{b\Delta p}{2\mu l}\left(\frac{h^2}{4} - y^2\right)\mathrm{d}y = \frac{bh^3}{12\mu l}\Delta p \quad (3-71)$$

(2) 上平面以速度 u 移动，下平面不动，$\Delta p = 0$。

平行平面缝隙流里靠上平面移动而产生的流动，称为剪切流或库艾特流。

对于库艾特流，当 $y = +\frac{h}{2}$ 时，$u = U$；当 $y = -\frac{h}{2}$ 时，$u = 0$，分别代入式(3-69)，并考虑 $\Delta p = 0$，整理得

$$u = \frac{U}{2}\left(1 + \frac{2}{h}y\right) \quad (3-72)$$

则流量

$$Q = b\int_{-\frac{h}{2}}^{+\frac{h}{2}} u\mathrm{d}y = b\int_{-\frac{h}{2}}^{+\frac{h}{2}} \frac{U}{2}\left(1 + \frac{2}{h}y\right)\mathrm{d}y = \frac{bU}{2}h \quad (3-73)$$

(3) 上平面以速度 U 移动，下平面不动，$\Delta p \neq 0$。

在上述条件下，平面间液体的流动为压差流和剪切流叠加的情况。这时的边界条件是 $y = +\frac{h}{2}$ 时，$u = U$；$y = -\frac{h}{2}$ 时，$u = 0$，代入式(3-69)，求得积分常数 $c_1 = \pm\frac{U}{h}$，$c_2 = \pm\frac{U}{h} + \frac{\Delta p}{\mu l}\frac{h^2}{8}$。

整理得

$$u = \frac{\Delta p}{2\mu l}\left(\frac{h^2}{4} - y^2\right) \pm \frac{U}{2}\left(1 + \frac{2}{h}y\right) \quad (3-74)$$

$$Q = \int_{-\frac{h}{2}}^{+\frac{h}{2}} ub\mathrm{d}y = b\int_{-\frac{h}{2}}^{+\frac{h}{2}} u\mathrm{d}y = \left(\frac{\Delta ph^3}{12\mu l} \pm \frac{Uh}{2}\right)b \quad (3-75)$$

说明：“+”表示上平面移动方向与液体的流动方向相同；“-”表示上平面移动方向与液体的流动方向相反。

3.5.2.2　流经环形缝隙的流动

A　同心环形缝隙

如图 3-20a 所示，当环形缝隙 h 与直径 d 相比很小时，环形缝隙展开就是平行平面缝隙，此时缝隙宽度为 $b = \pi d$。因此，这种同心环形缝隙的流量，可以用平行平面缝隙的流量公式来计算。

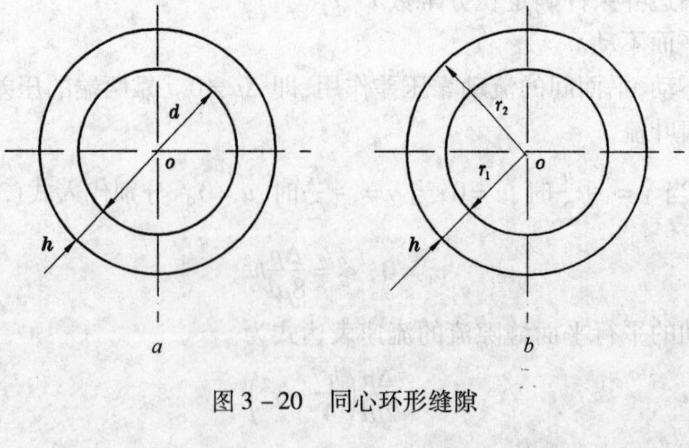

图 3-20　同心环形缝隙

当 $\Delta p \neq 0$，内外环不动时，该流动为压差流，即靠两端的压差产生的流动，因此可按式(3－71)进行其流量的计算，即

$$Q = \frac{\pi d h^3}{12\mu l}\Delta p \tag{3-76}$$

当 $\Delta p \neq 0$，一环对另一环以速度 U 轴向移动时，该流动为压差流和剪切流的叠加，因此可按式(3－75)进行其流量的计算，则

$$Q = \left(\frac{\Delta p h^3}{12\mu l} \pm \frac{U}{2}h\right)\pi d \tag{3-77}$$

如图3－20b 所示，当 $r_2 - r_1 = h$ 较大时，内、外环不动，$\Delta p \neq 0$ 的流量计算公式为

$$Q = \frac{\pi\Delta p}{8\mu l}\left[(r_2^4 - r_1^4) - \frac{(r_2^2 - r_1^2)^2}{\ln(r_2/r_1)}\right] \tag{3-78}$$

B　偏心环形缝隙

在往复或旋转运动的装置中，偏心环形缝隙多于同心环形缝隙，如油(气)缸与活塞之间的间隙，由于活塞力不均匀，经常出现偏心，如图3－21所示。

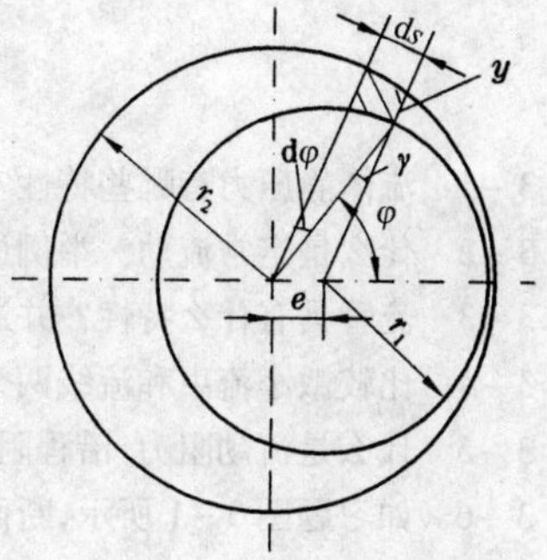

图3－21　偏心环形缝隙

$$y = r_2 - (r_1\cos\gamma + e\cos\varphi) \tag{3-79}$$

式中　y——偏心环形缝隙；

e——偏心距。

由于缝隙很小，因此角 γ 很小，就有 $\cos\gamma \approx 1$，则上式可写为

$$y = r_2 - (r_1 + e\cos\varphi) = h - e\cos\varphi \tag{3-80}$$

式中　h——二环同心时的缝隙，$h = r_2 - r_1$；

r_2、r_1——内外环的半径；

e——偏心距。

取一单元弧长 $\mathrm{d}s = r_2\mathrm{d}\varphi$，通过宽度 $\mathrm{d}s$ 的缝隙量，可按平行平面的流量公式计算，即

$$\mathrm{d}Q = \frac{\Delta p}{12\mu l}y^3 r_2\mathrm{d}\varphi \tag{3-81}$$

则通过整个环形面积的流量为

$$\begin{aligned} Q &= \int \mathrm{d}Q = \int_0^{2\pi}\frac{\Delta p}{12\mu l}y^3 r_2\mathrm{d}\varphi \\ &= \frac{\Delta p r_2}{12\mu l}\int_0^{2\pi} y^3\mathrm{d}\varphi = \frac{\Delta p}{12\mu l}\int_0^{2\pi}(h - e\cos\varphi)^3\mathrm{d}\varphi \end{aligned} \tag{3-82}$$

引入相对偏心量 $\varepsilon = \dfrac{e}{h}$，则有

$$Q = \frac{r_2 h^3\Delta p}{12\mu l}\int_0^{2\pi}(1 - \varepsilon\cos\varphi)^3\mathrm{d}\varphi = \frac{\pi d h^3}{12\mu l}\Delta p\left(1 + \frac{3}{2}\varepsilon^2\right) \tag{3-83}$$

式中　d——外环直径，$d=2r_2$。

根据式(3－76)和式(3－83)，当 $\varepsilon=1$，即在最大偏心处时

$$Q_{偏心}=2.5Q_{同心} \tag{3-84}$$

因此必须控制偏心距，以减小泄漏量。环形缝隙中的液流一般为层流，若雷诺数 Re 过大，缝隙流将从层流转变为紊流，其临界雷诺数 Re_k 为

缝隙种类	Re_k
同心环形光滑缝隙	1100
偏心环形光滑缝隙	1000
带沟槽的同心缝隙	700
带沟槽的偏心缝隙	400

紊流状态下的缝隙流的沿程阻力系数，可由下式计算：

$$\lambda=0.32Re^{-0.25} \tag{3-85}$$

或

$$\lambda=0.31Re^{-0.24} \tag{3-86}$$

思考题与习题

3－1　流体静压力有哪些特性？

3－2　什么是定常流动？举例说明。

3－3　流管具有什么特性？并进行证明。

3－4　比较微小流束和流线两个概念的异同。

3－5　什么是流动阻力、沿程阻力和局部阻力？

3－6　如习题图3－1所示，断面为50 cm×50 cm的送风管，通过 a、b、c、d 四个40 cm×40 cm送风口向室内输送空气，送风口气流平均速度为5 m/s，求通过送风管1、2、3断面的流速和流量。

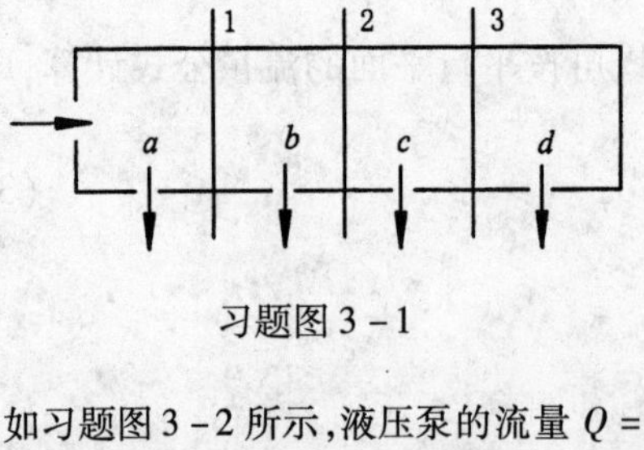

习题图3－1

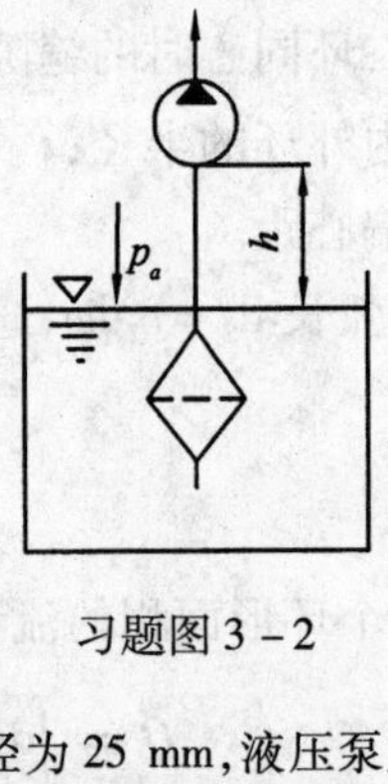

习题图3－2

3－7　如习题图3－2所示，液压泵的流量 $Q=100$ L/min，吸油管通径为25 mm，液压泵入口距液面高度 $h=400$ mm，粗滤网的压力降 $\Delta p_r=1.5\times10^3$ Pa，油液的密度 $\rho=0.9\times10^3$ kg/m³，油液的黏度 $\nu=0.2\times10^{-4}$ m²/s，求液压泵吸油口的真空度。

3－8　如习题图3－3所示，用直径 $d=100$ mm的管道从水箱中引水。如水箱中的水面恒定，水面高出管道出口中心的高度 $H=4$ m，管道的损失假设沿管道均匀发生，$h_{w1-2}=3\dfrac{v^2}{2g}$。

求：(1) 通过管道的流速和流量；

(2) 管道中点 M 的压强。

3－9　如习题图3－4所示，容器中分别装入油和水，求内部A、B、C、D、E各点的压力？已知$Z_1=60$ cm，$Z_2=30$ cm，$Z_3=15$ cm，$Z_4=30$ cm。

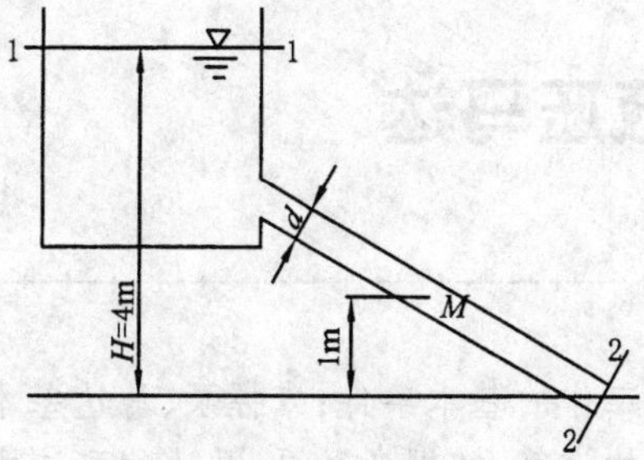

习题图3－3

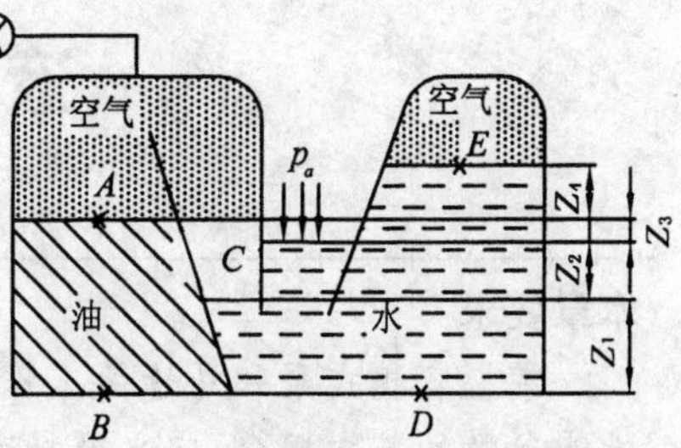

习题图3－4

3－10　有一如习题图3－5所示的水平管路，水从断面2—2排入大气。为了将水从$h=3.5$ m的下面吸入管路中，问细管的直径取多大才能实现？已知粗管直径$D=10$ cm，管内流量$Q=0.006\ m^3/s$。

3－11　有一吸水管内径d为100 mm的离心式水泵，安装在距水面上3 m的位置（习题图3－6），若真空表上的读数P为310 mmHg（41.3 kPa）时求水泵的排水量（不计损失）。

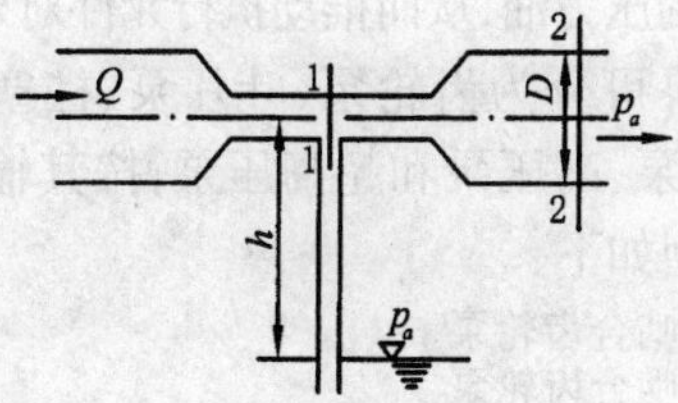

习题图3－5

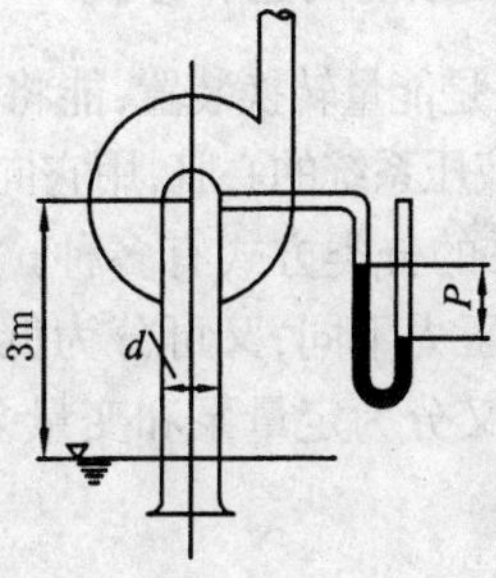

习题图3－6

3－12　习题图3－7所示的增压器$d_1=210$ mm，$d_2=200$ mm，$d_3=110$ mm，$d_4=100$ mm，可动部分质量为$m=200$ kg，摩擦阻力等于工作柱塞全部传递力的10%。如果进口压力$p_1=5$ MPa，求出口压力p_2。

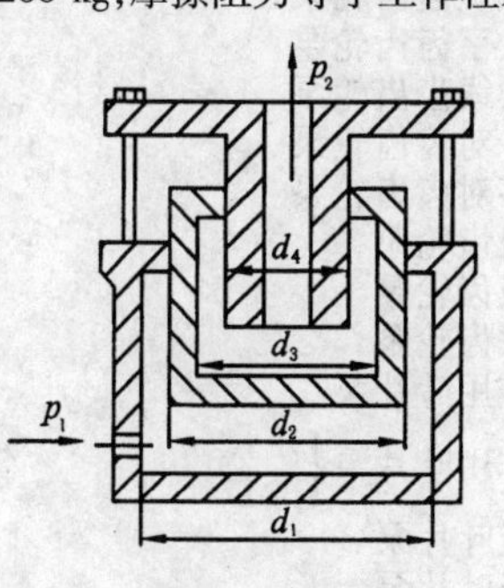

习题图3－7

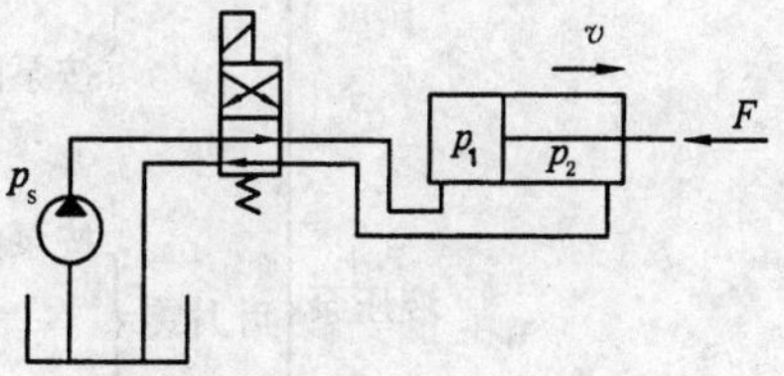

习题图3－8

3－13　习题图3－8所示的液压系统中，液压缸直径$D=15$ cm，活塞杆直径$d=5$ mm，负载$F=10^4$ N，要求运动速度$v=0.2$ m/s。泵出口比液压缸低2 m，泵出口比油池高1 m。所用油为N46机械油，其运动黏度$\nu=2.9\ m^2/s$，密度$\rho=900\ kg/m^3$。压油管道：管长$l_1=30$ m，管径$d_1=30$ mm，绝对粗糙度$\Delta_1=0.1$ mm，1个弯头，$\xi_1=0.29$，换向阀压力损失为12.1m油柱；回油管道：管长$l_1=32$ m，$d_1=30$ mm，$\Delta_2=0.25$ mm，4个弯头，$\xi_1=0.29$，换向阀压力损失为9.65 m油柱。设油缸入口和出口局部压力损失系数分别为$\xi_2=0.5$和$\xi_3=1$，试求泵的出口压力。

4 液压泵和液压马达

本章要求

掌握容积式泵和马达的工作原理及其正常工作的基本条件；掌握泵、马达基本性能参数的基本概念、定义及功率、效率等参数的计算；掌握各种泵、马达的配流方式及其工作条件。

4.1 概述

4.1.1 液压泵的用途和分类

液压泵是能量转换装置，能将原动机提供的机械能转换为液压能，是液压系统中的液压能源，是组成液压系统的心脏，用它向液压系统输送足够量的压力油，从而推动执行元件对外做功。

液压泵的分类方式有多种。按其结构不同，液压泵可分为齿轮泵、叶片泵、柱塞泵和螺杆泵；按其压力不同，又可分为低压泵、中压泵、中高压泵、高压泵和超高压泵；按其输出流量能否调节，又分为定量泵和变量泵。液压泵的大致类型如下：

- 液压泵
  - 齿轮泵
    - 按齿轮啮合形式分
      - 外啮合齿轮泵
      - 内啮合齿轮泵
    - 按工作压力分
      - 低压齿轮泵
      - 中高压齿轮泵
      - 高压齿轮泵
    - 按齿轮采用的齿形分
      - 直齿齿轮泵
      - 螺旋齿齿轮泵
      - 人字齿齿轮泵
      - 摆线齿齿轮泵
    - 按泵工作齿轮对数分
      - 一对齿齿轮泵
      - 多对齿齿轮泵
    - 按泵的结构形式分
      - 单级齿轮泵
      - 双级齿轮泵
      - 双联齿轮泵
  - 叶片泵
    - 按泵的工作特性分
      - 双作用叶片泵
      - 单作用叶片泵
        - 定量
        - 变量
    - 按泵的结构形式分
      - 单级叶片泵
      - 双级叶片泵
      - 双联叶片泵
  - 柱塞泵
    - 按柱塞排列形式分
      - 径向柱塞泵
      - 轴向柱塞泵
        - 倾斜轴式
        - 倾斜盘式
    - 按泵的工作特性分
      - 定量柱塞泵
      - 变量柱塞泵
        - 单向变量
        - 双向变量
  - 螺杆泵
    - 双螺杆泵
    - 三螺杆泵

4.1.2 液压泵的工作原理

液压泵的类型虽然不同，但它们的工作原理却是相同的。现以单柱塞泵为例说明液压泵的基本工作原理。如图 4－1 所示，偏心轮 1 旋转时，柱塞 2 在偏心轮和弹簧 3 的作用下在缸体内左右移动。柱塞 2 右移时，缸体中的密封工作腔 4 容积变大，产生真空，油箱中的油液在大气压力的推动下打开吸液阀 5 进入工作腔 4；柱塞左移时，缸孔中的工作腔变小，油液被强迫通过排液阀 6 进入系统中。当偏心轮连续旋转时，便周而复始地重复上述过程。

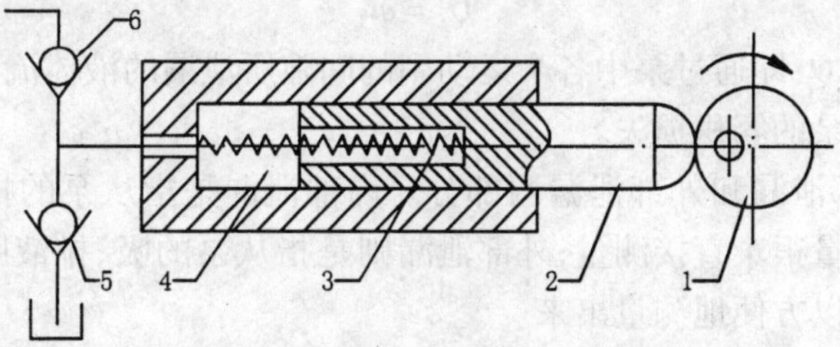

图 4－1 液压泵的工作原理

1—偏心轮；2—柱塞；3—弹簧；4—工作腔；5—吸液阀；6—排液阀

由以上所述可得液压泵工作的基本条件：

(1) 密封容积的变化是液压泵实现吸、排液的根本原因，因此，密封而又可以变化的容积是液压泵必须具备的基本结构，所以液压泵也称容积式液压泵。显然，液压泵所产生的流量与其密封容积的变化量和单位时间内容积变化的次数成比例。

(2) 具有隔离吸液腔和排液腔(即隔离低压和高压液体)的装置——配流(油)装置，使液压泵能连续有规律地吸入和排出工作液体。配流装置的结构因液压泵的形式而异，有阀式、盘式和轴式配流装置。

(3) 油箱内的工作液体始终具有不低于一个大气压的绝对压力，这是保证液压泵能从油箱吸液的必要外部条件。因此，一般油箱的液面总是与大气相通的。

4.2 液压泵和液压马达的基本性能参数

4.2.1 液压泵的性能参数

4.2.1.1 压力

(1) 额定压力 p_0：在正常工作条件下，根据试验标准规定，允许液压泵连续运转的最高压力。一般情况下，额定压力就是泵的公称压力。液压元件和液压系统的公称压力已经实现了标准化。

(2) 最高允许压力 p_{max}：按试验标准规定，超过额定压力允许短暂运行的最高压力。

(3) 工作压力 p：即泵实际工作时所达到的具体压力值。工作压力的大小主要取决于液压执行元件的外负载。

压力的常用单位是帕 (Pa)或兆帕 (MPa)。

4.2.1.2 排量和流量

(1) 排量 q：液压泵的主轴每转动一转，由其几何尺寸计算而得到的排出液体的体积，称为泵的排量或几何排量。常用单位是 mL/r。

排量的大小只取决于泵的工作原理和结构尺寸，而与其工况无关，是液压泵的一个特征参数。

排量可调节的液压泵称为变量泵；排量为常数的液压泵则称为定量泵。液压泵的排量已经标准化。

（2）理论流量 Q_t：指在不考虑液压泵的泄漏流量的理想条件下，其单位时间所排出的液体的体积，常用单位为 L/min。若泵的排量为 q，主轴转速为 n，则泵的理论流量 Q_t 为

$$Q_t = qn \tag{4-1}$$

（3）泄漏流量 ΔQ：即通过泵中各个运动副的间隙所泄漏的液体流量。这一部分液体不传递有用功，也称为泵的容积损失。

泄漏流量分内部泄漏和外部泄漏两部分。内部泄漏是指从泵的排液腔向吸液腔的泄漏，这一部分泄漏流量很难直接测量；外部泄漏则是指从泵的吸、排液腔向其他自由空间的泄漏，其泄漏流量可以方便地测量出来。

液压泵的泄漏流量大小取决于泵的密封性、工作压力和液体黏度等因素，而与泵的运动速度关系不大。

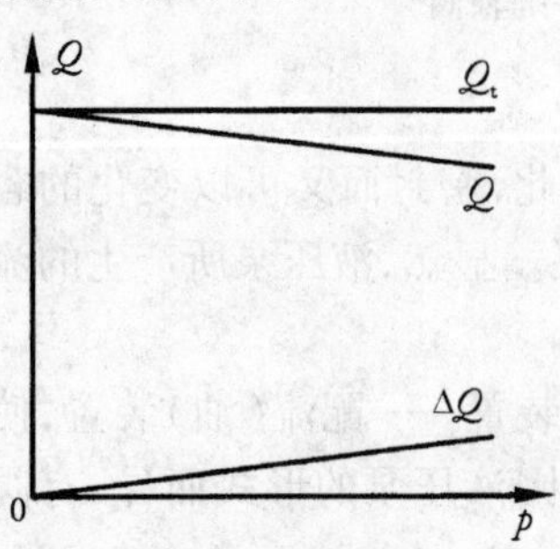

图 4－2　泵的流量与工作压力的关系

（4）实际流量 Q：指在考虑液压泵泄漏损失时，液压泵在单位时间内实际输出的液体的体积。由于存在泄漏损失以及因液体压缩所产生的容积损失，所以实际流量小于理论流量，即 $Q = Q_t - \Delta Q$。实际流量与工作压力的关系如图 4－2 所示。

（5）额定流量 Q_0：指液压泵在正常工作条件下，按试验标准规定（额定压力和额定转速）必须保证的流量，即在产品样本上或铭牌上标出的流量。

4.2.1.3　*功率和效率*

（1）理论输出功率 P_t：在不考虑液压泵的容积损失和压力损失时，其输出液体所具有的液压功率，称为液压泵的理论输出功率，常用单位有瓦（W）或千瓦（kW）。显然理论输出功率等于泵的理论流量 Q_t 与进出口压差 Δp 的乘积，即

$$P_t = Q_t \times \Delta p \tag{4-2}$$

（2）实际输出功率 P：用实际流量 Q 与泵的进出口压差 Δp 的乘积来表示，即

$$P = Q \times \Delta p \tag{4-3}$$

（3）容积效率 η_V：液压泵的实际流量与理论流量之比，即

$$\eta_V = \frac{Q}{Q_t} = \frac{Q_t - \Delta Q}{Q_t} = 1 - \frac{\Delta Q}{Q_t} \tag{4-4}$$

在实际工作中，常按下式计算实际流量：

$$Q = Q_t \eta_V = qn\eta_V \tag{4-5}$$

（4）输入功率 P_i 与总效率 η：输入功率 P_i 为驱动泵轴转动所需的机械功率。设输入转矩为 T（N · m），主轴角速度为 ω（1/s），转速为 n，则

$$P_i = \omega T \quad 或 \quad P_i = \frac{2\pi n}{60} T \tag{4-6}$$

机械效率 η_m 为泵的理论输出功率 P_t 与输入功率 P_i 之比，即

$$\eta_m = P_t/P_i = Q_t \times \Delta P/P_i \tag{4-7}$$

它与相对运动零件间和零件与流体间的摩擦损失有关。

总效率 η 为泵的实际输出功率与输入功率之比，等于其容积效率与机械效率之积，即

$$\eta = P/P_i = Q \times \Delta p/P_i = Q_t\eta_V \times \Delta p/P_i = \eta_V(Q_t \times \Delta p/P_i) = \eta_V \times \eta_m \tag{4-8}$$

主要液压泵的容积效率和总效率见表 4－1。

表 4－1　泵的容积效率和总效率

泵的类别	齿轮泵	叶片泵	柱塞泵	螺杆泵
容积效率 η_V	0.7～0.95	0.8～0.95	0.85～0.95	0.7～0.98
总效率 η	0.63～0.87	0.65～0.82	0.81～0.88	0.65～0.85

泵的容积效率 η_V、机械效率 η_m、总效率 η、理论流量 Q_t、实际流量 Q 和输入功率 P_i 与工作压力 p 的关系曲线如图 4－3 所示。这种性能曲线是对应一定品种的工作液体、某一转速和某一温度下作出的。由图可知，容积效率 η_V（实际流量 Q）随压力增高而减小；机械效率 η_m 开始时迅速上升，而后变缓；总效率 η 始于零，且有一个最大值。

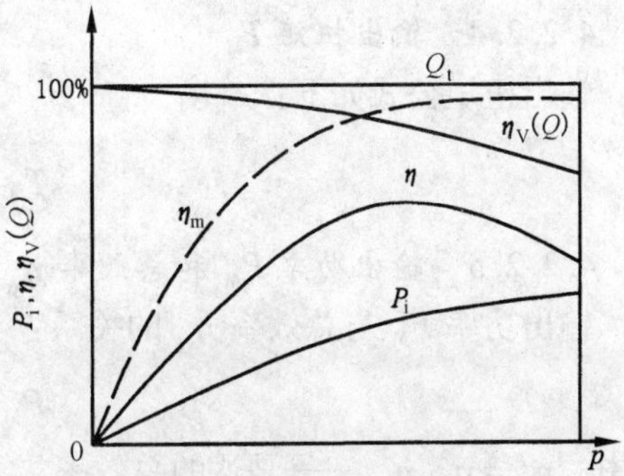

图 4－3　泵的性能曲线

4.2.1.4　转速

液压泵的转速有额定转速、最高转速和最低转速三种，在技术规格中有时给出其中两种，有时给出一种，它们的含义如下：

额定转速 n_0：指泵在额定压力下，连续长时间运转的最大转速，常用单位是 r/min。

最高转速 n_{max}：指泵在额定压力下，允许短暂运行的最大转速。当泵的转速超过最高转速时，吸液腔会因流速过大而产生吸空或气穴现象，是不许可的。

最低转速 n_{min}：为允许泵正常运行的最小转速。液压泵的转速低于最低转速时，则因流量过小，使系统不能工作，也是不许可的。

因此，在一般情况下，液压泵应在额定转速下运转。常用各类液压泵额定转速范围 n_0 如下：

齿轮泵：1000～1800 r/min；

叶片泵：1000～1800 r/min；

轴向柱塞泵：1000～2200 r/min。

4.2.2　液压马达的主要性能参数

从液压马达的输出来看，其主要性能表现为转速和扭矩。

4.2.2.1　排量 q_M

在不考虑泄漏的情况下，液压马达主轴每转一周所需输入液体的体积，称为马达的排量，单位为 mL/r。它取决于马达的结构原理和几何尺寸，而与工况无关。排量可调节的马达称为变量马达，排量恒定的马达则称为定量马达。

4.2.2.2　输入流量 Q_M 与容积效率 η_{VM}

单位时间内进入马达进液口的液体流量称为输入流量，单位为 L/min。由于马达内部各运动副之间存在间隙，不可避免地会出现泄漏现象，造成马达的容积损失，用 ΔQ_M 表示，则真正推动马达做功的流量为 $Q_M - \Delta Q_M$，所以马达的容积效率为

$$\eta_{VM} = \frac{Q_M - \Delta Q_M}{Q_M} = 1 - \frac{\Delta Q_M}{Q_M} \tag{4-9}$$

4.2.2.3　输出转速 n_M

已知马达的排量 q_M 和容积效率 η_{VM} 以及输入流量 Q_M，则马达的输出转速 n_M 应为

$$n_M = \frac{Q_M \eta_{VM}}{q_M} \tag{4-10}$$

由上式可知，通过改变输入流量 Q_M 或调节马达的排量 q_M 均可改变马达的转速。

4.2.2.4　输出扭矩 T_M

输出扭矩公式如下：

$$T_M = \frac{\Delta p_M q_M}{2\pi} \eta_{mM} \tag{4-11}$$

4.2.2.5　输出功率 P_M 和总效率 η_M

输出功率 P_M 与总效率 η_M 的关系：

$$P_M = \Delta p_M Q_M \eta_M \tag{4-12}$$

式中　$\eta_M = \eta_{VM} \eta_{mM}$——马达的总效率。

4.3　齿轮泵

齿轮泵是液压泵中结构最简单的一种，它自吸能力好，对油液的污染不敏感，工作可靠，制造容易，体积小，价格便宜，广泛应用在各种液压机械上。齿轮泵的主要缺点是不能变量，齿轮所承受的径向液压力不易平衡，容积效率较低，因此使用范围受到一定的限制。

齿轮泵按齿轮的啮合形式可分为外啮合式和内啮合式两种。

4.3.1　外啮合齿轮泵

4.3.1.1　工作原理

如图 4-4 所示，在密闭的壳体中装有一对相互啮合的齿轮，齿轮啮合点两侧的壳体上各开有一口作为泵的吸、排液口，由于齿轮的齿顶和壳体内孔表面间隙很小，齿轮端面和泵盖间隙很小，因而把吸液腔和排液腔隔开。当传动轴带动主动齿轮使两齿轮按图示方向旋转时，以下两个方面的动作同时产生：(1) 啮合点右侧啮合着的齿逐渐退出啮合，同时齿间的油液由吸液腔带入排液腔，使得吸液腔空间增大，形成局部真空，油箱中的油液在外界大气压作用

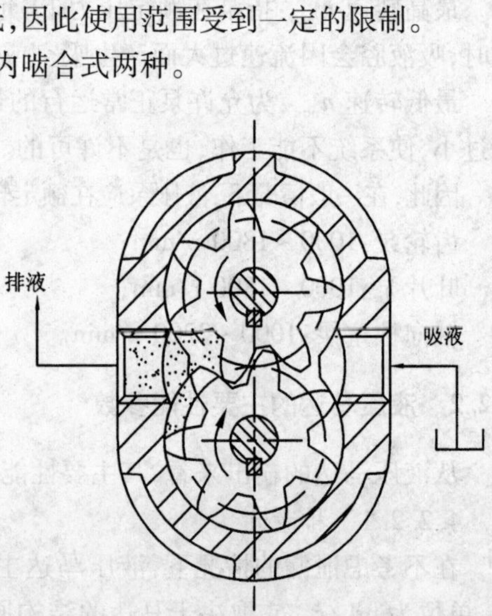

图 4-4　外啮合齿轮泵的工作原理

下进入吸液腔;(2)齿间油液由吸液腔带入排液腔的同时,啮合点左侧的齿逐渐进入啮合,把齿间的油液挤压出来,从排液口强迫流出。这就是齿轮泵的吸液和排液过程。随着齿轮的不断运转,齿轮泵就连续地吸、排油液。

4.3.1.2 排量和流量计算

齿轮泵排量的精确计算比较麻烦,在近似计算时,可以认为齿间槽的容积(应扣除齿根间隙)等于轮齿体积。因此,齿轮每转一周,排出的液体体积等于主动齿轮(齿数 Z)的所有齿间槽的工作容积(齿间槽容积减去齿根间隙)及其所有轮齿有效体积之和,即等于主动齿轮齿顶圆(直径为 $mz+2m$)与基圆(直径为 $mz-2m$)之间的环形圆柱的体积,即

$$q=\left[\frac{\pi}{4}(mz+2m)^2-\frac{\pi}{4}(mz-2m)^2\right]B=2\pi m^2 zB \tag{4-13}$$

式中 m——齿轮模数;

z——齿轮齿数;

B——齿轮宽度。

实际上,齿间槽的容积稍大于轮齿的容积,齿数越少时差值越大,考虑到这一因素,对式(4-13)进行修正,可得到齿轮泵的排量公式为

$$q=(1.06\sim1.12)\times 2\pi m^2 zB$$

式中,系数在齿数多时取小值,齿数少时取大值。

泵的实际输出流量为

$$Q=qn\eta_v=(1.06\sim1.12)\times 2\pi m^2 zBn\eta_v$$

式中 n——泵的转速;

η_V——泵的容积效率。

以上计算的是外啮合齿轮泵的平均流量,实际上随着啮合点位置的不断变化,吸、压油腔在每一瞬时的容积变化率是不均匀的,因此齿轮泵的瞬时流量 Q' 是脉动的。流量脉动率 δ 可用下式表示:

$$\delta=\frac{Q'_{max}-Q'_{min}}{Q_t}\times 100\%$$

4.3.1.3 外啮合齿轮泵存在的几个问题

A 泄漏

外啮合齿轮泵存在三条泄漏途径:一是通过齿轮外圆与泵体配合处径向间隙的泄漏,称为径向泄漏;二是由于齿向误差,通过两个齿轮的啮合线处的泄漏,称为啮合线泄漏;三是通过齿轮端面与侧盖板之间轴向端面间隙的泄漏,称为轴向端面泄漏。这三种泄漏中,由于径向泄漏通道较长,即使在径向间隙较大的情况下,泄漏量也比较小。而在两个齿轮啮合点处,随着泵工作压力的增高,啮合点的接触更加紧密,通过啮合线的泄漏量也不会太大。影响泵容积效率的主要泄漏是轴向端面泄漏。轴向端面泄漏量约占总泄漏量的80%。一般低压齿轮泵的轴向间隙为0.03~0.04 mm。高压齿轮泵采用轴向端面间隙自动补偿装置,以减少轴向端面泄漏,提高容积效率。轴向端面间隙自动补偿装置的大致原理是:将压力油通至齿轮端面的一个浮动盖板上,随着泵工作压力的提高,其端面间隙自动减小,因此在高压下运转时也能保持较高的容积效率。当然,作用在端面上的液压力必须仔细计算。

B 径向力不平衡

从外啮合齿轮泵的工作原理可知,齿轮泵的一侧吸油,另一侧压油。压油腔的油经径向

间隙逐渐渗漏到吸油腔，其压力逐渐减小，所以作用在齿轮外圆上的压力是分级逐步降低的。这样，齿轮轴和轴承上都受到一个径向不平衡力。油压越高，径向不平衡力越大。因此，齿轮泵轴承上的作用力很大，轴承的寿命往往成为提高其使用压力的制约因素。

C　困油现象及消除措施

为使齿轮泵平稳地运转、吸排液腔严格地密封以及均匀而连续地供油，必须使齿轮啮合的重叠系数大于1，即在一对齿退出啮合之前，后面一对齿已进入啮合。因而在这两对啮合的轮齿之间形成了封闭的容积，称为闭死容积或困油区。如图4－5所示，在齿轮旋转过程中，该闭死容积的大小是不断变化的。由图4－5*a*旋转到图4－5*b*所示位置时，闭死容积从最

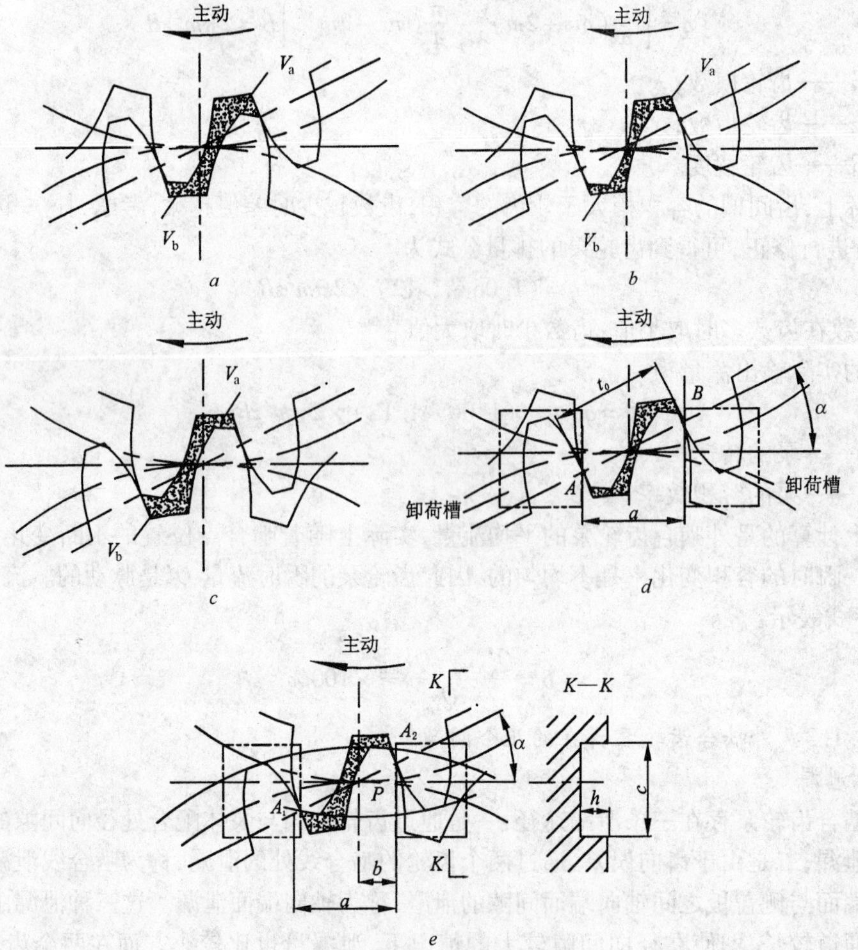

图4－5　齿轮泵的困油现象

大变到最小，这时由于液体的不可压缩性，闭死容积内的液体受挤压，压力急剧升高，远远超过齿轮泵的输出压力，闭死容积内的液体也从一切可泄漏的缝隙中强行挤出，使轴和轴承受到很大的冲击载荷，同时增加了功率损失，并使油液发热，引起振动和噪声，降低了齿轮泵的平稳性和使用寿命；由图4－5*b*旋转到图4－5*c*所示位置时，闭死容积又从最小变到最大，这时由于得不到油液的补充，使闭死容积形成局部真空。于是，溶解于液体中的空气便被析出而产生气泡，这些气泡进入吸液腔，并被带到排液腔，产生气蚀现象，引起振动和噪声，这种不良现象称为困油现象。可见困油现象对齿轮泵的工作性能、使用寿命和强度都是有害的。

困油现象的产生是由于闭死容积发生变化，油液无法排出和补入所引起的。为了消除困油现象，可在齿轮泵的侧板上开卸荷槽，如图 4－5d 所示，一对矩形卸荷槽相对齿轮中心线对称布置，左边矩形卸荷槽与吸液腔相通，右边矩形卸荷槽与排液腔相通。图 4－5d 所示位置，闭死容积最小，两个卸荷槽的边缘正好与啮合点 A、B 相接，闭死容积既不与吸液腔相通，也不与排液腔相通。当闭死容积由大变小时，始终通过右边的卸荷槽与排液腔相通，以便将闭死容积内的油液排到排液腔；当闭死容积由小变大时，始终通过左边的卸荷槽与吸液腔相通，避免出现真空，于是困油现象得以消除。要特别注意严格控制两卸荷槽之间的距离 a 的尺寸。若 a 太小，两卸荷槽经闭死容积将泵的吸、排液腔直接相通，使泵的容积效率下降；若 a 太大，困油现象又不能彻底消除。

卸荷槽的形状还可采用圆形。对于齿侧间隙较小的齿轮泵，可将卸荷槽在 a 值不变的条件下，向吸液腔一侧偏移，偏移尺寸 b（图 4－5e）可由试验确定，以泵工作时振动与噪声最小为准。

除了双卸荷槽之外，还有开设单个卸荷槽的。在困油期间，闭死容积始终与排液腔（或吸液腔）相通，而在任何时候，高、低压腔皆不互相沟通。

4.3.2 摆线转子泵

摆线转子泵是一种特殊形式的内啮合齿轮泵，它由一对互相啮合的内、外齿轮所组成，如图 4－6 所示。外齿轮 1 为主动轮，称为内转子，其齿形是一种特殊曲线（短幅外摆线的等距曲线）；与其相啮合的内齿轮 2 是从动齿轮，称为外转子，齿形为圆弧曲线。外转子的齿数 Z_2 比内转子齿数 Z_1 多 1 个。两齿轮安装成偏心，因此啮合时，在两个齿轮的轮齿之间形成 Z_2 个互相独立的密封工作容积。当内转子绕 O_1 轴顺时针方向转动时，带动外转子绕 O_2 轴作同方向旋转。这时，在连心线 O_1O_2 右侧，由内转子齿顶 A_1 和外转子齿谷 A_2 间形成的密封容积（图中斜线部分）随着转子的回转逐渐增大，形成局部真空，通过盖板上的配流窗口 m 吸液。在连心线的左侧，密封容积随转子继续回转而逐渐缩小，油液受压，通过配流窗口 n 排液。内转子转过一圈，Z_2 个密封容积分别依次完成一次吸液和排液。随着内转子的不断旋转，油泵就连续地吸排油液。

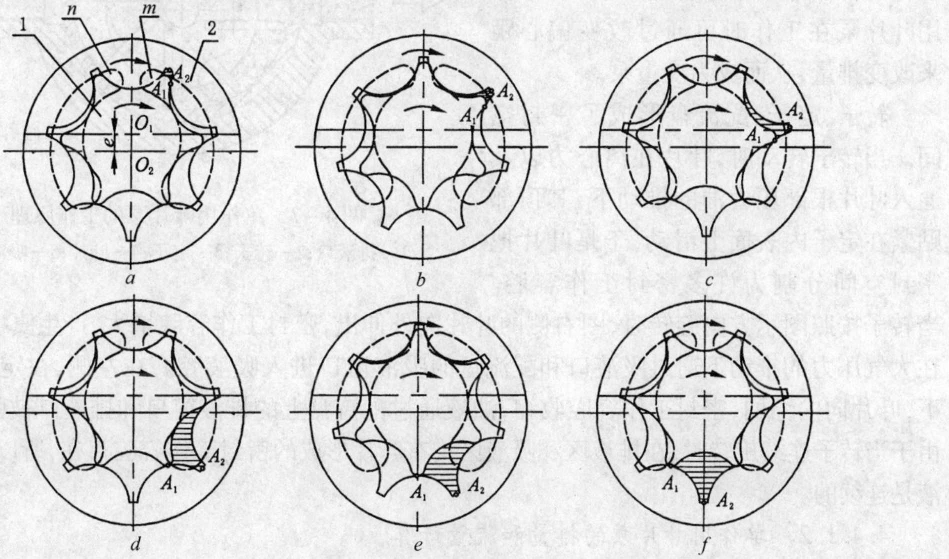

图 4－6 摆线转子泵

1—外齿轮；2—内齿轮

由以上工作原理可知,如果将摆线转子泵两齿轮的偏心位置变更至另一侧(可变动外转子的位置实现),这时,若内转子的转动方向也改变,则摆线转子泵的吸、排液口仍可保持原来的性状。因此,当主动轮改变转向时,只要偏心位置能随着改变,摆线转子泵的流向就不会改变。在一些液压辅助系统中可采用这种摆线转子泵,当电机改变转向时,泵的进出油口不会改变,使液压系统得以简化。

4.4　叶片泵

叶片泵具有流量均匀、噪声低、体积小、质量轻等优点。其缺点是结构复杂,制造精度要求高,对油液的污染较敏感,又因叶片甩出力、吸液能力差和磨损等因素的影响,泵的转速范围受到一定的限制,一般可在转速为 600 ~ 2000 r/min 中使用。一般叶片泵的工作压力为 7 MPa,高压叶片泵的工作压力可达 25 ~ 32 MPa。

叶片泵可分为单作用叶片泵和双作用叶片泵两大类。单作用叶片泵指转子转动一周任意相邻两叶片所形成的密封容腔吸、排液各一次;双作用叶片泵是指转子转动一周任意相邻两叶片所形成的密封容腔吸、排液各两次。单作用叶片泵一般为变量泵,双作用叶片泵一般为定量泵。

叶片泵广泛应用在机床、工程机械、船舶、压铸机和冶金设备中。

4.4.1　单作用叶片泵

4.4.1.1　单作用叶片泵的工作原理

图 4 – 7 为单作用叶片泵的工作原理图。泵由转子 2、定子 3、叶片 4、配流盘和端盖等零件组成。叶片数多为奇数,以使流量均匀。定子为圆形,其中心相对转子中心存在着偏心距 e。单作用叶片泵在工作时可通过改变偏心距来改变排量,从而成为变量泵。

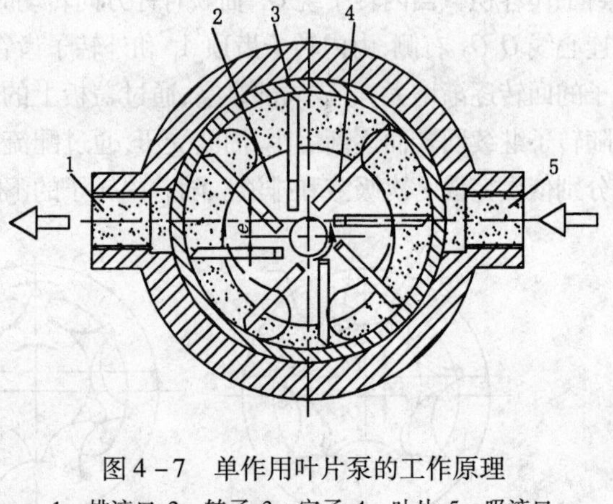

图 4 – 7　单作用叶片泵的工作原理

1—排液口;2—转子;3—定子;4—叶片;5—吸液口

转子、定子、配流盘形成了密封空间。当转子转动时,叶片在离心力以及通入叶片根部压力油的推动下,其顶部贴紧在定子内表面上滑动,于是叶片把密封空间分割为许多密封工作容腔。当转子按照图示方向旋转时,图右侧的叶片向外伸出,密封工作容腔增大,产生真空,油液便在大气压力的推动下通过吸液口和配流盘的吸液窗口进入吸液腔。在左侧,在定子的强制下,叶片向内缩回,密封工作容腔收缩,油液通过配流盘上的排液窗口和排液口被强迫排出,由于当转子连续旋转时,在排液区和吸液区均有叶片形成的密封工作容腔存在,所以吸液和排液是连续的。

4.4.1.2　单作用叶片泵的排量和流量计算

单作用叶片泵的排量为

$$q = 2\pi beD \tag{4-14}$$

其实际流量为

$$Q = 2\pi Debn\eta_V \tag{4-15}$$

式中 D——定子内径；

e——转子与定子的偏心距；

b——叶片宽度；

n——泵的转速；

η_V——泵的容积效率。

4.4.1.3 单作用叶片泵的特点

单作用叶片泵的特点如下：

(1) 改变定子和转子之间的偏心距，便可调节泵的输出流量。偏心反向时，吸、排液方向也相反。

(2) 泵的瞬时流量是脉动的，泵内叶片数越多，流量脉动率越小。此外，叶片数为奇数的叶片泵的脉动率比叶片为偶数的叶片泵的脉动率小，所以单作用叶片泵的叶片数一般为13或15片。

(3) 为了减小叶片与定子间的磨损，叶片底部油槽采取在排液区通压力油，在吸液区与吸液腔相通的结构形式，因此叶片的底部和顶部所受的液压力是平衡的，如图4-8所示。这样，叶片的向外运动主要靠旋转时所受的惯性力。

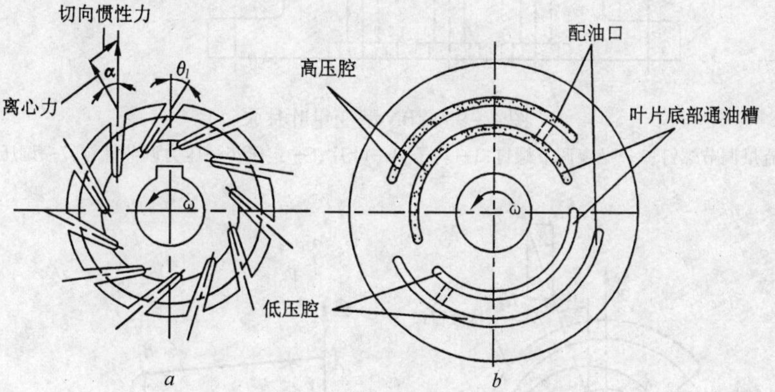

图4-8 变量叶片泵的转子与配流盘

a—转子；b—配流盘

4.4.1.4 单作用变量叶片泵的结构

单作用变量叶片泵的结构形式很多，有手动变量、压力补偿以及稳流量等。目前，压力补偿型限压式变量叶片泵用得最广泛。下面介绍内反馈、外反馈限压式变量叶片泵。

A 内反馈限压式变量叶片泵

图4-9所示为YBN型内反馈限压式变量叶片泵的结构图。它由定子5、转子3、叶片4、流量调节螺钉1、噪声调节螺钉2、压力调节螺钉6、调压弹簧7和配流盘等组成，其进液口、排液口和泄漏油口均位于泵体底面。该泵的工作原理和压力流量特性如图4-10所示。由于排液窗口的对称线相对 oy 轴偏斜一个角度 α（如图4-10a），油压对定子内表面的作用力的合力 N 会产生一个水平分力 N_2（$=N\sin\alpha$）作用在调压弹簧上。当 N_2 小于弹簧力时，定

子在弹簧力作用下始终紧靠在左边的流量调节螺钉上（见图 4－9），此时定子与转子的偏心距最大，泵的流量最大，即图 4－10*b* 中的 *AB* 段。N_2 随油压的升高而增大，当 N_2 超过弹簧的调定力（对应的油压超过 p_B）时，弹簧被压缩，偏心距 *e* 减小，流量随之减小；当油压升高到泵内偏心所产生的流量全部用于补偿泄漏时，泵的输出流量为零。改变调压弹簧的预压缩量可以改变拐点 *B* 的压力 p_B，使 *BC* 线左右平移。更换不同刚度的弹簧可得到不同斜率的 *BC* 线（弹簧的刚度越小，*BC* 线越陡）。调截流量调节螺钉，可以改变泵的最大偏心距 e_{max} 和最大输出流量 Q_{max}，从而使 *AB* 线上下平移（*AB* 线在理论上为一水平线，由于泄漏而略有倾斜）。因油压从泵腔内控制流量变化，故叫内反馈式。

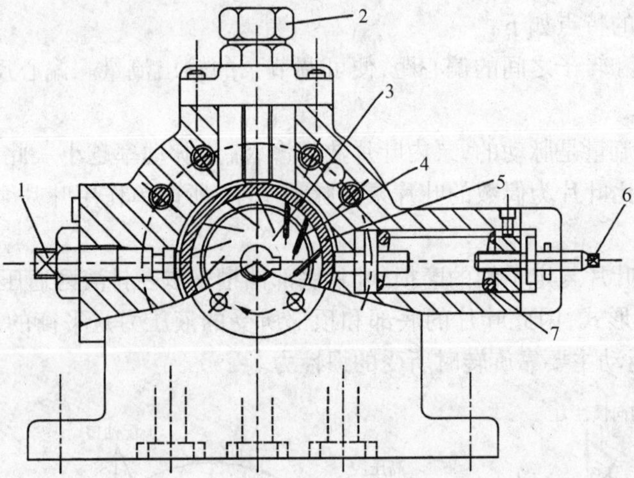

图 4－9　YBN 型变量叶片泵

1—流量调节螺钉；2—噪声调节螺钉；3—转子；4—叶片；5—定子；6—压力调节螺钉；7—调压弹簧

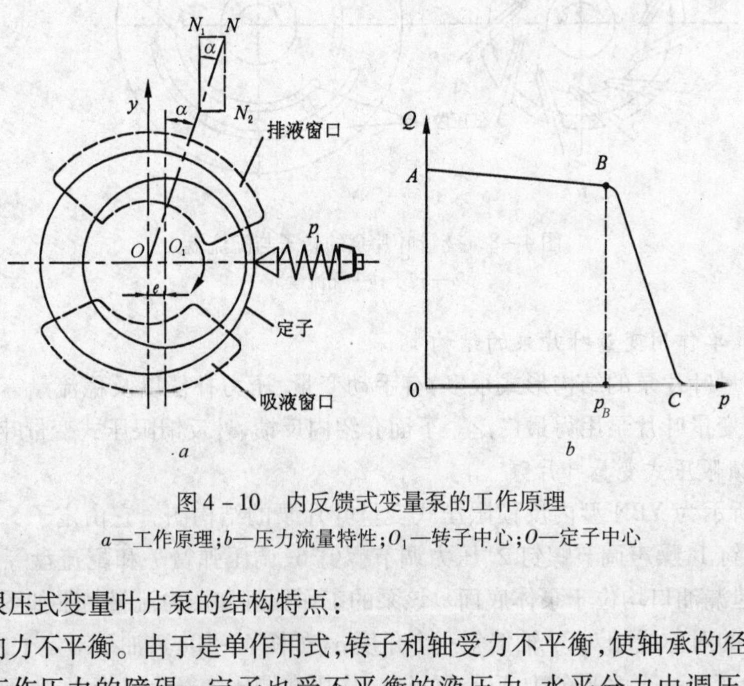

图 4－10　内反馈式变量泵的工作原理

a—工作原理；*b*—压力流量特性；O_1—转子中心；*O*—定子中心

内反馈限压式变量叶片泵的结构特点：

（1）径向力不平衡。由于是单作用式，转子和轴受力不平衡，使轴承的径向负荷较大，这是提高泵工作压力的障碍。定子也受不平衡的液压力，水平分力由调压弹簧承受，向上的液压分力由噪声调节螺钉承受。若定子水平中心线和转子的水平中心线不重合,泵就会产生噪声。噪声调节螺钉的作用,就是调节定子和转子水平中心线的误差,以减小泵的噪声。

(2) 轴向间隙不可调。定子、转子和叶片都要运动,因此它们的厚度都要小于两配流盘之间的长度,其间隙由它们的厚度与泵体的厚度公差控制,不可调节,而且比双作用式叶片泵的轴向间隙稍大,因此容积效率相对较低,这也是变量叶片泵高压化的障碍。

(3) 叶片底部的通油槽。叶片底部的通油槽采取高压区通高压、低压区通低压,以使叶片顶、底部受力平衡,叶片只靠离心力甩出,减小叶片与定子之间的磨损。

(4) 叶片的倾角。传统观点认为,变量叶片泵转子叶片槽相对旋转方向应往后倾斜一个角度,因为叶片两端的液压力是平衡的,在停机时间较长或介质清洁度较差的情况下启动时,只靠离心力使叶片甩出是不够的。如果使叶片后倾,启动时,叶片所受的切向惯性力与叶片的离心力的合力尽量与槽的倾斜方向一致,则有助于叶片迅速甩出。而事实上,许多叶片径向布置的变量叶片泵,不仅简化了加工工艺,而且照样能正常工作。

B 外反馈限压式变量叶片泵

图4-11为外反馈限压式变量叶片泵的结构图。其结构原理与内反馈式基本相同,不同之处是:

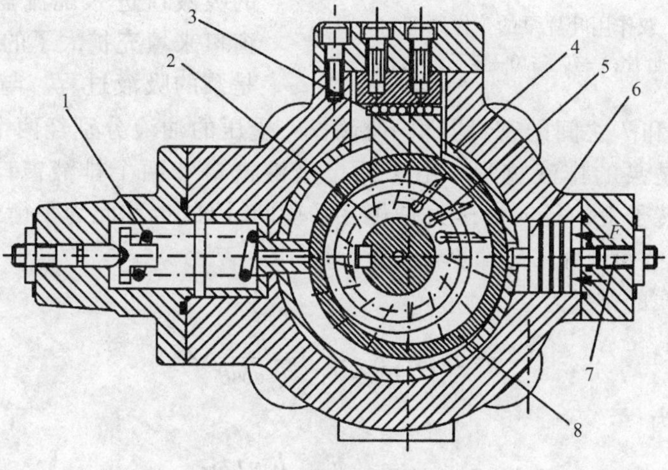

图4-11 外反馈限压式变量叶片泵

1—调压弹簧;2—转子;3—滑块;4—衬圈;5—叶片;6—控制活塞;7—流量调节螺钉;8—定子

(1) 外反馈式的吸、排液窗与 x、y 轴对称布置;压力油推定子8向上压在滑块3和滚针轴承上。

(2) 定子偏心量的改变由控制活塞6来完成。控制活塞6的右腔与泵的排液腔相通,当作用在活塞右端液压力的合力 F 小于弹簧力时,弹簧力把定子8推向最右边,通过活塞靠紧流量调节螺钉7,此时定子与转子的偏心距最大,泵的流量最大;活塞右端的合力 F 随油压的升高而增大。当 F 超过弹簧力时,弹簧被压缩,偏心距减小,流量随之减小,直至为零。

(3) 定子、转子和叶片运动所需的轴向间隙由上述三者与衬圈4的厚度公差来保证。

4.4.2　双作用叶片泵

4.4.2.1　双作用叶片泵的工作原理

双作用叶片泵的工作原理如图4－12所示。当传动轴带动转子旋转时，叶片在离心力的作用下甩出；同时，叶片根部也作用着来自排液口的压力油，将叶片紧贴在定子的内表面上。于是，相邻两叶片的侧表面、定子的内表面、转子的外圆表面以及两个配流盘的内端面，就围成了密封容积，其密封性由轴向间隙、配合间隙和接触线来保证。叶片1、3、5、7将密封容积分隔成四个密封腔，分别与吸液窗口和排液窗口相通。当转子顺时针旋转时，叶片1和7之间以及叶片3和5之间的密封容积不断扩大，形成真空，油液在大气压力作用下，自泵的吸液口进入配流盘上的两个吸液窗口来填充扩大了的密封容积，这就是泵的吸液过程。与此同时，叶片1和3之间以及5和7之间的密封容积不断缩小，受压的油液分别经两个排液窗口流向泵的出口，这就是泵的排液过程。由于两个吸液窗口和两个排液窗口都是对称布置的，所以作用在转子上的径向液压力是相互平衡的，因此也称此为平衡式叶片泵。

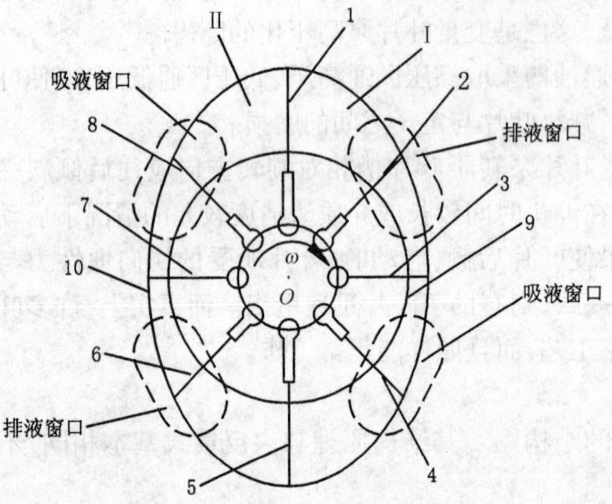

图4－12　双作用叶片泵的工作原理

1～8—叶片；9—转子；10—定子

4.4.2.2　双作用叶片泵的排量和流量计算

双作用叶片泵的排量为

$$q = 2b\left[\pi(R^2 - r^2) - \frac{R-r}{\cos\theta}SZ\right] \tag{4-16}$$

其输出流量为

$$Q = 2b\left[\pi(R^2 - r^2) - \frac{R-r}{\cos\theta}SZ\right]n\eta_V \tag{4-17}$$

式中　b——定子宽度；

R——定子圆弧部分的长半径；

r——定子圆弧部分的短半径；

S——叶片的厚度；

Z——叶片数；

θ——叶片的倾角；

η_V——泵的容积效率；

n——泵的转速。

4.4.2.3　双作用叶片泵的结构特点

（1）定子曲线。定子内表面的曲线由四段圆弧和四段过渡曲线所组成，如图4－12所示。定子曲线的形状与叶片泵的性能(噪声、效率、流量的均匀性等)和寿命关系很大。长、短半径的比越大,泵的排量也越大。但比值过大,会引起叶片卡死、折断和叶片脱空等现象。因为比值越大,过渡曲线的斜率也越大,使叶片的离心力不足以将叶片紧贴在定子的过渡曲线上,即产生脱空现象。

理想的过渡曲线不仅应使叶片在槽中滑动时的径向速度和加速度变化均匀,而且应使叶片转到过渡曲线和圆弧交接点处的加速度突变不大,以减小冲击和噪声。目前 YB 型叶片泵定子曲线采用的是综合性能较好的"等加速—等减速"曲线作为过渡曲线。它可使叶片在前一半做径向等加速运动,后一半做等减速运动,没有速度突变,不产生硬冲击。但在圆弧与过渡曲线连接处有加速度突变,产生软冲击。软冲击所引起的惯性力和造成的定子磨损比硬冲击小得多。

另外,常用的定子曲线有阿基米德螺线、正弦曲线和高次曲线等。采用阿基米德螺线时,叶片径向速度不变,不会引起泵的流量脉动。但在圆弧与螺线连接处,曲线上带有尖角,叶片经过时径向速度突变,产生硬冲击,使该部位定子曲面磨损严重。高次曲线能够充分满足叶片泵对定子曲线径向速度、加速度和加速度变化率等特性的要求,尤其在控制叶片振动、降低噪声方面具有突出的优越性,为现代高性能、低噪声叶片泵广泛采用。

(2) 叶片与定子内表面的接触。转子旋转时,必须保证叶片与定子内表面的良好接触。在吸液过程中,叶片靠离心力甩出可以贴在定子内表面上。但在排液过程中,叶片的顶部有压力油作用,只靠离心力不能保证叶片与定子的可靠接触。为此,在配流盘相对于转子叶片槽底部开设环形浅槽 c,通过槽内四个轴向孔与排液窗口相通,如图 4-13 所示。因此所有叶片底部都通有压力油,使排液口叶片两端压力平衡,有利于叶片贴紧定子表面,吸液口叶片则在底部压力油作用下紧紧贴向定子内表面,从而保证了叶片顶部和定子内表面的密封性。但是引起注意的问题是:一方面,加快了吸液口侧定子内表面的磨损,因而使叶片泵工作压力的进一步提高受到限制;另一方面,使排液口侧的叶片失去了令其缩回的作用力,于是它们只能在定子内表面的阻挡作用下缩回。

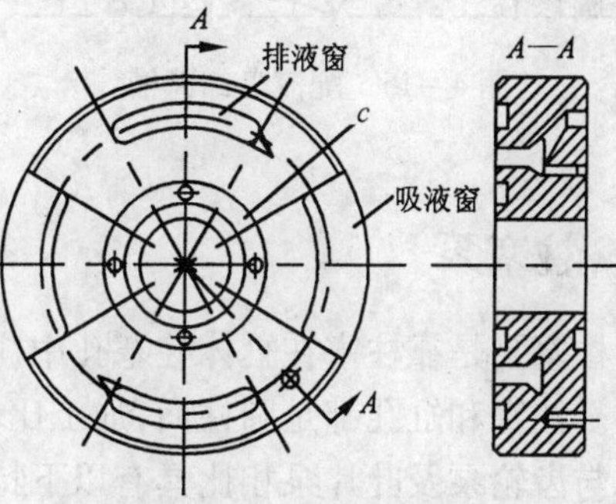

图 4-13 配流盘结构

(3) 叶片倾角。当叶片从定子曲线的大圆弧转向小圆弧时,要在不大的转角范围内,经过坡度较大的过渡曲线段,容易发生自锁,严重时会使叶片发生卡死或折断的危险。为解决这一问题,将叶片顺着转子旋转方向前倾一个角度 θ(一般 $\theta=10°\sim14°$,YB 型叶片泵的 $\theta=13°$),如图4-14所示,使压力角(定子曲线接触点处法线方向与叶片方向的夹角称为该点的压力角)由 β 减小到 $\alpha(\alpha=\beta-\theta)$,有利于叶片在转子内表面中滑动,并减小叶片与转子内表面的磨损。显然,叶片前倾安装的双作用叶片泵其旋转方向也就确定了,在安装和使用时都应引起注意。

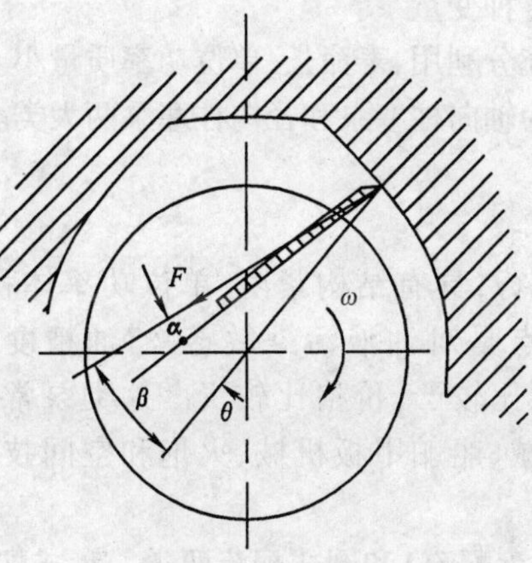

图 4-14 双作用叶片泵的叶片倾角

(4) 叶片数与厚度。对双作用叶片泵来说,从转子径向力平衡考虑,叶片数 Z 应选偶数。考虑瞬时流量的均匀性,既保证泵工作时吸、排液腔互不相通,又不减小泵的排量,不削弱转子槽根部的强度。当过渡曲线为"等加速—等减速"曲线或高次曲线时,一般都取 $Z=12$。

确定叶片的厚度时主要是考虑其强度、刚度和叶片与定子的接触应力。若叶片太薄,则受液压力的作用容易折断,而且叶片槽的加工也困难。若叶片太厚,则会减小泵的排量,叶片底部的作用面积大,使叶片与定子的接触应力增大,造成叶片与定子的磨损加剧,限制了泵的工作压力。因此,叶片厚度一般取 1.8～2.2 mm。

(5) 避免困油现象,减小液压冲击和噪声。

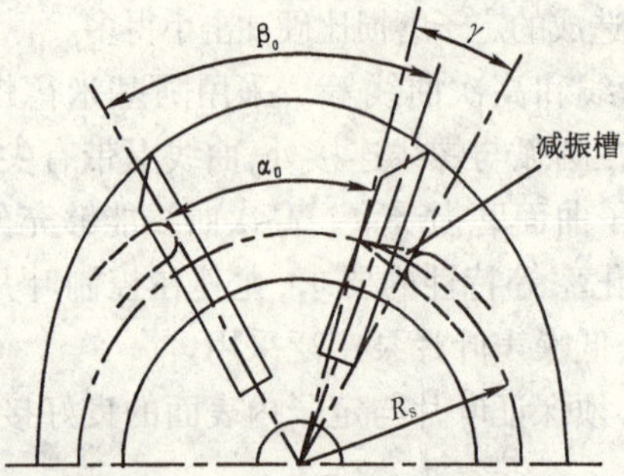

图 4－15　配流盘卸荷槽

为了保证吸液腔与排液腔互不相通,配流盘上封油区的包角 $\alpha+\gamma$ 必须大于或等于相邻叶片间的间距角 β_0,如图 4－15 所示,这就会产生困油现象。同时密闭容积突然与吸、排液腔接通,也会产生液压冲击和噪声。为此,在叶片由封油区进入排液区的排液窗口一边开出卸荷三角槽,使相邻叶片间的密闭容积通过三角槽逐渐与排液腔接通,从而消除了困油现象,减小了液压冲击和噪声。三角槽也称卸荷槽或减振槽,其范围角根据经验一般取 $\gamma=6°\sim8°$。

4.5　柱塞泵

柱塞泵是靠柱塞在缸体柱塞孔中往复运动时造成密封工作容积的变化来实现吸液和排液的。柱塞和缸孔都是圆柱面,加工比较方便,精度容易保证,可以获得很小的滑动配合间隙。与齿轮泵及叶片泵相比具有以下特点:

(1) 工作压力高。因柱塞与缸孔加工容易,尺寸精度及表面质量可以达到很高的要求。因而配合精度高,油液泄漏小,容积效率高,能达到的工作压力一般是 20～40 MPa,最高可达 100 MPa。

(2) 流量范围大。因为只要适当地加大柱塞直径或增加柱塞数目,流量便可增大。

(3) 改变柱塞的行程就能改变流量,容易制成各种变量泵。

(4) 柱塞泵主要零件均受压,使材料强度得以充分利用,寿命长,单位功率质量小。

根据柱塞和柱塞缸排列方式不同,柱塞泵可分为轴向柱塞泵和径向柱塞泵两大类。

4.5.1　轴向柱塞泵

轴向柱塞泵因柱塞与缸体轴线平行或接近平行,具有结构紧凑,单位功率体积小,质量轻,工作压力高,容易实现变量等优点。缺点是对油液污染敏感,滤油精度要求高;对材质和加工精度的要求高;使用和维修要求比较严,价格比较贵。这类泵常用于压力加工机械、起重运输机械、工程机械、冶金机械、船舶甲板机械、火炮和空间技术等领域。

轴向柱塞泵按其配流方式,有端面配流(即配流盘配流)和阀式配流两类。盘式配流的轴向柱塞泵又可按其结构特点分为斜盘式(即直杆式)和斜轴式(即连杆式)两大类。

4.5.1.1 斜盘式轴向柱塞泵

A 斜盘式轴向柱塞泵的工作原理

如图4－16所示，组成斜盘式轴向柱塞泵的主要零件是主轴1及由它带动的柱塞缸体2、固定不动的配流盘3、柱塞4、滑靴5、斜盘6和弹簧7等。缸体上沿圆周均匀分布有平行于其轴线的若干个（一般为7～11个）柱塞孔，柱塞装入其中而形成密封空间，斜盘的倾斜角γ是可以调节的，柱塞在弹簧的作用下通过其头部的滑靴压向斜盘。主轴带动缸体按图示方向旋转时，处在最下位置（称下止点）的柱塞将随着缸体旋转的同时向外伸出，使柱塞底腔的密封容积增大，从而经底部窗口和配流盘腰形吸液槽吸入油液，直至柱塞转到最高位置（上止点）；当柱塞随缸体继续从最高位置转到最低位置时，斜盘就迫使柱塞向缸孔回缩，使密封容积减小，油液压力升高，经配流盘另一腰形排液槽挤出。缸体旋转一周，每一柱塞都经历此过程。因此，泵输出的流量更趋均匀。当柱塞位于上、下止点时，为防止缸底窗口连通配流盘的吸、排液槽，配流盘两腰形槽的间隔a略大于缸底窗口的宽度b。由此也存在类似叶片泵的困油与压力冲击问题，所采取的措施也是在配流盘吸、排液腰形槽的边缘开设三角形卸荷槽，如图4－16b所示。

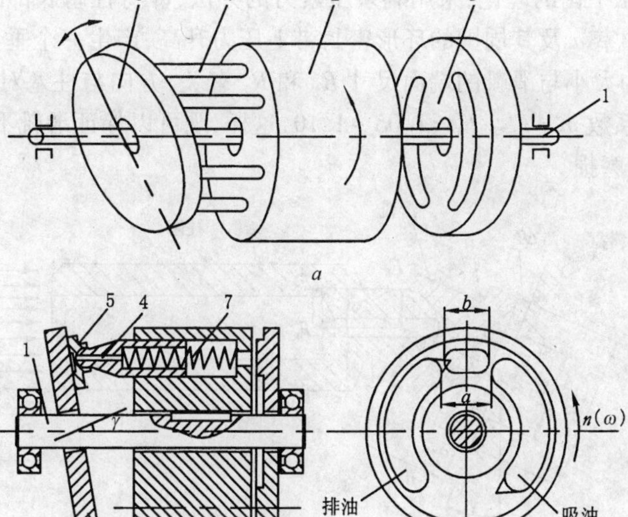

图4－16 斜盘式轴向柱塞泵的工作原理

1—主轴；2—缸体；3—配流盘；4—柱塞；5—滑靴；6—斜盘；7—弹簧

显然，改变斜盘的倾角γ，就可改变柱塞的行程，从而改变泵的排量。当斜盘倾角$\gamma=0$时，柱塞不再往复运动，泵的流量为零。若使斜盘倾角由$+\gamma$变到$-\gamma$，在缸体旋向不变的情况下，就改变了泵的排液方向，所以调节斜盘倾角的大小和方向，即可改变泵的流量和液流流向。故轴向柱塞泵可以做成单向变量泵、双向变量泵和定量泵。

B 斜盘式轴向柱塞泵的排量和流量计算

排量为

$$q=\frac{\pi d^2}{4}DZ\tan\gamma \tag{4-18}$$

实际输出流量为

$$Q=qn\eta_V=\frac{\pi d^2}{4}n\eta_V DZ\tan\gamma$$

式中　d——柱塞直径；

D——柱塞在缸体上的分布直径；

Z——柱塞个数；

γ——斜盘倾角；

n——泵的转速；

η_V——泵的容积效率。

C　斜盘式轴向柱塞泵的结构要点

a　滑靴与斜盘

如图 4－17 所示，当柱塞底部受高压油作用时，液压力通过柱塞将滑靴紧压在斜盘上，若此压力太大，将加重滑靴的磨损，甚至烧坏而不能正常工作。为了减小滑靴与斜盘之间的接触应力，根据静压平衡的理论，采用剩余压紧力的办法，即将柱塞底部的压力油引至滑靴底面的油室 a，使油室 a 及其周围的环形密封带上压力升高，产生一个垂直于滑靴端面的液压反推力 F_f。F_f 的大小与滑靴的端面尺寸 R_1 和 R_2 有关，方向与柱塞对滑靴的压紧力 F'_N 相反，通常取压紧系数 $m=F'_N/F_f=1.05\sim1.10$，这样，既可以保证滑靴不脱离斜盘，又不至于压得太紧而加速磨损。

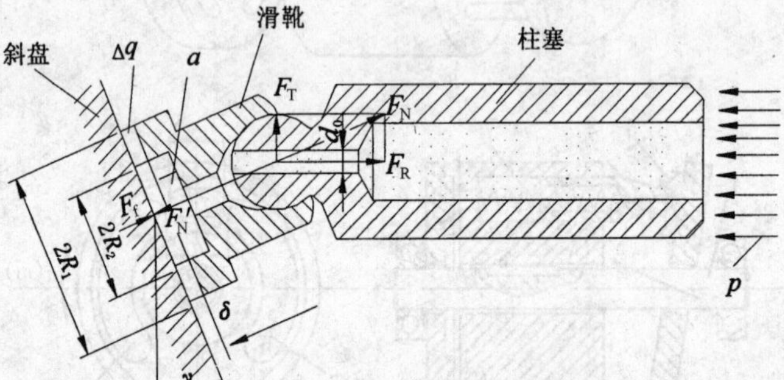

图 4－17　柱塞滑靴与斜盘

b　缸体与配流盘

CY 型轴向柱塞泵的缸体如图 4－18 所示，轴向有 7 个均布的柱塞孔，孔底的进出油口为腰形孔，其宽度与配流盘上的吸、排液腰形窗口的宽度相对应。腰形孔的通流面积比柱塞孔小，因此当柱塞压油时，油液压力对缸体产生一个轴向推力，加上定心弹簧的预压紧力，构成缸体对配流盘的压紧力 F_1。

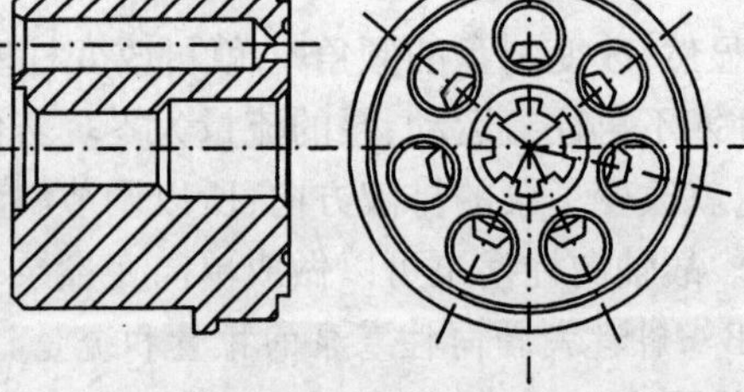

图 4－18　缸体

图 4－19 为配流盘的结构，其排液窗口及

其内外密封带上的液压力是企图推开缸体的反推力 F_2，F_2 的大小与 R_1、R_2、R_3 和 R_4 的大小有关。合理设计配流盘的尺寸，可以使压紧力稍大于反推力，从而使缸体压紧在配流盘上，保证其密封性，又不过分磨损。通常取压紧系数 $m = F_1/F_2 = 1.02 \sim 1.08$。

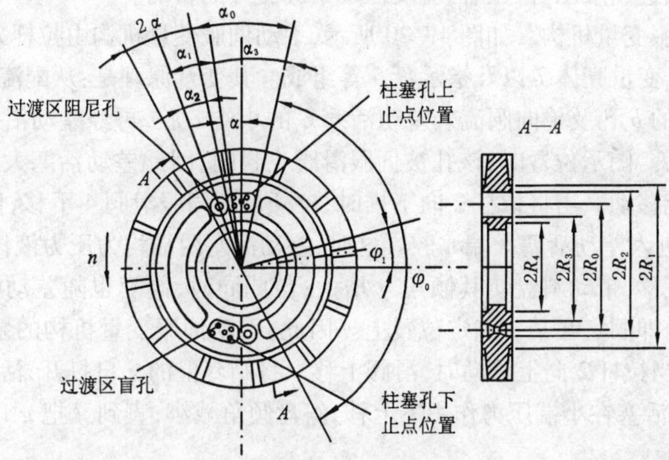

图 4－19 配流盘

配流盘 R_1 以外的环形端面上开有环形油槽，并有 12 个径向槽与其沟通，保证 R_1 以外的环形面上没有液压力作用，此面作为缸体的辅助支撑面。在吸、排液窗口之间的过渡区上设有阻尼孔和盲孔。两个阻尼孔分别与吸、排液窗口相通，用以消除困油现象和液压冲击；盲孔则起贮油润滑作用。

在图 4－19 中，α_0 为柱塞孔底部腰形孔的中心角，$\alpha_1+\alpha_3-\alpha_2$ 为配流盘封油区的封油角。如果 $\alpha_1+\alpha_3-\alpha_2>\alpha_0$，呈正封闭，此时，柱塞由吸液窗口向排液窗口过渡的过程中，会出现困油现象。若 $\alpha_1+\alpha_3-\alpha_2=\alpha_0$ 时，呈零封闭。零封闭虽无困油现象，但柱塞孔与吸、排液窗口接通的瞬间会产生液压冲击和噪声。CY 型轴向柱塞泵的配流盘采用负封闭结构，即有 $-1°<(\alpha_1+\alpha_3-\alpha_2)-\alpha_0<0°$，并在封油区开有阻尼孔。这样，既消除困油现象，同时在柱塞从上止点位置转入排液区的过程中，柱塞孔底部的腰形孔在 2α 角区域内先要经过阻尼孔与排液窗口相通，因此起到缓慢升压的作用；当柱塞转入吸液区时，阻尼孔则起到缓慢降压的作用，从而减小了液压冲击和噪声。

c 柱塞与缸体

如图 4－17 所示，斜盘对柱塞的反作用力 F_N 可以分解为轴向力 $F_R=F_N\cos\gamma$ 和侧向力 $F_T=F_N\sin\gamma$。轴向力 F_R 与柱塞底部的液压力平衡，侧向力 F_T 通过柱塞传给缸体，它可以使缸体倾斜，造成缸体和配流盘之间出现楔形间隙，使泄漏增大，而且使密封表面产生局部接触，导致缸体与配流盘之间的表面烧伤，同时也导致柱塞与缸体之间的磨损。为了减小侧向力，斜盘的倾角一般不大于 20°。

滑靴与斜盘、缸体与配流盘、柱塞与缸体是柱向柱塞泵中的 3 对摩擦副，为使其能正常工作，除严格设计其结构和尺寸外还要合理选择零件的材料。一般摩擦副的材料要软硬配对，如柱塞选 18CrMnTiA、20Cr、40Cr，配流盘选 Cr12MoV、GCr15 等，斜盘选 GCr15，均要进行热处理；缸体、滑靴常用 ZQSn10-1、ZQALFe9-4 或球墨铸铁。

d 变量机构

轴向柱塞泵可借助于各种外部控制方法，如手动（MS）、液压手动伺服（HW、HK）、液控（HD、HA）及电气控制（EL）等方法来改变其排量，并能靠其内部的阀件自动调节排量与压力的特性曲线，以达到限压、恒压、恒流及恒功率等变量的目的。

（1）手动伺服变量机构。如图 4－20 所示，手动伺服变量机构由拉杆 2、斜盘 1、伺服滑阀 4、差动活塞 6、变量壳体 7 以及指示盘 5 等组成。其变量原理是：从配流盘腰形槽 *a* 来的液体通过泵体上的 *b* 孔及单向阀流入差动活塞 6 的小端 *c* 腔，再经差动活塞的 *d* 孔到伺服阀套 3 的径向孔 *f*。图示位置时，该孔被伺服滑阀 4 封闭，因此差动活塞大腔 *h* 处于封闭状态，差动活塞不能移动。当将拉杆 2 向下推时，拉杆带动伺服滑阀 4 下移，使 *f* 口打开，于是压力液体经 *f* 口进入差动活塞大端 *h* 腔。这时，差动活塞两端均为压力液体，由于大端受力大，故差动活塞下移，带动斜盘使其倾角 γ 增大；与此同时，阀套也随差动活塞下移，直到 *f* 口封闭为止，倾角即固定在某一确定位置上。因此，手动伺服变量机构的泵的排量，取决于拉杆 2 的位置。当拉杆 2 向上移动时，滑阀上移。将阀套上的 *g* 口打开，活塞大端 *h* 腔经 *e*、*g*、*k* 口回液，差动活塞在小端压力作用下上移，斜盘倾角减小，直到又把 *g* 口封闭，倾角固定在某一位置为止。

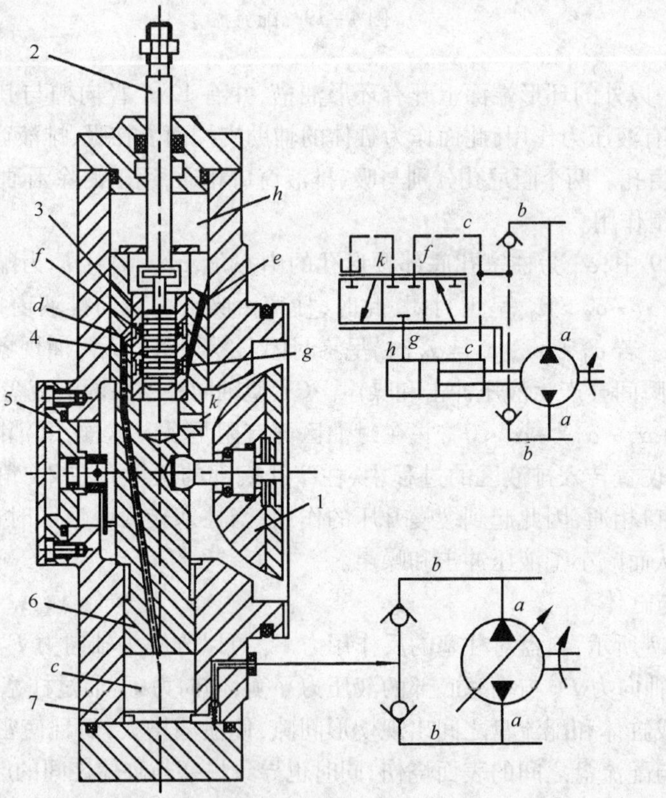

图 4－20 手动伺服变量机构

1—斜盘；2—拉杆；3—伺服阀套；4—伺服滑阀；5—指示盘；6—差动活塞；7—变量壳体

手动伺服变量机构只需很小的力即可移动拉杆，靠差动活塞的液压力来改变斜盘倾角，操纵省力，反应灵敏。这里的液压伺服机构起到液压放大器作用。被调量（斜盘倾角 γ）能迅速跟随给定量（滑阀位移）变化。

（2）恒功率变量机构。恒功率变量机构的作用是使泵的输出功率保持恒值，即当外载变动引起泵压力变化时，泵的输出流量应自动做相应的调节。因此，也称为压力补偿变量机构。

图 4-21a 为恒功率变量机构的原理图，靠泵的出口压力与弹簧的平衡关系来操纵和控制伺服滑阀，其工作原理为：泵出口的压力油经单向阀 a 进入变量活塞的下腔 d，并由通道 e 进到通道 f 和 h，通道 f 的压力油始终作用在伺服滑阀 5 下端的环形面积上，产生向上的液压推力。当泵出口压力较小时，弹簧 4 的弹簧力大于此推力，滑阀下移，压力油经通道 h 进入上腔 g。于是变量活塞 6 在上下端总压力差的作用下向下移动，直至作用在滑阀下端的液压推力与弹簧力平衡，通道 h 关闭为止。这时通过轴销 8 带动斜盘绕钢球中心摆动，使倾角变大，泵的流量增加。相反，当泵的出口压力增大，使作用在滑阀下端的液压推力大于弹簧 4 的弹簧力时，滑阀向上移动，通道 h 关闭，卸压通道 i 打开，g 腔的油经过通道 i 和滑阀的中心轴向孔道、泵体而通向油箱卸压。故使变量活塞向上移动，带动斜盘使倾角变小，泵流量随之减小，直至作用在伺服滑阀下端的液压推力与弹簧力重新平衡，卸压通道关闭为止。

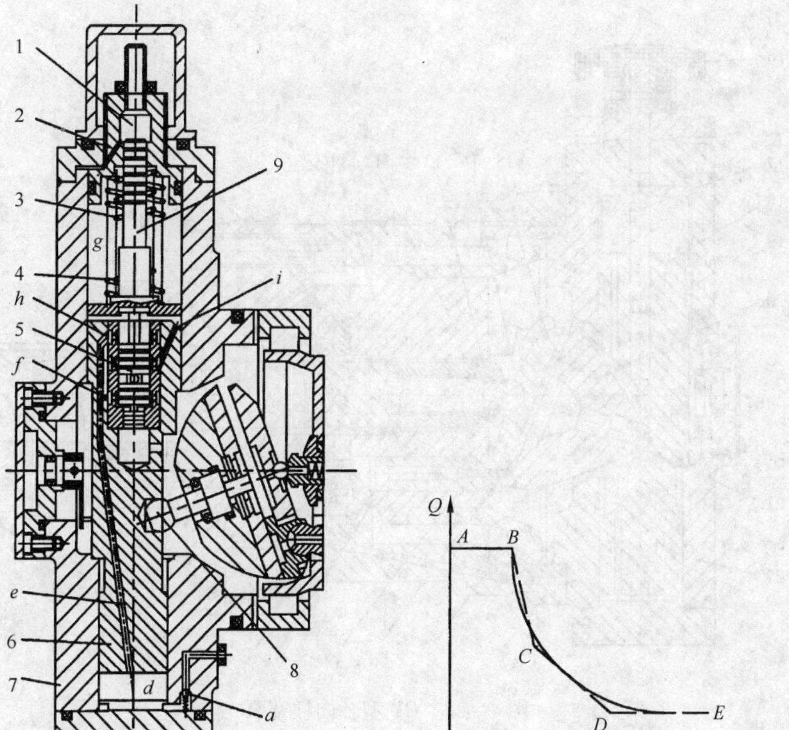

图 4-21　恒功率变量机构及其工作特性

1—限位螺钉；2—弹簧套；3、4—弹簧；5—伺服滑阀；

6—变量活塞；7—阀体；8—轴销；9—阀杆

可见,这种变量机构可使泵的输出流量随着出口压力的变化而变化。当压力增高时,泵的输出流量相应减小,自动保持近似的恒功率关系。

理论上的恒功率流量和压力之间是呈双曲线关系,但因弹簧力都是按线性规律变化的,所以很难实现。为了使实际的流量和压力之间尽量接近双曲线关系,在控制机构上除了弹簧4外还加有弹簧3。这样,流量和压力之间就如图4-21*b*所示的关系:当弹簧4的预紧力大于液压力时,伺服滑阀不移动,倾斜盘处于最大倾角位置,输出流量最大,并保持不变,表示为图上水平线*AB*。当液压力升高开始克服弹簧4的预紧力时,滑阀上升,变量活塞也随之上移,流量减小。压力继续增加,滑阀继续上移,流量就沿*BC*继续变小,直到弹簧3的端面碰到弹簧套2的端面为止。此后压力再增加,弹簧3和4同时受压,相当于弹簧刚度加大,故曲线斜率改变,流量沿*CD*变小,直至*D*点。*D*点相当于杆9的上端碰到上面的限位螺钉1。此后当压力再增大时,滑阀不再向上移动,即流量不再变小,相当于图上的水平线*DE*。所以,这种变量机构的流量与压力的关系实际上是一条*ABCDE*折线,近似于一条双曲线。

C　CY型轴向柱塞泵

如图4-22所示,CY型轴向柱塞泵由主体部分和变量机构两部分组成。额定工作压力为32 MPa。该泵的特点有:

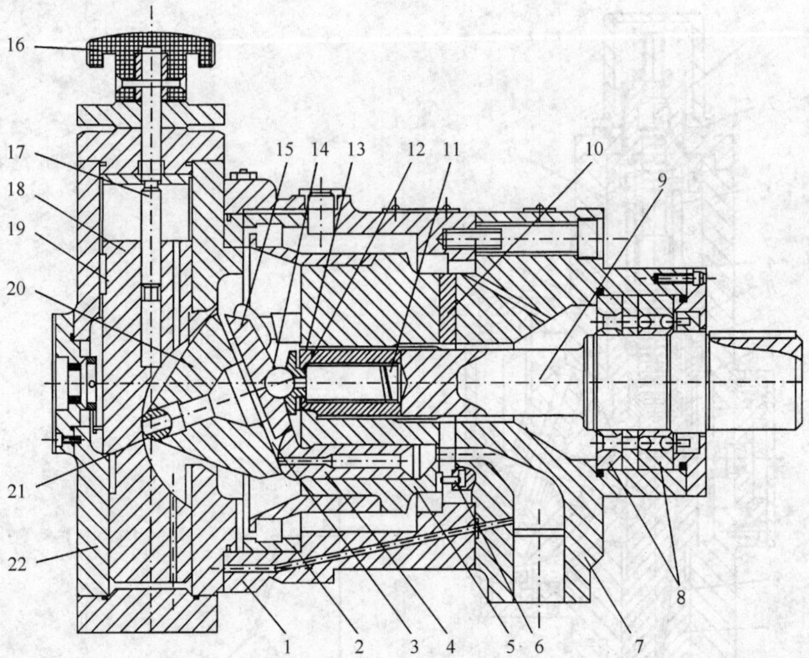

图4-22　CY型轴向柱塞泵

1—中间泵体;2—缸外大轴承;3—滑靴;4—柱塞;5—缸体;6—定位销;7—前泵体;8—轴承;9—传动轴;10—配流盘;11—定心弹簧;12—内套筒;13—外套筒;14—钢球;15—回程盘;16—调节手轮;17—调节螺杆;18—变量活塞;19—导向键;20—斜盘;21—轴销;22—后泵盖

(1) 在柱塞4头部加上滑靴3,将点接触改为面接触,并为液体摩擦。

(2) 将分散布置在柱塞底部的弹簧改为集中定心弹簧11,定心弹簧的作用有:一是通过内套筒12、钢球14和回程盘15,将滑靴3压紧在斜盘上;二是通过外套筒13,使缸体5压紧在配流盘10上。

(3) 传动轴为半轴(故称为半轴型轴向柱塞泵),斜盘对滑靴柱塞组件反作用力的径向分力由缸外大轴承2来承受,所以传动轴只传递扭矩而不承受弯矩,因此轴可以做得较细。但因缸外大轴承的存在,使转速的提高受到限制。

(4) 变量机构采用手动变量机构。转动调节手轮16使调节螺杆17转动(因轴向已经限位而不能轴向移动),带动变量活塞18轴向移动(因导向键19的作用而不能转动)。轴销21是装在变量活塞上的,随变量活塞轴向移动,从而带动斜盘20绕其中心摆动(斜盘通过两侧的耳轴支撑在后泵盖22上),因此,可改变其倾角,从而改变泵的排量。

4.5.1.2 斜轴式轴向柱塞泵的工作原理

图4－23为斜轴式轴向柱塞泵的结构原理图。当轴1转动时,连杆2的侧面带动柱塞3,进而使缸体4绕自身轴线旋转,从而使柱塞在缸体中作往复运动,通过配流盘5上的配流窗口完成吸液和排液过程。改变缸体倾角 γ 便可改变其流量。

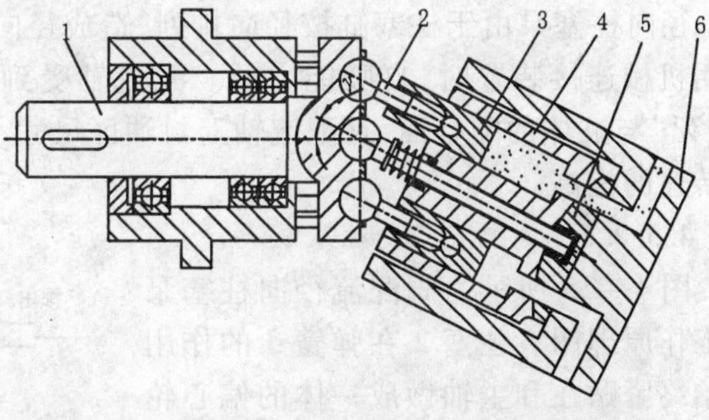

图4－23 斜轴式轴向柱塞泵结构原理

1—传动轴;2—连杆;3—柱塞;4—缸体;5—配流盘;6—摆动缸体

斜轴式与斜盘式轴向柱塞泵相比,除有对油液污染控制要求较低及耐液压冲击等优点外,其转速可以较高,自吸性能较好。由于新型锥形柱塞的斜轴式轴向柱塞泵的最大倾角 γ 可高达40°(而直轴式的 γ 角只有20°),故斜轴式轴向柱塞泵的变量范围大,但其结构复杂。

4.5.2 径向柱塞泵

径向柱塞泵根据配流方式的不同,可分为轴配流和阀配流两种类型。

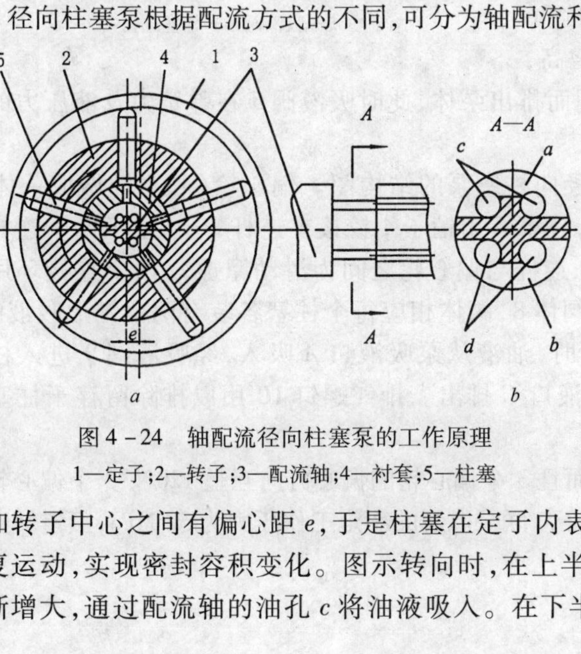

图4－24 轴配流径向柱塞泵的工作原理

1—定子;2—转子;3—配流轴;4—衬套;5—柱塞

4.5.2.1 轴配流径向柱塞泵

如图4－24*a*所示,轴配流径向柱塞泵由定子1、转子(缸体)2、配流轴3、衬套4和柱塞5等主要零件构成。沿转子的半径均匀分布有若干个柱塞缸,柱塞可在其中灵活滑动。衬套4与转子内孔是紧配合,随转子一起转动。配流轴3是固定不动的,其结构如图4－24*b*所示。当转子转动时,由于定子内圆中心和转子中心之间有偏心距 e,于是柱塞在定子内表面的作用下,在转子的柱塞缸中做往复运动,实现密封容积变化。图示转向时,在上半部分柱塞向外伸出,缸内密封容积逐渐增大,通过配流轴的油孔 c 将油液吸入。在下半部分的柱塞向里推入,缸内密封容积逐渐缩小，通过配流轴上的 d 孔将油液排出。为了配流，在配流轴与衬套 4 接触处加工出上下两个缺口，形成吸、排液口 a 和 b，留下的部分形成封油区。封油区的宽度应适当，既能保证封住衬套上的孔，使 a、b 两油口不通，又能避免产生困油现象。转子每转一转，每个柱塞往复一次，完成一次吸液和排液。柱塞在吸液区除靠本身离心力向外伸出外，往往采用辅助泵向吸液口提供低压油（压力一般为 0.4 MPa），使柱塞在低压油液的作用下伸出，以改善泵的吸液条件。当柱塞数和直径一定时，沿水平方向移动定子，改变偏心距 e 的大小，便可改变柱塞移动的行程长度，从而改变密封容积变化的大小，达到变量的目的。若改变偏心距 e 的偏移方向，则泵的排液方向亦随之改变，即成为双向变量径向柱塞泵。

径向柱塞泵由于柱塞缸按径向排列，造成径向尺寸大，结构较复杂。柱塞和定子间不用机械连接装置时，自吸能力差。配流轴受到很大的径向载荷，易变形，严重时会"咬死"与缸体的配合面，且配流轴上封油区尺寸小，易漏油，因此限制了泵的工作压力和转速的提高。

4.5.2.2　*阀配流径向柱塞泵*

图 4－25 所示为阀配流径向柱塞泵的工作原理图。柱塞 2 在弹簧 3 的作用下始终紧贴在和主轴做成一体的偏心轮 1 上，偏心轮转一圈，柱塞就完成一个往复运动，其行程长度为偏心距 e 的 2 倍。当柱塞向下运动时，柱塞缸 6 的容积增大，产生真空，液体在大气压力的作用下，克服吸液阀 5 的弹簧力及管道阻力，打开吸液阀进入柱塞缸 6 内；此时排液阀 4 在弹簧及液体压力作用下关闭。当偏心轮推动柱塞向上运动时，柱塞缸 6 的容积减小，油液受到挤压而压力增高，克服排液阀 4 的弹簧力，打开排液阀而排出泵体，此时吸液阀 5 在弹簧力及液压力的作用下关闭。

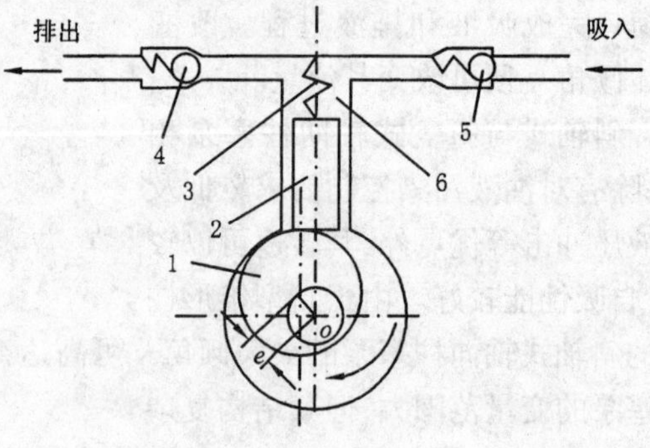

图 4－25　阀配流径向柱塞泵的工作原理
1—偏心轮；2—柱塞；3—弹簧；4—排液阀；
5—吸液阀；6—柱塞缸

图 4－26 所示为连杆型阀配流径向柱塞泵的结构图。偏心轮（和主轴做成一体）1 通过一对滚动轴承支撑在壳体 5 内，柱塞 6 用销子 4 铰接在连杆 2 上，上下两个连杆用两个半圆连接环 3 夹持在偏心轮上（连杆与偏心轮之间为滑动摩擦），两个连接环用螺钉连接。壳体 5 上固定有缸体 7 和阀体 8，阀体相应每个柱塞各装有两个锥形吸液阀 9 和一个锥形排液阀 11。当曲轴旋转时，油液从泵吸液口 A 吸入，经吸液阀 9 进入柱塞缸，然后经排液阀 11 和通道 B 从排液口 C 排出。排气螺钉 10 用以排除留存于柱塞缸内的空气。

这种泵一般都采用 3 个偏心轮，而且 3 个偏心轮的偏心方向互呈 120°。3 个偏心轮上共分布有 6 个柱塞，并分成两组，相当于双联泵。泵的额定工作压力为 32 MPa，额定转速为 1500 r/min。

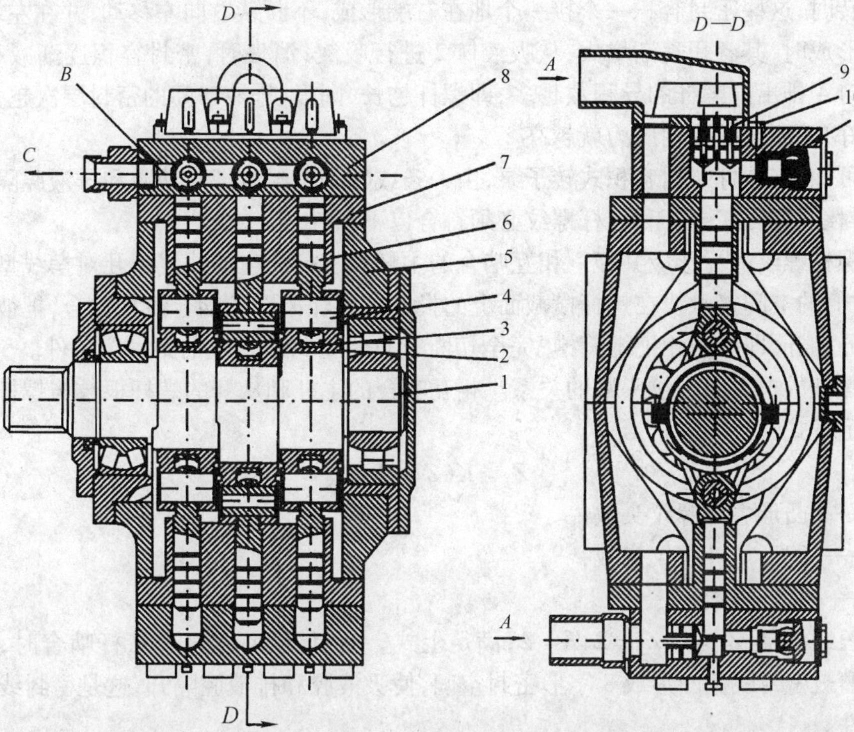

图 4-26 连杆型阀配流径向柱塞泵

1—偏心轮和主轴;2—连杆;3—连接环;4—销子;5—壳体;6—柱塞;7—缸体;8—阀体;9—吸液阀;10—排气螺钉;11—排液阀

4.6 螺杆泵

4.6.1 螺杆泵的工作原理

图 4-27 为密封式摆线三螺杆泵的工作原理图。图中三根平行的双头螺杆放置于泵壳内,中间为凸螺杆 3(即主动螺杆),两边各有一根凹螺杆 1(即从动螺杆)。相互啮合的三根螺杆与泵壳之间形成多个密封容积，每个密封容积的长度约等于螺杆的导程。当螺杆按图

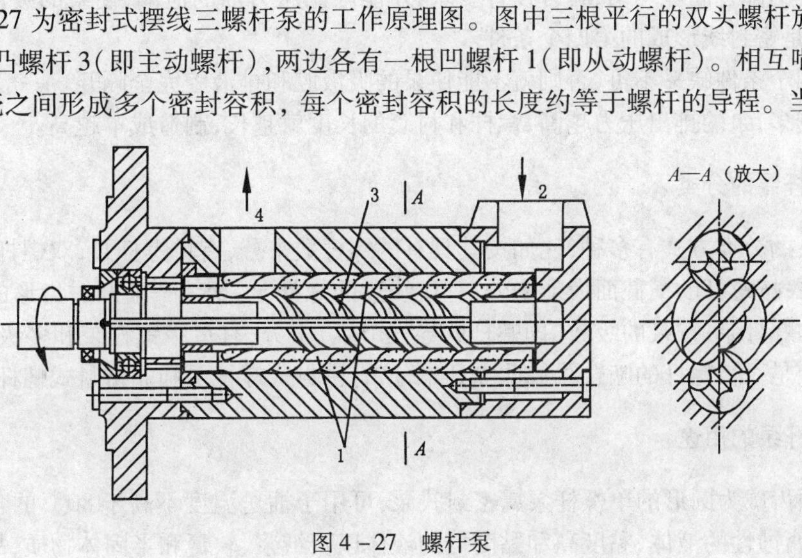

图 4-27 螺杆泵

1—从动螺杆;2—吸液口;3—主动螺杆;4—排液口

示方向旋转时,这些密封容积一个接一个地在右端形成,不断从右向左移动,并在左端消失。密封容积形成时,其容积逐渐增大,从吸液口 2 进行吸液;消失时,密封容积逐渐减小,将油液从排液口 4 排出。螺杆的导程数越多,即螺杆越长,则吸、排液口间的密封层次越多,密封性能就越好,从而泵的许用压力就越高。

由上可知,三螺杆泵属容积式转子泵,由一条或数条密封线把吸液腔和排液腔隔开。为了保证密封线的形成,主杆和从杆螺纹必须符合以下条件:

(1) 螺杆螺纹的齿形应共轭。相互啮合的主杆和从杆的齿形曲线由几对摆线型共轭齿廓构成,它们的空间接触线在螺杆横截面上的投影同共轭齿廓的啮合线相重合,把彼此连通的螺旋槽分割开,即能互相把螺旋槽"完全切断",这是密封线形成的第一个条件。

(2) 螺杆的根数与螺纹头数的关系。相互啮合的主杆和从杆的螺杆根数与螺杆螺纹头数必须满足下式:

$$Z_1 = K(Z_2 - 1) \tag{4-19}$$

式中　Z_1——凸形主杆螺纹头数;

Z_2——凹形从杆螺纹头数;

K——从杆根数。

对于三螺杆泵,$Z_1=2$、$Z_2=2$、$K=2$,满足上式。其意义为:主杆和从杆啮合时,互相连通的螺旋槽被密封线割断形成 8 字形密封空间,使吸液腔和排液腔隔开,这是密封线形成的第二个条件。

(3) 螺杆和包容螺杆的衬套必须有足够的长度。主杆和从杆相互啮合所形成的密封线具有一定的长度,同时要保证任一瞬时至少有一条密封线把泵的吸液腔和排液腔隔开。为此螺杆螺纹的长度和包容螺杆螺纹的衬套长度,至少应等于两条密封线的轴向长度。一般螺杆泵衬套的最小长度为螺杆导程的 1.2 ~ 1.5 倍。

(4) 必须保证螺杆相互啮合的精度和螺杆与衬套的配合精度。只有保证螺杆的齿形面和外圆表面以及衬套三连孔内表面和孔中心距的高精度,使主杆和从杆的啮合间隙和主杆、从杆与衬套的配合间隙均匀,符合设计要求,才能限制压力油的泄漏,使泵的吸液腔与排液腔隔开,这是密封线形成的第四个条件。

以上四个条件缺一不可,否则就不能使泵的吸液腔和排液腔完全隔开。一般来讲,密封线的条数越多,泵的排出压力越高,螺杆和衬套的长度就越长,制造成本越高。

4.6.2　螺杆泵的分类

螺杆泵的分类方式有多种,比如按其具有的螺杆数来分,有单螺杆泵、双螺杆泵、三螺杆及五螺杆泵;按螺杆的横截面齿形来分,有摆线形的螺杆泵、摆线—渐开线齿形的螺杆泵和圆形齿形的螺杆泵;按泵的级数(即螺杆的导程个数)来分,有单级螺杆泵和多级螺杆泵;按其高低压腔是否被螺杆的啮合线彼此隔开来分,有密封式螺杆泵和非密封式螺杆泵。

4.6.3　螺杆泵的用途

横截面齿廓为圆形的单螺杆泵属密封式泵,可用于抽送温度不高于 80℃ 的含固体颗粒的液体、有腐蚀性的液体、黏度高和黏度低的液体以及纸浆、软膏和半固体物质,故广泛应用于石油化工、食品、制药和其他行业。

横截面齿廓为摆线—渐开线齿形的双螺杆泵属非密封式泵,可用以输送酸、碱、烃类、有机物液体、溶剂、工业用水、盐水、海水、各种油类、油脂、软膏等,故可用于冶金、石油化工、颜料和清漆、植物油、化学制品、水泥、制糖和船舶等工业部门。

横截面齿廓为摆线齿形的三螺杆泵属密封式泵,这种泵可抽送温度不高于80℃不含固体颗粒无腐蚀性的润滑性液体,既可以作为液压泵用,还可用来输送牛奶、蜜糖、巧克力和黏胶等。

4.6.4 螺杆泵的特点

螺杆泵与其他泵相比,具有结构紧凑、体积小、流量压力无脉动、噪声低、容许转速高、自吸能力强、使用寿命长(长达30~40年)以及对油液污染不敏感等优点,常用于国防和工业的许多部门的液压系统中。螺杆泵的缺点是加工困难,价格较贵。

4.7 液压马达

4.7.1 液压马达的结构特点和分类

液压马达是液压系统的一种执行元件,它将液压泵提供的液体压力能转变为其输出轴的机械能(扭矩和转速)。因此从能量转换的角度看,马达与泵是可逆的,即任何一种液压泵都可作液压马达使用,反之亦然。但是,由于泵和马达的用途和工作条件不同,对它们的性能要求也不一样,所以相同结构类型的液压马达和液压泵之间仍有许多差别。例如:

(1) 液压马达应能正、反转运行,因此其内部结构具有对称性(如轴向柱塞马达的配流盘采用对称结构,叶片马达的叶片必须径向安装等);而液压泵通常是单向旋转的,结构上没有这一要求。

(2) 液压泵通常必须有自吸能力,而液压马达没有此要求,但要具备变化容积的初始密封性,以保证提供启动力矩。比如叶片马达,为了使叶片始终与定子表面贴紧以保证马达具有足够的初始密封性和启动扭矩,叶片槽底部都与压力油相通,且每个叶片底部都装有燕式弹簧,由它把叶片顶紧在定子内表面上。

(3) 为适应调速需要,液压马达的转速范围应足够大,特别对它的最低稳定转速有一定的要求;液压泵都是在高速下稳定工作的,其转速基本不变。为保证马达良好的低速运转性能,通常都采用滚动轴承或静压滑动轴承。

(4) 为改善液压泵的吸液性能和避免出现气蚀,通常把吸液口做得比排液口大;而对液压马达则无这一要求。

由于以上原因,所以很多同类型的液压泵和液压马达是不能互逆使用的。

液压马达在分类上与液压泵基本一样,按其结构也可分为:

(1) 齿轮式液压马达;

(2) 叶片式液压马达;

(3) 柱塞式液压马达,其中又可分为轴向柱塞式液压马达和径向柱塞式液压马达两种。

在实际工作中,人们常把输出扭矩 $T<1500\ \mathrm{N \cdot m}$、输出转速 $n>150\sim200\ \mathrm{r/min}$ 的液压马达称为高速小扭矩马达;输出扭矩 $T>1500\ \mathrm{N \cdot m}$、输出转速 $n<150\sim200\ \mathrm{r/min}$ 的液压马达称为低速大扭矩马达。常用的高速小扭矩马达有齿轮式马达、叶片式马达和轴向柱塞式马达。一般的低速大扭矩马达多为径向柱塞式马达和轴向柱塞式马达。

4.7.2　齿轮式液压马达的工作原理

齿轮式液压马达的工作原理如图 4 - 28 所示。若向齿轮泵的排液口输入压力油，泵内齿轮便会在油压的作用下转动，并通过泵轴向外输出旋转运动和扭矩。图中 h 为齿高，P 为两齿轮的啮合点，b 和 a 分别是 P 点到齿轮 O_1、O_2 齿根的距离。设 B 为齿宽，则在压力油腔内，由于油压 p 的作用，齿轮 O_1 及 O_2 上分别产生数值为 $pB(h-b)$ 及 $pB(h-a)$ 的旋转力。这两个力分别对各自的齿轮轴心形成扭矩，并使齿轮沿图示的方向转动。由于啮合的关系，泵轴输出的扭矩为两齿轮上产生的扭矩之和。随着齿轮转动，每个齿间从压力油腔带出的油液在轮齿啮合时被挤出，汇集后由泵的原吸液口排出。

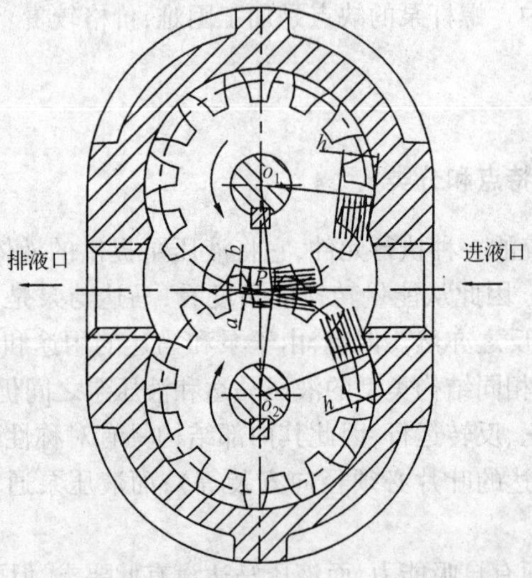

图 4 - 28　齿轮式液压马达的工作原理

由此可见，向齿轮泵输入压力油，可使齿轮泵当液压马达用。一般的齿轮泵都具有这种可逆性。也有专做马达用的齿轮式液压马达，但结构原理和涉及的问题基本上与齿轮泵相同。齿轮式马达的输入压力不高，输出扭矩也小，且扭矩和转速都是随轮齿的啮合而脉动，故齿轮式马达多用于高转速、小扭矩的场合。

图 4 - 29　双作用叶片马达的工作原理

4.7.3　叶片式马达的工作原理

叶片式马达在结构上也可以分为双作用式和单作用式两种。因双作用式叶片马达应用较广，故只介绍双作用式液压马达的工作原理。如图 4 - 29 所示，当压力为 p 的工作液体从进液口进入马达两个工作腔后，工作腔中的叶片 2、6 的两边所受总液压力平衡，对转子不产生扭矩；而位于密封区的叶片 1、3、5、7 两边所受的液压力不平衡，使转子受到图示方向的扭矩，马达因此而转动。当改变液体输入方向时,则马达反向旋转。

双作用叶片马达具有体积小,转动惯量小,输出扭矩均匀等优点。因此动作灵敏,适于高频、快速的换向传动系统,但由于容积效率较低,不适用于低速大扭矩的工作要求。

4.7.4 轴向柱塞马达的工作原理

轴向柱塞马达也有斜盘式和斜轴式两种类型,其基本结构与同类型的柱塞泵一样。但由于轴向柱塞马达常采用定量结构,即固定斜盘或固定倾斜缸体,所以其结构比同类型的变量泵简单得多。

图4-30为斜盘式轴向柱塞马达的工作原理图。现通过高压腔中一个柱塞的受力进行分析说明其工作原理。工作液体经配流盘1把处在高压腔位置的柱塞2推出,压在斜盘3上。假定斜盘给予柱塞的反作用力为N,则N可分解为两个为:轴向分力F_a和径向分力F_t。径向分力F_t对旋转中心产生转矩,使缸体带动主轴旋转,并输出扭矩。

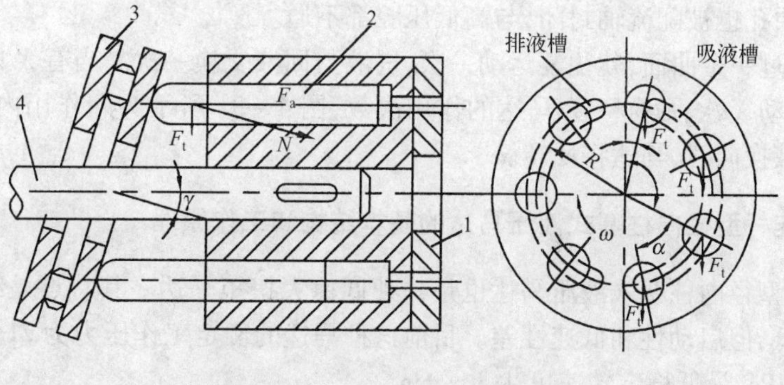

图4-30 轴向柱塞马达的工作原理

1—配流盘;2—柱塞;3—斜盘;4—驱动轴

斜轴式轴向柱塞马达的工作原理与此相似。

4.7.5 内曲线多作用式径向柱塞马达的基本结构和工作原理

内曲线多作用式径向柱塞马达(简称内曲线马达)是一种低速大扭矩马达,在工程机械、矿山机械和起重运输机械等部门中得到广泛应用。

如图4-31所示,内曲线马达主要由定子1、转子2、柱塞组(通常包含柱塞、横梁和滚轮等若干零件)3和配流轴4等主要部件组成。定子的内壁是由若干段均匀分布的且形状完全相同的曲面形成,定子曲面亦称为导轨。每一相同形状的曲面又可分为对称的两边,一边为进液区段(即工作区段),另一边为回液区段(即非工作区段)。在转子2上,沿径向均布有Z个柱塞孔,每个孔的底部有一配流窗口,与配流轴上的配流口相通。柱塞装在转子的柱塞孔

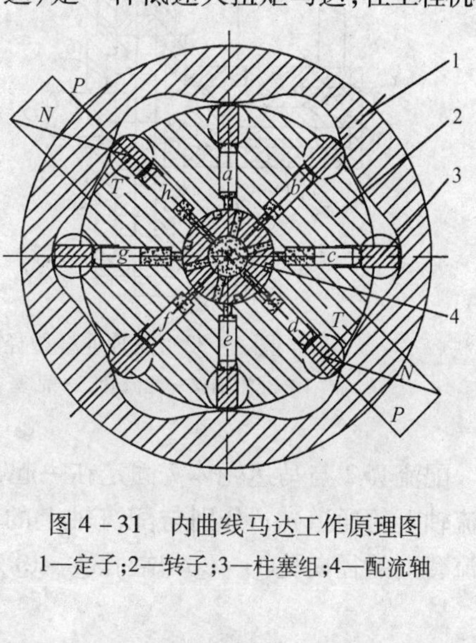

图4-31 内曲线马达工作原理图

1—定子;2—转子;3—柱塞组;4—配流轴

中，并可以在孔中往复运动。配流轴在圆周上有 2X 个均匀分布的配流窗口，其中有 X 个窗口与进液口相通，另外 X 个窗口与回液口相通。这 2X 个配流窗口的位置分别与 X 个导轨曲面的工作区段和非工作区段的位置严格对应。

来自泵的高压油首先进入配流轴，经配流窗口进入位于工作区段的各柱塞孔中，使相应的柱塞伸出并以滚轮顶在定子曲面（即导轨）上（如图中 d、h 柱塞）。在滚轮与曲面的接触点上，曲面就会给柱塞组一个反作用力 N，其方向垂直于导轨曲面，并通过滚轮中心。反力 N 可分解为径向力 P 和切向力 T。径向力 P 与作用在柱塞底部的液压力相平衡，而切向力 T 则通过柱塞组作用于转子而产生扭矩，使转子转动。柱塞在外伸的同时随缸体一起旋转，当柱塞（如图中柱塞 c）到达曲面的凹点（即外止点）时，柱塞底部的油孔被配流轴封闭，与高低压腔都不通，但此时仍有其他柱塞位于进液区段工作，使转子转动，所以当该柱塞超过曲面的凹顶点进入回液区段时，柱塞孔便与配流轴的回液口相通。在定子曲面的作用下，柱塞（如图中柱塞 b、f）向内收缩，把油液从回液窗口排出。当柱塞运动到内止点（如图中柱塞 e）时，柱塞底部油孔也被配流轴封闭，与高低压腔都不通。

柱塞每经过一个曲面，就往复运动一次，进液与回液交换一次。当有 X 段曲面时，每个柱塞要往复运动 X 次，故称 X 为马达的作用次数，图 4－31 所示为六作用内曲线马达。当马达的进、排液换向时，马达将反转。

4.7.6　曲轴连杆型径向柱塞式液压马达的基本结构和工作原理

曲轴连杆型径向柱塞式液压马达也是一种低速大扭矩马达。其特点是结构简单，制造容易，价格较低，但启动性和低速性差。目前这种马达的额定工作压力为 21 MPa，最高工作压力为 31.5 MPa，最低稳定转速可达 3 r/min。

图 4－32 所示为单作用连杆型径向柱塞式液压马达的结构原理。配流轴 1 与偏心曲轴 6 用十字联轴节连接，曲轴上套装有 5 个或 7 个连杆 5，连杆另一端通过球铰与活塞 3 连接，活塞装在缸孔 4 中，缸孔在马达壳体 7 的圆周上均匀布置，呈星形结构。

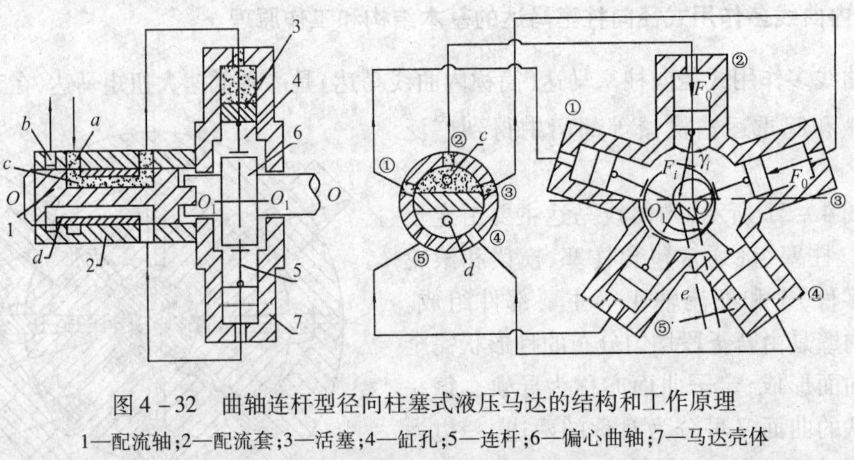

图 4－32　曲轴连杆型径向柱塞式液压马达的结构和工作原理

1—配流轴；2—配流套；3—活塞；4—缸孔；5—连杆；6—偏心曲轴；7—马达壳体

配流套 2 与马达壳体 7 固定在一起，开有总进、排液口 a、b，它们通过套内的环形槽和配流轴上的通道 c、d 分别与配流轴上的弓形进、排液腔相通，进、排液腔之间被隔墙密封。配流套上的径向孔①～⑤与缸孔①～⑤对应连通。隔墙宽度等于或稍大于配流套上的径向孔直径。在图示瞬间,工作液体由 a 口输入,通过配流轴和配流套分别进入①、②、③号缸孔。于是,这三个缸孔中的活塞顶端均作用有总液压力 F_0,F_0 分别通过各个连杆作用到曲轴的偏心圆柱表面,通过连杆的力 F_i 的方向垂直于此圆柱面并指向偏心圆的圆心 O_1。

曲轴旋转时,缸孔①、②、③的容积增大,不断进液;同时缸孔④、⑤的容积减小而排液。当配流轴随曲轴转过一个角度后,配流套上的孔③便被隔墙封闭,于是缸孔③在此瞬间既不进液,也不排液。但曲轴在①、②号缸孔中的活塞推动下仍然继续旋转,转过很小的角度后,缸孔③便与排液腔接通开始排液,然后缸孔⑤由排液工况变为进液工况,如此不停地循环下去,使马达不停地旋转,并输出扭矩。如果改变进、排液口,马达的旋转方向也随之改变。

曲轴旋转中心 O(壳体中心)与其偏心圆的圆心 O_1 的连线 OO_1 将马达分为两部分,一边为进液侧,另一边为排液侧,而恰好处在 OO_1 线上的缸孔,则既不进液,也不排液。

4.7.7 摆线马达的结构和工作原理

如图4-16所示的摆线转子泵输入压力油,即为马达工况,成为摆线转子马达,但这时马达的内、外转子仍以同方向旋转,排量较小,因而输出的扭矩不大。若这种马达的内齿圈(即外转子)固定不动,同时相应地改变配流方式,则可大大增加其排量,从而成为一种中扭矩马达。下面以 BM 系列摆线马达为例说明其结构特点和工作原理。

摆线马达分轴式配流和端面配流两种,BM 系列摆线马达为端面配流,其结构如图4-33所示。转子1上具有 Z_1($Z_1=8$)个短幅外摆线齿形的轮齿,与具有 Z_2($Z_2=9$)个圆弧形齿的内齿圈(定子)2相啮合,形成 Z_2 个密封空间(参考图4-37)。在固定不动的辅助配流板3上有 Z_2 个孔(图4-34),分别与上述各密封空间相对应。固定不动的补偿盘4上也有 Z_2 个孔(图4-35),其位置与辅助配流板相对应,但各孔恒与回液腔 T 连通。

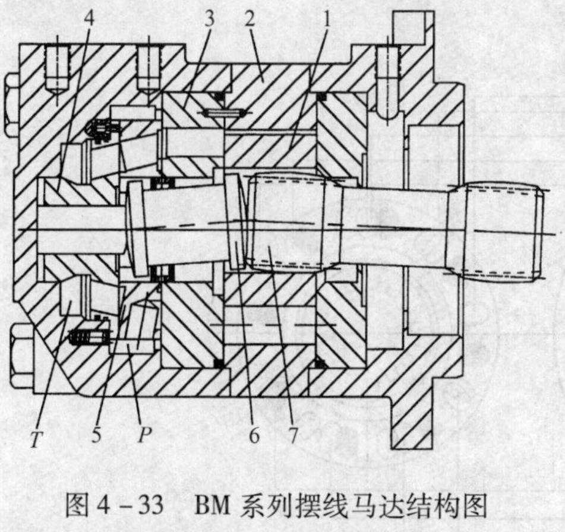

图4-33 BM 系列摆线马达结构图

1—转子;2—内齿圈;3—辅助配流板;4—补偿盘;
5—配流盘;6—联轴节;7—花键轴

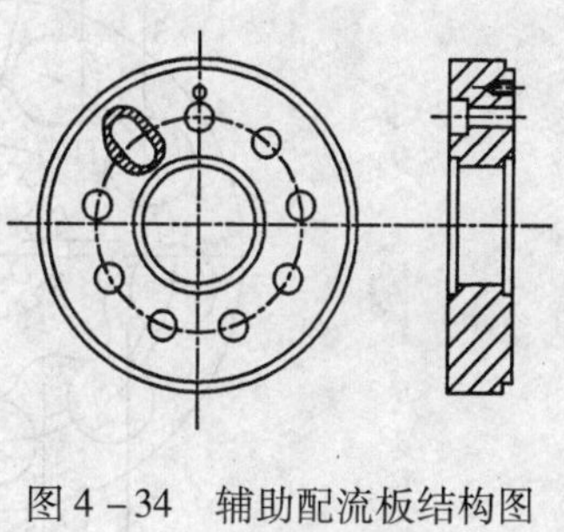

图4-34 辅助配流板结构图

配流盘5上有两组孔道 P 和 T(图4-36),每组各有 Z_1 条孔道。P 组孔道直接与进液腔连通,T组孔道则经补偿盘与回液腔连通(图4-33)。配流盘用短花键联轴节6与转子连接,并与转子同步转动。于是,其上的孔道 P、T 便轮流与辅助配流板及补偿盘上的孔道通断,实现对马达的配流。

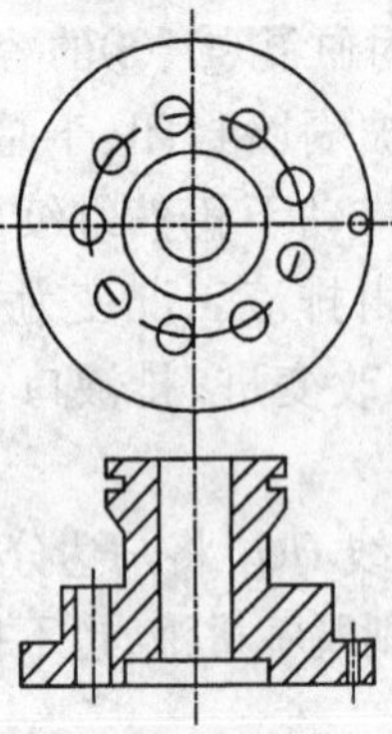

图 4-35　补偿盘结构图

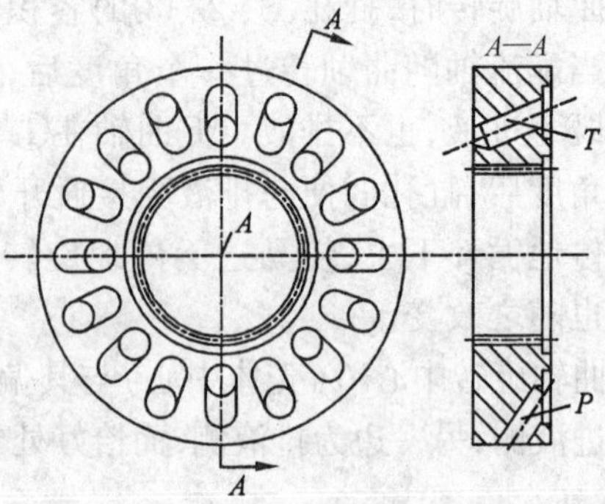

图 4-36　配流盘结构图

其配流过程如图 4-37 所示,图中虚线孔是与各密封空间相对应的辅助配流板上的孔,而进液孔和回液孔分别由配流盘上的 P 孔和 T 孔表示。图示位置密封空间 1 位于过渡区,进、排液配流孔与虚线孔隔断;这时密封空间 6、7、8、9 与进液孔接通,密封空间 2、3、4、5 则与排液孔接通。于是转子在高压液体作用下,将按使进液密封空间容积增大的方向自转。由于与其相啮合的定子固定不动,故转子在绕自身轴线 O_1 低速自转的同时,其中心 O_1 还绕定子中心 O_2 高速公转(故这种马达也称行星转子式摆线马达)。随着转子自转的同时,各密封空间将依次与进、排液孔 P 和 T 接通。与 P 孔接通的顺序为:6、7、8、9→7、8、9、1→8、9、1、2→6、7、8、9 等等。显然,转子公转一周(每个密封空间完成一次进、排液工作循环),它自转过一个齿。所以转子公转 Z_1 转时,才自转一周,其公转与自转的速比为:$i=-Z_1/1$。

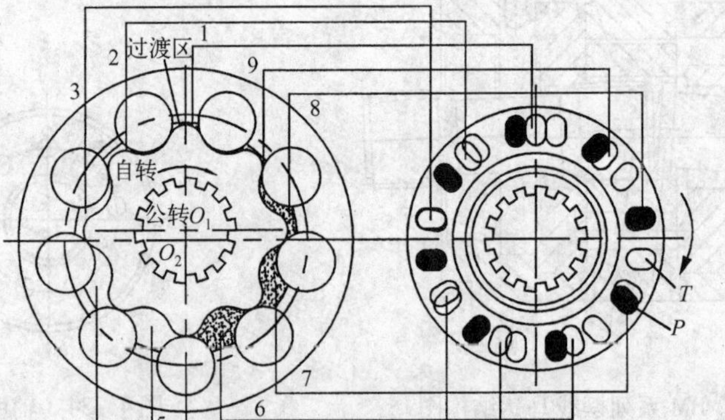

图 4-37　BM 系列摆线马达配流原理

图 4-33 中的花键轴 7 将转子的自转运动输出,以驱动工作机构。如果改变马达的进、排液方向,则马达输出。轴的旋转方向也改变。

思考题与习题

4-1 液压泵的基本工作原理是什么？

4-2 液压泵有哪几种配流方式？各举一例说明。

4-3 什么是齿轮泵的困油现象，有什么危害，怎样消除？

4-4 减小齿轮泵径向力的措施有哪些？

4-5 提高高压齿轮泵容积效率的方法有哪些？

4-6 双作用叶片泵定子内表面的过渡曲线为何要做成等加速—等减速曲线，其最易磨损的地方在进液区还是排液区？

4-7 简述斜盘式轴向柱塞泵的工作原理和手动伺服变量机构的变量原理。

4-8 简述斜轴式轴向柱塞泵的结构特点和工作原理。它是如何调节排量的？

4-9 液压马达和液压泵有什么异同？

4-10 怎样改变液压马达的输出转速和转向？

4-11 轴向柱塞液压马达输出轴上的转矩是如何产生的，其输出转矩的大小与哪些因素有关？

4-12 简述内曲线马达的工作原理。

4-13 已知液压泵的输出压力 p 为 10 MPa，泵的排量 q 为 100 mL/r，转速 n 为 1450 r/min，容积效率 η_V 为 0.95，机械效率 η_m 为 0.9。计算：1）该泵的实际流量 Q；2）驱动该泵的电机功率。

4-14 某液压马达的进油压力为 100×10^5 Pa，排量为 200 mL/r，总效率为 0.75，机械效率为 0.9，试计算：1）该马达能输出的理论转矩；2）若马达的转速为 500 r/min，则输入马达的流量为多少？3）若外负载为 200 N·m（$n=500$ r/min）时，该马达输入功率和输出功率各为多少？

4-15 泵的额定流量为 100 L/min，额定压力为 2.5 MPa，当转速为 1450 r/min 时，机械效率为 0.9。由实验测得，当泵出口压力为零时，流量为 106 L/min；压力为 2.5 MPa 时，流量为 100.7 L/min。求：1）泵的容积效率；2）如泵的转速下降到 500 r/min，在额定压力下工作时，估算泵的流量为多少？3）上述两种转速下泵的驱动功率。

4-16 一液压马达，要求输出转矩为 52.5 N·m，转速为 30 r/min，马达排量为 105 mL/r，马达的机械效率和容积效率均为 0.9，出口压力为 2×10^5 Pa，试求马达所需的流量和压力各为多少？

4-17 习题图 4-1 所示为变量泵和定量马达系统，低压辅助泵输出压力 $p_y=4\times10^5$ Pa，泵最大排量 $q_{pmax}=100$ mL/r，转速 $n_p=1000$ r/min，容积效率 $\eta_{Vp}=0.9$，机械效率 $\eta_{mp}=0.85$。马达的相应参数为 $q_M=50$ mL/r，$\eta_{VM}=0.95$，$\eta_{mM}=0.9$。不计管道损失，当马达的输出转矩为 $T_M=40$ N·m，转速为 $n_M=160$ r/min 时，求变量泵的排量、工作压力和输入功率。

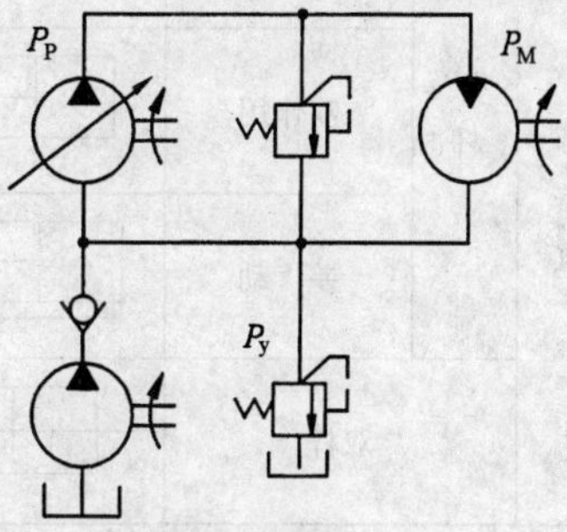

习题图 4-1

5 液 压 缸

本章要求

了解和掌握液压缸的类型及其应用；了解液压缸的结构及其组成；掌握液压缸设计计算的内容及其方法和步骤。

液压缸是液压系统中的液压执行元件，它是将液压能转变为机械能做直线往复运动的能量转换装置。液压缸结构简单，工作可靠，在液压系统中得到了广泛的应用。

5.1 液压缸的分类

液压缸的种类繁多，分类方法各异。可按运动方式、作用方式、结构形式的不同进行分类。表 5－1 是按液压缸的作用数及结构形式进行分类的。

表 5－1 液压缸的分类

类型			职能符号	特点
活塞缸	单杆	单作用	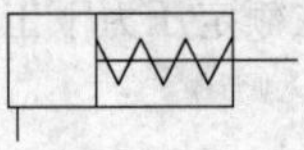	单向液压驱动，回程靠自重、弹簧力或其他外力
		双作用	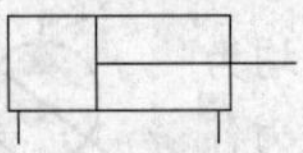	双向液压驱动
		差　动	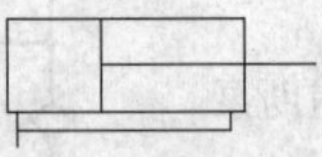	可加速无杆腔进油时的速度，但推力相应减小
	双杆		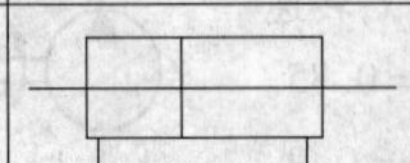	可实现等速往复运动
柱塞缸			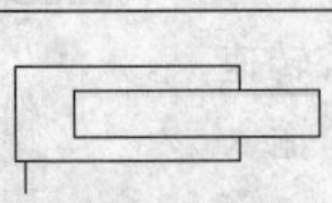	单向液压驱动，柱塞组受力较好
伸缩缸	单作用		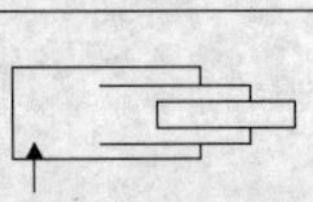	用液压由大到小逐节推出，然后靠自重由小到大逐节缩回
	双作用		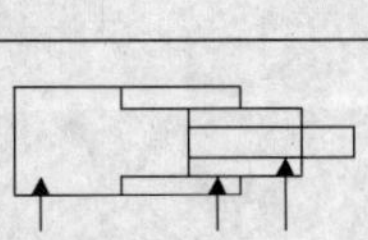	双向液压驱动，伸出由大到小逐节推出，缩回由小到大逐节缩回

续表 5-1

类　型		职 能 符 号	特　点
组合液压缸	弹簧复位液压缸	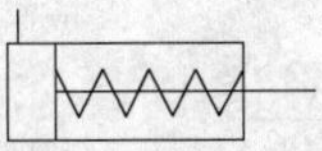	单向液压驱动，由弹簧力复位
	串联液压缸	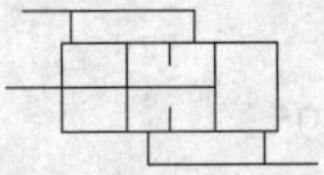	用于缸的直径受限制，而长度不受限制，能获得大的推动力
	增压缸	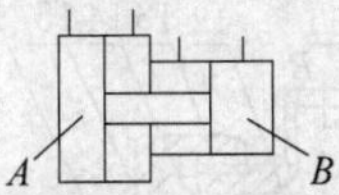	由低压力室 A 缸驱动，使 B 室获得高压油源
	齿条传动液压缸	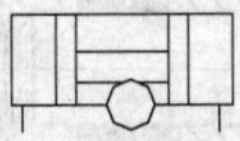	活塞的往复运动经装在一起的齿条驱动齿轮获得往复回转运动

5.2　液压缸的典型结构和组成

液压缸因用途和要求的不同，有各种结构形式，本节以广泛应用的双作用单活塞杆液压缸为例，重点介绍推力液压缸主要零件的结构、材料及其技术要求。

5.2.1　液压缸的典型结构

图 5-1*a* 所示为一双作用单杆活塞缸的结构。由图可见，液压缸的左右两腔是通过油口 A 和 B 进出油液，以实现活塞杆的双向运动。活塞用卡环 4、套环 3 和弹簧挡圈 2 等定位。活塞上套有一个用聚四氟乙烯制成的支撑环 7，密封则靠一对 Y 形密封圈 9 保证。O 形密封圈 6 用以防止活塞杆与活塞内孔配合处产生泄漏。导向套 12 用于保证活塞杆不偏离中心，它的外径和内孔配合处都有密封圈。此外缸盖上还有防尘圈 15，活塞杆左端带有缓冲柱塞等。图 5-1*b* 所示为双作用单杆活塞缸职能符号。

图 5-1 为单杆双作用液压缸，由于液压缸两腔的有效工作面积不等，因此它在两个方向上的输出推力和速度亦不等，其值分别为

$$F_1=(p_1A_1-p_2A_2)\eta_m=\frac{\pi}{4}[(p_1-p_2)D^2+p_2d^2]\eta_m \tag{5-1}$$

$$F_2=(p_1A_2-p_2A_1)\eta_m=\frac{\pi}{4}[(p_1-p_2)D^2-p_1d^2]\eta_m \tag{5-2}$$

式中　p_1——供液压力；

p_2——回液背压；

A_1——无杆腔活塞面积；

A_2——有杆腔活塞面积；

D——缸筒内径；

d——活塞杆直径；

η_m——液压缸的机械效率，通常 $\eta_m\approx1$。

当两端分别以 Q 流量进油时

$$v_1=\frac{Q\eta_V}{A_1}=\frac{4Q\eta_V}{\pi D^2} \tag{5-3}$$

$$v_2=\frac{Q\eta_V}{A_2}=\frac{4Q\eta_V}{\pi(D^2-d^2)} \tag{5-4}$$

式中　Q——输入液压缸的供液量；

η_V——液压缸的容积效率，通常 $\eta_V\approx0.90\sim0.95$。

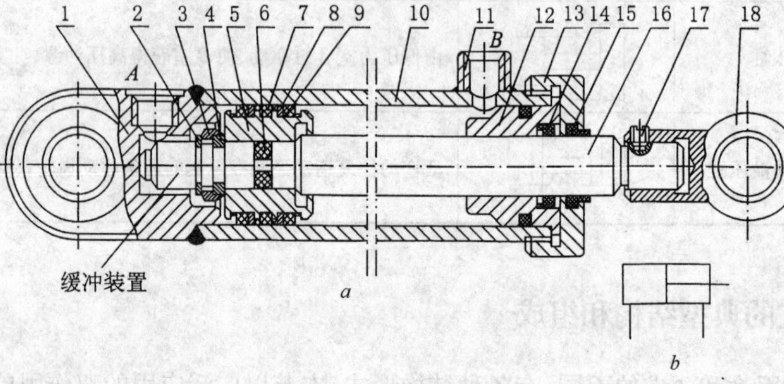

图5－1　单活塞杆液压缸结构

1—缸底；2—弹簧挡圈；3—套环；4—卡环；5—活塞；6—O形密封圈；7—支撑环；8—挡圈；9—Y形密封圈；10—缸筒；11—管接头；12—导向套；13—缸盖；14—密封圈；15—防尘圈；16—活塞杆；17—定位螺钉；18—耳环

图5－2　差动缸

如图5－2所示，单杆双作用缸在其左右两腔都接通高压油时称为"差动连接"，这时液压缸称为差动缸。差动连接时输出的推力和速度为

$$F=p_1(A_1-A_2)\eta_m=p_1\frac{\pi}{4}d^2\eta_m \tag{5-5}$$

$$v=\frac{Q\eta_V}{A_1-A_2}=\frac{4Q\eta_V}{\pi d^2} \tag{5-6}$$

5.2.2　液压缸的组成

从上面的例子可以看到，液压缸的结构基本上可以分为缸筒、缸底、活塞、活塞杆、缸盖、密封装置、缓冲装置和排气装置等。

5.2.2.1　缸筒、缸底、缸盖

缸筒是液压缸的主体，必须具有足够的强度，能长期承受最高工作压力，缸筒内壁应具有足够的耐磨性，高的几何精度和低的表面粗糙度，以承受活塞频繁往复摩擦，保证活塞密封件的可靠密封。

缸筒的结构主要取决于其与缸盖、缸底的连接形式。在缸筒的入口处及有密封通过的孔、槽处，为了装配不损坏密封件，缸筒内壁应加工成15°的坡口，如图5－3所示。

当缸筒上焊有缸底、耳轴(销)或管接头等零件时,宜用35号钢,并在加工后调质处理;当缸筒上无焊接零件时,一般采用45号钢,调质;也可用锻钢、铸钢等材料。当其承受很大负荷时,常采用高强度合金无缝钢管作缸筒。缸盖材料常用35号、40号钢锻件,或ZG270~500、ZG310~570及HT250、HT300等灰铸铁件等。缸底材料常用35号或45号钢的锻件、铸件或焊接制成,也可采用球墨铸铁或灰铸铁。

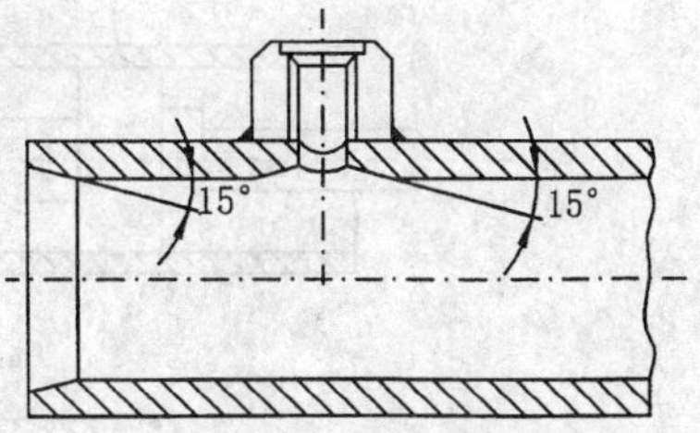

图5-3 缸筒结构

缸筒与缸底的连接有多种形式,比如焊接、螺纹连接、卡键连接、法兰连接等,考虑到使用的安全性,目前多采用焊接。缸筒与缸盖的连接也有多种形式,比如焊接、螺纹连接、卡键连接、法兰连接等,考虑到维修、拆装方便,目前多采用螺纹连接。

5.2.2.2 活塞与活塞杆

活塞杆是液压缸传力的主要零件,由于液压缸被用于各种不同的条件,因此要求活塞杆能经受压缩、拉伸、弯曲、振动、冲击等载荷作用,还必须具有耐磨和耐腐蚀等性能。

活塞杆材料可用35号钢、45号钢或无缝钢管做成实心杆或空心杆。活塞杆的强度一般是足够的,主要是考虑细长活塞杆在受压时的稳定性。

活塞杆表面镀铬(镀白铬或黄铬,镀层厚0.03~0.05 mm)并抛光,以提高其耐磨性和防锈蚀。对于碰撞较多的液压缸活塞杆(比如挖掘机、推土机、装载机等液压传动系统中的液压活塞杆),工作表面宜先经过高频淬火或火焰淬火(淬火深度0.5~1.0 mm,硬度50~60HRC)。对于空心杆,其结构的一端需留出焊接和热处理用的通气孔。

活塞材料通常采用钢、耐磨铸铁或铸铁,有时也用黄铜或铝合金。

活塞与活塞杆连接形式很多。在高压大负载下常采用焊接,对于一般载荷多采用螺纹连接,但需备有螺帽防松装置。详细结构参看文献[4]。

5.2.2.3 缓冲装置

为了避免活塞在行程两端撞击缸盖或缸底,产生噪声,影响工作精度以致损坏机件,常在液压缸两端放置缓冲装置。图5-4表示了缓冲装置的原理。图5-4*a*中,当缓冲柱塞进入与其相配合的缸底上的内孔时,液压油必须通过间隙才能排除,使活塞速度降低。由于配合间隙是不变的,因此随着活塞运动速度的降低,其缓冲作用逐渐减弱。图5-4*b*中,当缓冲柱塞进入配合孔后,液压油必须经截流阀排出。由于截流阀是可调的,缓冲作用也可调节,但仍不能解决速度降低后缓冲作用减弱的缺点。图5-4*c*中,在缓冲柱塞上开有三角槽,其截流面积越来越小,这在一定程度上可解决在行程最后阶段缓冲作用过弱的问题。

5.2.2.4 排气装置

液压传动系统在安装过程中或长时间停止工作之后,难免会渗入空气,另外工作介质中也会有空气,由于气体具有可压缩性,将使执行元件产生爬行、噪声和发热等一系列不正常现象。因此,在设计液压缸的结构时,要保证能及时排除积留在液压缸内的气体。

一般在液压缸内腔的最高部位放置专门的排气装置,如排气螺钉、排气阀等,如图5-5所示,以便于液压缸内的气体逸出液压缸外。

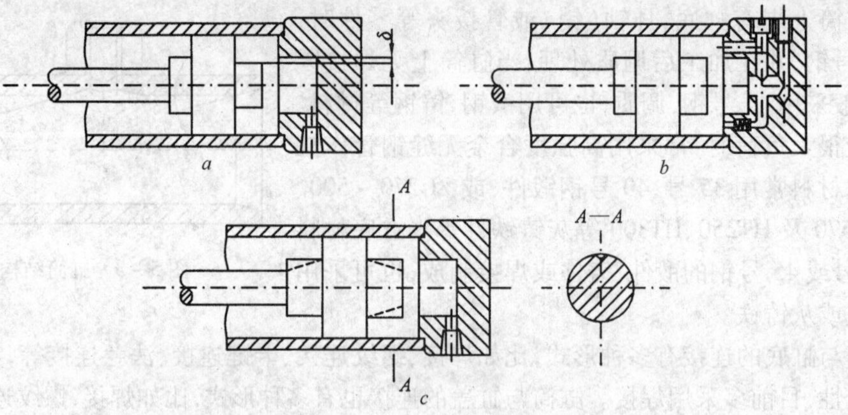

图 5 - 4　缓冲装置

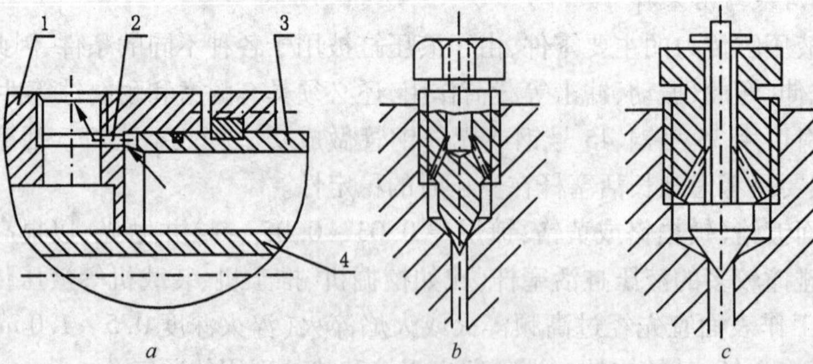

图 5 - 5　液压缸的排气装置

1—缸盖;2—排气小孔;3—缸筒;4—活塞杆

5. 2. 3　几种典型的液压缸

5. 2. 3. 1　双作用双活塞杆液压缸

如图 5 - 6 所示,双作用双活塞杆的液压缸有两根直径相同的活塞杆,分别从缸体的两端伸出,组成基本与双作用单杆缸相同,主要应用在机床上。

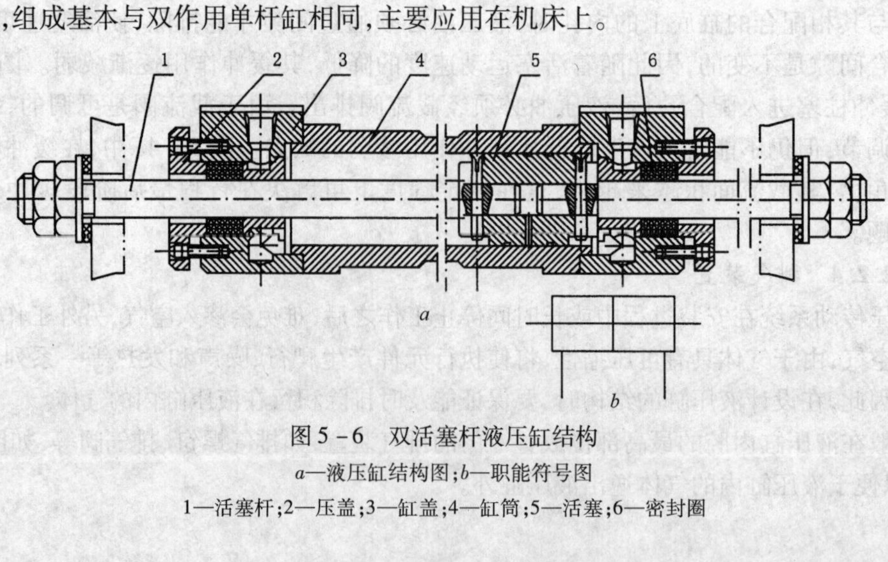

图 5 - 6　双活塞杆液压缸结构

a—液压缸结构图;*b*—职能符号图

1—活塞杆;2—压盖;3—缸盖;4—缸筒;5—活塞;6—密封圈

双作用双活塞杆液压缸一般有两种使用情况。一将缸筒固定在床身上，活塞杆和工作台连接，工作台运动所占空间长度为活塞有效行程的3倍，见图5－7*a*，其多用于小型机床。二将活塞杆固定在床身上，缸筒与工作台连接，工作台运动所占空间长度为液压缸有效行程的2倍，见图5－7*b*，其多用于中型及大型机床。

若双作用双活塞杆液压缸供油压力和流量不变，那么活塞往复运动时两个方向的作用力和速度均相等

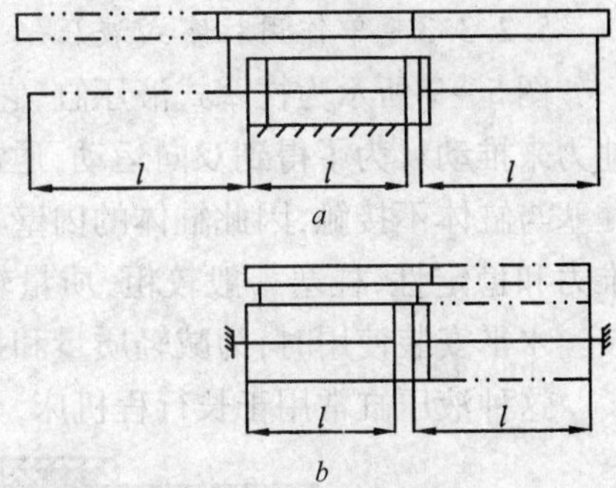

图5－7　双活塞杆液压缸运动所占长度

$$v = \frac{Q\eta_V}{A} = \frac{4Q\eta_V}{\pi(D^2 - d^2)} \tag{5-7}$$

$$F = pA\eta_m = \frac{\pi}{4}p(D^2 - d^2)\eta_m \tag{5-8}$$

5.2.3.2　伸缩式液压缸

伸缩式液压缸具有二级或多级活塞，伸缩式液压缸中活塞伸出的顺序一般是从大到小，而空载缩回的顺序则是由小到大，其适用于安装空间受到限制但要求有很大行程的设备中。比如液压支架为适应变化较大的煤层厚度，其立柱多采用伸缩缸；工程机械中，伸缩式起重机也是一个典型的范例。

如图5－8所示，为一种双作用式伸缩缸。通入压力油时各级活塞按有效面积大小依次先后动作，并在输入流量不变的情况下，输出推力逐级减小，速度逐级加大，其值为

$$F_i = p_1 \frac{\pi}{4}D_i^2 \eta_{mi} \tag{5-9}$$

$$v_i = \frac{4Q\eta_{Vi}}{\pi D_i^2} \tag{5-10}$$

式中　i——第i级活塞缸。

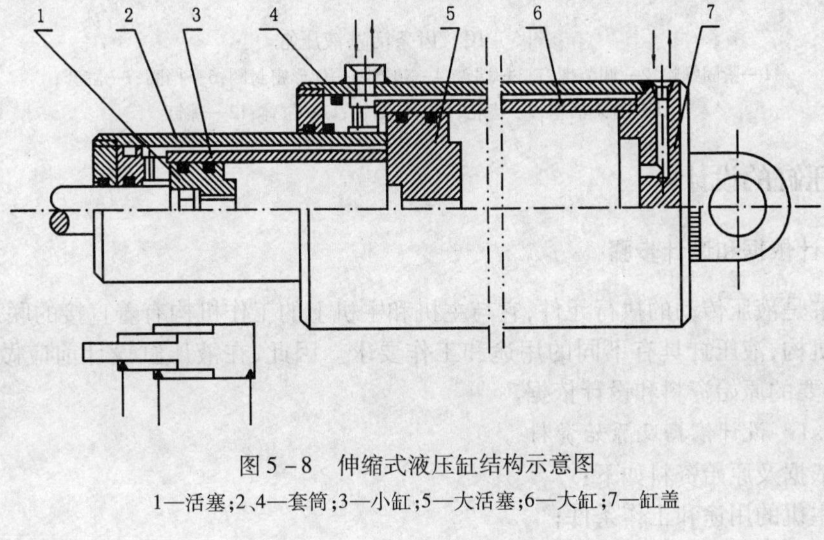

图5－8　伸缩式液压缸结构示意图

1—活塞；2、4—套筒；3—小缸；5—大活塞；6—大缸；7—缸盖

5.2.3.3 单作用柱塞式液压缸

图5-9所示为柱塞式液压缸,它只能实现一个方向的运动,回程靠重力或弹簧力或其他力来推动。为了得到双向运动,通常成对、反向地布置使用。柱塞2靠导向套3来导向,柱塞与缸体不接触,因此缸体的内壁不需精加工。柱塞是端部受压,为保证柱塞缸有足够的推力和稳定性,柱塞一般较粗,质量较大,水平安装时易产生单边磨损,故柱塞缸宜垂直安装。水平安装使用时,为减轻质量和提高稳定性,用无缝钢管制成空心柱塞。

这种液压缸常用于长行程机床,如龙门刨、导轨磨、大型拉床等。

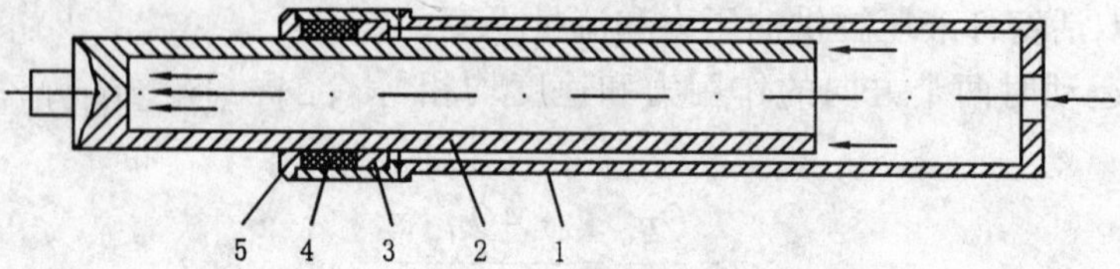

图5-9 柱塞缸

1—缸体;2—柱塞;3—导向套;4—V形密封圈;5—压盖

5.2.3.4 齿条液压缸

图5-10所示为齿条活塞液压缸的结构图。缸体由两个零件组合焊接而成,活塞杆上加工出齿条,齿轮9与传动轴10连成一体。当液压缸右端进油而左端回油时,齿条活塞向左运动,齿条则带动齿轮9顺时针旋转;反之,则逆时针旋转。两端的调节螺钉2可调节齿条活塞的行程,以改变传动轴10的最大转角。

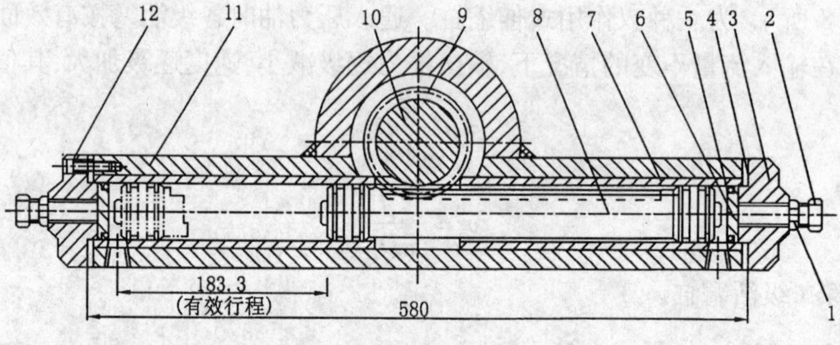

图5-10 齿条活塞液压缸

1—紧固螺帽;2—调节螺钉;3—端盖;4—垫圈;5—O形密封圈;6—挡圈;7—缸套;
8—齿条活塞;9—齿轮;10—传动轴;11—缸体;12—螺钉

5.3 液压缸的设计

5.3.1 设计依据和设计步骤

液压缸是液压传动的执行元件,它与主机和主机上的工作机构有着直接的联系,对于不同机种和机构,液压缸具有不同的用途和工作要求。因此,在液压缸设计前应做好调查研究,备齐必要的原始资料和设计依据。

5.3.1.1 设计依据及原始资料

设计依据及原始资料如下:

(1) 主机的用途和工作条件;

(2) 工作机构的结构特点、负载状况、行程大小和动作要求；

(3) 液压系统所选定的工作压力和流量；

(4) 材料、配件和加工工艺的现实状况；

(5) 有关的国家标准和技术规范。

5.3.1.2 液压缸的设计内容和步骤

液压缸设计内容和步骤有以下几点：

(1) 液压缸类型和各部分结构形式的选择。液压缸的类型结构形式很多，但对于特定的设备，其特定的用途也就决定了液压缸的形式，比如单作用或双作用液压缸、柱塞缸或活塞缸等。

(2) 基本参数的确定。基本参数主要包括液压缸的工作负荷、工作速度、工作行程和导向长度、缸筒内径以及活塞杆直径等。

(3) 结构计算和验算。其中包括缸筒壁厚、外径和缸底厚度的强度计算、活塞杆强度和稳定性验算，以及各部分连接结构的强度计算。

(4) 导向、密封、防尘、排气和缓冲装置的设计。

(5) 整理设计计算书、绘制装配图和零件图。

5.3.2 确定基本参数

5.3.2.1 工作负载 R

液压缸的工作负载 R 是指工作机构在满负荷情况下，以一定加速度启动时对液压缸产生的总阻力，即

$$R = R_{\mathrm{I}} + R_{\mathrm{m}} + R_{\mathrm{g}} \tag{5-11}$$

式中 R_{I}——工作机构的荷重及自重对液压缸产生的作用力；

R_{m}——工作机构在满载启动时的静摩擦力；

R_{g}——工作机构满载启动时的惯性力。

5.3.2.2 缸筒内径 D

在确定 D 时，必须保证液压缸在系统所给定的工作压力下，具有足够的牵引力来驱动工作负荷。

对于双作用单活塞杆液压缸，当活塞杆是以推力驱动工作负载时，即压力油输入无杆腔时，工作负载 R 为

$$R = F\eta = \frac{\pi}{4}(D^2 p - D^2 p_0 + d^2 p_0)\eta$$

$$D = \sqrt{\frac{4R}{\pi(p - p_0)\eta} - \frac{d^2 p_0}{p - p_0}} \tag{5-12}$$

式中 R——液压缸的工作负荷；

F——活塞杆的最大推力；

η——机械效率，考虑密封件的摩擦阻力损失，橡胶密封常取 $\eta = 0.95$；

p——工作压力，一般情况下取系统的调定压力；

p_0——回油背压，若回油直接通油箱，可取 $p_0 \approx 0$；

d——活塞杆直径。

当活塞杆是以拉力驱动工作负载时，则压力油输入有杆腔

$$R = F\eta = \frac{\pi}{4}(D^2 p - D^2 p_0 - d^2 p)\eta$$

$$D = \sqrt{\frac{4R}{\pi(p - p_0)\eta} + \frac{d^2 p}{p - p_0}} \qquad (5-13)$$

对于双作用活塞缸，缸筒内径应取按公式（5－12）和式（5－13）计算结果的较大值。由于缸筒一般由无缝钢管制成，计算出的数据，需按文献［16］圆整为标准内径。

5.3.2.3　工作速度

一般工作机构对液压缸的工作速度有一定的要求时，应根据所需的工作速度和以选定的泵的流量来确定缸径，或根据速度和缸径来选择泵。在对速度没有要求的情况下，则可根据已选定的泵和缸径来确定工作速度。

5.3.2.4　活塞杆直径 d

在确定活塞杆直径 d 时，既要满足结构强度和稳定性的要求，也要考虑工作运动速度的要求。通常先从满足速度的角度选择活塞杆直径，然后再校核其结构强度，必要时还需按稳定性条件进行验算。

由式（5－3）、式（5－4）可得单杆双作用液压缸往复运动的速度比 φ 为

$$\varphi = \frac{v_1}{v_2} = \frac{D^2 - d^2}{D^2} \qquad (5-14)$$

移项整理后可得

$$d = D\sqrt{1-\varphi} \qquad (5-15)$$

其中 φ 可查文献［15］。

活塞杆直径 d 的推荐值：当活塞杆受拉时，$d=(0.3\sim0.5)D$；当活塞受压时，$d=(0.5\sim0.7)D$。

5.3.2.5　最小导向长度 H 的确定

当活塞杆全部外伸时，从活塞支撑面中点到导向套滑动面中点的距离为最小导向长度 H，见图 5－11。

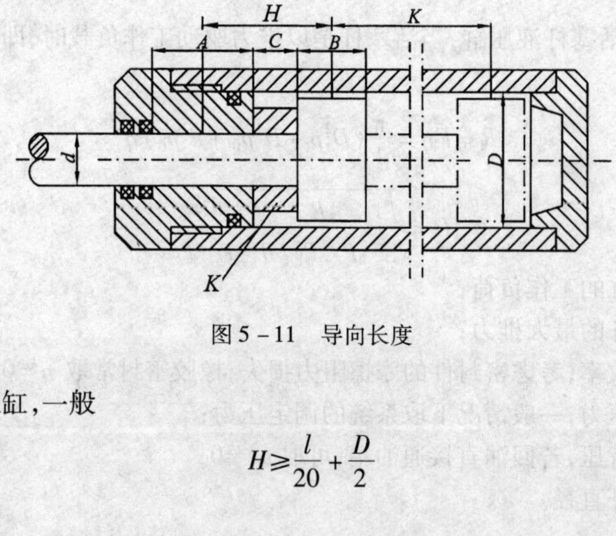

图 5－11　导向长度

对单活塞液压缸，一般

$$H \geqslant \frac{l}{20} + \frac{D}{2} \qquad (5-16)$$

式中　l——活塞最大工作行程；

D——缸筒内径。

5.3.3　液压缸的结构计算和校核

5.3.3.1　缸筒壁厚的计算和校核

（1）当 $\delta/D \leqslant 0.08$ 时，称为薄壁缸筒——无缝钢管，则

$$\delta \geqslant \frac{p_{max} D}{2\sigma_s} \tag{5-17}$$

（2）当 $0.3 \geqslant \delta/D \geqslant 0.08$ 时

$$\delta \geqslant \frac{p_{max} D}{2.3\sigma_s - 3p_{max}} \tag{5-18}$$

（3）当 $\delta/D \geqslant 0.3$ 时，称厚壁缸筒，一般为铸造缸筒

$$\delta \geqslant \frac{D}{2}\left[\sqrt{\frac{\sigma_s + 0.4p_{max}}{\sigma_s - 1.3p_{max}}} - 1\right] \tag{5-19}$$

式中　p_{max}——缸筒内最高工作压力；

σ_s——缸筒材料许用应力，$\sigma_s = \dfrac{\sigma_b}{\eta}$，其中 σ_b 为材料抗拉强度；η 为安全系数，$\eta = 5$。

5.3.3.2　缸筒外径

缸筒外径 D_1，计算公式

$$D_1 = D + 2\delta \tag{5-20}$$

式中　D_1——缸筒外径；

δ——缸筒壁厚。

5.3.3.3　缸底厚度计算

缸底厚度 δ_1 计算

$$\delta_1 = 0.5D_2\sqrt{\frac{p_{max}}{\sigma_s}} \tag{5-21}$$

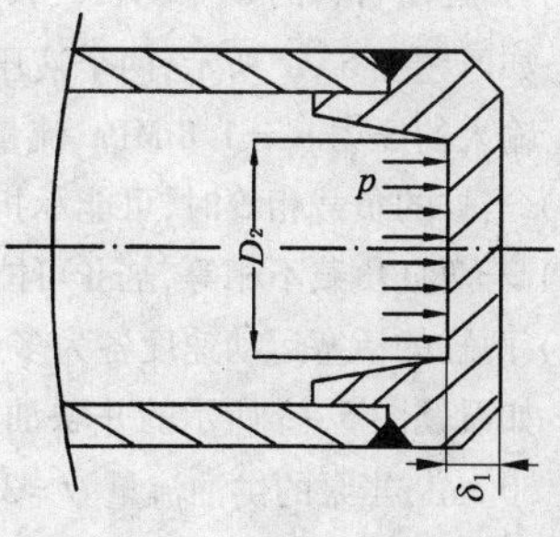

图 5-12　缸底厚度的计算

式中　D_2——缸底内径；

σ_s——缸底材料的许用应力：

$$\sigma_s = \frac{\sigma_b}{\eta}, \eta \geqslant 3$$

p_{max}——液压缸最大工作压力。

5.3.3.4　活塞杆强度及压杆稳定性计算

A　活塞杆强度

活塞杆强度可由下式求出

$$d \geqslant \sqrt{\frac{4R}{\pi\sigma_s}} \tag{5-22}$$

式中　R——工作负荷；

$\sigma_s = \dfrac{\sigma_b}{\eta}$，$\eta = 1.4$。

B 稳定性计算

当活塞杆的长径比 $l/d>10$ 时，对于压杆必须考虑其稳定性有

$$F \leqslant \frac{F_K}{\eta_K} \tag{5-23}$$

式中 F——活塞杆最大推力，kg；

F_K——活塞杆稳定临界力；

η_K——稳定性安全系数，$\eta_K=2\sim4$。

活塞杆强度及压杆稳定性的详细计算可参看文献[6]。

思考题与习题

5-1 液压缸为什么要设置缓冲装置？举例进行说明。

5-2 液压缸为什么要设置排气装置，如何确定排气装置的位置？

5-3 液压缸的设计应考虑哪些因素？

5-4 举例说明伸缩式液压缸的工作原理。

5-5 如习题图 5-1*a* 所示，一单杆活塞缸，无杆腔的有效工作面积为 A_1，有杆腔的有效工作面积为 A_2，且 $A_1=2A_2$。当供油流量 $Q=100$ L/min 时，回油流量是多少？若液压缸差动连接，见图 5-13*b*，其他条件不变，则进入液压缸无杆腔的流量为多少？

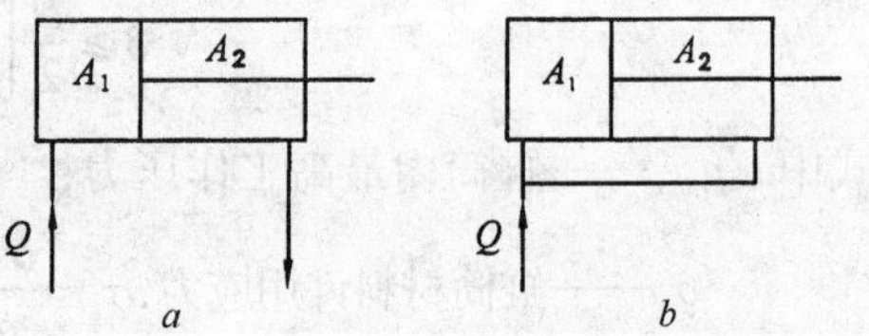

习题图 5-1

5-6 一单杆液压缸快速向前运动时采用差动连接，退回时，压力油输入液压缸有杆腔。假如活塞往复运动的速度都是 0.1 m/s，退回时负载为 25000N，输入流量 $Q=25$ L/min，背压 $p_2=0.2$ MPa，要求：

1）确定活塞和活塞杆直径；

2）如缸筒材料的 $\sigma_s=5\times10^7$ N/m^2，计算缸筒的壁厚。

5-7 如习题图 5-2 所示，两个液压缸串联，其无杆腔和有杆腔的面积分别为 $A_1=100$ cm^2，$A_2=80$ cm^2，输入的压力 $p_1=1.8$ MPa，流量 $Q=16$ L/min，所有损失不计，试求：

1）当缸的负载相等时，可能承担的最大负载 R 是多少？

2）若两缸负载不相等，缸Ⅱ可能承担的最大负载将比在 1）条件下承担的负载大多少？

3）两缸的活塞运动速度各为多少？

5-8 如习题图 5-3 所示的并联油缸，外负载 $R_1=R_2=10^4$ N，两缸无杆腔面积分别为 $A_1=25$ cm^2，$A_2=50$ cm^2，当泵的供油流量 $Q=30$ L/min，溢流阀调定压力 $p=4.5$ MPa 时，试分析：

1）Ⅰ、Ⅱ两缸的动作顺序和运动速度各为多少？

2）油泵的最大输出功率为多少？

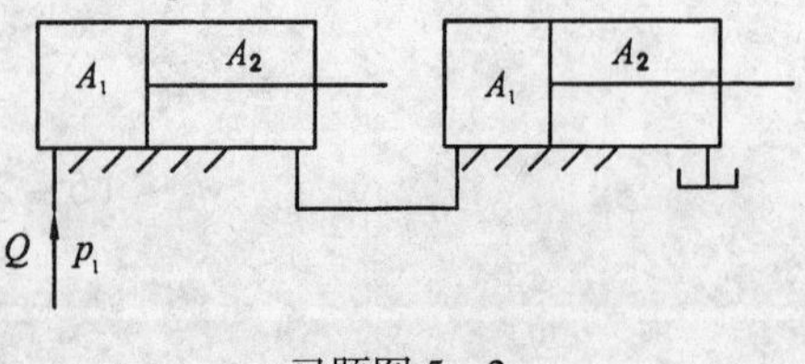

习题图 5-2

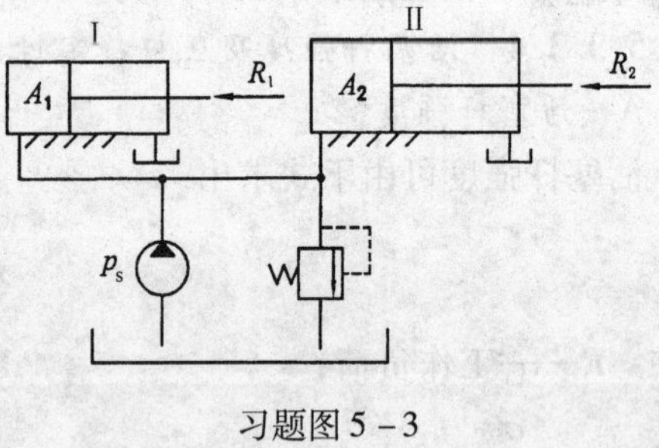

习题图 5-3

6 液压控制阀

本章要求

了解和掌握各种液压控制阀的结构组成、工作原理、特性及其在系统中的应用。尤其是先导式溢流阀的工作原理、特性及应用、截流阀的刚性、调速阀的工作特性、换向阀的图形符号及其意义；了解滑阀的中位机能、多路换向阀、液压卡紧现象等概念。

6.1 概述

在液压系统中，用于控制和调节工作液体的压力高低、流量大小以及改变流量方向的元件，统称为液压控制阀。液压控制阀通过对工作液体的压力、流量及液流方向的控制与调节，从而可以控制液压执行元件的开启、停止和换向，调节其运动速度和输出扭矩（或力），并对液压系统或液压元件进行安全保护等。因此，采用各种不同的阀，经过不同形式的组合，可以满足各种液压系统的要求。常用的液压控制阀有很多种，通常从以下几个方面进行归纳和分类。

6.1.1 按功能分类

液压控制阀按功能分类有以下几种：

（1）压力控制阀：用于控制或调节液压系统或回路压力的阀，如溢流阀、减压阀、顺序阀、压力继电器等。

（2）方向控制阀：用于控制液压系统中液流的方向及其通、断，从而控制执行元件的运动方向及其启动、停止的阀，如单向阀、换向阀等。

（3）流量控制阀：用于控制液压系统中工作液体流量大小的阀，如截流阀、调速阀、分集流阀等。

6.1.2 按阀的控制方式分类

液压控制阀按控制方式可分为：

（1）开关（或定值）控制阀：借助于通断型电磁铁及手动、机动、液动等方式，将阀心位置或阀心上的弹簧设定在某一工作状态，使液流的压力、流量或流向保持不变的阀。这类阀属于常见的普通液压阀。

（2）比例控制阀：采用比例电磁铁（或力矩马达）将输入电信号转换成力或阀的机械位移，使阀的输出量（压力、流量）按照其输入量连续、成比例地进行控制的阀。比例控制阀一般多采用开环液压控制系统。

（3）伺服控制阀：其输入信号（电量、机械量）多为偏差信号（输入信号与反馈信号的差值),阀的输出量(压力、流量)也可按照其输入量连续、成比例地进行控制的阀。这类阀的工作性能类似于比例控制阀,但具有较高动态瞬应和静态性能,多用于要求精度高、响应快的闭环液压控制系统。

(4) 数字控制阀:用数字信息直接控制的阀类。

6.1.3 按结构形式分类

液压控制阀按结构形式分类有:滑阀(或转阀)、锥阀、球阀等。

6.1.4 按连接方式分类

液压控制阀按连接方式分为:

(1) 螺纹连接阀:通过阀体上的螺纹孔直接与管接头、管路相连接的阀。这种阀不需要过渡的连接安装板,因此结构简单,但只适用于较小流量的阀类。缺点是元件布置分散,系统不够紧凑。

(2) 法兰连接阀:通过法兰盘与管子、管路连接的阀。法兰连接适用于大流量的阀,其结构尺寸和质量都大。

(3) 板式连接阀:采用专用的过渡连接板连接阀与管路的阀。板式连接阀只需用螺钉固定在连接板上,再把管路与连接板相连。这种连接方式在装卸时不影响管路,并且有可能将阀集中布置,结构紧凑。

(4) 集成连接阀:集成连接是由标准元件或以标准参数制造的元件按典型动作要求组成基本回路,然后将基本回路集成在一起组成液压系统的连接形式。它包括将若干功能不同的阀类及底板块叠合在一起的叠加阀;借助六面体的集成块,通过其内部通道将标准的板式阀连接在一起,构成各种基本回路的集成阀;将几个阀的阀心合并在一个阀体内的嵌入阀;以及由插装元件插入插装块体所组成的插装阀等。

6.2 压力控制阀

用来控制或调节液压系统或回路压力大小的阀,包括溢流阀、减压阀、顺序阀、压力继电器等。

6.2.1 溢流阀

溢流阀的主要用途存在以下两点:一是用来保持液压系统或回路的压力恒定。在系统正常工作时,溢流阀的阀口是常开的;二是在系统中作安全阀用,此时,在系统正常工作时,溢流阀的阀口处于关闭状态,只是在系统压力大于或等于其调定压力时才开启溢流,对系统起过载保护的作用。

6.2.1.1 溢流阀的工作原理

溢流阀按结构可分为直动式溢流阀和先导式溢流阀。

A 直动式溢流阀

直动式溢流阀按阀心结构可分为锥阀式、球阀式和滑阀式三种。

图6-1为锥阀式直动式溢流阀的原理图。它由阀体1、阀心2、弹簧3和调整螺钉4组成。进油口 P 与液压系统的压力油相通,出油口 T 与回油路相通,弹簧将阀心压在阀座上,

阀呈关闭状态。当系统压力 p 超过溢流阀的调定压力时,阀心所受向上的液压力大于阀心所受向下的弹簧力,阀心升起,阀口打开,系统的压力油经阀口溢流回油箱,此时系统的压力维持恒定;当系统的压力 p 小于溢流阀的调定压力时,阀心所受向上的作用力将小于阀心所受向下的弹簧力,这时阀心在调压弹簧的作用下压在阀座上,阀口关闭。

拧动调整螺钉,可改变弹簧的预紧力,调整溢流阀的开启压力。阀心上的小孔 A 起阻尼作用,以防止阀心振动。

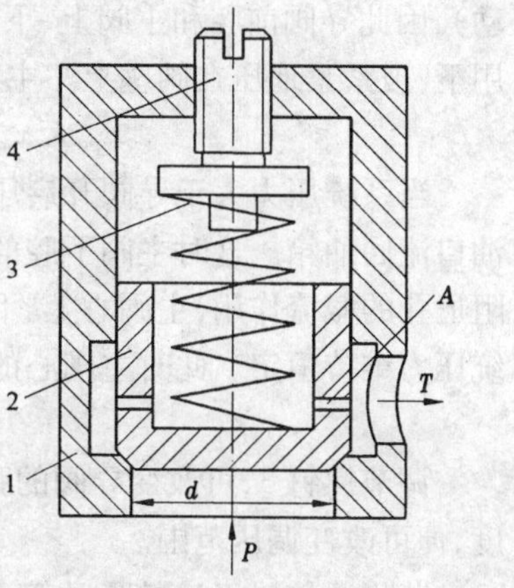

图 6-1 锥阀式直动式溢流阀的原理图
1—阀体;2—阀心;3—弹簧;4—调整螺钉

在不计阀心重力、摩擦力和液动力时,直动式溢流阀在阀口开度为 x 的稳态工况下,阀心受力的平衡方程为

$$p \times \frac{\pi}{4}d^2 = K_s(x_0 + x) \tag{6-1}$$

或

$$p = \frac{4K_s(x_0 + x)}{\pi d^2} \tag{6-2}$$

式中 p——液压系统的工作压力;
d——阀前孔直径;
K_s——弹簧刚度;
x_0——弹簧预压缩量。

由此可见,直动式溢流阀所控制的压力,随阀口的开度而变化。只有当阀口开度 $x \ll x_0$ 时,系统压力才基本维持恒定。

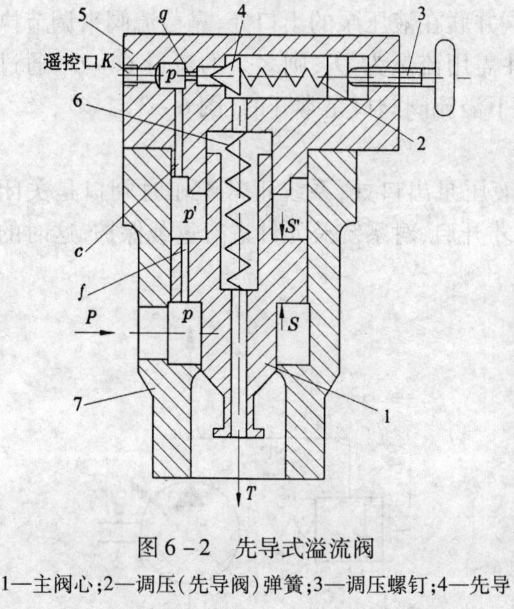

图 6-2 先导式溢流阀
1—主阀心;2—调压(先导阀)弹簧;3—调压螺钉;4—先导阀心;5—先导阀体;6—主阀弹簧;7—主阀体

直动式溢流阀结构简单,灵敏度高,但系统压力受阀口开度(溢流流量)的变化影响较大,调压偏差大,常用作安全阀或用于调压精度要求不高的场合。

B 先导式溢流阀

图 6-2 为先导式溢流阀的原理图。先导式溢流阀由主阀和先导阀两部分组成。先导阀由先导阀心 4、先导阀体 5、弹簧 2 和调压螺钉 3 组成。主阀由主阀心 1、主阀弹簧 6 和主阀体 7 组成。主阀心上部与先导阀体 5 配合,下端的锥面压在主阀体阀座上,主阀心的圆柱面与主阀体 7 配合,该三处均呈密封状态。工作液体从进液腔 P 进入主阀下腔室,而后经主阀心上的阻尼孔 f 进入上腔室,再经通 c 和缓冲小孔 g 进入导阀前腔。主阀上腔的有效承压面积 S' 略大于下腔的有效承压面积 S。当系统压力低于导阀开启压力时,导阀关闭,主阀的上、下腔室之间没有液体流动(即阻尼孔 f 中没有液体流

动)，因此导阀前腔和主阀上、下腔的液体压力都相等，主阀心在液压力和弹簧力的共同作用下，被紧紧地压在阀座上。主阀心的受力平衡方程为

$$K_s x_0 + pS' - pS = K_s x_0 + p(S' - S) > 0 \qquad (6-3)$$

当系统压力大于导阀开启压力时，导阀心开启并溢流，溢出的油液经主阀心中心孔从排油口流回油箱。这时主阀下腔的油液经主阀心上的阻尼孔 f 向上腔补充并产生流动，由于阻尼孔的截流作用，主阀心上、下腔将产生一压力差 $p - p'$，使主阀心开启并溢流，从而使系统压力维持恒定。此时主阀心的受力平衡方程为

$$K_s(x_0 + x) + p'S' = pS \qquad (6-4)$$

调节螺钉3，可改变导阀的弹簧预紧力，从而调节溢流阀的调定压力。改变此弹簧的刚度，便可改变调压范围。

若将遥控口 K 直接通油箱，主阀会在很低的压力下打开，这时液压系统呈卸荷状态。

从先导式溢流阀的工作原理可知，阻尼孔 f 及主阀心上腔到先导阀前端的孔道起降压和阻尼作用，有利于系统压力稳定，但却使阀的灵敏度降低。因为系统的压力变化必须通过阻尼孔反映到先导阀上，再由先导阀来控制主阀，故先导式溢流阀的灵敏度要比直动式低。可见，先导阀的作用是调节主阀心上腔的压力，控制主阀心动作。通常只有一小部分压力油从先导阀溢流，绝大部分的压力油则从主阀溢流(通过先导阀的溢流量一般只有主阀溢流量的1%～3%)。因此，先导阀尺寸可做得很小，其弹簧刚度也较小，所以先导阀的溢流量变化对系统压力影响不大。主阀弹簧仅起主阀心复位作用，它的预压紧力也很小，弹簧也较软。因此先导式溢流阀的调压精度较直动式溢流阀高，可用于高压大流量系统。

6.2.1.2　溢流阀的主要用途

溢流阀在不同的场合有不同的用途。归结起来，其主要用途有：

(1) 作溢流阀，使系统压力恒定。

在使用定量泵的截流调速系统中，把溢流阀并联在液压泵的出口处，靠截流阀来调节执行元件的流量。若液压泵的流量为 Q，执行元件需用流量为 Q_1，则多余的流量 $Q - Q_1$ 通过溢流阀溢流，从而保持系统压力恒定，这种情况下溢流阀阀口是常开的(图6－3)。

(2) 作安全阀，起过载保护作用。

在变量泵调速系统中，常把溢流阀并联在液压泵出口处，系统正常工作时阀口是关闭的，只有在系统压力 p 超过阀的调定压力时，阀才开启，对系统及元件进行过载保护，这时的溢流阀称做安全阀(图6－4)。

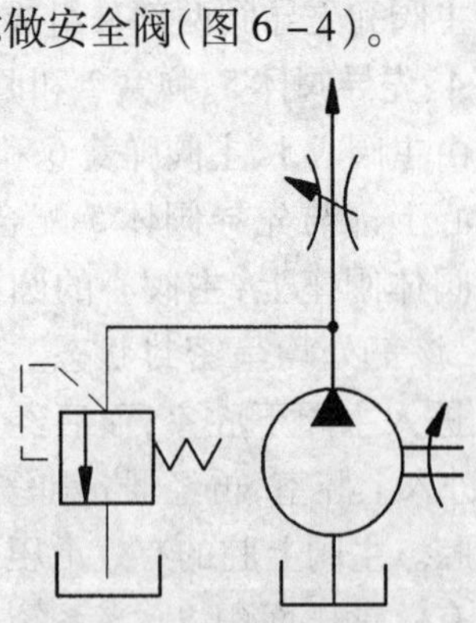

图6－3　溢流阀系统

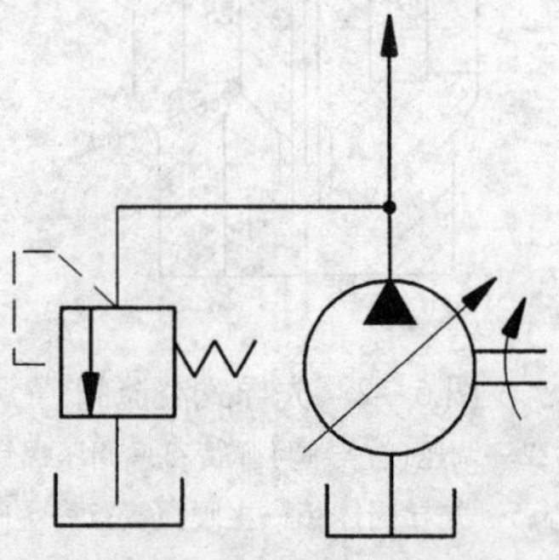

图6－4　安全阀系统

(3) 作卸荷阀,使液压泵及系统卸荷。

溢流阀常和二位二通电磁阀一起组成电磁溢流阀(图6-5),靠电磁铁控制系统卸荷。这时,把常闭式二位二通电磁阀与先导式溢流阀的遥控口连通。当电磁铁通电时,先导式溢流阀主阀心上腔液体经二位二通阀通油箱,主阀在压差作用下开启卸载。

电磁溢流阀还有多级压力控制等功能,因此,其电磁阀要根据要求选用。

(4) 作远程调压用。

在先导式溢流阀2的遥控口接一根细管并远距离连接一个微型溢流阀3(图6-6),就可进行远程调压。远程调压时,必须使阀3的调定压力小于阀2的调定压力。这样,当阀3开启时,由于有液流流过主阀心阻尼孔,在主阀心上下腔之间产生压力差,推动主阀开启,使系统压力保持为阀3的调定压力。微型溢流阀3是一种小流量直动式溢流阀,称为远程调压阀。

溢流阀还可用于多级调压和当制动阀用。

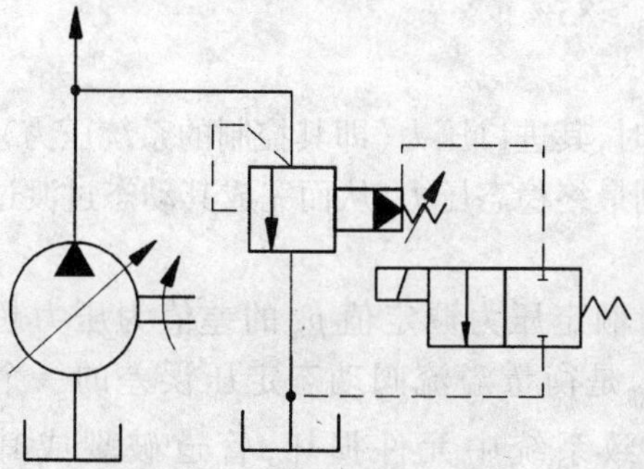

图6-5 电磁溢流阀卸荷原理

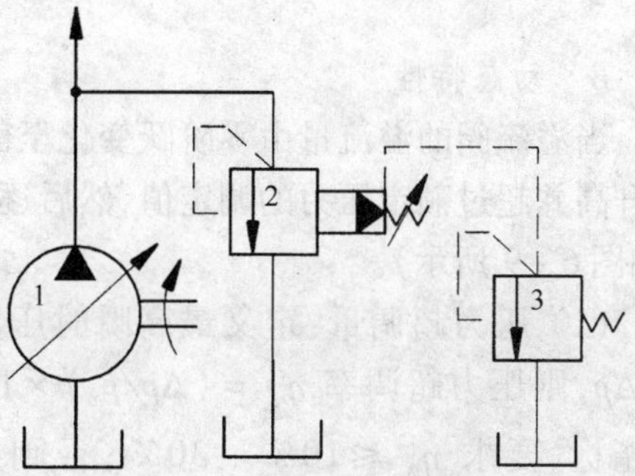

图6-6 远程调压原理

1—泵;2、3—溢流阀

6.2.1.3 溢流阀的特性

溢流阀的特性包括静态特性和动态特性。

A 静态特性

静态特性是指在稳定工况下(系统压力没有突然变化),溢流阀所控制的压力和流量之间的关系,通常用压力—流量曲线表示。

(1) 压力调节范围:是指调压弹簧在规定的范围内调节时,系统压力平稳地(压力无突跳及迟滞现象)上升或下降的最大和最小调定压力(图6-7)。

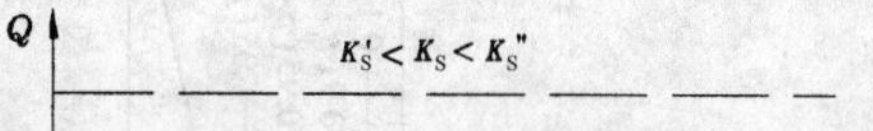

图6-7 调压范围

一根弹簧的调压范围是有限的,为了扩大溢流阀的调压范围,通常把32 MPa系列溢流阀的导阀弹簧分为0.6~8 MPa、4~16 MPa、8~20 MPa和16~32 MPa四种。这样,同一个溢流阀只要配以不同的导阀弹簧就可以适用于各种压力系统。

(2) 启闭特性:溢流阀开启过程的流量—压力特性称为开启特性;关闭过程的流量—压力特

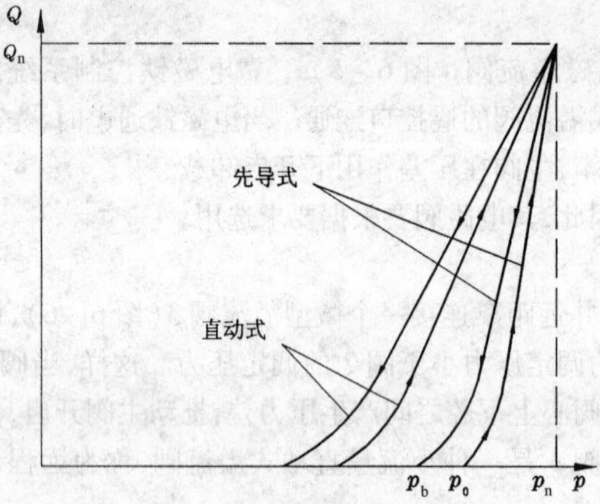

图 6 - 8　溢流阀的启闭特性

性称为闭合特性；开启和关闭全过程的流量—压力特性称为阀的启闭特性。溢流阀的启闭特性是衡量溢流阀调压精度的一个重要指标（图 6 - 8）。

由于摩擦力等因素的影响，阀的开启和闭合过程的特性曲线不重合。一般溢流阀的启闭特性用其开启压力比 p_K（开始溢流的开启压力 p_0 与其调定压力 p_n 的百分比）和闭合压力比 p_B（停止溢流的闭合压力 p_b 与其调定压力 p_n 的百分比）来衡量。显然，p_K 和 p_B 越大及二者越接近，溢流阀的启闭特性越好。一般应使 $p_K \geqslant 90\%$，$p_B \geqslant 85\%$。

B　动态特性

当溢流阀的溢流量由零阶跃变化至额定流量时，其进口压力（即其控制的系统压力）将迅速升高并超过额定压力的调定值，然后逐步衰减到最终稳态压力，从而完成其动态过渡过程（如图 6 - 9 所示）。

（1）压力超调量：定义最高瞬时压力峰值与额定压力调定值 p_n 的差值为压力超调量 Δp，则压力超调率 $\eta_{\Delta p} = (\Delta p / p_n) \times 100\%$，$\eta_{\Delta p}$ 是衡量溢流阀动态定压误差的一个性能指标，要求 $\eta_{\Delta p} \leqslant 10\% \sim 30\%$；否则，可能导致系统中元件损坏，管道破裂或其他故障。

（2）响应时间 t_1：指从起始稳态压力 p_0（$p_0 \ngtr 20\% p_n$）与最终稳态压力 p_n 之差的 10% 上升到 90% 的时间，即图 6 - 9 中 A、B 两点间的时间间隔。t_1 越小，溢流阀的响应越快。

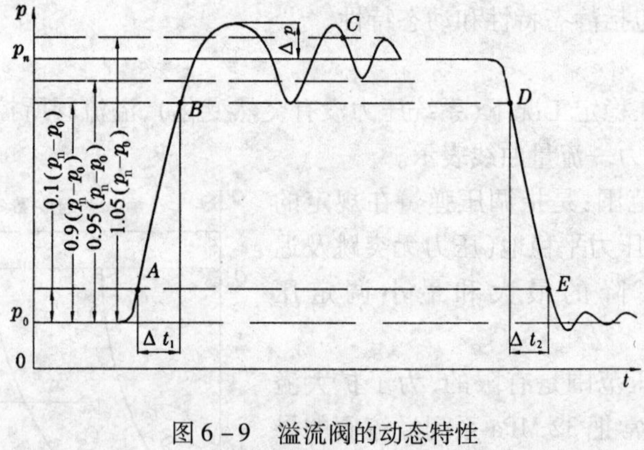

图 6 - 9　溢流阀的动态特性

（3）过渡过程时间 t_2：指从 $0.9(p_n - p_0)$ 的 B 点到瞬时过渡过程的最终时刻 C 点之间的时间。C 点以后的压力波形应落在图中给定的 $(0.95 \sim 1.05)(p_n - p_0)$ 限制范围内；否则，C 点应后移，直至满足要求为止。t_2 越小，溢流阀的动态过渡过程越短。

（4）升压时间 Δt_1：指流量阶跃变化时，$(0.1 \sim 0.9)(p_n - p_0)$ 的时间，即图 6 - 9 中 A 和 B 两点间的时间，与上述响应时间一致。

(5) 卸荷时间 Δt_2:指卸荷信号发出后,(0.9 ~ 0.1)($p_n - p_0$)的时间,即 D 和 E 两点间的时间。

Δt_1 和 Δt_2 越小,溢流阀的动态性能越好。

6.2.2 减压阀

减压阀是使出口压力(又称二次回路压力)低于进口压力(又称一次回路压力)的压力控制阀。减压阀可分为定压减压阀、定差减压阀和定比减压阀三类。

6.2.2.1 定压减压阀

定压减压阀的出口压力恒定,且不随外部干扰而改变,这种阀应用最广。

定压减压阀有直动型和先导型两种结构形式。

A 直动式减压阀工作原理

直动式定压减压阀的结构原理和职能符号如图 6-10 所示。

压力为 p_1 的高压液体进入阀中后,经由阀心与阀体间的截流口 A 减压,使压力降为 p_2 后输出。减压阀出口压力油通过孔道与阀心下端相连,使阀心上作用一向上的液压力,并靠调压弹簧与之平衡。当出口压力未达到阀的设定压力时,弹簧力大于阀心端部的液压力,阀心下移,使减压口增大,从而减小液阻,使出口压力增大,直到其设定值为止;相反,当出口压力因某种外部干扰而大于设定值时,阀心端部的液压力大于弹簧力而使阀心上升,使减压口减小,液阻增大,从而使出口压力减小,直到其设定值为止。由此可看出,减压阀就是靠阀心端部的液压力和弹簧力的平衡来维持出口压力恒定的。

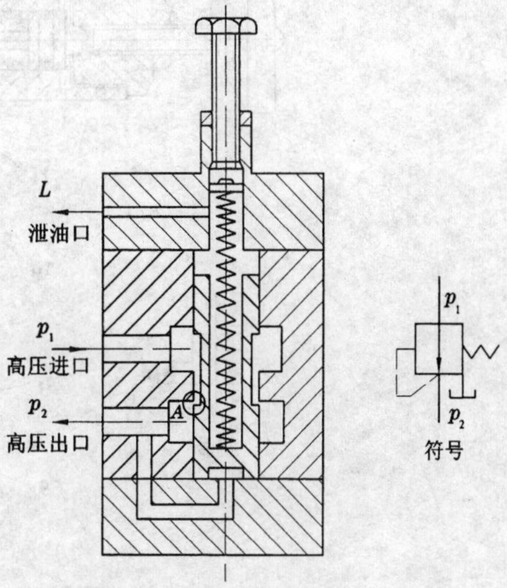

图 6-10 直动式减压阀的工作原理

调整弹簧的预压缩力,即可调整出口压力。图 6-10 中 L 为泄漏口,一般单独接回油箱,称为外部泄漏。

直动式减压阀的弹簧刚度较大,因而阀的出口压力随阀心的位移略有变化。为了减小出口压力的波动,常采用先导式减压阀。

B 先导式减压阀

如图 6-11 所示,该阀由先导阀调压、主阀减压。进口压力 p_1 经减压口减压后压力变为 p_2(即出口压力),出口压力油通过阀体 6 下部和端盖 8 上的通道进入主阀心 7 下腔,再经主阀上的阻尼孔 9 进入主阀上腔和先导阀前腔,然后通过导阀座 4 中的阻尼孔后,作用在导阀心 3 上。当出口压力低于调定压力时,先导阀口关闭,阻尼孔 9 中没有液体流动,主阀上、下两端的油压力相等,主阀在弹簧力作用下处于最下端位置,减压口全开,不起减压作用,$p_2 \approx p_1$。当出口压力超过调定压力时,出油口部分液体经阻尼孔 9、先导阀口、导阀盖 5 上的泄油口 L 流回油箱。阻尼孔 9 有液体通过,使主阀上、下腔产生压差($p_2 > p_3$)。当此压差所产生的作用力大于主阀弹簧力时,主阀上移,使截流口(减压口)关小,减压作用增强,直至出口压力 p_2 稳定在先导阀所调定的压力值。此时,如果忽略稳态液动力,则先导阀和

主阀的力平衡方程式为

$$p_3A_c = K_x(x_0 + x)$$

$$p_2A = p_3A + K_y(y_0 + y_{max} - y)$$

式中　A、A_c——分别为主阀和先导阀有效作用面积;m^2;

K_x、K_y——分别为先导阀和主阀弹簧刚度,N/m;

x_0、x——分别为先导阀弹簧预压缩量和先导阀开口量,m;

y_0、y、y_{max}——分别为主阀弹簧预压缩量、主阀开口量和最大开口量,m。

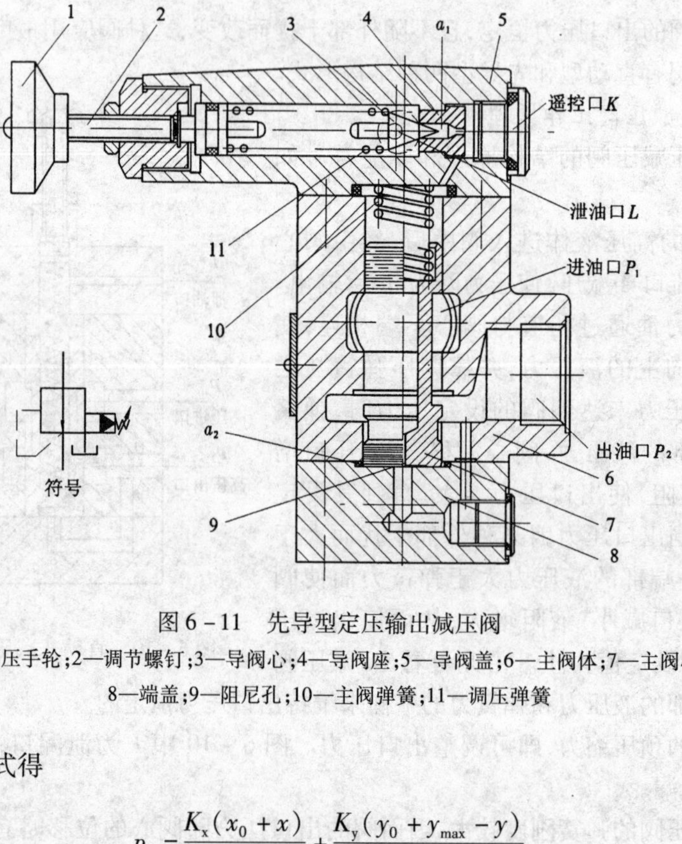

图 6－11　先导型定压输出减压阀

1—调压手轮;2—调节螺钉;3—导阀心;4—导阀座;5—导阀盖;6—主阀体;7—主阀心;
8—端盖;9—阻尼孔;10—主阀弹簧;11—调压弹簧

联立上述二式得

$$p_2 = \frac{K_x(x_0 + x)}{A_c} + \frac{K_y(y_0 + y_{max} - y)}{A} \tag{6-5a}$$

由于 $x \ll x_0$,$y \ll y_0 + y_{max}$,且主阀弹簧刚度 K_y 很小,所以 $K_y(y_0 + y_{max} - y) \approx K_y(y_0 + y_{max}) = C$(常数),则式(6－5$a$)可写成

$$p_2 \approx (K_x x_0 / A_c) + C \tag{6-5b}$$

故 p_2 基本保持恒定。因此,调节调压弹簧 11 的预压缩量 x_0,即可调节减压阀的出口压力 p_2。

如果外来干扰使 p_1 升高,则 p_2 也升高,使主阀上移,截流口减小,p_2 又降低,在新的位置上处于平衡,而出口压力 p_2 基本维持不变;反之亦然。

6.2.2.2　定差减压阀

定差减压阀的进口压力与出口压力之差恒定。图 6－12 为定差减压阀的工作原理图。

图中阀心 2 的位置不仅受调压弹簧 3 和二次压力 p_2 的控制，还受一次压力 p_1 的控制。若弹簧刚度为 K，弹簧初压缩量为 x_0，阀体 1 和阀心 2 间的开度为 x，阀心工作面积为 A，忽略阀心自重和摩擦力，则阀心受力平衡方程式为

$$p_1A = K(x_0 + x) + p_2A$$

由此得进、出口压力差为

$$p_1 - p_2 = \Delta p = K(x_0 + x)/A \qquad (6-6)$$

由于式中 x_0 比 x 大得多，所以可以把压力差 Δp 看作恒定值。

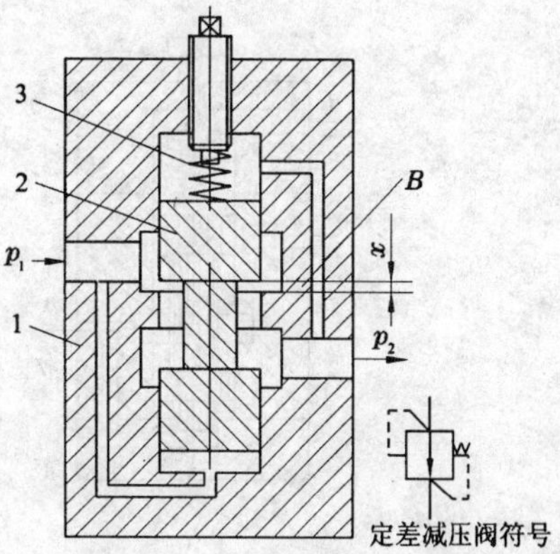

图 6－12　定差减压阀

1—阀体；2—阀心；3—调压弹簧

若一次压力 p_1 增大，使阀心上移，即阀口缝隙 B 加大，截流效果减弱，则二次压力 p_2 随之增大，直到保持原来调定的压力差值。若一次压力 p_1 减小，可得到同样的结果。若由于出口端负荷增加而使 p_2 增加时，阀心在 p_2 作用下下移，使开口量 x 减小，缝隙 B 的截流效果加大，p_1 随之增加，直至保持调定的压力差值。出口负荷减小时的定差过程分析同上。

6.2.2.3　定比减压阀

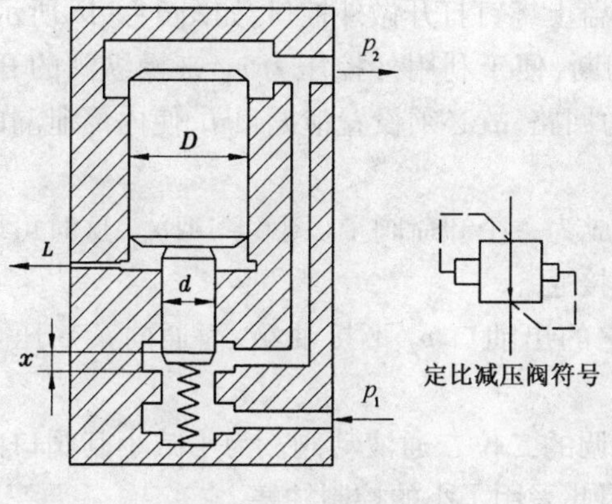

图 6－13　定比减压阀

定比减压阀作用是使进出油口压力的比值保持恒定，见图 6－13。该阀的弹簧主要用于复位。如果忽略刚度很小的弹簧力，无论 p_1 或 p_2 发生变化时或通过流量发生变化时，通过定比减压阀可变截流口的调节作用，其减压比基本不变，即 $p_1/p_2 = D^2/d^2$。只要适当选择大小柱塞的直径比，即可得到所需的进、出口压力比。

6.2.2.4　减压阀的应用

减压阀主要用于减压、稳压及缓冲，如机床液压夹紧回路用减压阀减压的回路（见第 8 章图 8-2）等。当液压系统由同一液压泵供液而要求有不同压力回路时，可以用减压阀减压。

6.2.3　顺序阀

顺序阀的基本功用是以压力为信号，控制多个执行元件顺序动作。

根据控制压力来源的不同，顺序阀有内控式和外控式之分。其结构也有直动式和先导式之分。

6.2.3.1　直动式顺序阀

图 6－14 为直动式顺序阀的基本结构和装配形式。图 6－14a 为内控式直动顺序阀。当进液口的压力 p_1 低于其调定压力时，阀心在弹簧力作用下处于下部位置，将出液口封闭，切断一次回路与二次回路。当进液口压力 p_1 达到或超过其调定压力值时，阀心克服弹簧力上移，使阀口打开，接通进、出液口，使二次回路中的执行元件工作。

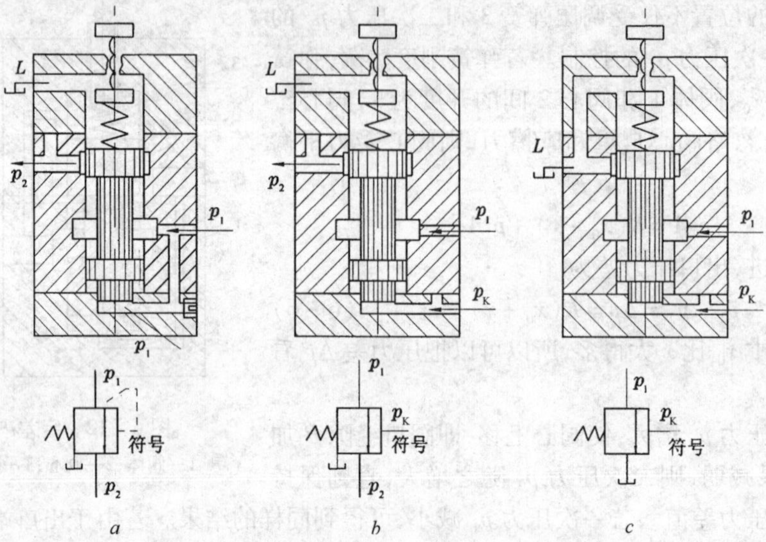

图 6 - 14　直动式顺序阀的工作原理和职能符号

a—内控式顺序阀；*b*—外控式顺序阀；*c*—卸荷阀

将图 6 - 14*a* 中的下盖转过 90°后安装，并将盖上螺钉打开做外控口，如图 6 - 14*b* 所示，即为一外控式顺序阀。这时，内部控制油路被切断，便于利用外控压力 p_K 来操纵阀的开、关。由于顺序阀的一次回路和二次回路均为压力回路，故必须设置泄漏口 *L*，使内部泄漏的液体引回油箱。

如果令外控式顺序阀的出液口接油箱，它就成为一个卸荷阀了（图 6 - 14*c*）。这时可取消单独的泄漏油管，使泄漏口在阀内与回油口 *T* 接通。

内控式顺序阀与溢流阀的不同之处在于它的出油口 p_2 不接油箱，而通向某一压力油路。

综上所述，顺序阀实质上是一个控制压力可调的二位二通液动阀。为了减小其阀口的压力损失，顺序阀调压弹簧的刚度要尽量地小，因此采用了小的控制柱塞。

6.2.3.2　先导式顺序阀

图 6 - 15 所示的 DZ 型顺序阀，主阀为单向阀式，先导阀为滑阀式。主阀心在原始位置将进、出油口切断，进油口的压力油通过两条油路：一路经阻尼孔进入主阀上腔并到达先导阀中部环形腔；另一路直接作用在先导滑阀左端。当进口压力低于先导阀弹簧调定压力时，先导滑阀在弹簧力的作用下处于图示位置。当进口压力大于先导阀弹簧调定压力时，先导滑阀在左端液压力作用下右移，将先导阀中部环形腔与通顺序阀出口的油路沟通。于是顺序阀进口压力油经阻尼孔、主阀上腔、先导阀流往出口。由于阻尼存在，主阀上腔压力低于下端（即进口）压力，主阀心开启，顺序阀进出油口沟通。由于经主阀心上阻尼孔的泄漏不流向泄油口 *L*，而是流向出油口 p_2；又因主阀上腔油压与先导滑阀所调压力无关，仅仅通过刚度很弱的主阀弹簧与主阀心下端液压力保持主阀心的受力平衡，故出口压力近似等于进口压力，其压力损失小。

6.2.3.3　顺序阀的应用

顺序阀主要用于控制多个执行元件的顺序动作，也可作平衡阀、卸荷阀和背压阀使用。

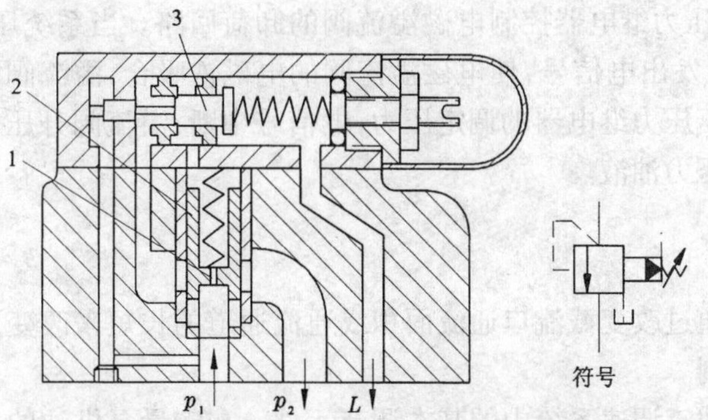

图 6－15 先导式顺序阀

1—阻尼孔；2—阀心；3—导阀心

A 顺序回路

在多执行元件的液压系统中，利用顺序阀，通过回路中压力的变化可控制多个执行元件的顺序动作（参见第 8 章图 8-8）。

B 平衡回路

在一些垂直安装的液压缸或起重机液压系统中，为了控制活塞向下运动的速度，保持液压缸安全工作，常在液压缸下腔的回路中安装一内控式单向顺序阀，如图 8-7*a* 所示。顺序阀便在液压缸下腔产生一背压，调节顺序阀弹簧预压缩量，可改变背压大小，实现对活塞向下运动速度的控制。此系统中的单向顺序阀也可称为平衡阀。

C 卸荷回路

利用卸荷阀实现系统的卸荷，参见图 8-5*b*。

6.2.4 压力继电器

压力继电器是利用工作液体的压力来启、闭电气触点的液电信号转换元件，用于当系统达到压力继电器调定压力时，发出电信号，控制电气元件（电动机、电磁铁、继电器等）的动作，实现泵的卸荷或加载控制，执行元件的顺序动作，以及系统的安全保护和连锁等。

压力继电器按压力—位移转换部件的结构形式分有柱塞式、弹簧管式、膜片式及波纹管式四种。现以常用的柱塞式为例说明其结构和工作原理。

图 6－16 为 DP-320 型单柱塞压力继电器，*P* 口进来的高压油作用于柱塞 1 上，靠弹簧与之平衡，调节螺钉 2 用来调节调定压力。当系统压力达到其调定压力时，作用于柱塞上的液压力克服弹簧力，顶杆 3 上移，使微动开关 4 的触点闭合，发出电信号。

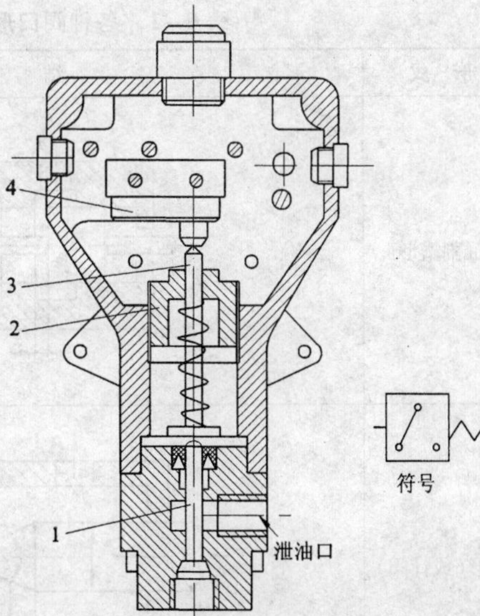

图 6－16 DP-320 型单柱塞压力继电器

1—柱塞；2—调节螺钉；3—顶杆；4—微动开关

图 8-5*a* 是利用压力继电器控制电磁溢流阀的卸荷回路。当系统压力达到压力继电器的调定压力时，它便发出电信号，使电磁溢流阀的电磁铁吸合，溢流阀溢流，实现液压泵卸荷。当系统压力低于压力继电器的调定压力，电信号中断，溢流阀升压溢流或阀口关闭，液压泵继续向系统供压力油液。

6.3　流量控制阀

流量控制阀是通过改变截流口通流面积或通流通道的长短来改变局部阻力的大小，从而实现对流量的控制。

流量控制阀是截流调速系统中的基本调节元件。在定量泵供油的截流调速系统中，必须将流量控制阀与溢流阀配合使用，以便将多余的流量排回油箱。

流量控制阀包括截流阀、调速阀、溢流截流阀和分流集流阀等。

6.3.1　截流口的形式和流量特性

通过截流阀的流量 Q 及其前后压差 Δp 的关系可表示为

$$Q = KA\Delta p^{m} \tag{6-7}$$

式中　K——截流系数［对薄壁孔 $K = C_q\sqrt{2/\rho}$，对细长孔 $K = d^2/(32\mu L)$］；
C_q——流量系数；
ρ、μ——分别为液体密度和动力黏度；
d、L——分别为细长孔直径和长度；
m——由孔口形状决定的指数（$0.5 \leq m \leq 1$），对薄壁孔 $m = 0.5$，对细长孔 $m = 1$；
A——截流阀过流面积，其计算公式随阀口形式而异，各种阀口形式及其过流面积 A 的计算公式如表 6－1 所示。

表 6－1　各种阀口形式及其过流面积 A 的计算公式

形　式	结　构	过流面积 A 的计算公式
沉割槽形	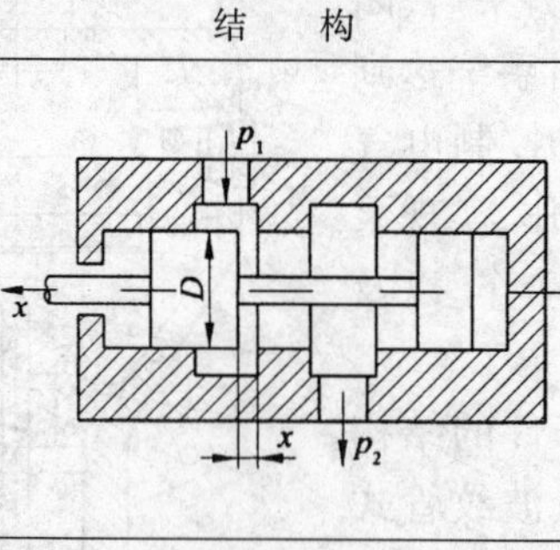	$A(x) = \pi Dx$（全周开口） $= Wx$（部分开口） 式中，W 为阀口梯度
锥形（或针阀）	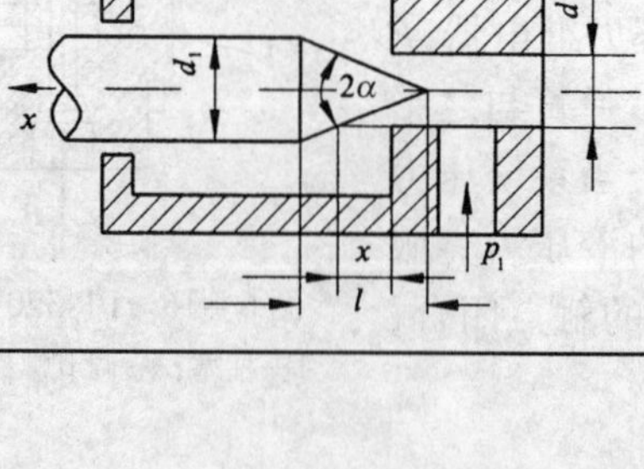	$A(x) = \pi d_m x\sin\alpha \times \left(1 - \frac{x}{2d_m}\sin 2\alpha\right)$ 式中，$d_m = \frac{d + d_1}{2}$

续表 6-1

形　式	结　　构	过流面积 A 的计算公式
轴向三角形	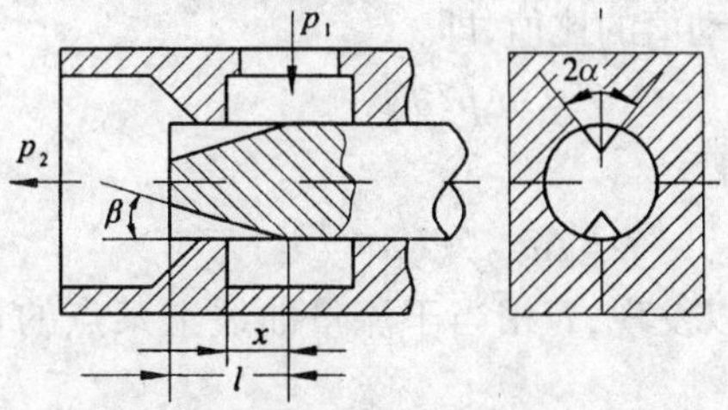	$A(x)=x^2\sin\alpha\tan^2\beta$ $(x\leqslant l)$
偏心槽式	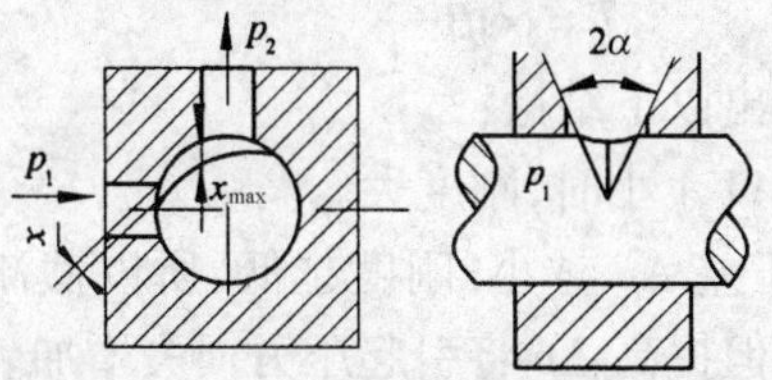	$A(x)=x^2\tan\alpha$

6.3.2　截流阀

截流阀是流量阀中最简单而又最基本的一种形式。一般将表 6-1 所示的截流口加上用来调节截流口大小的装置便可构成截流阀。因为它的结构简单，因此又称为简式截流阀。

6.3.2.1　截流阀的典型结构

图 6-17 为一种典型的简式截流阀(LF 型)的结构图，属于轴向三角槽式截流。主要由阀体 2、阀心 3 和螺母 1 等零件组成。阀心的一端有螺纹，旋转阀心。由于螺母的作用，可使阀心在阀体中作轴向移动，改变截流开口大小而调节流量。

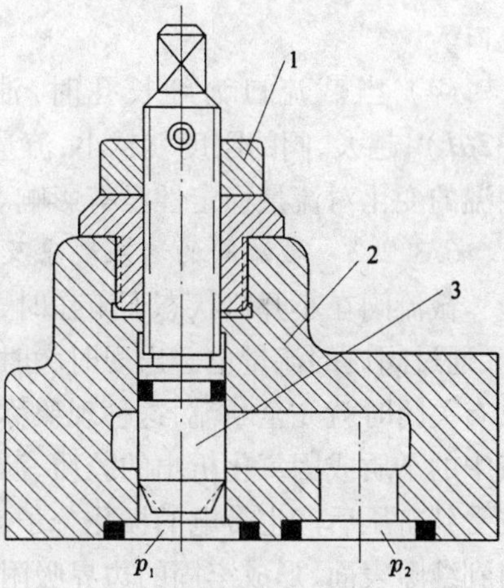

图 6-17　LF 型截流阀
1—螺母；2—阀体；3—阀心

除了图示板式结构外，还有管式结构的截流阀。因为三角槽采取对称分布，因此液压径向力平衡，最高工作压力为 14 MPa。

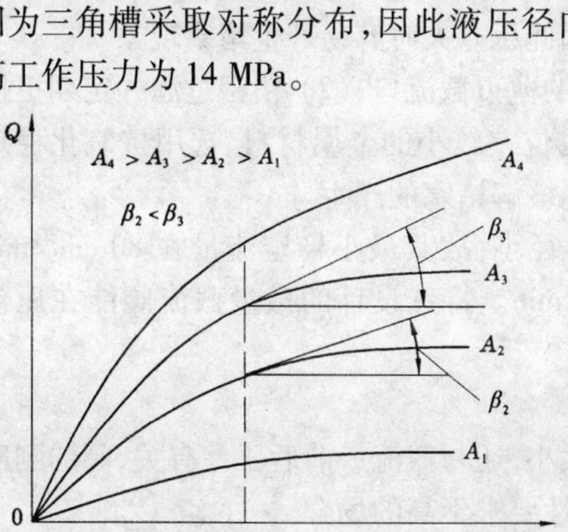

图 6-18　不同开口时的流量特性曲线

6.3.2.2　截流阀的流量特性和刚性

截流阀的流量特性是指通过它的流量 Q 与阀前后压力差 Δp、阀口通流面积 A 之间的关系。显然，式(6-7)就是截流阀的特性方程，其特性曲线如图 6-18 所示。当阀前后压力差 Δp 一定时，对应于一定的截流开口面积 A，通过阀的流量一定。但当截流阀出口压力因外负载变化而变化时，即使截流阀开口不变，也会导致流量变化。

截流阀的刚性是指截流开口不变时，因阀前后压力差 Δp 变化而引起的通过截流阀的流量变化的程度。流量的变化越小，截流阀的刚性越大；流量的变化越大，截流阀的刚性越小。所以，截流阀的刚性表征它抵抗外部干扰、保持流量稳定的能力，通常用刚度 T 来衡量。它定义为截流阀前后压力差 Δp 的变化与流量 Q 波动值的比值，即

$$T = \partial \Delta p / \partial Q \tag{6-8}$$

将式(6－7)代入式(6－8)，得

$$T = \Delta p^{1-m} / KAm \tag{6-9}$$

由式(6－8)结合图 6－18 可以发现，T 相当于流量曲线上某点的切线与横坐标之夹角 β 的余切，即

$$T = \cot\beta \tag{6-10}$$

结合图 6－18 和式(6－9)可得出以下结论：

(1) 阀的压差 Δp 相同，截流开口 A 小时，刚度大。

(2) 截流开口 A 一定时，前后压差 Δp 越小，刚度越低，所以截流阀只能在大于某一最低压差 Δp 的条件下才能正常工作，但提高 Δp 将引起压力损失增加。

(3) 减小 m 值，可提高刚度。因此目前使用的截流阀多采用 $m = 0.5$ 的薄壁小孔式截流口。

(4) 当截流口为细长孔时，油温越高，液体动力黏度 μ 越小，截流系数 $K[= d^2/(32\mu L)]$ 越大，阀的刚度就越小，流量的增量越大。当采用 $m = 0.5$ 的薄壁小孔式截流口时，油温的变化对流量稳定性没有影响。

6.3.2.3 截流阀的堵塞现象及最小稳定流量

截流阀在小开口状态下工作时，特别是进出口压差较大时，即使保持油温和阀的压差不变，通过阀口的流量也会出现时大时小的脉动现象，开口越小，脉动现象越严重，甚至在阀口没有关闭时就完全断流，这种现象称为截流阀的堵塞现象。产生堵塞的主要原因是：(1) 油液中的杂质或因氧化析出的胶质、沥青、炭渣等污物堆积在截流缝隙处；(2) 由于油液老化或受到挤压后产生带电的极化分子，而截流缝隙的金属表面上存在电位差，故极化分子被吸附到缝隙表面，形成牢固的边界吸附层，吸附层厚度一般为 5～8 μm，因而影响了截流缝隙的大小。以上堆积、吸附物增长到一定厚度时，会被液流冲刷掉，随后又重新附在阀口上。这样周而复始，就形成流量的脉动；(3) 阀口压差较大时，因阀口温升高，液体受挤压的程度增强，金属表面也更易受摩擦作用而形成电位差，因此压差大时容易产生堵塞现象。

减轻堵塞现象的措施有：(1) 选择水力半径大的薄刃截流口；(2) 精密过滤并定期更换油液；(3) 适当选择截流口前后的压差；(4) 采用电位差较小的金属材料、选用抗氧化稳定性好的油液、减小截流口的表面粗糙度等，都有助于缓解堵塞的产生。

针形及偏心槽式截流口因截流通道长，水力半径小，故其最小稳定流量在 80 cm^2/min 以上。薄刃截流口的最小稳定流量为 20～30 cm^2/min。特殊设计的微量截流阀能在压差 0.3 MPa 下达到 5 cm^2/min 的最小稳定流量。

6.3.2.4 截流阀的应用

由于截流阀的流量不仅取决于截流口面积的大小，还与截流口前后压差有关，阀的刚度小，故只适用于执行元件负载变化很小和速度稳定性要求不高的场合。

对于执行元件负载变化大及对速度稳定性要求高的截流调速系统，必须对截流阀进行压力补偿来保持截流阀前后压差不变，从而达到流量稳定。

6.3.3 调速阀

6.3.3.1 调速阀的工作原理

如图6－19所示,调速阀是进行了压力补偿的截流阀。它由定差减压阀和截流阀串联而成。截流阀前、后的压力p_2和p_3分别引到减压阀阀心左、右两端。当负载压力p_3增大,于是作用在减压阀心右端的液压力增大,阀心左移,减压口加大,压降减小,使p_2也增大,从而使截流阀的压差p_2-p_3保持不变;反之亦然,这样就使调速阀的流量恒定不变(不受负载影响)。

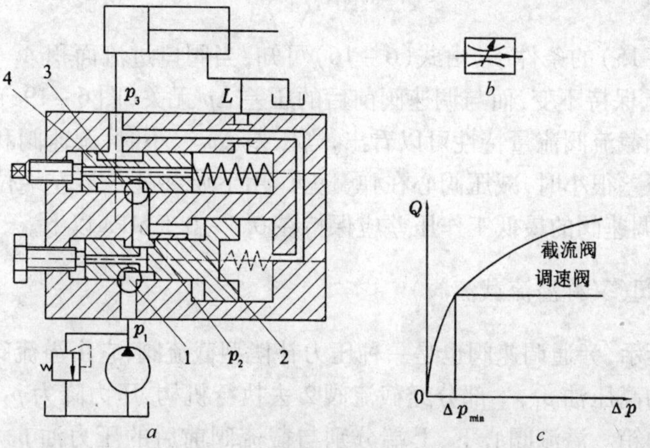

图6－19 调速阀及其流量特性

a—结构图;b—符号;c—调速阀和截流阀的流量特性

1—减压口;2—定差减压阀;3—截流口;4—截流阀

上述调速阀是先减压后截流的结构,也可以设计成先截流后减压的结构,两者的工作原理基本相同。

6.3.3.2 静态特性

设减压阀和截流阀的阀口均为薄壁孔口;K为弹簧刚度(N/m);x_0为减压阀口开度$x_R=0$时的弹簧预压缩量(m);A为减压阀阀心有效作用面积(m^2);A_R、A_T分别为减压阀口和截流阀口过流面积(m^2);C_{qR}、C_{qT}分别为减压阀口和截流阀口流量系数;Q_R、Q_T分别为减压阀口和截流阀的流量(m^3/s);ϕ为液体流入减压阀口时的入射角(°);ρ为油液密度(kg/m^3)。

当忽略减压阀心自重和摩擦力时,阀心的力平衡方程为

$$K(x_0-x_R)=2C_{qR}A_R(p_1-p_2)\cos\phi+(p_2-p_3)A \tag{6-11}$$

通过减压阀口和截流阀口的流量分别为

$$Q_R=C_{qR}A_R\sqrt{\frac{2}{\rho}(p_1-p_2)} \tag{6-12}$$

$$Q_T=C_{qT}A_T\sqrt{\frac{2}{\rho}(p_2-p_3)} \tag{6-13}$$

由式(6－11)~式(6－13),并考虑到$Q_R=Q_T=Q$,可解得

$$Q = Q_{\mathrm{T}} = C_{\mathrm{qT}} A_{\mathrm{T}} \sqrt{\frac{2Kx_0}{\rho A}} \left[\frac{1 - \dfrac{x_{\mathrm{R}}}{x_0}}{1 + \dfrac{2C_{\mathrm{qT}}^2 A_{\mathrm{T}}^2}{AC_{\mathrm{qR}} A_{\mathrm{R}}} \times \cos\phi} \right]^{1/2} \tag{6-14}$$

只要满足下列条件：

$$\frac{x_{\mathrm{R}}}{x_0} \ll 1, \quad \frac{2C_{\mathrm{qT}}^2 A_{\mathrm{T}}^2}{AC_{\mathrm{qR}} A_{\mathrm{R}}} \cos\phi \ll 1 \tag{6-15}$$

则

$$Q \approx C_{\mathrm{qT}} A_{\mathrm{T}} \sqrt{\frac{2Kx_0}{\rho A}} \tag{6-16}$$

在满足式(6－15)的条件下，由式(6－16)可知，当阀口过流面积 A_{T} 一定时，通过调速阀的流量 Q 基本上保持不变，而与调速阀前后的压差 Δp 无关(图 6－19c)。

对比调速阀和截流阀流量特性可以看出，当压差 Δp 很小时，调速阀和截流阀的性能相同。这是因为当压差很小时，减压阀心在弹簧力作用下始终处于最左端位置，阀口全开，不起减压作用，所以调速阀的最低工作压差应保持在 0.4～0.5 MPa 以上。

6.3.4　旁通调速阀(又称溢流截流阀)

如图 6－20 所示，旁通调速阀也是一种压力补偿型截流阀，它由溢流阀 3 和截流阀 2 并联而成。进口处的高压油 p_1，一部分经截流阀 2 去执行机构，压力降为 p_2，另一部分经溢流阀 3 的溢流口去油箱。溢流阀心下、上端分别与截流阀前后的压力油 p_1 和 p_2 相通。当出口压力 p_2 增大时，阀心下移，关小溢流口，溢流阻力增大，进口压力 p_1 随之增加，因而截流阀前后的压差 $p_1 - p_2$ 基本保持不变；反之亦然，即通过阀的流量基本不受负载的影响。

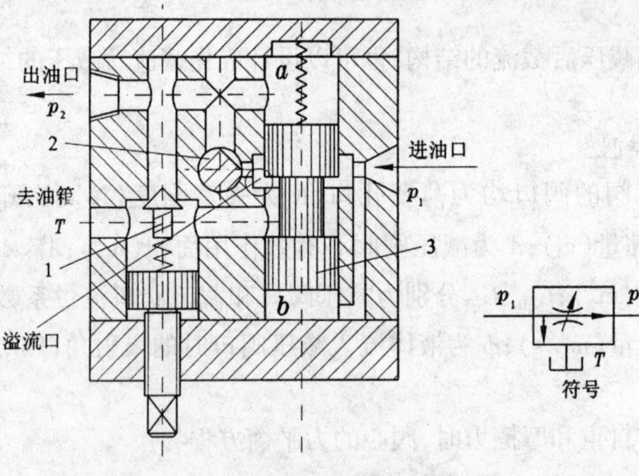

图 6－20　旁通调速阀

1—安全阀；2—截流阀；3—溢流阀

这种旁通调速阀上还附有安全阀 1，以免系统过载。

与调速阀不同，旁通调速阀必须接在执行元件的进油路上。这时泵的出口(即旁通调速阀的进口)压力 p_1 随负载压力 p_2 的变化而变化，属变压系统，其功率利用比较合理，系统发热量小。

6.3.5　温度补偿调速阀

为了使调速阀的流量控制精度更进一步提高，可在结构上采取温度补偿措施，这种阀称为温度补偿调速阀。它也是由减压阀和截流阀两部分组成，其中的截流阀部分如图6－21所示，其特点是截流阀的心杆（即温度补偿杆）2由热膨胀系数较大的材料（如聚氯乙烯塑料）制成，当油温升高时，心杆热膨胀使截流阀口关小，正好能抵消由于黏性降低使流量增加的影响。

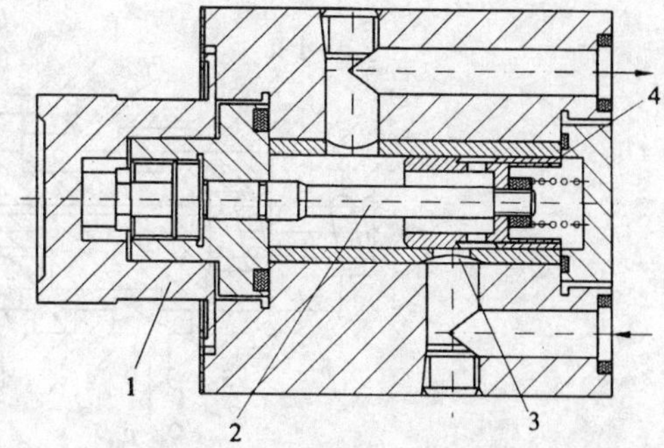

图6－21　温度补偿调速阀

1—手柄；2—温度补偿杆；3—截流口；4—截流阀心

6.3.6　分流集流阀

分流集流阀是分流阀、集流阀和分流集流阀的总称。

分流阀的作用是使液压系统中由同一个能源向两个执行元件供应相同的流量（等量分流），或按一定比例向两个执行元件供应流量（比例分流），以实现两个执行元件的速度保持同步或定比关系。集流阀的作用则是从两个执行元件收集等流量或按比例的回油量，以实现其间的速度同步或定比关系。分流集流阀则兼有分流阀和集流阀的功能，它们的职能符号如图6－22所示。

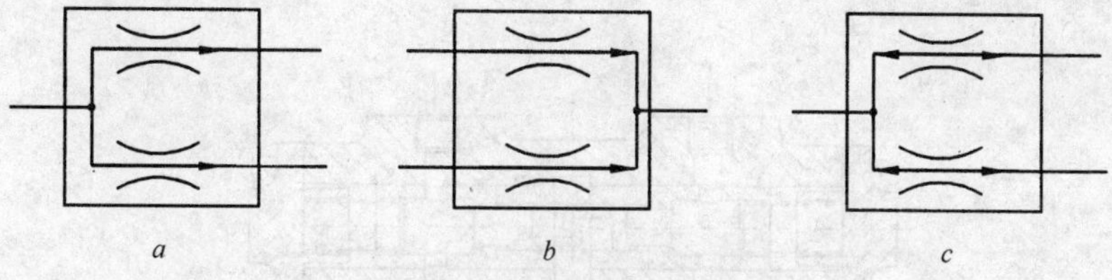

图6－22　分流集流阀职能符号

a—分流阀；*b*—集流阀；*c*—分流集流阀

6.3.6.1　分流阀的工作原理

图6－23所示为等量分流阀的结构原理图。设进口油液压力为 p_0，流量为 Q_0，进入阀后分两路分别通过两个面积相等的固定截流孔1、2，分别进入油室 *a*、*b*，然后由可变截流口3、4经出油口Ⅰ和Ⅱ通往两个执行元件。如果两执行元件的负载相等，则分流阀的出口压力 $p_3=p_4$，因为阀中两支流道的尺寸完全对称，所以输出流量亦对称，$Q_1=Q_2=Q_0/2$，且 $p_1=p_2$。当由于负载不对称而出现 $p_3\neq p_4$，且设 $p_3>p_4$ 时，阀心来不及运动而处于中间位置，由于两支流道上的总阻力相同，必定使 $Q_1<Q_2$，进而 $p_0-p_1<p_0-p_2$，则使 $p_1>p_2$。此时阀心在不对称液压力的作用下左移，使可变截流口3增大，截流口4减小，从而使 Q_1 增大，Q_2 减小，直到 $Q_1\approx Q_2$，$p_1\approx p_2$ 为止，阀心才在一个新的平衡位置上稳定下来，即输往两个执行元件的流量相等，当两执行元件尺寸完全相同时，运动速度将同步。

6.3.6.2　分流集流阀的工作原理

图6－24*a* 为分流集流阀的结构图。阀心5、6在各弹簧力作用下处于中间位置的平衡状态。

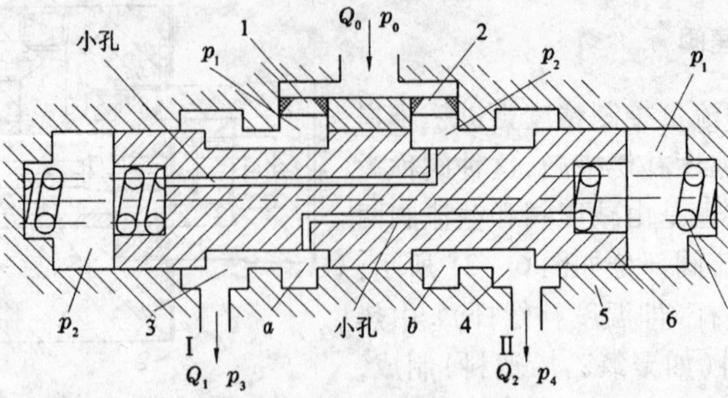

图 6-23　分流阀的工作原理

1、2—固定截流口；3、4—可变截流口；5—阀体；6—阀心；7—弹簧；Ⅰ、Ⅱ—出油口

分流工况时，由于 p_0 大于 p_1 和 p_2，所以阀心 5 和 6 处于相离状态，互相勾住。若负载压力 $p_4>p_3$，如果阀心仍留在中间位置，必然使 $p_2>p_1$。这时连成一体的阀心将左移，可变截流口 3 减小（见图 6-24*b*），使 p_1 上升，直至 $p_1=p_2$，阀心停止运动。由于两个固定截流孔 1 和 2 的面积相等，所以通过两个固定截流孔的流量 $Q_1\approx Q_2$，而不受出口压力 p_3 及 p_4 变化的影响。

集流工况时，由于 p_0 小于 p_1 和 p_2，故两阀心处于相互压紧状态。设负载压力 $p_4>p_3$，若阀心仍留在中间位置，必然使 $p_2>p_1$。这时压紧成一体的阀心左移，可变截流口 4 减小（见图 6-24*c*），使 p_2 下降，直至 $p_2\approx p_1$，阀心停止运动，故 $Q_1\approx Q_2$，而不受进口压力 p_3 及 p_4 变化的影响。

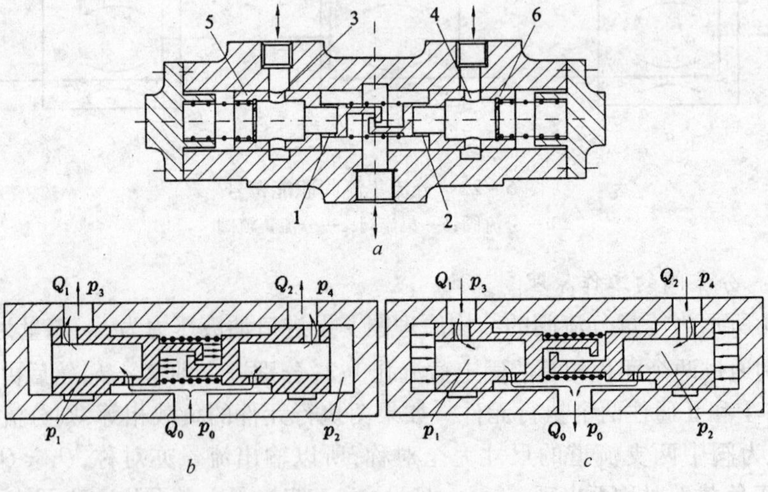

图 6-24　分流集流阀

a—结构图；*b*—分流且 $p_4>p_3$ 时的工作原理；*c*—集流且 $p_4>p_3$ 时的工作原理

1、2—固定截流口；3、4—可变截流口；5、6—阀心

6.3.6.3　分流精度

分流精度用相对分流误差 ξ 表示。等量分流（集流）阀的分流误差 ξ 表示为

$$\xi=\frac{Q_1-Q_2}{Q_0/2}\times 100\%=\frac{2(Q_1-Q_2)}{Q_1+Q_2}\times 100\% \qquad (6-17)$$

一般分流(集流)阀的分流误差为1% ~3%,产生分流误差的主要原因是:

(1) 两个可变截流孔处的液动力不完全相等而产生的分流误差。改进办法有两点:1)采用消除液动力的滑阀结构;2)在阀内或阀外两条负载支路上加设修正截流孔,让流经负载压力较大支路的流量有一部分流入负载压力较小的支路,从而减小分流误差。

(2) 由阀心与阀套间的摩擦力而产生的分流误差。因此,应提高阀心与阀套的加工精度,精密过滤油液,防止液压卡紧。

(3) 阀心两端弹簧力不相等引起的分流误差。因此,在能够克服阀心摩擦力,保证阀心能恢复中位的前提下,尽量减小弹簧刚度 K 及阀心位移量。

(4) 两个固定截流孔几何尺寸误差带来的分流误差。

(5) 固定截流孔前后压差 Δp_d 对分流误差的影响。Δp_d 越大,则对流量变化反应越灵敏,分流误差就越小。但 Δp_d 选得过大,会使分流(集流)阀的压力损失太大,推荐 $\Delta p_d \geqslant 0.5 \sim 1$ MPa。由于 Δp_d 与工作流量的大小有关,所以为了保证分流(集流)阀的分流精度,一般希望最大工作流量不应超过最小工作流量的一倍。流量使用范围一般为公称流量的60% ~100%。

必须指出:在采用分流(集流)阀构成的同步系统中,液压缸的加工误差及其泄漏、分流阀之后设置的其他阀的外部泄漏、油路中的泄漏等,虽然对分流阀本身的分流精度没有影响,但对系统中执行元件的同步精度却有直接影响。

6.4 方向控制阀

方向控制阀是用来改变液压系统中各油路之间液流通断关系的阀类,如单向阀、换向阀及压力表开关等。

6.4.1 单向阀

单向阀有普通单向阀和液控单向阀两种。

6.4.1.1 普通单向阀

如图6-25所示,普通单向阀的作用是使液体只能沿一个方向流动,不许它反向倒流。对单向阀的要求主要有:(1)通过液流时压力损失要小,而反向截止时密封性要好;(2)动作灵敏,工作时无撞击和噪声。

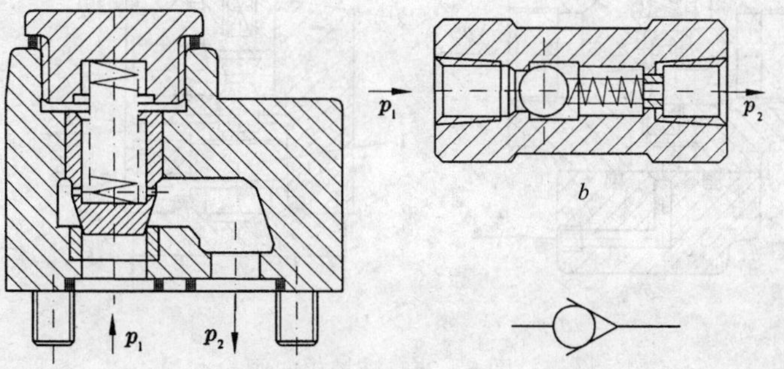

图6-25 单向阀

a—阀心为锥阀的直角式单向阀(板式连接);*b*—阀心为球阀的直通式单向阀;*c*—符号

当液流从 p_1 流入时，克服弹簧力将阀心顶开，流向 p_2。当液流反向流入时，阀心在液压力和弹簧力的作用下关闭阀口，使液流截止。

阀心为球阀的单向阀，其结构简单，但密封容易失效，工作时容易产生振动和噪声，一般用于流量较小的场合。而阀心为锥阀的单向阀，其结构较复杂，但其导向性和密封性较好，工作比较平稳。

管式连接的直通式单向阀，可直接装在管路上，比较简单，但液流阻力损失较大，而且维修装拆及更换弹簧不便。板式连接的直角式单向阀，液流顶开阀心后，直接从阀体内部的铸造通道流出，压力损失小，而且只要打开端部螺塞即可对内部进行维修，十分方便。

单向阀的弹簧在保证能克服阀心摩擦力和重力而复位的前提下，弹簧刚度尽可能小，从而减小单向阀的压力损失。一般单向阀的开启压力为 0.035 ~ 0.05 MPa，通过额定流量时的压力不应超过 0.1 ~ 0.3 MPa。

6.4.1.2　*液控单向阀*

如图 6 – 26 所示，当控制口无压力油（$p_K = 0$）通入时，它和普通单向阀一样，压力油只能从 p_1 流向 p_2，不能反向倒流。当控制口接通控制油压 p_K 时，即可推动控制活塞 1，使之顶开单向阀的阀心 2，使反向截止作用得到解除，液体即可在两个方向自由通流。

液控单向阀按控制活塞的泄油方式不同，有内泄式和外泄式之分。内泄式（见图 6 – 26*a*）的控制活塞的背压腔通过活塞杆上对称铣的两个缺口与油口 p_1 相通；外泄式（见图 6 – 26*b*）的活塞背压腔直接通油箱。一般在反向出油口 p_1 压力较低时采用内泄式；高压系统采用外泄式，以减小控制压力。

液控单向阀按结构特点可分为筒式（见图 6 – 26*a*）和卸载式（见图 6 – 26*b*）两类。卸载式的特点是带有卸载阀，当控制活塞上移时先顶开卸载阀的小阀心 3，使主油路卸压，然后再顶开单向阀心。这样可大大减小控制压力，使控制压力与工作压力之比降低到 4.5%，因此可用于压力较高的场合。

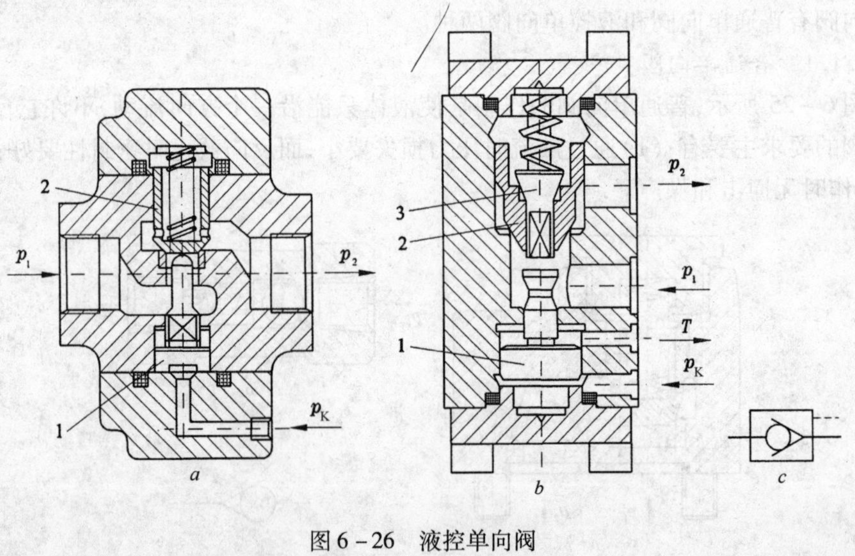

图 6 – 26　液控单向阀

a—筒式液控单向阀（内泄式）；*b*—卸载式液控单向阀（外泄式）；*c*—符号

1—活塞；2—阀心；3—小阀心

6.4.2 换向阀

换向阀是借助于阀心与阀体之间的相对运动，使与阀体相连的各油路实现接通、断开或改变液流方向的阀类。对换向阀的基本要求是：(1)液流通过阀时压力损失小（一般 $\Delta p<0.1\sim0.3$ MPa）；(2)互不相通的油口间的泄漏小；(3)换向可靠、迅速且平稳无冲击。

换向阀的分类如表 6－2 所示。

表 6－2 换向阀的分类

分类方法	类 型
按阀的结构形式分	滑阀式、转阀式、球阀式、锥阀式
按阀的操纵方式分	手动、机动、电磁、液动、电液动、气动
按阀的工作位置数和控制的通道数来分	二位二通、二位三通、二位四通、三位四通、三位五通等

6.4.2.1 滑阀式换向阀

A 主体部分结构形式

常用的滑阀式换向阀主体部分的结构形式如表 6－3 所示。

表 6－3 常用滑阀式换向阀主体部分的结构形式和职能符号

名 称	结构原理图	职能符号	职能符号的含义
二位二通	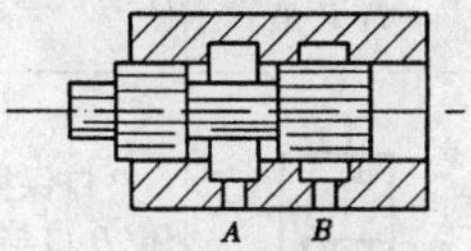	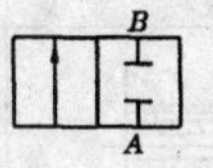	(1)用方框表示阀的工作位置，有几个方框就表示有几“位”； (2) 方框内的箭头表示油路处于接通状态，但箭头方向不一定表示液流的实际方向； (3) 方框内符号“┬”或“┴”表示该通路不通； (4) 方框外部连接的接口数有几个，就表示几“通”； (5) 一般，阀与系统供油路连接的进油口用字母 *P* 表示；阀与系统回油路连通的回油口用 *T*（有时用 *O*）表示；而阀与执行元件连接的油口用 *A*、*B* 等表示。有时在图形符号上用 *L* 表示泄漏油口； (6) 换向阀都有两个或两个以上的工作位置，其中一个为常态位，即阀心未受到操纵力时所处的位置。图形符号中的中位是三位阀的常态位。利用弹簧复位的二位阀则以靠近弹簧的方框内的通路状态为其常态位。绘制系统图时，油路一般应连接在换向阀的常态位上
二位三通	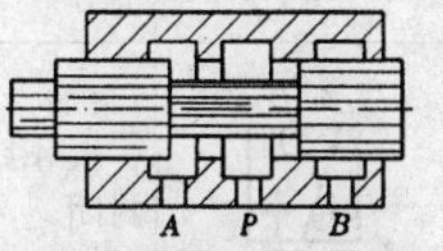	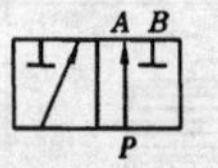	
二位四通	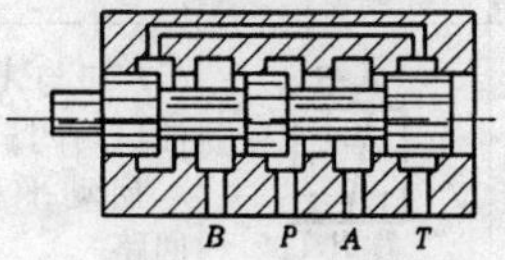	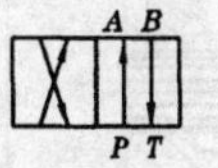	
二位五通	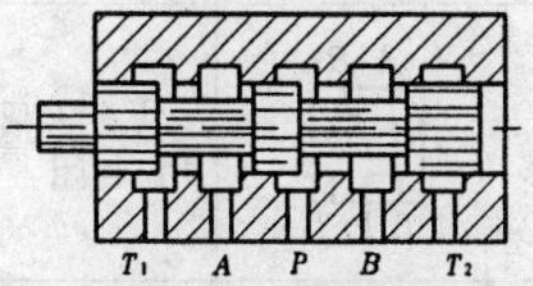	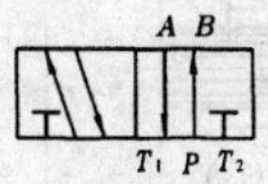	
三位四通	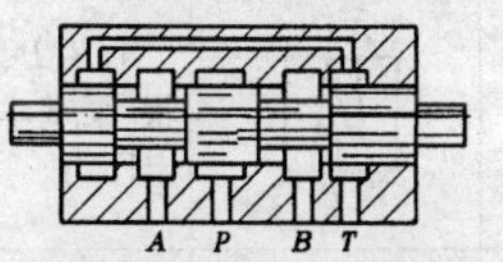	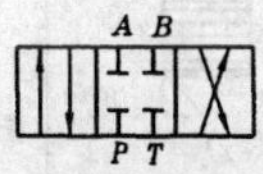	
三位五通	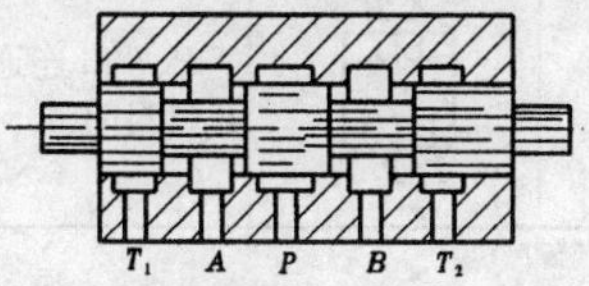	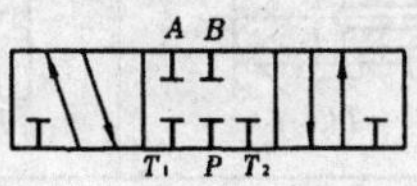	

B　滑阀机能

三位四通和三位五通换向阀，滑阀在中位时各油口的连通方式称为滑阀机能。不同的滑阀机能可满足系统的不同要求。表6－4中列出了三位阀常用的几种滑阀机能，而其左位和右位各油口的连通方式均为直通或交叉相通，所以只用一个字母来表示中位的形式。不同机能的滑阀，其阀体是通用件，而区别仅在于阀心台肩结构、轴向尺寸及阀心上径向通孔的个数。

表6－4　三位换向阀的滑阀机能

机能代号	中间位置时的滑阀状态	中间位置的符号		中间位置时的性能特点
		三位四通	三位五通	
O	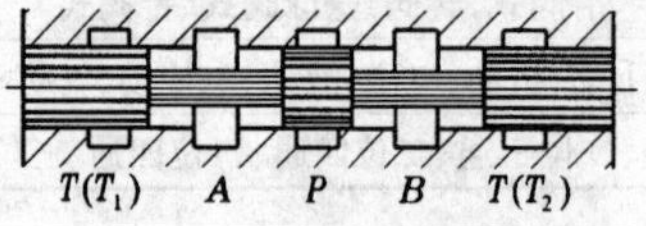	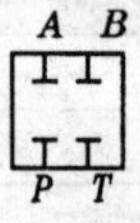	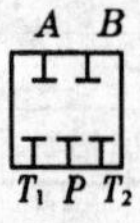	各油口关闭，系统不卸荷，缸封闭；启动平稳，换向和制动时有冲击
H	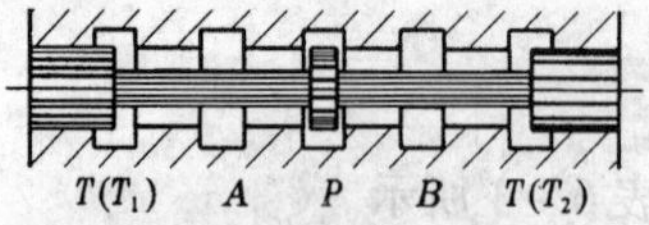			各油口全部串通，泵卸荷，缸活塞呈浮动状态；启动有冲击
Y	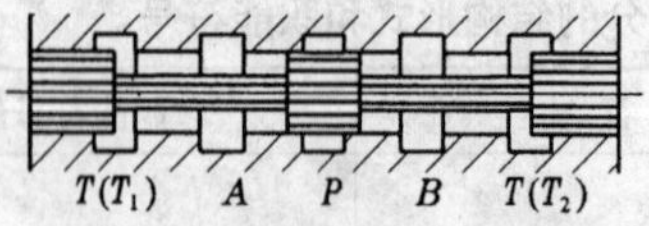			A、B、T口连通，P口保持压力，缸两腔连通，活塞呈浮动状态；启动时有冲击
J	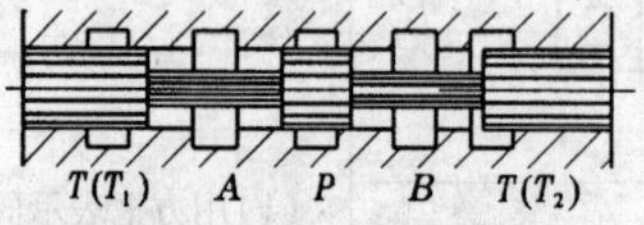	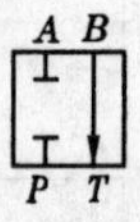		P口保持压力，缸A口封闭，B口与回油口T接通
C	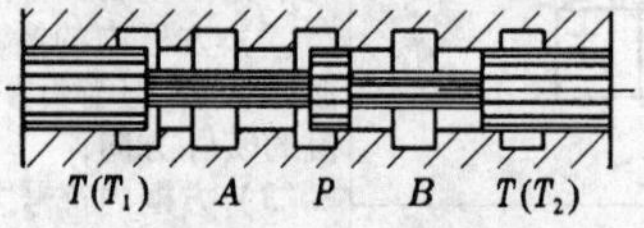	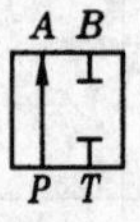		缸A口通压力油，B、T口封闭
P	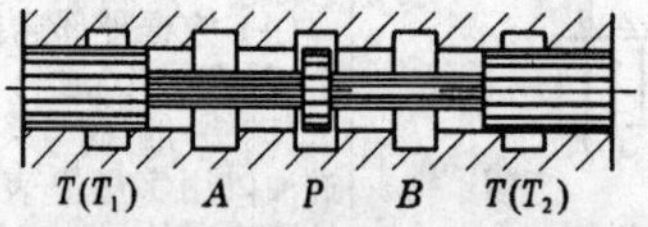			P口与A、B口都连通，回油口封闭；启动平稳，可组成差动回路
K	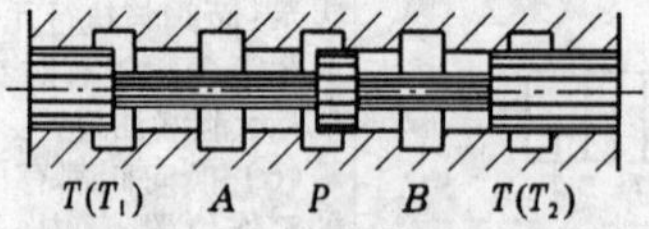			P、A、T口连通，泵卸荷，B口封闭
X	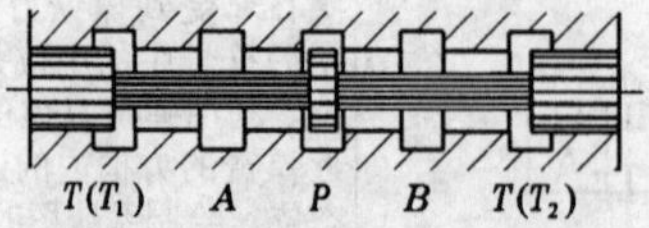			A、B、P、T口处于半开启状，泵基本卸荷，但仍有一定压力
M	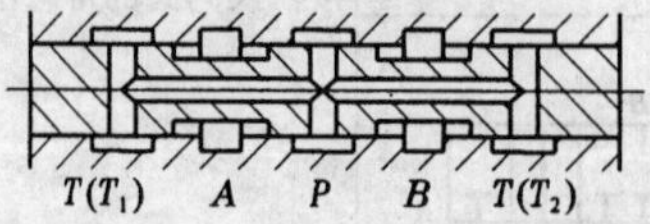			P、T口连通，泵卸荷，A、B口封闭

续表 6-4

机能代号	中间位置时的滑阀状态	中间位置的符号		中间位置时的性能特点
		三位四通	三位五通	
U	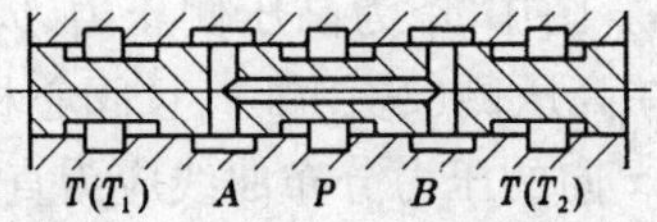	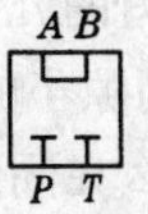	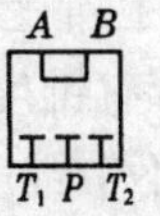	A、B 接通，P、T 口封闭，缸两腔连通，P 口保持压力

有时由于特殊的使用要求，将滑阀某一端或左右两端的连通方式设计成特殊的机能，则分别用第一个字母、第二个字母和第三个字母表示中位、右位和左位的滑阀机能，如图6-27所示的 OP 型和 NdO 型。

当对换向阀从一个工位过渡到另一个工位的各油口间通断关系亦有要求时，还规定和设计了滑阀的过渡机能。如对于一个二位四通滑阀，为避免在换向过程中由于 P 口突然完全封闭而引起系统的压力冲击，要求它在换向过渡状态时，使 P、A、B、T 等 4 个油口呈半开启的连通状态，即具有 H 型或 X 型的过渡机能（见图 6-28）。在液压符号中，这种过渡机能被画在各工位通路符号之间，并用虚线与之隔开。

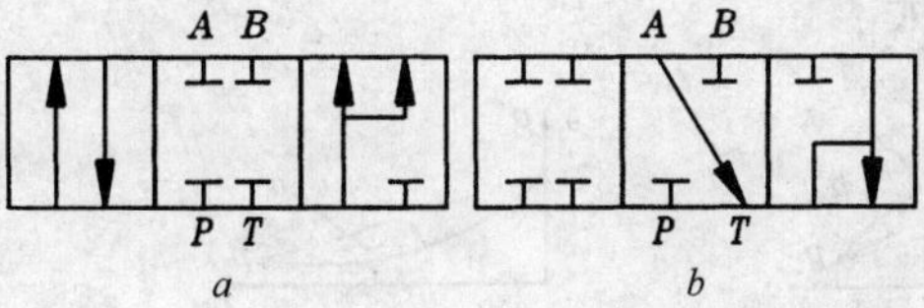

图 6-27　滑阀的特殊机能

a—OP 型；*b*—NdO 型

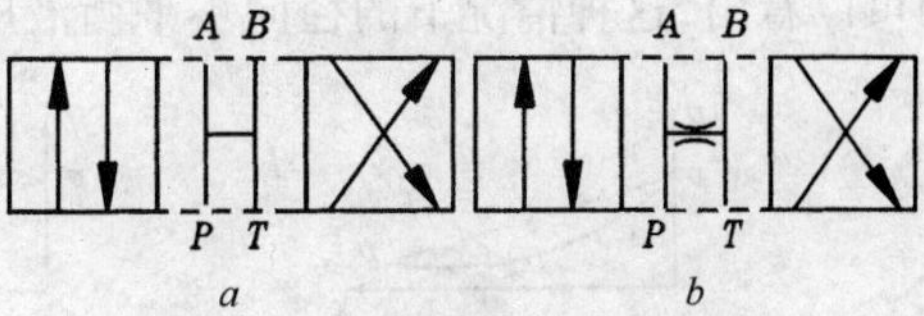

图 6-28　二位四通滑阀的过渡机能

a—H 型过渡机能；*b*—X 型过渡机能

图 6-29 表示了 O 型三位四通换向阀的两种不同过渡机能。从中位换向到左位时，图 6-29*a* 是先接通 B 和 T，然后再接通 P 和 A。图 6-29*b* 是先接通 P 和 A，再接通 B 和 T。从中位过渡到右位时，也有类似的不同过渡机能。

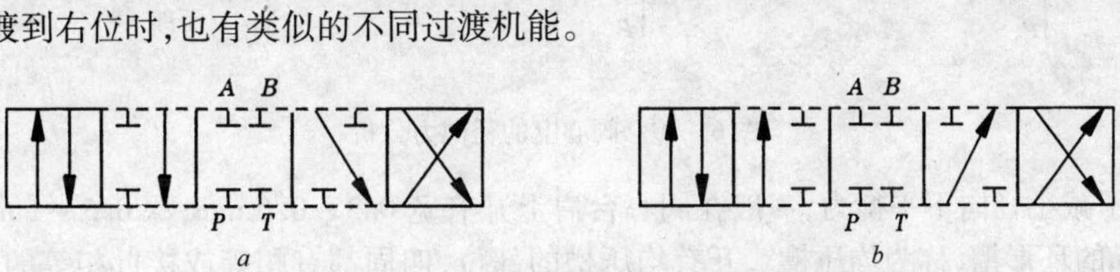

图 6-29　三位四通滑阀的过渡机能

a—先使 T 与 A（或 B）相通的过渡机能；*b*—先使 P 与 A（或 B）相通的过渡机能

增加过渡机能将加长阀心的行程，这对电磁换向阀尤为不利，因为过长的阀心行程不仅影响到电磁换向阀的动作可靠性，而且还延长了它的动作时间，所以电磁换向阀一般都是标准的换向机能而不设置过渡机能。只有液动（或电液动）换向阀才设计成不同的过渡机能。

C　液压卡紧现象

滑阀式换向阀中，由于阀心和阀体孔的中心线不可能完全重合，且具有一定的几何形状误差，进入滑阀间隙中的压力油，将对阀心产生不平衡的径向力，一定条件下使阀心紧贴在孔壁上,产生相当大的摩擦力,使得操纵滑阀发生困难,严重时甚至被卡住,这种情况称为液压卡紧现象。当然,油中脏物进入间隙,阀体、阀心变形以及配合间隙不合适等都会使这一现象加剧。这里仅讨论由几何形状误差所引起的液压卡紧现象。

图6-30表示阀心上所受径向力的几种情况。图中p_1为高压侧压力,p_2为低压侧压力。图6-30*a*的阀心带有锥度,其间隙小的一端在高压侧(称倒锥),且阀心相对阀体孔有一偏心距*e*。如果阀心不带锥度,那么在间隙中沿*x*向的压力分布曲线应为直线,如图中p_1与p_2间的点画线所示。这时阀心上、下受力相同,不会产生径向不平衡力,当然也不会产生液压卡紧现象。如阀心带锥度,高压侧的间隙小,因此压力沿*x*向先急剧下降后变缓,压力分布曲线为凹形。若阀体孔和阀心没有偏心,上、下侧的压力分布相同,仍不会产生液压卡紧现象。现在阀心和阀体孔有一偏心距*e*,阀心下部间隙较大,其压力分布曲线的凹度较上部间隙的小,如图6-30*a*中的曲线*a*和*b*所示,这样阀心就受到一个不平衡的径向压力,如图中带小箭头部分面积所示,其方向使偏心加大。这一过程一直持续到将阀心压到紧贴阀体为止,使阀心运动时的摩擦力急剧增加。图6-30*b*中间隙小的一端在低压侧(称顺锥),这时阀心如有偏心,也将产生径向不平衡液压力,但此力力图减小偏心量,有自动定心作用,因此不会产生液压卡紧现象。图6-30*c*所示为阀心和阀体孔中心线不平行时的情况,从图中可以看出,这种情况下的径向不平衡液压力最大。

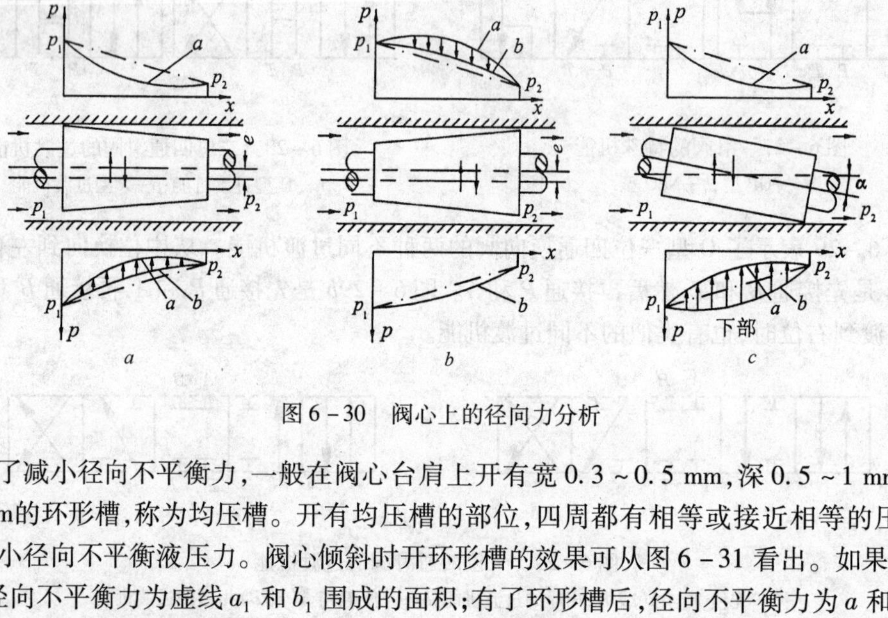

图6-30 阀心上的径向力分析

为了减小径向不平衡力,一般在阀心台肩上开有宽0.3~0.5 mm,深0.5~1 mm,间距1~5 mm的环形槽,称为均压槽。开有均压槽的部位,四周都有相等或接近相等的压力,可显著减小径向不平衡液压力。阀心倾斜时开环形槽的效果可从图6-31看出。如果不开环形槽,径向不平衡力为虚线a_1和b_1围成的面积;有了环形槽后,径向不平衡力为*a*和*b*曲线所围成的面积,其数值显著减小。

液压卡紧现象不仅在换向阀中存在,在其他液压阀及柱塞副中也普遍存在。为减小液压卡紧力,必须对滑阀的几何精度以及配合间隙等予以严格的控制,并且一般在阀心上都开有均压槽。

D 滑阀式换向阀的操纵方式

a 手动换向阀

图6-32*b*所示为弹簧自动复位式三位四通手动换向阀。用手操纵杠杆推动阀心相对阀体移动从而改变工作位置。要想维持在极端位置,必须用手扳住手柄不放,一旦松开了手

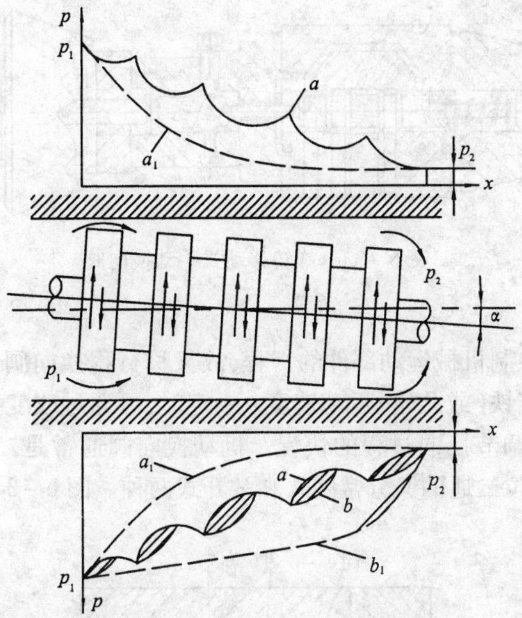

图 6-31 阀心上开环形槽的效果

柄,阀心会在弹簧力的作用下,自动弹回中位。图 6-32*a* 所示为弹簧钢球定位式,它可以在三个工作位置定位。

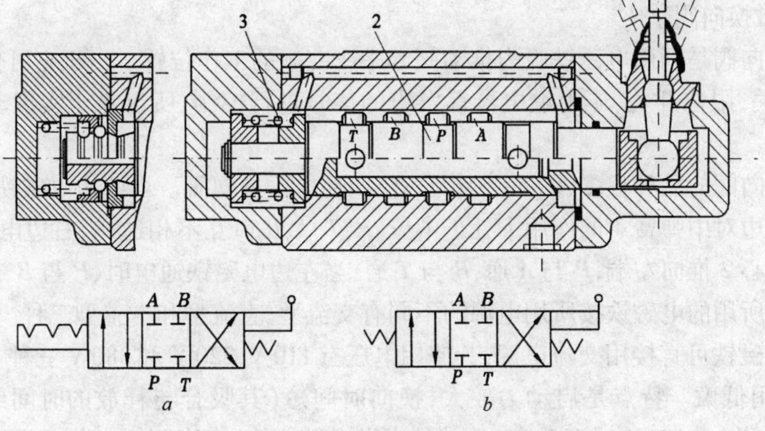

图 6-32 三位四通手动换向阀

a—弹簧钢球定位式结构及符号;*b*—弹簧自动复位式结构及符号

1—操纵杆;2—阀心;3—弹簧

图 6-33 所示为旋转移动式手动换向阀,旋转手柄可通过螺杆推动阀心改变工作位置。这种结构具有体积小、调节方便等优点。由于这种阀的手柄带有锁,不打开锁不能调节,因此使用安全。

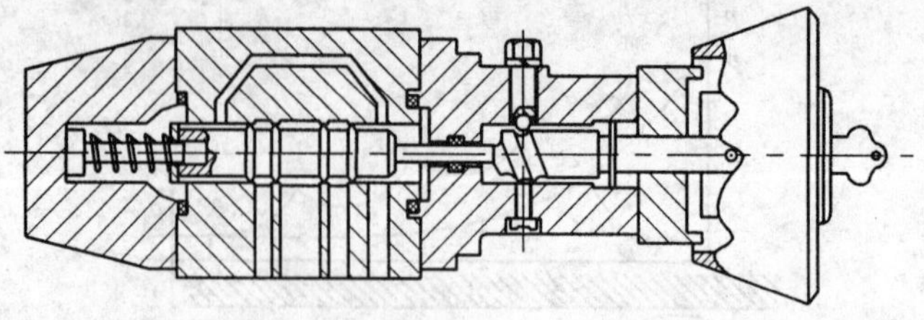

图 6－33　旋转移动式手动换向阀

b　机动换向阀

机动换向阀用来控制机械运动部件的行程，故又称行程换向阀。它利用挡铁或凸轮推动阀心实现换向。当挡铁（或凸轮）运动速度 v 一定时，可通过改变挡铁斜面角度 α 来改变换向时阀心移动速度，调节换向过程的快慢。机动换向阀通常是二位的，有二通、三通、四通、五通几种。其中二位二通的又分常闭式和常开式两种。图 6－34 所示为常闭式行程阀。

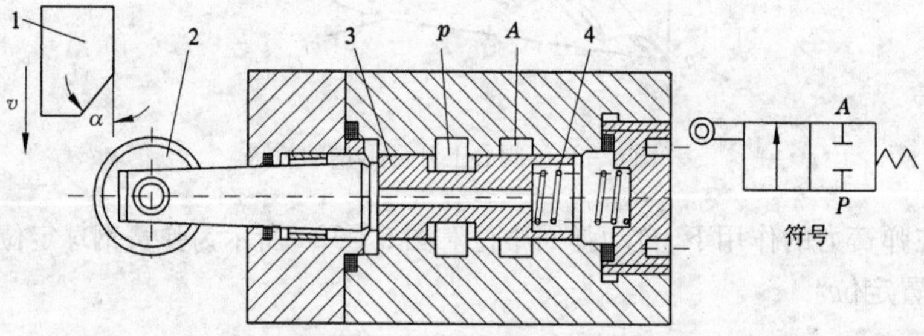

图 6－34　二位二通机动换向阀

1—挡铁；2—滚轮；3—阀心；4—弹簧

c　电磁换向阀

电磁换向阀是利用电磁铁吸力推动阀心来改变阀的工作位置。由于它可借助于按钮开关、行程开关、限位开关、压力继电器等发出的信号进行控制，所以易于实现动作转换的自动化。

电磁换向阀的品种很多，图 6－35 为三位四通电磁换向阀。当两边电磁铁都不通电时，阀心 2 在两边对中弹簧 4 的作用下处于中位，P、T、A、B 口互不相通；当右边电磁铁通电时，推杆 6 将阀心 2 推向左端，P 与 A 通，B 与 T 通；当左边电磁铁通电时，P 与 B 通，A 与 T 通。

换向阀所用的电磁铁按所用电源的不同有交流型、直流型和本整型三种。

交流电磁铁可直接用交流电源，其使用电压有 110 V、220 V 和 380 V 三种。电气线路配置简单，费用低廉。特点是启动力较大，换向时间短（其吸合与释放的时间约为 10 ms 左右），但换向冲击大，工作时温升高（故其外壳设有散热筋）。当阀心卡住或吸力不足而使铁心吸不上时，电磁铁因电流过大易烧坏，可靠性较差，所以切换频率不许超过 30 次/min；寿命较短，仅可工作几百万次到 1 千万次。

直流电磁铁的使用电压一般为 12 V、24 V 和 110 V。其优点是不会因铁心卡住而烧坏（故其圆筒形外壳上没有散热筋），体积小，工作可靠，允许切换频率为 120 次/min，甚至可达 300 次/min，换向冲击小，寿命高达 2 千万次以上，但启动力比交流电磁铁小，而且在无直流电源时，需整流设备。

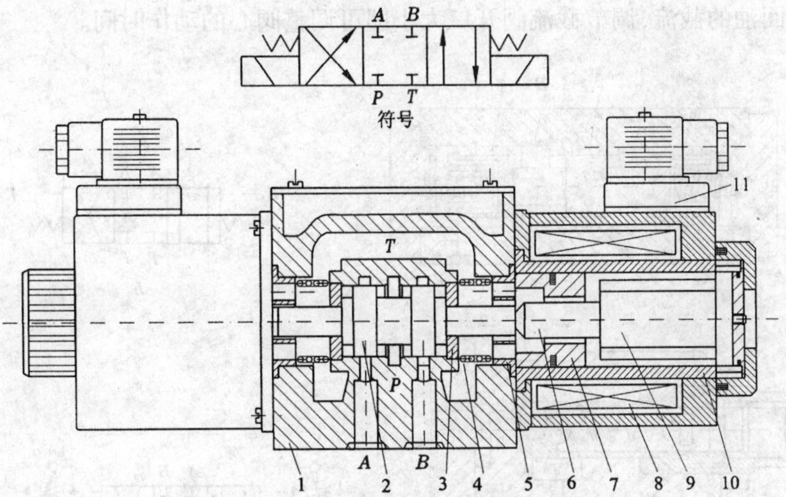

图 6-35　三位四通电磁换向阀

1—阀体；2—阀心；3—定位套；4—对中弹簧；5—挡圈；6—推杆；7—环；8—线圈；9—衔铁；10—导套；11—插头组件

本整型（即交流本机整流型）电磁铁本身带有半波整流器，可以在直接使用交流电源的同时，具有直流电磁铁的结构和特性。

换向阀所用的电磁铁按电磁铁的铁心和线圈是否浸油而分有干式、湿式和油浸式三种。

干式电磁铁的铁心与轭铁的间隙介质为空气。电磁铁与阀连接时，在推杆的外周有密封圈，不仅避免了油液进入电磁铁，而且装拆和更换电磁铁十分方便。

湿式电磁铁的推杆与阀心连成一体，因取消了推杆处的动密封（减小了阀心运动时的摩擦阻力，提高了效率和可靠性），铁心腔室充满油液（但线圈是干的），不仅改善了散热条件，还因油液的阻尼作用而减小了切换时的冲击和噪声，所以湿式电磁铁具有吸着声小、使用寿命长、散热快、温升低、可靠性好、效率高等优点。

油浸式电磁铁的铁心和线圈都浸在油液中工作，具有散热快、工作效率高、使用寿命更长、工作更平稳可靠等特点，但造价较高。

必须指出，由于电磁铁的吸力有限（不大于 120N），因此电磁换向阀只适用于流量不太大的场合。当流量较大时，需采用液动或电液控制。

d　液动换向阀

液动换向阀是利用控制油路的压力油来改变阀心位置的换向阀。按其换向时间的可调性，液动换向阀分为可调式和不可调式两种。对三位阀而言，按阀心的对中形式，分为弹簧对中型和液压对中型两种。图 6-36*a*、*b* 所示为不可调式三位四通液动换向阀（弹簧对中型），阀心两端分别接通控制油口 K_1 和 K_2。当 K_1 通压力油时，阀心右移，P 与 A 通，B 与 T 通；当 K_2 通压力油时，阀心左移，P 与 B 通，A 与 T 通；当 K_1 和 K_2 都不通压力油时，阀心在两端对中弹簧的作用下处于中位。当对液动滑阀换向平稳性要求较高时，应采用可调式液动换向阀，即在滑阀两端 K_1、K_2 控制油路中加装阻尼调节器，如图 6-36*c*、*d* 所示。阻尼调节器由一个单向阀和一个截流阀并联组成，单向阀用来保证滑阀端面进油畅通，而截流阀用于滑阀端面回油的截流，调节截流阀开口大小即可调整阀心的动作时间。

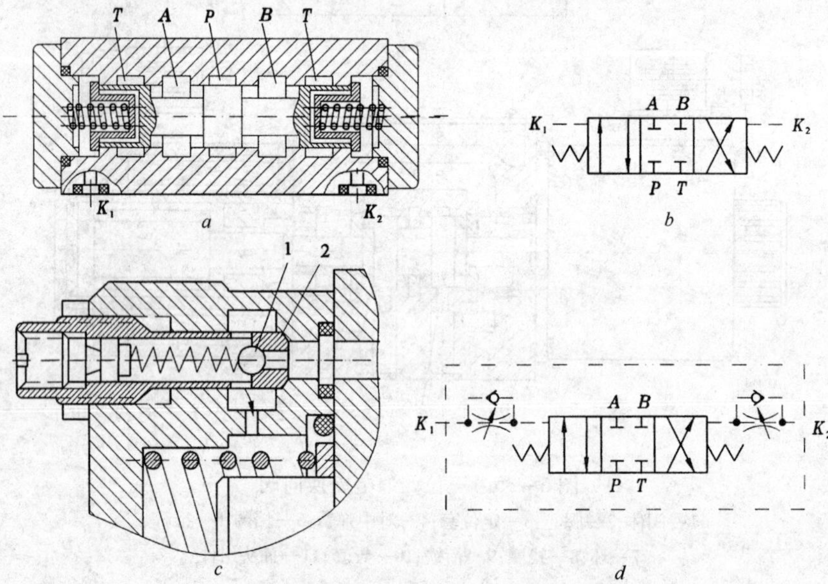

图 6 – 36　三位四通液动换向阀（弹簧对中型）

a、b—换向时间不可调式；c、d—换向时间可调式

1—阀心；2—单向截流阀

弹簧对中型液动换向阀的特点是：结构简单，轴向尺寸较短，应用广泛。其缺点是：对中弹簧要有较大的力才能克服作用在阀心上的各种阻力，由于弹簧力较大，所以控制压力较高。

e　电液动换向阀

电液动换向阀由电磁换向阀和液动换向阀组合而成，其中电磁换向阀起先导作用，用来改变控制液流的方向，从而改变起主阀作用的液动换向阀的工作位置。由于操纵主阀的液压推力可以很大，所以主阀心的尺寸可以做得很大，允许大流量通过。这样，用较小的电磁铁就能控制较大的流量。

和液动换向阀一样，电液动换向阀既有（换向时间）可调式和不可调式之分，又有弹簧对中和液压对中之别。若按控制压力油及其回油方式进行分类则有：外部控制、外部回油；外部控制、内部回油；内部控制、外部回油；内部控制、内部回油等 4 种类型。

图 6 – 37 所示为液压对中型不可调式三位四通电液动换向阀（外部控制、外部回油）。其主阀（液动换向阀）为液压对中型。设 A_1 为差动活塞 3 的截面积，A_2 为主阀心 1 台肩处的截面积，A_3 为差动套筒 2 的截面积，且差动机构设计成 $A_1:A_2:A_3=1:2:3$。当先导电磁阀 a 口通压力油时，主阀心 1 推动差动活塞 3 和差动套筒 2 一起右移，P 与 B 通，A 与 T 通；当先导电磁阀 b 口通压力油时，差动活塞 3 推动主阀心 1 左移，P 与 A 通，B 与 T 通，实现了换向。当先导电磁阀 a 和 b 口同时通高压油时，差动机构即可准确地将主阀心对中（它两端的弹簧很软，并不起主要的对中作用，仅仅在安装和不工作时能使阀心和差动套筒等零件保持在初始位置）。

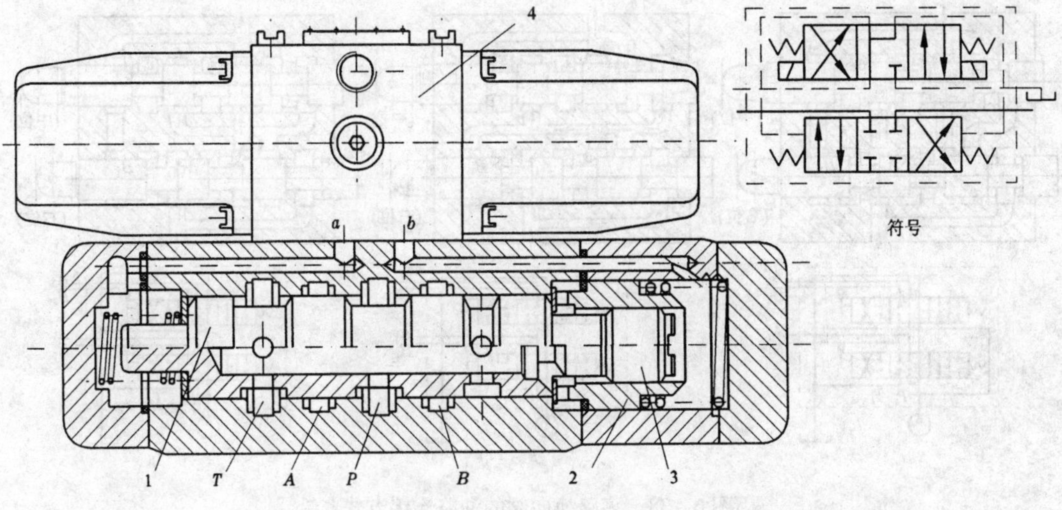

图6-37 液压对中型不可调式三位四通电液动换向阀(外部控制、外部回油)

1—主阀心;2—差动套筒;3—差动活塞;4—先导电磁阀

液压对中的最大优点是回中位可靠性好,但其结构较复杂,轴向尺寸长。

6.4.2.2 多路换向阀

多路换向阀是一种集成化的手动换向阀,由多个换向阀及系统公用的单向阀、溢流阀等组合而成,用于对液压系统中液流进行方向控制的多路切换。多路换向阀主要在矿山机械、工程机械中用于控制多个执行元件。

多路换向阀根据各个换向阀所控制的执行元件之间的关系不同,共有以下三种类型。

A 并联回路多路阀

并联回路多路阀的结构原理和职能符号如图6-38*a*所示。它的回路特点是:总进液口P同时与各个换向阀进液口P_1、P_2、…相通,而总回液口T也同时与各个换向阀回液口T_1、T_2、…相通,因此它所控制的各个执行元件可以同时工作。但当同时操作两个以上换向阀时,负载轻的工作机构先动作。

B 串联回路多路阀

图6-38*b*为串联回路多路阀的结构原理和职能符号。它的回路特点是:每一个换向阀的进液口(如P_2)都与前一个换向阀中间位置的回液口(如T_1)相通,故此阀所控制的执行元件也可同时动作,但泵压为各执行机构压力的总和。

C 串并联回路多路阀

图6-38*c*为串并联回路多路阀。它的回路特点是:每一个换向阀的进液口都与前一个换向阀中间位置的回液口相通,而各个换向阀的回液口则同时与总回液口连接,即各个换向阀的进液口串联,回液口并联。其中一个阀处在工作位置时,便切断了它后面各个换向阀的通道。因此,一个多路阀中只有一个换向阀能工作,这样可以防止误操作。

图6-38中只表示了两个换向阀构成的多路阀,而且多是O型机能阀。实用中,根据系统中执行元件数量和工作性能要求,可参照有关文献[16]选用多路阀及其相应机能。

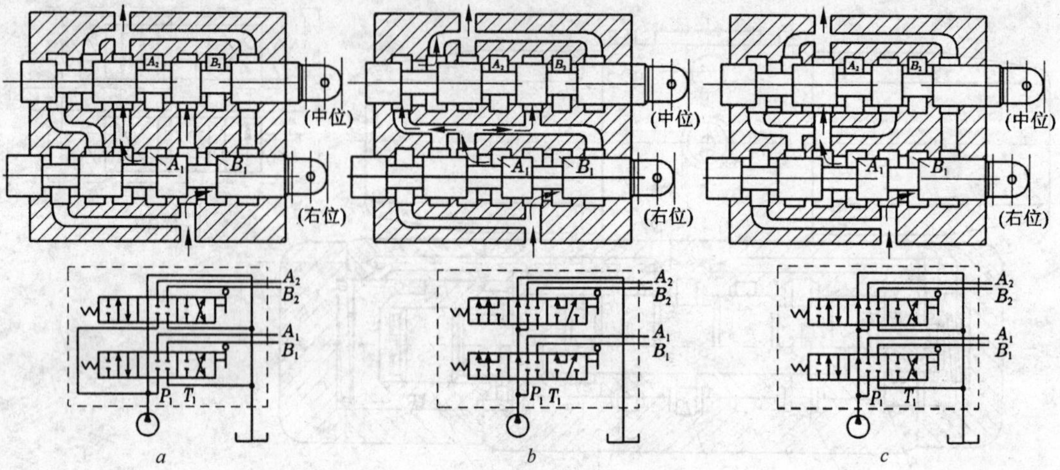

图 6－38　多路换向阀的油路连接方式

a—并联回路；b—串联回路；c—串并联回路

6.5　电液比例阀

6.5.1　电液比例阀概述

比例阀是一种输出量与输入信号成比例的液压阀。它可以按给定的输入电信号连续地、按比例地控制液流的压力、流量和方向。

在普通液压阀上用电—机械转换器取代原有的控制部分，即成为比例阀。

按用途和工作特点的不同，比例阀可分为比例压力阀（如比例溢流阀、比例减压阀、比例顺序阀）、比例流量阀（如比例截流阀、比例调速阀）和比例方向流量阀（如比例方向截流阀、比例方向调速阀）。

6.5.2　比例阀的特点

比例阀的特点如下：

(1) 能实现自动控制、远程控制和程序控制；

(2) 能把电的快速、灵活等优点与液压传动功率大等特点结合起来；

(3) 能连续地、按比例地控制执行元件的力、速度和方向，并能防止压力或速度变化及换向时的冲击现象；

(4) 简化了系统，减少了元件的使用量；

(5) 制造简便，价格比伺服阀低廉，但比普通液压阀高。由于在输入信号与比例阀之间需设置直流比例放大器，相应增加了投资费用；

(6) 使用条件、保养和维护与普通液压阀相同，抗污染性能好；

(7) 具有优良的静态性能和适当的动态性能，动态性能虽比伺服阀低，但已经可以满足一般工业控制的要求；

(8) 效率比伺服阀高；

(9) 主要用于开环系统，也可组成闭环系统。

6.5.3　电—机械转换器

目前比例阀上采用的电—机械转换器主要有比例电磁铁、动圈式力马达、力矩马达、伺服电机和步进电机等五种形式。在此主要介绍比例电磁铁。

比例电磁铁是一种直流电磁铁,但和普通电磁换向阀所用的电磁铁不同。普通电磁换向阀所用的电磁铁只要求有吸合和断开两个位置,并且为了增加吸力,在吸合时磁路中几乎没有气隙。而比例电磁铁则要求吸力(或位移)和输入电流成比例,并在衔铁的全部工作位置上,磁路中保持一定的气隙。按比例电磁铁输出位移的形式,有单向移动式和双向移动式之分。

图6－39所示为单向移动式比例电磁铁。线圈2通电后形成的磁路经壳体5、导向套12的右段、衔铁10后,分成两路:一路由导向套12左段的锥端到轭铁1而产生斜面吸力;另一路直接由衔铁10的左端面到轭铁1而产生表面吸力,其合力即为比例电磁铁的输出力(吸力),其特性如图6－40所示。图中还画出了普通电磁铁的吸力特性,以便比较。比例电磁铁的吸力特性可分为三个区段,在气隙很小的区段Ⅰ,吸力虽大,但随位置改变而急剧变化;而在气隙较大的区段Ⅲ,吸力明显下降;吸力随位置变化较小的区段Ⅱ是比例电磁铁的工作区段(图6－39中的限位环3用以防止衔铁进入区段Ⅰ)。由于在其工作区段内具有基本水平的位移—力特性,所以改变线圈中的电流,即可在衔铁上得到与其成比例的吸力。如果要求比例电磁铁的输出为位移时,可在衔铁左侧加一弹簧(当衔铁与阀心直接连接时,此弹簧常处于阀心左侧),便可得到与电流成正比的位移。

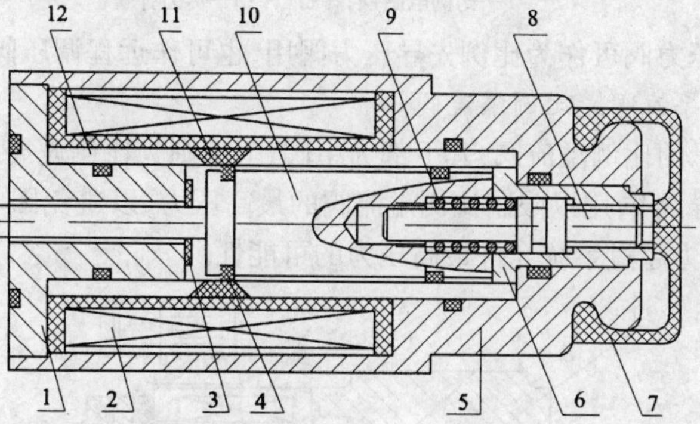

图6－39　单向移动式比例电磁铁

1—轭铁;2—线圈;3—限位环;4—隔磁环;5—壳体;6—内盖;7—盖;
8—调节螺钉;9—弹簧;10—衔铁;11—(隔磁)支撑环;12—导向套

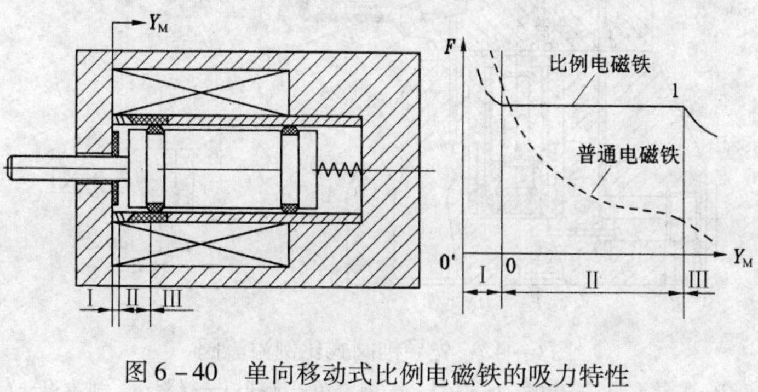

图6－40　单向移动式比例电磁铁的吸力特性

6.5.4　比例压力阀

比例压力阀按用途不同,有比例溢流阀、比例减压阀和比例顺序阀之分。按结构特点不同,则有直动型比例压力阀和先导型比例压力阀之别。

先导型比例压力阀包括主阀和先导阀两部分。其主阀部分与普通压力阀相同,而其先导阀本身实际就是直动型比例压力阀,它是以电—机械转换器(比例电磁铁、伺服电机或步进电机)代替普通直动型压力阀上的手动机构而成。

6.5.4.1　直动型比例压力阀

图6-41所示为直动锥阀式比例压力阀。比例电磁铁1通电后产生吸力经推杆2和传力弹簧3作用在锥阀上,当锥阀底面的液压力大于电磁吸力时,锥阀被顶开,溢流。连续地改变控制电流的大小,即可连续地按比例地控制锥阀的开启压力。

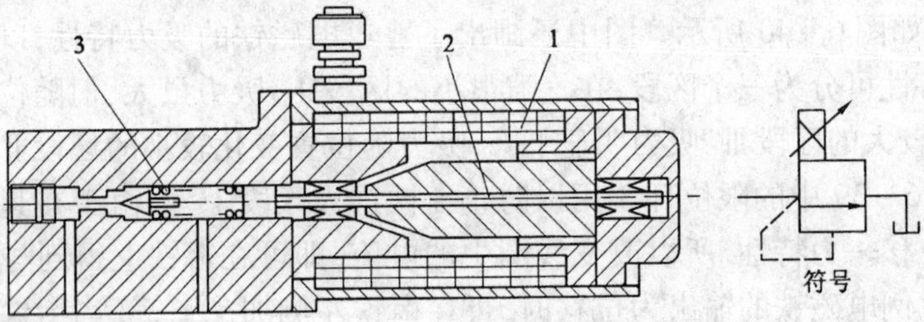

图6-41　直动锥阀式比例压力阀

1—比例电磁铁;2—推杆;3—传力弹簧

直动型比例压力阀可作为比例先导压力阀用,也可作远程调压阀用。

6.5.4.2　先导锥阀式比例溢流阀

图6-42所示的比例溢流阀,其下部为主阀,上部则为比例先导压力阀。该阀还附有一个手动调整的先导阀9,用以限制比例溢流阀的最高压力,以避免因电子仪器发生故障使得控制电流过大,压力超过系统允许最高压力的可能性。

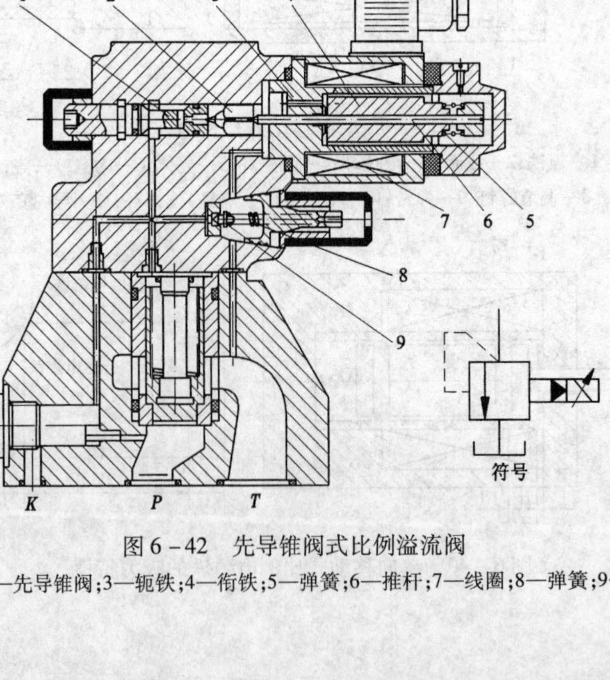

图6-42　先导锥阀式比例溢流阀

1—阀座;2—先导锥阀;3—轭铁;4—衔铁;5—弹簧;6—推杆;7—线圈;8—弹簧;9—先导阀

如将比例先导压力阀的回油及先导阀9的回油都与主阀回油分开，则图示比例溢流阀可作比例顺序阀使用。

6.5.5 比例流量阀

比例流量阀分比例截流阀和比例调速阀两大类。

6.5.5.1 比例截流阀

在普通截流阀的基础上，利用电—机械比例转换器对截流阀口进行控制，即成为比例截流阀。对移动式截流阀而言，利用比例电磁铁来推动；对旋转式截流阀而言，采用伺服电机经减速后来驱动。

6.5.5.2 比例调速阀

图6－43所示为比例调速阀。比例电磁铁的衔铁通过推杆4作用于截流阀阀心2，使其开口B随电流大小而改变，通过改变输入电流的大小，即可改变通过调速阀的流量。1为定差减压阀，它使截流口上、下游压力差保持不变。

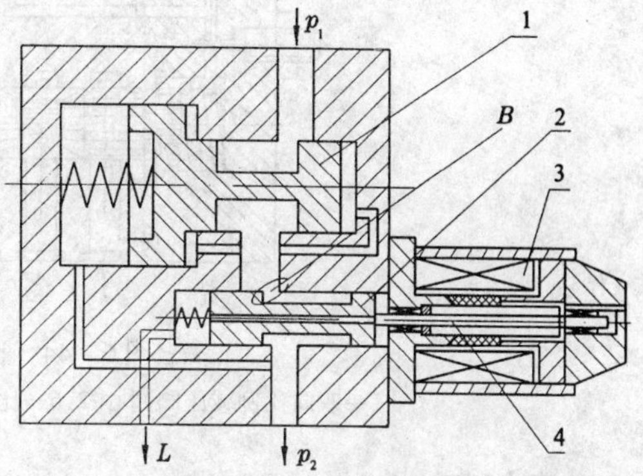

图6－43 比例调速阀
1—定差减压阀；2—截流阀阀心；
3—比例电磁铁；4—推杆

6.5.6 比例方向阀

图6－44所示为比例换向截流阀。它由先导阀（双向比例减压阀）和主阀（液动双向比例截流阀）两部分组成。在先导阀中由两个比例电磁铁2、6分别控制双向比例减压阀阀心1的位移。当比例电磁铁6得到电流信号I_1，其电磁吸力F_1使阀心1右移，于是供油压力（一次压力）p_1经阀心中部右台肩与阀体孔之间形成的减压口减压，在流道a得到控制压力（二次压力）p_2，p_2经流道b反馈作用到阀心1的右端面（阀心1的左端面通回油p_0），于是形成一个与电磁吸力F_1方向相反的液压力。当液压力与F_1相等时，阀心1停止运动，处于某一平衡位置，控制压力p_2保持某一相应的稳定值。显然，控制压力p_2的大小与供油压力p_1无关，仅与比例电磁铁的电磁吸力F_1成比例，即与电流I_1成比例。同理，当比例电磁铁2得到电流信号I_2时，阀心1左移，得到与I_2成比例的控制压力p_2'。

其主阀与普通液动换向阀相同。当先导阀输出的控制压力p_2经阻尼螺钉4构成的阻尼孔缓冲后，作用在主阀心3的右端面时，液压力克服左端弹簧力使主阀心3左移（左端弹簧腔通回油p_0），连通油口P、B和A、T。随着弹簧力与液压力平衡，主阀心3停止运动而处于某一平衡位置。此时，各油口的截流开口长度取决于p_2，即取决于输入电流I_1的大小。如果截流口前后压差不变，则电液比例换向阀的输出流量与其输入电流I_1成比例。当比例电磁铁2输入电流I_2时，主阀心3右移，油路反向，接通P、A和B、T，输出的流量与输入电流I_2成比例。

综上所述，改变比例电磁铁2、6的输出电流，不仅可以改变比例换向阀的液流方向，而且可以控制各油口的输出流量。

比例换向阀和普通的换向阀一样，可以具有不同的中位机能。

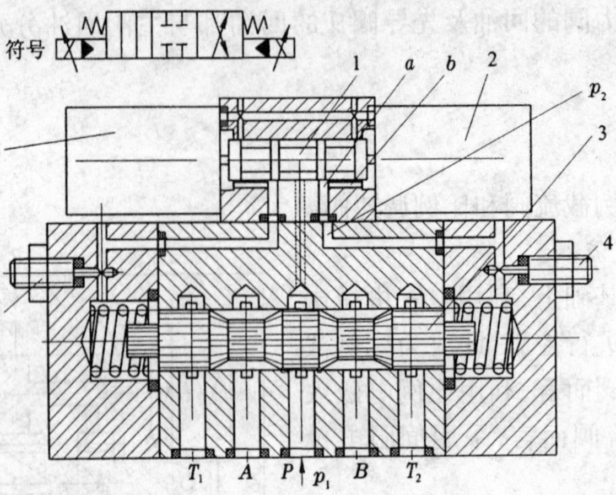

图 6-44　比例换向截流阀

1—双向比例减压阀阀心；2、6—比例电磁铁；3—主阀心；4、5—阻尼螺钉

6.6　逻辑阀

6.6.1　逻辑阀的组成

如图 6-45 所示，逻辑阀是以逻辑阀单元 3 为主阀，配以适当的盖板 2 和不同的先导控制阀（简称先导阀）1 组合而成的具有一定控制功能（可以是压力控制，也可以是流量控制、方向控制或复合控制）的组件。

逻辑阀单元为插装式结构，它插装于阀块体 4 中，用来控制主油路的液流方向、压力和流量。它由阀心、阀套、弹簧和密封件等组成。控制盖板 2 用来固定和密封逻辑阀单元；内嵌截流螺塞、微型先导控制元件（单向阀、梭阀、流量控制器和先导压力阀等）；安装先导控制阀、位移传感器、行程开关等电器附件；沟通控制油路和主阀控制腔之间的联系。先导控制阀 1 安装在控制盖板上（或直接安装在阀块体上），是用来控制主阀（逻辑阀单元）动作的小通径液压阀。阀块体 4 用来安装插装件（逻辑阀单元）、控制盖板和其他控制阀，沟通主油路和控制油路。

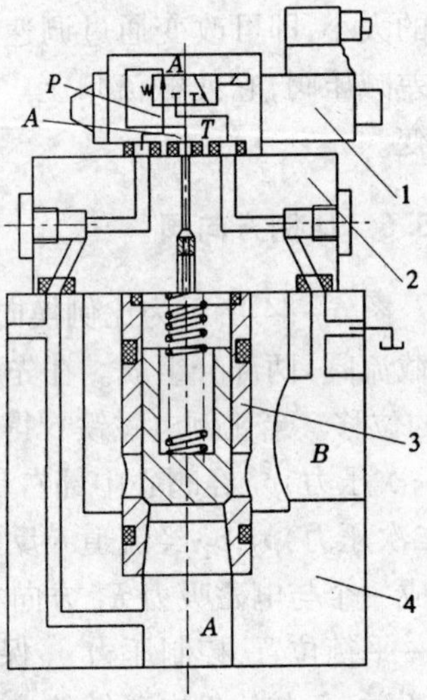

图 6-45　逻辑阀的组成

1—先导控制阀；2—盖板；3—逻辑阀单元；4—阀块体

6.6.2　逻辑阀单元——插装件

逻辑阀单元有锥阀和滑阀两种结构。图 6-46 所示的逻辑阀单元主要由阀套 1、阀心 2 和弹簧 3 组成。A、B 为主油路接口，K 为控制油口。三者的液压分别为 p_A、p_B 和 p_K；各自的作用面积为 A_A、A_B 和 A_K；面积比 α 分别为

$$\alpha_A = A_A/A_K,\ \alpha_B = A_B/A_K \tag{6-18}$$

显然，$\alpha_A + \alpha_B = 1$。根据用途不同，可以有 $\alpha_A < 1$ 和 $\alpha_A = 1$ 两种情况。阀心结构除了基本形式外，还可以做成：(1) 阀心内设截流小孔；(2) 阀心尾部带截流窗孔（可以是三角形或矩形、梯形、双矩形、倒梯形等）；(3) 阀心内有通孔等多种形式。它们的图形符号分别如图

6 -47 ~图 6 -49 所示。

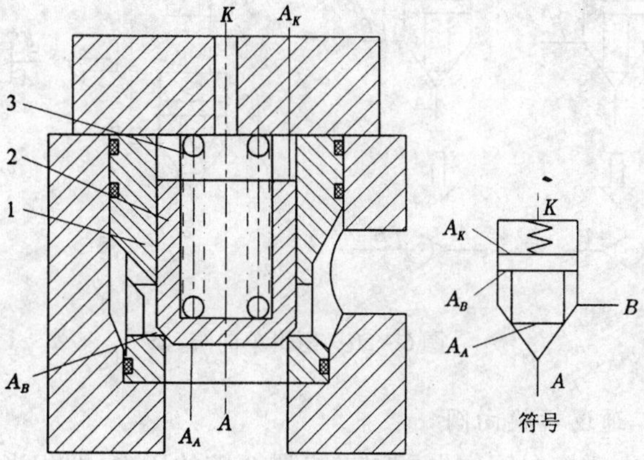

图 6 -46 逻辑阀单元

1—阀套;2—阀心;3—弹簧

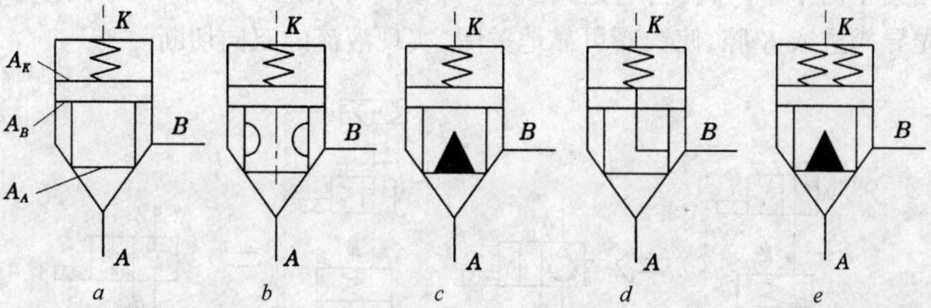

图 6 -47 $\alpha_A<1$ 的锥阀

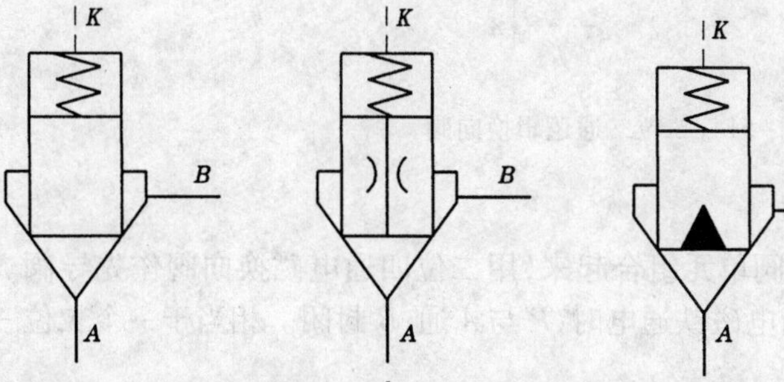

图 6 -48 $\alpha_A=1$ 的锥阀

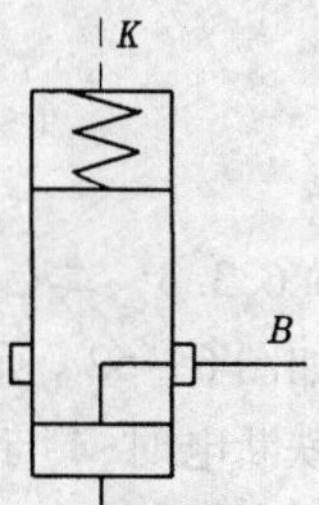

图 6 -49 $\alpha_A=1$ 的滑阀

对图 6 -46 而言,如果忽略阀心的质量和阻尼力的影响,则作用在阀心上力的平衡关系为

$$F_1+F_2+p_KA_K=p_AA_A+p_BA_B \tag{6-19}$$

式中 F_1——弹簧力,N;

F_2——阀口液流产生的稳态液动力,N。

6.6.3 逻辑方向阀

6.6.3.1 逻辑单向阀

如图 6 -50 所示,将控制口 K 与 A 或 B 连通,即成为普通单向阀,其导通方向随连接方法而异。在控制盖板上接一个二位三通液控换向阀(作先导阀),即成为液控单向阀。

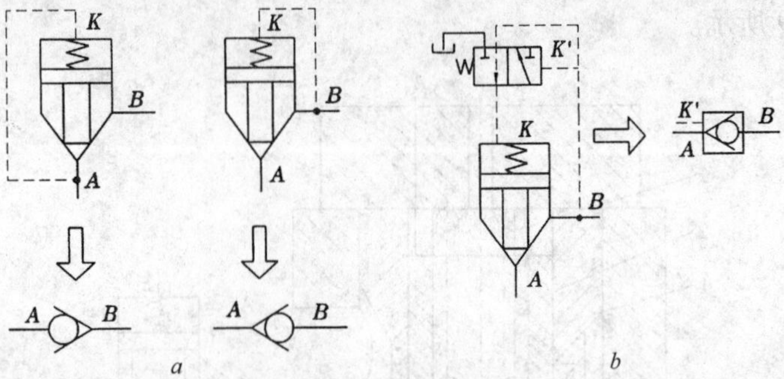

a　　b

图 6－50　逻辑单向阀

6.6.3.2　二位二通逻辑换向阀

用一个二位三通电磁换向阀作先导阀来控制 K 腔的压力，即相当于二位二通电液换向阀（见图 6－51a），但只能单向切断液流。若在控制油路中增加一个梭阀（见图 6－51b），梭阀的作用相当于两个单向阀，当电磁阀断电时，梭阀可保证 A 口和 B 口中压力较高者经梭阀和电磁先导阀进入 K 腔，使锥阀可靠地关闭，实现液流的双向切断。

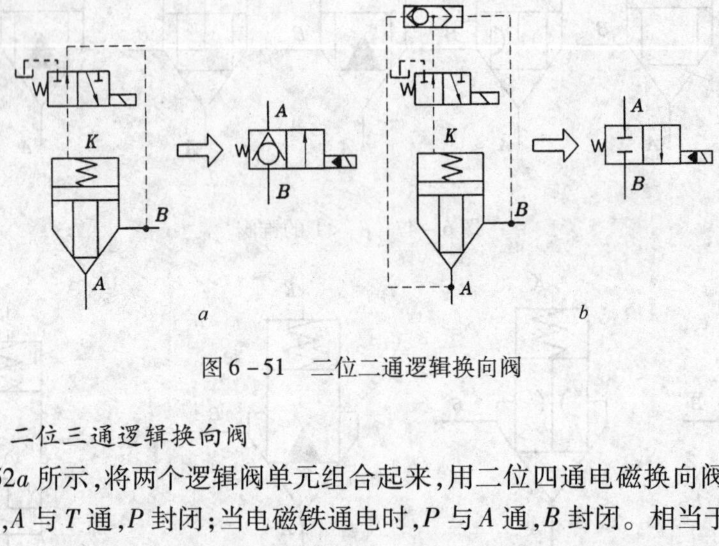

a　　b

图 6－51　二位二通逻辑换向阀

6.6.3.3　二位三通逻辑换向阀

如图 6－52a 所示，将两个逻辑阀单元组合起来，用二位四通电磁换向阀作先导阀。当电磁铁断电时，A 与 T 通，P 封闭；当电磁铁通电时，P 与 A 通，B 封闭。相当于一个二位三通电液换向阀。

6.6.3.4　三位三通逻辑换向阀

如图 6－52b 所示，用三位四通电磁换向阀作先导阀控制两个逻辑阀单元。当电磁阀处于中位时，P、A、T 均不通；当电磁铁 1YA 通电时，A 与 T 通，P 封闭；当电磁铁 2YA 通电时，P 与 A 通，T 封闭。相当于三位三通电液换向阀。

6.6.3.5　四位三通逻辑换向阀

如图 6－52c 所示，用 2 个二位三通电磁换向阀作先导阀控制两个逻辑阀单元，相当于一个四位三通电液换向阀。

6.6.3.6　二位四通逻辑换向阀

如图 6－53 所示，用 1 个二位四通电磁换向阀作先导阀控制四个逻辑阀单元，就相当于二位四通电液换向阀。

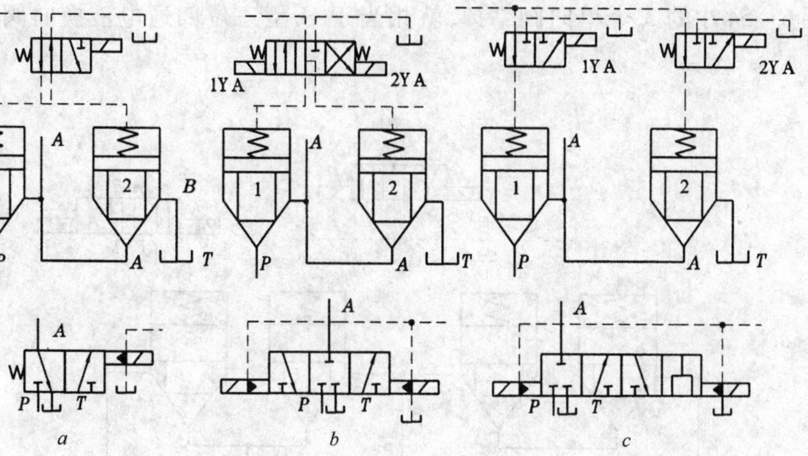

图 6-52 逻辑换向阀

a—二位三通逻辑换向阀;*b*—三位三通逻辑换向阀;*c*—四位三通逻辑换向阀

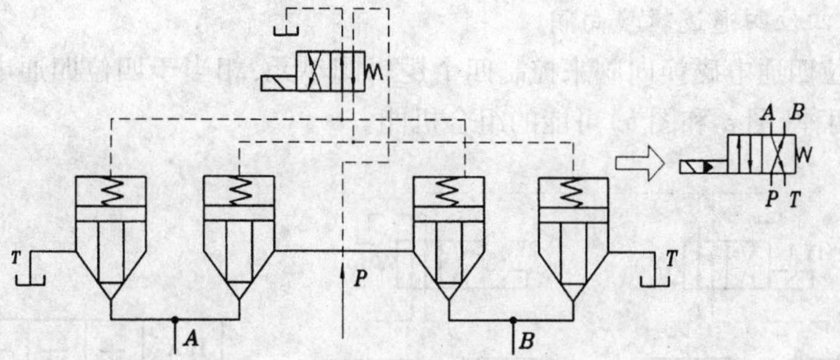

图 6-53 二位四通逻辑换向阀

6.6.3.7 三位四通逻辑换向阀

如图 6-54 所示,以 P 型三位四通电磁换向阀为先导阀(另加 3 个单向阀)来控制 4 个逻辑阀单元,相当于 O 型三位四通电液换向阀。

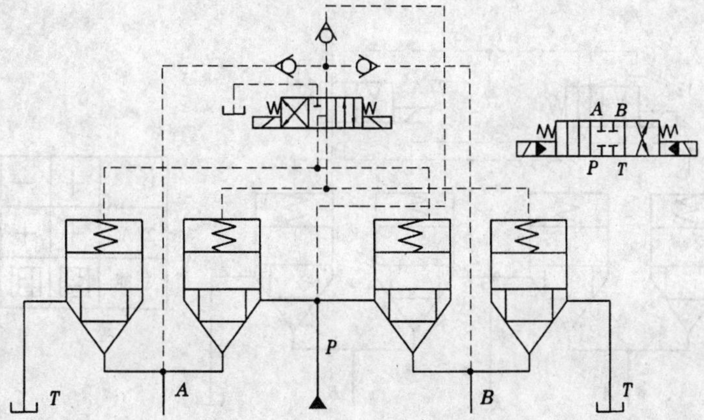

图 6-54 O 型三位四通逻辑换向阀

将图 6 – 54 中的 3 个单向阀拿掉，就相当于 H 型三位四通电液换向阀，如图 6 – 55 所示。

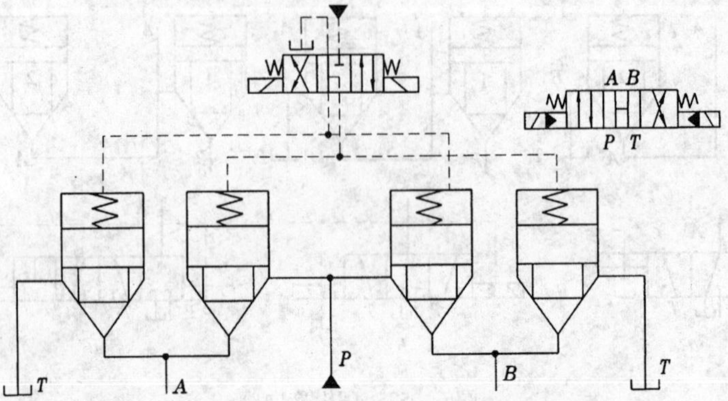

图 6 – 55　H 型三位四通逻辑换向阀

6.6.3.8　四位四通逻辑换向阀

用两个二位四通电磁换向阀来控制四个逻辑阀单元，相当于四位四通电液换向阀。图 6 – 56 给出了两种（图 *a* 和图 *b*）可能的组合机能。

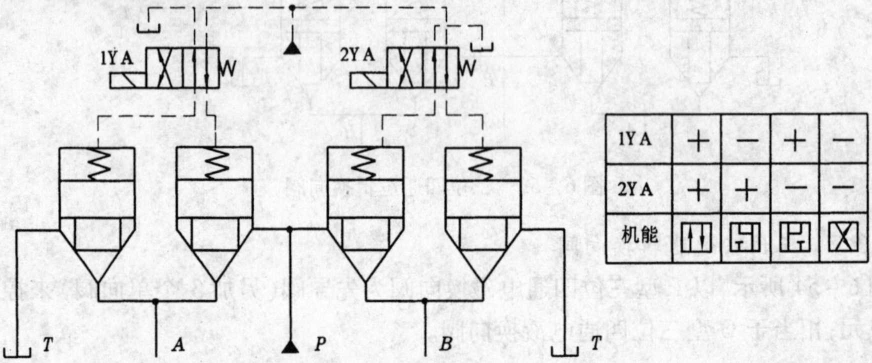

a

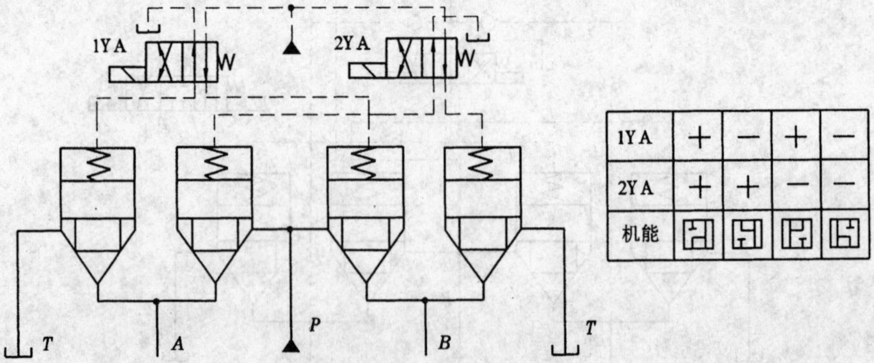

b

图 6 – 56　四位四通逻辑换向阀

6.6.3.9 多机能四通逻辑换向阀

每一个逻辑阀单元都具有通、断两种状态。如果采用 n 个逻辑阀单元，理论上可以实现 2^n 个工作状态。其中某些（假设有 m 个）工作状态可能重复或没有意义，则实际得到的工作状态数为

$$Z = 2^n - m \tag{6-20}$$

在图 6-57 中，用 4 个二位三通电磁换向阀作先导阀分别控制 4 个逻辑阀单元（n = 4），理论上能实现 16 个换向位置，但是电磁铁“1、2、4”，“1、2、3”，“4、2、3”，“4、1、3”通电时及“1、2、3、4”断电时，都具有 H 型的机能，因此重复数 $m = 4$，则实际得到的不同工作状态数为

$$Z = 2^4 - 4 = 12$$

即可得到除 M 型以外的 12 个不同的机能。如果采用普通电磁（或电液）换向阀来实现上述 12 个换向位置的换向控制，那将是相当复杂的。

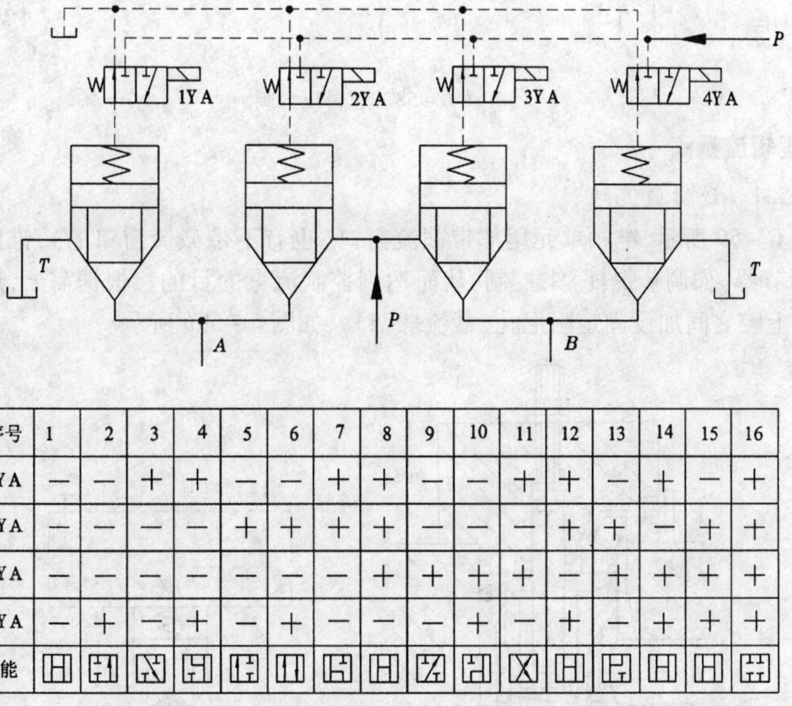

序号	1	2	3	4	5	6	7	8	9	10	11	12	13	14	15	16
1YA	−	−	+	+	−	−	+	+	−	−	+	+	−	+	−	+
2YA	−	−	−	−	+	+	+	+	−	−	−	+	+	−	+	+
3YA	−	−	−	−	−	−	−	+	+	+	+	−	+	+	+	+
4YA	−	+	−	+	−	+	−	−	−	+	−	+	−	+	+	+
机能	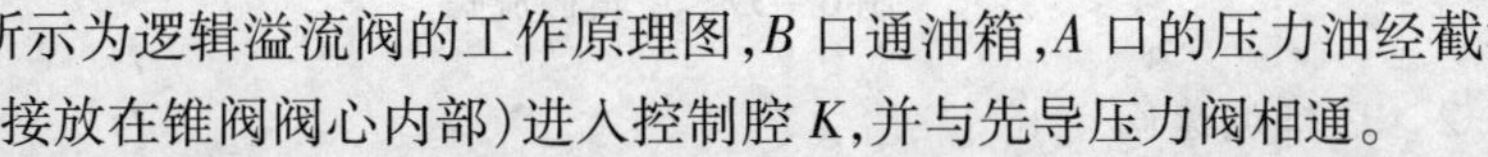															

图 6-57 多机能四通逻辑换向阀

6.6.4 逻辑压力阀

6.6.4.1 逻辑溢流阀

图 6-58a 所示为逻辑溢流阀的工作原理图，B 口通油箱，A 口的压力油经截流小孔（此截流小孔也可直接放在锥阀阀心内部）进入控制腔 K，并与先导压力阀相通。

必须指出，对于压力阀（包括溢流阀、顺序阀和减压阀）而言，为了减少 B 口压力对调整压力的影响，常取 $\alpha_A = A_A/A_K = 1$（或 0.9）。

6.6.4.2 逻辑顺序阀

当图 6-58a 中的 B 口不接油箱而接负载时，即为逻辑顺序阀。

6.6.4.3　逻辑卸荷阀

如图 6 - 58*b* 所示，在逻辑溢流阀的控制腔 *K* 再接一个二位二通电磁换向阀。当电磁铁断电时，具有溢流阀功能；电磁铁通电时，即成为卸荷阀。

6.6.4.4　逻辑减压阀

如图 6 - 58*c* 所示，减压阀中的逻辑阀单元为常开式滑阀结构，*B* 为一次压力 p_1 进口，*A* 为出口，*A* 腔的压力油经截流小孔与控制腔 *K* 相通，并与先导阀进口相通。由于控制油取自 *A* 口，因而能得到恒定的二次压力 p_2。相当于定压输出减压阀。

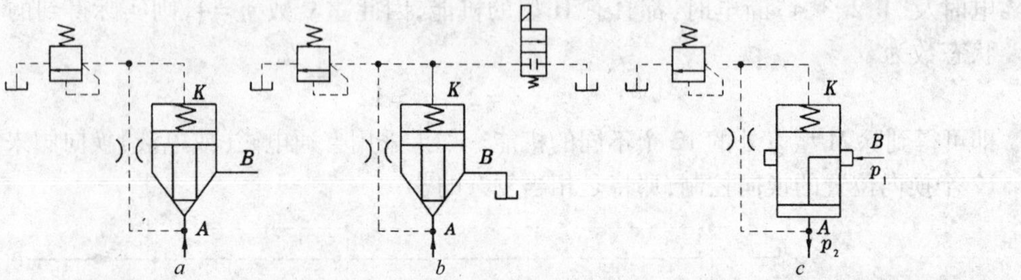

图 6 - 58　逻辑压力阀

6.6.5　逻辑流量阀

6.6.5.1　逻辑截流阀

如图 6 - 59 所示，锥阀单元尾部带截流窗口（也有不带截流窗口的），锥阀的开启高度由行程调节器（如调节螺杆）来控制，从而达到控制流量的目的。根据需要，还可在控制口 *K* 与阀心上腔之间加设固定阻尼孔（截流螺塞）*a*，如图 6 - 59*b* 所示。

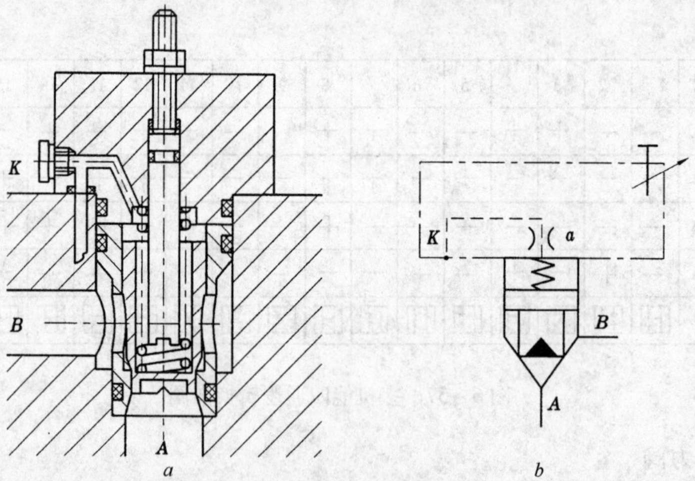

图 6 - 59　逻辑截流阀

6.6.5.2　逻辑调速阀

如图 6 - 60 所示，定差减压阀阀心两端分别与截流阀进出口相通，从而保证截流阀进出口压差不随负载变化，成为调速阀。

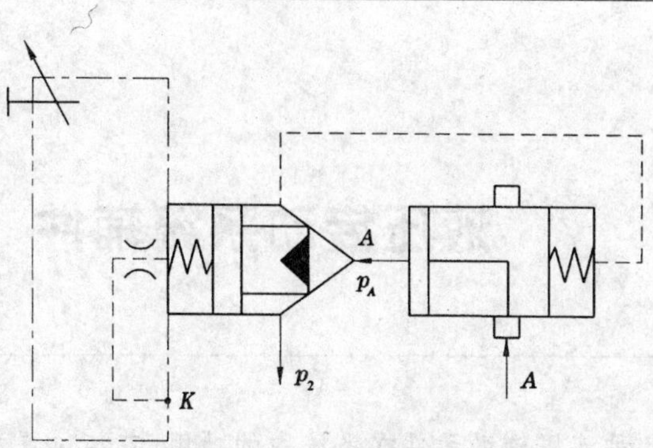

图 6－60　逻辑调速阀

思考题与习题

6－1　液压卡紧力是怎样产生的，它有什么危害，减小液压卡紧力的措施有哪些？

6－2　分析比较溢流阀、减压阀和顺序阀的作用及差别。

6－3　绘出先导型溢流阀的启闭特性曲线，并对各段曲线及各拐点作出解释。

6－4　现有两个压力阀，由于铭牌脱落，分不清哪个是溢流阀，哪个是减压阀，又不希望把阀拆开，如何根据其特点作出正确判断？

6－5　若减压阀调压弹簧预调为 5 MPa，而减压阀前的一次压力为 4 MPa。试问经减压后的二次压力是多少，为什么？

6－6　在截流调速系统中，如果调速阀的进、出油口接反了，将会出现怎样的情况？试根据调速阀的工作原理进行分析。

6－7　将调速阀和溢流截流阀分别装在回油路上，能否起速度稳定作用？

6－8　溢流阀和截流阀都能做背压阀使用，其差别何在？

6－9　将调速阀中的定差减压阀改为定值输出减压阀，是否仍能保证执行元件速度的稳定，为什么？

6－10　分别说明 O 型、M 型、P 型和 H 型三位四通换向阀在中间位置时的性能特点。

6－11　电液比例阀与普通开关(或定值控制)阀比较，有何特点？

6－12　电液比例压力先导阀中弹簧的作用是什么，该弹簧的刚度对阀的启闭特性有无影响？

6－13　利用两个逻辑阀单元组合起来作放大级，以适当的电磁换向阀作先导级，分别构成相当于二位三通、三位三通和四位三通电磁换向阀。

6－14　利用四个逻辑阀单元组合起来作放大级，以适当的电磁换向阀作先导级，分别构成相当于二位四通、O 型三位四通、H 型三位四通、四位四通电液换向阀。

6－15　分别绘出逻辑溢流阀、逻辑顺序阀、逻辑卸荷阀和逻辑减压阀的原理图。

6－16　分别绘出逻辑截流阀和逻辑调速阀的原理图。

7 液压传动系统辅件

本章要求

了解和掌握各种液压辅助元件在系统中的功用、安装位置及其选择和计算。

液压传动系统辅件主要包括密封元件、油箱、油管和管接头、滤油器和蓄能器等。从液压传动的原理看,这些元件是起辅助作用的,但它们对液压元件和系统的正常工作、工作效率、使用寿命等影响极大。因此,必须重视液压辅件的研制和选用。

7.1 油箱

油箱的基本功能是储存液压传动系统的工作液体,同时兼有散热、沉淀杂质、分离混入的水、气等作用。

7.1.1 油箱容积的确定

从油箱的散热职能来看,油箱的容积越大越好。但容积太大,会导致体积大,质量大,操作不便,特别是在行走机械中矛盾更为突出。对于固定设备的油箱,一般建议其有效容积 V 为液压泵每分钟流量的 3 倍以上(行走机械一般取 2 倍)。通常根据系统的工作压力来概略地确定油箱的有效容积 $V(m^3)$:

(1) 低压系统:$V=(2\sim4)60Q$

(2) 中压系统:$V=(5\sim7)60Q$

式中 Q——液压泵的流量,m^3/s。

(3) 高压系统,连续工作时,油箱有效容积 V 应按发热量计算确定。在自然冷却(没有冷却装置)的情况下,对长、宽、高之比为 1:(1~2):(1~3)的油箱,油面高度为油箱高度的 80% 时,其最小有效容积 $V_{min}(m^3)$ 可近似按下式确定

$$V_{min}=10^{-3}\sqrt{\left(\frac{H}{\Delta T}\right)^3}=10^{-3}\sqrt{\left(\frac{H}{T_y-T_0}\right)^3} \tag{7-1}$$

$$H=P(1-\eta) \tag{7-2}$$

式中 ΔT——油液温升值,$\Delta T=T_y-T_0$,K;

T_y——系统允许的最高温度,K;

T_0——环境温度,K;

H——系统单位时间的总发热量,W;

P——液压泵的输入功率,W。

设计时,应使 $V\geqslant V_{min}$,则油箱的散热面积 $A(m^2)$ 的近似值为

$$A=6.66\sqrt[3]{V^2} \tag{7-3}$$

则油箱的总容积 V_a 为

$$V_a = V \div 0.8 = 1.25V \tag{7-4}$$

7.1.2 油箱结构

油箱有开式、隔离式和压力式三种类型。

7.1.2.1 开式油箱

开式油箱如图 7-1 所示。设计开式油箱时,应注意以下几个问题:

(1) 液压泵的吸液管口和液压传动系统的回液管口应保持较远的距离。二者之间一般装有隔板,以利于油箱沉淀杂质,分离水、气和提高散热效果。隔板高度一般为液面高度的2/3~3/4。

(2) 液压泵的吸液管口至箱底高度应大于2倍的吸液管管径,至箱壁距离应大于吸液管管径的3倍。以便于安装过滤器,保证吸液的清洁度。

(3) 液压传动系统回液管管口应位于最低液面之下,以防止空气进入。

(4) 油箱注油口设置滤网,底部装置永久磁铁,用于吸附铁磁等杂质。

(5) 在液压传动系统工作时,为了防止由于油箱内液面高度变化而引起压力变化,油箱应设置通气孔和空气滤清器。

(6) 油箱上应装设液位指示器和温度计等显示仪表。

(7) 油箱结构要便于安装和维修,其底部应有适当的斜度,并在最低位置开设放油孔。

(8) 油箱焊接完毕后,内壁应进行喷丸处理,并涂以耐油涂料。

7.1.2.2 隔离式油箱

在周围环境恶劣、灰尘特别多的场合,可采用隔离式油箱,如图 7-2 所示。当泵吸油时,挠性隔离器 1 的孔 2 进气;当泵停止工作,油液排回油箱时,挠性隔离器 1 被压瘪,孔 2 排气,所以油液在不与外界空气接触的条件下,液面压力仍能保持为大气压力。挠性隔离器的容积应比泵的每分钟流量大 25% 以上。

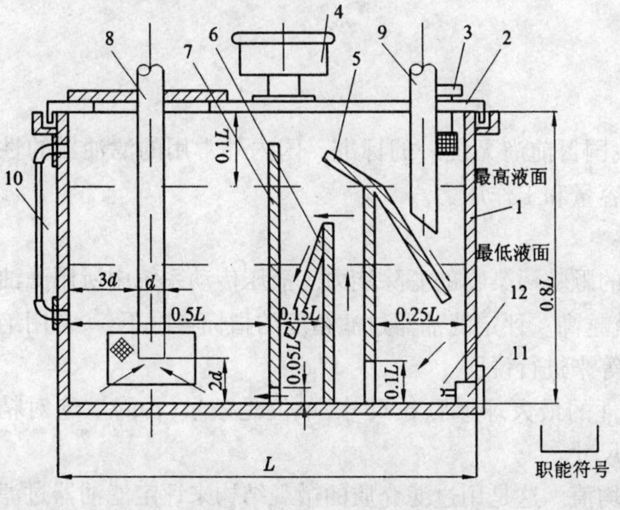

图 7-1 开式油箱结构

1—箱体;2—箱盖;3—注油口;4—滤清器;5~7—隔板;8—吸液管;9—回液管;10—液位指示器;11—放油塞;12—永久磁铁

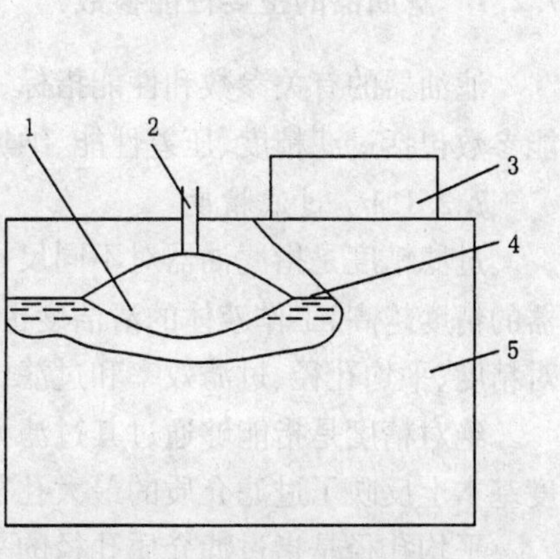

图 7-2 隔离式油箱

1—挠性隔离器;2—进出气孔;3—液压装置;4—液面;5—油箱

7.1.2.3　压力油箱

当泵吸油能力差，安装补油泵不合适或高空作业时，可采用压力油箱，如图 7－3 所示。将油箱封闭，来自压缩空气站储气罐的压缩空气经减压阀将压力降到 0.05～0.07 MPa。为防压力过高，设有安全阀 5。为避免压力不足，还设有电接点压力表 4 和报警器。

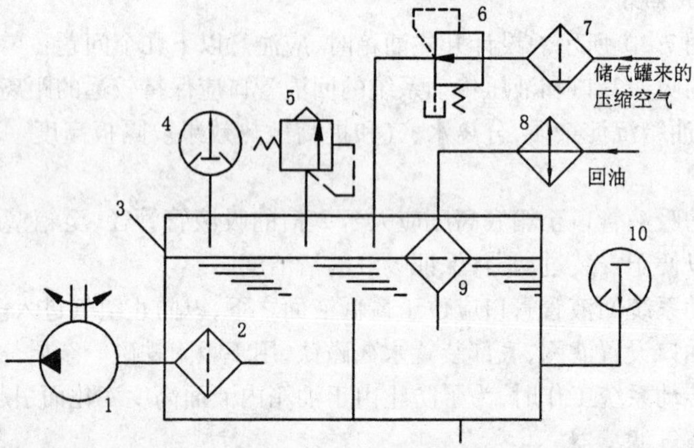

图 7－3　压力油箱

1—泵；2、9—滤油器；3—油箱；4—电接点压力表；5—安全阀；6—减压阀；
7—分水滤气器；8—冷却器；10—电接点温度表

7.2　滤油器

从前面的学习我们知道，滤油器对防止油液污染具有重要的意义，是清除工作介质中固体杂质最有效的装置。它是在工作介质的通道中装置多孔可透性的介质或过滤元件（滤心），用以滤除油液中的非可溶性颗粒污染物。除此之外，还可以利用吸附、凝聚和磁性等过滤方式，对工作介质进行净化。

7.2.1　滤油器的主要性能参数

滤油器的有关参数和性能指标，我国目前尚无统一的标准。国内外常用的滤油器的性能参数包括过滤精度、压差性能、纳垢容量和工作压力。

7.2.1.1　过滤精度

过滤精度是指滤油器对不同尺寸的颗粒污染物的滤除能力。液压传动系统中所用滤油器的精度越高，工作液体的清洁度也就越高。评定滤油器过滤精度的指标各国不一，常用绝对精度、平均孔径、过滤效率和过滤比等来进行说明。

绝对精度是指能够通过其过滤元件的最大球形颗粒尺寸，单位是微米（μm）。绝对精度基本上反映了过滤介质的最大孔径尺寸。

平均孔径是指过滤介质孔径的平均值。这是用过滤介质的微观结构来评定滤油器过滤精度的一种方法。

过滤比是指滤油器上游单位体积液体中含有大于尺寸 x 的颗粒污染物的颗粒数 N_u，与其下游单位体积液体中含有大于该尺寸颗粒污染物的颗粒数 N_d 之比，以 β_x 表示

$$\beta_x = \frac{N_u}{N_d} \tag{7-5}$$

研究表明,滤油器对于不同尺寸的颗粒,具有不同的过滤比。因此,目前采用对于尺寸为 10 μm 的颗粒污染物的过滤比 β_{10},作为评定滤油器过滤精度的标准。

当 $\beta_x = 1$ 时,表明该过滤器对于尺寸 x_1 以下的颗粒污染物没有滤除能力。这时,称 x_1 为滤油器的最小过滤精度。

当 $\beta_x = 52$ 时,称 x_2 为平均过滤精度。

当 $\beta_x = 75$ 时,表明绝大部分尺寸大于 x_0 的颗粒污染物都被滤除了,一般认为 x_0 就是此滤油器的绝对精度。

过滤效率 φ_x 反映滤油器滤除某一尺寸颗粒污染物的能力,可用下式表示

$$\varphi_x = \frac{N_u - N_d}{N_u} \times 100\% = \left(1 - \frac{1}{\beta_x}\right) \times 100\% \tag{7-6}$$

滤油器的过滤精度用从工作液中过滤掉杂质的颗粒大小来表示。过滤掉杂质颗粒的颗粒度越小,滤油器精度越高。一般将滤油器分为粗、普通、精和特精四级。各个级别滤油器所对应的过滤精度范围如表 7-1 所示。

表 7-1 滤油器精度等级与过滤精度对照表

级 别	特 精	精	普 通	粗
绝对精度/μm	≥1 ~ <5	≥5 ~ <10	≥10 ~ 100	≥100

不同的液压传动系统和不同的情况,对于滤油器的过滤精度要求也不同。一般讲,压力越高,要求滤油器的过滤精度也越高。通常可按表 7-2 中的推荐值选用。

表 7-2 液压传动系统的过滤精度

系统种类		过滤精度/μm
低压工业用液压传动系统		100 ~ 150
7 MPa 工业用液压传动系统		50
10 MPa 工业用液压传动系统		25
14 MPa 工业用液压传动系统	往复运动	15
	速度控制装置	10 ~ 15
	机床进给液压传动系统	10
14 ~ 20 MPa 重型液压传动系统		10
带电液伺服的液压传动系统		2.5 ~ 5

7.2.1.2 压差特性

所谓压差特性是指滤油器进、出液口两端的压力差与其通过流量、液体黏度、工作时间以及过滤介质的通道形状和尺寸等因素的关系。

若以 Δp 表示过滤器两端的压差,随着工作液体的黏度增大 ,过滤器两端的压差相应增

加;在过滤器通流流量一定时,滤油器的过滤精度增大,其压差也相应增大;当滤油器的使用达到其设计寿命时,过滤器两端的压差 Δp 会急剧增大,致使过滤器报废,见图 7-4。

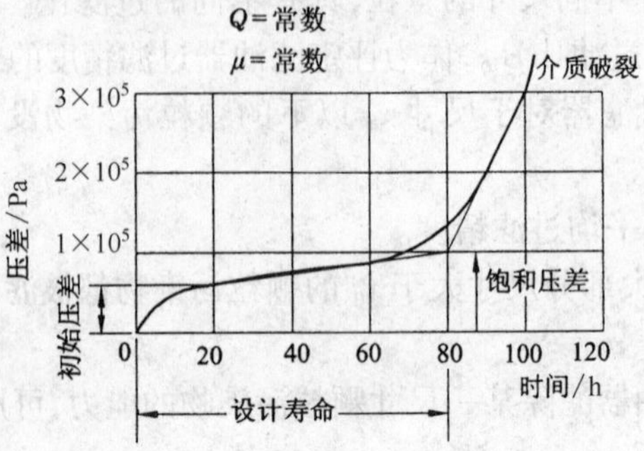

图 7-4　某过滤器的压差—时间特性曲线

一般地,滤油器最大允许压差不超过 0.015 ~ 0.03 MPa。

7.2.1.3　纳垢容量

在滤油器的使用寿命内,被过滤元件截留的污染物的总质量,称为滤油器的纳垢容量,单位为克。滤油器纳垢容量越大,其工作寿命越长。

7.2.1.4　工作压力

工作压力是滤油器正常工作时所允许的最大压力,在此压力作用下滤油器可以长期安全地工作而不被破坏。滤油器的结构和材质不同,其工作压力也不同。

7.2.2　常用滤油器的类型、结构与性能

7.2.2.1　网式滤油器

网式滤油器是一种应用最多的粗滤油器,其结构如图 7-5 所示,由一层或两层铜丝网包围在金属骨架上而成。这种滤油器通常作吸液滤油器用,这时吸液管端的吸液口不应距网底太近,一般设在 2/3 网的高度。吸液滤油器没有外壳,而用于回液管或压力管道的网式滤油器必须带有外壳。

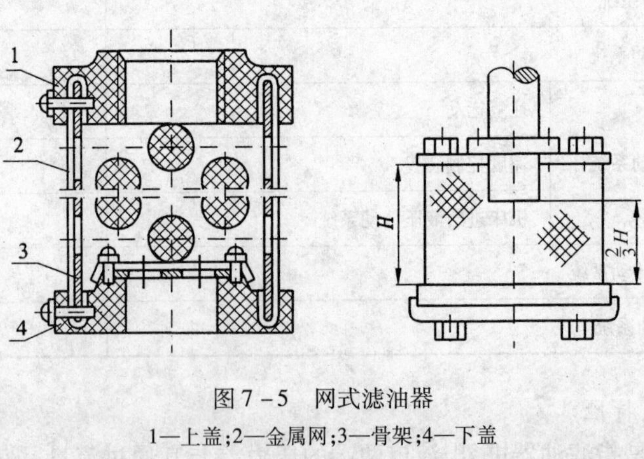

图 7-5　网式滤油器

1—上盖;2—金属网;3—骨架;4—下盖

国产网式滤油器有 0.08 mm、0.1 mm、0.18 mm 等三种过滤精度和多种过滤能力的规格可供选择。

网式滤油器的主要优点是结构简单、过滤能力强、压降小和便于清洗。其缺点是过滤精度低，铜质丝网会加速工作液体的氧化变质。

7.2.2.2 线隙式滤油器

线隙式滤油器通常是用直径为0.4 mm的铜丝或铝丝缠绕在骨架上制成的，金属丝圈间的间隙即为过液间隙，其大小决定了过滤器的精度。国产XU系列线隙式滤油器的过滤精度有0.08 mm、0.1 mm、0.15 mm、0.2 mm等规格。线隙式滤油器也有带外壳和不带外壳两种，图7-6为带外壳的结构。这种滤油器的优缺点基本与网式的类同。

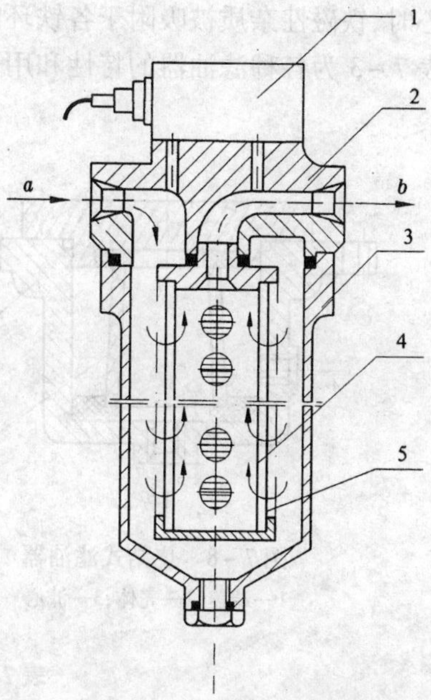

图7-6 线隙式滤油器

1—发讯装置；2—端盖；3—壳体；4—骨架；5—金属网

7.2.2.3 纸式滤油器

纸式滤油器以处理过的滤纸作为过滤材料。为了增加过滤面积，滤心上的纸呈波纹状，如图7-7所示。纸心的过滤精度为5~30 μm，压降为$(1\sim4)\times10^4$ Pa。纸式滤油器性能可靠，是液压传动系统中广泛采用的一种滤油器。但纸心强度较低，且堵塞后不能清洗，必须更换纸心。

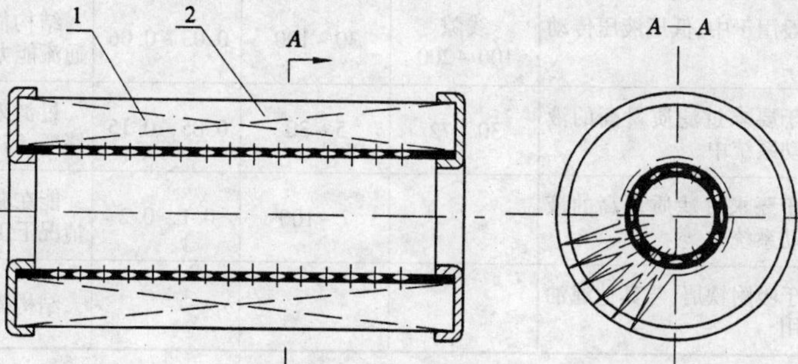

图7-7 纸式滤油器

1—滤纸；2—骨架

7.2.2.4 烧结式滤油器

烧结式滤油器的滤心是分别由颗粒大小不同的青铜、低碳钢或镍铬粉末烧结而成的，有杯状、管状、蝶状和板状等形状。图7-8所示为杯状滤心。工作液体从*A*口进入，经滤心过滤后由*B*口流出。

烧结式滤油器的特点是：过滤精度较高，可达0.01~0.1 mm；强度好，耐冲击，允许的压差大；可在高温下工作；抗腐蚀能力强。缺点是容易堵塞，难清洗，工作中烧结颗粒可能脱落而污染油液，工作液体通过时压力损失较大，一般达0.03~0.2 MPa。

7.2.2.5 磁性滤油器

图7-9所示为管路中使用的一种磁性滤油器结构，滤心由圆筒形永久磁铁3、非磁性罩子2和若干铁环1组成。各铁环分成两半，它们之间用铜条连接起来。工作液体流经滤

心时,铁磁性杂质被吸附于各铁环间的间隙中。当间隙被杂质堵满时,可将铁环取下清洗。表 7-3 为各种滤油器的特性和用途。

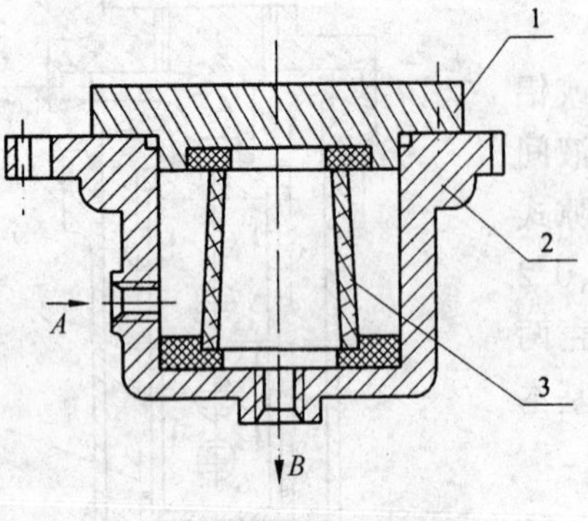

图 7-8　烧结式滤油器

1—端盖;2—壳体;3—滤心

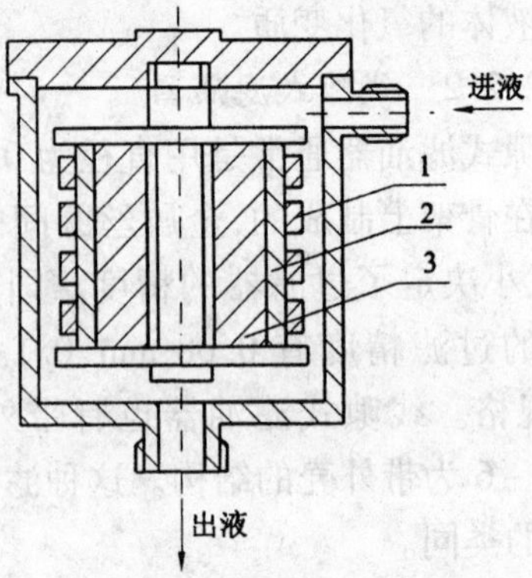

图 7-9　磁性滤油器

1—铁环;2—非磁性罩子;3—永久磁铁

表 7-3　各种滤油器的特性和用途

型　式	用　　途	网　孔 /μm	过滤精度 /μm	压力差 /MPa	特　　性
网式滤油器	装在液压泵吸油管上,用以保护液压泵	74 ~ 200	80 ~ 180	0.01 ~ 0.02	结构简单,通流能力大,过滤效果差
线隙式滤油器	一般用于中、低压液压传动系统	线隙 100 ~ 200	30 ~ 100	0.03 ~ 0.06	结构简单,过滤效果较好,通流能力大,但不易清洗
纸质滤油器	用于要求过滤质量高的液压传动系统中	30 ~ 72	5 ~ 30	0.05 ~ 0.15	过滤效果好,精度高,但易堵塞,需常换滤心
烧结式滤油器	用于要求过滤质量高的液压传动系统中		7 ~ 100	0.1 ~ 0.2	能在温度很高,压力较大的情况下工作,抗腐蚀性强
磁性滤油器	用于吸附铁屑,与其他滤油器合用				结构简单,滤清效果好

7.2.3　滤油器的选择

选择滤油器应满足以下 3 个要求:具有足够大的通流能力,压力损失小;过滤精度、工作压力应满足液压传动系统要求。

滤油器的通流能力 Q 一般应大于实际通过流量的 2 倍以上。可按下式计算

$$Q = \frac{KA\Delta p}{\mu} \tag{7-7}$$

式中　A——有效过滤面积,m^2;

μ——油液的动力黏度;

Δp——压力差,Pa;

K——滤心通流能力系数,以单位面积的通流能力 m^3/m^2 表示。对网式滤心 $K = 0.34$;线隙式滤心,$K = 0.17$;纸质滤心,$K = 0.006$;烧结式滤心,$K = 1.04D^2 \times 10^3/\delta$(式中 D 为粒子平均直径,m;δ 为滤心壁厚,m)。

7.2.4 滤油器在液压传动系统的安装位置

图 7－10 画出了液压传动系统中滤油器各种可能的安装位置。

7.2.4.1 滤油器安装在液压泵吸油口

如图 7－10 中的滤油器 1，位于液压泵吸油口，以避免较大颗粒的杂质进入液压泵，从而起到保护液压泵的作用。要求这种滤油器有很大的通流能力和较小的压力损失（不超过 0.01 MPa，否则将造成液压泵吸油不畅，产生空穴和强烈噪声）。一般采用过滤精度较低的网式滤油器。

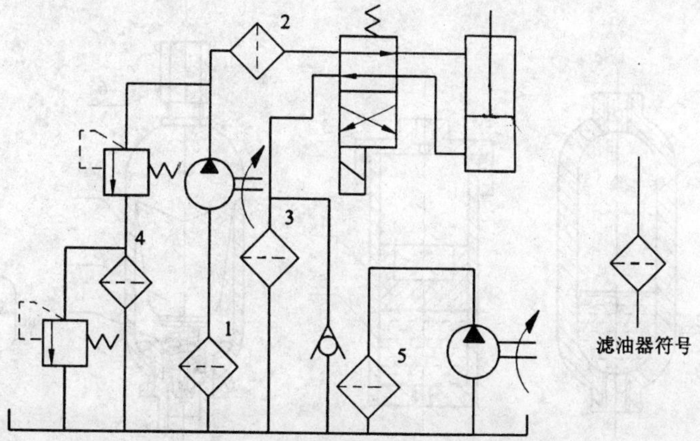

图 7－10 滤油器的安装位置
1～5—滤油器

7.2.4.2 滤油器安装在液压泵压油口

如图 7－10 中的滤油器 2，安装于液压泵的压油口，用以保护除液压泵以外的其他液压元件。由于它在高压下工作，要求滤油器外壳有足够的耐压性能。一般它装在管路中溢流阀的下游或者与一安全阀并联，以防止滤油器堵塞时液压泵过载。

7.2.4.3 滤油器安装在回油管路

如图 7－10 中滤油器 3，位于回油管路上的滤油器使油液在流回油箱前先进行过滤，这样油箱（液压传动系统）中的油液得到净化，或者说使其污染程度得到控制。此种滤油器壳体的耐压性能可较低。

7.2.4.4 滤油器安装在旁油路

如图 7－10 中滤油器 4 所示，将滤油器接在溢流阀的回油路上，并有一安全阀与之并联。其作用也是使液压传动系统中的油液不断净化，使油液的污染程度得到控制。由于滤油器只通过泵的部分流量，滤油器规格可减小。

7.2.4.5 滤油器用于独立的过滤液压传动系统

如图 7－10 中滤油器 5，这是将滤油器和泵组成的一个独立于液压传动系统之外的过滤回路。它的作用也是不断净化液压传动系统中的油液，与将滤油器安装在旁油路上的情况相似。不过，在独立的过滤液压传动系统中，通过滤油器的流量是稳定不变的，这更有利于控制液压传动系统中油液的污染程度。但它需要增加设备（泵），适用于大型机械设备的液压传动系统。

7.3　蓄能器

蓄能器是一种储存压力液体的液压元件。当液压传动系统需要时，蓄能器所储存的压力液体在其加载装置作用下被释放出来，输送到液压传动系统中去工作；而当液压传动系统中工作液体过剩时，这些多余的液体又会克服加载装置的作用力，进入蓄能器储存起来。因此蓄能器既是液压传动系统的液压源，又是液压传动系统多余能量的吸收和储存装置。

图 7－11 所示为常用的充气式蓄能器。一般有三种形式：气瓶式蓄能器、活塞式蓄能器和气囊式蓄能器。图 7－11*d* 为蓄能器职能符号。

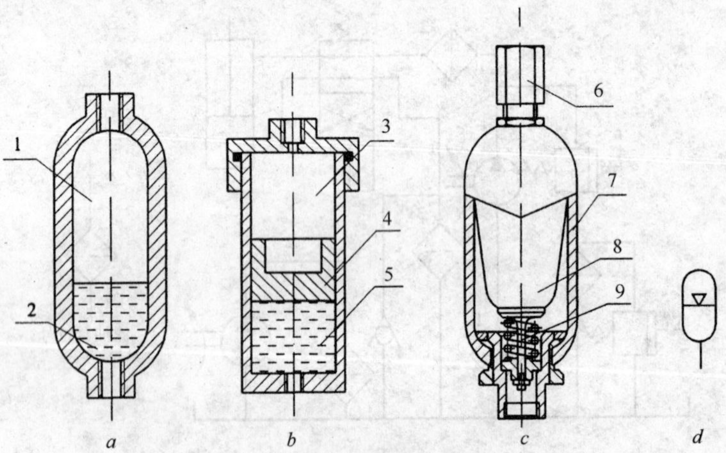

图 7－11　充气式蓄能器

a—气瓶式蓄能器；*b*—活塞式蓄能器；*c*—气囊式蓄能器；*d*—蓄能器职能符号
1、3—气体；2、5—液压油；4—活塞；6—充气阀；7—壳体；8—气囊；9—菌形阀

7.3.1　蓄能器的功用

7.3.1.1　短期大量供油

液压传动系统在工作循环中，只在很短时间内需要大流量，便可采用蓄能器来供油，以节约能耗和降低温升。

7.3.1.2　液压传动系统的保压

某些液压传动系统中，要求液压缸到达某一位置时保持一定的压力，这时可使泵卸荷，用蓄能器提供压力油来补偿液压传动系统中的泄漏并保持一定的压力，以节约能耗和降低温升。

7.3.1.3　应急能源

在停电或原动机发生故障时，蓄能器可作为液压传动系统的应急能源。

7.3.1.4　缓和冲击压力

当阀门突然关闭时，可能在液压传动系统中产生冲击压力。在产生冲击压力的部位加接蓄能器，可使冲击压力得到缓和。

7.3.1.5　吸收脉动压力

在泵的输出口并接一蓄能器，可使泵的流量脉动以及因之引起的压力脉动减小。

上述五项功用中,前三项属于辅助能源,后两项则属于减少压力冲击,改善性能的辅助装置。使用蓄能器时还应注意以下几点:

(1) 气瓶式蓄能器要垂直安装,气体在上部,油液处于下部,以避免气体随油液一起排出;

(2) 装在管路上的蓄能器必须用支撑架固定;

(3) 蓄能器与管路液压传动系统之间应安装截止阀,以便在液压传动系统长期停止工作以及充气或检修时,将蓄能器与主油路切断。蓄能器与液压泵之间还应安装单向阀,以防止液压泵停转时蓄能器内的压力油倒流。

7.3.2 蓄能器的容量计算

必须通过必要的计算,才能正确地选用蓄能器。不同类型或不同功用的蓄能器,其计算方法亦有所不同。气囊式蓄能器应用最广,以下介绍这种蓄能器容量的计算要点。

7.3.2.1 液压泵流量的计算

图7-12为在一个工作循环内各阶段所需的流量图,液压泵的流量 Q_p 可按下式计算

$$Q_p = \frac{\sum_{i=1}^{n} Q_i \Delta t_i}{T} \qquad (7-8)$$

式中 Q_i——第 i 阶段所需的流量;

Δt_i——第 i 阶段持续的时间;

T——一个循环的总时间;

n——一个循环的阶段数。

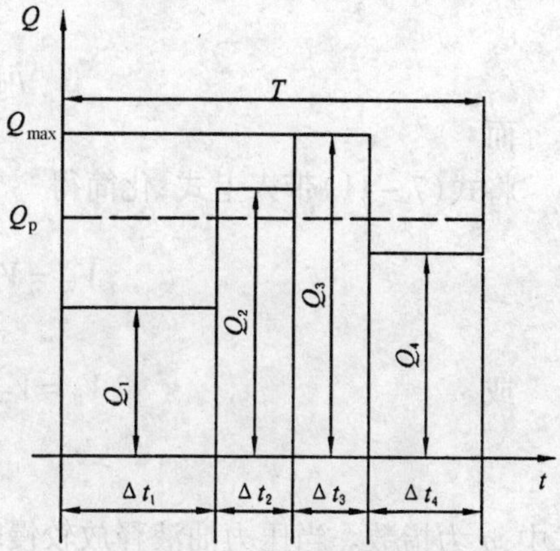

图7-12 流量时间循环图

7.3.2.2 蓄能器工作容积 V_W 的计算

这里 V_W 指的是蓄能器所需存储(或释放)工作介质的最大容积。在工作循环中,当所需工作介质流量大于液压泵的流量时,蓄能器释放流量(压力油);当所需流量小于液压泵的流量时,蓄能器储存能量。在各个工作阶段,蓄能器释放(或储存)的工作介质为

$$\Delta V_i = (Q_p - Q_i)\Delta t_i \qquad (7-9)$$

式中 ΔV_i 为负值时,表示释放压力油;ΔV_i 为正值时,则储存压力油。显然,蓄能器的工作容积 V_W 至少应等于 ΔV_i 中的最大值(绝对值)。如果在工作过程中,蓄能器储存和释放工作介质交替进行,一般满足上述要求就已够了;如果在工作循环中,蓄能器连续释放(或储存)工作介质,则蓄能器的工作容积 V_W 应等于连续释放(或储存)的工作介质体积。极限情况下:

$$V_W = \frac{1}{2}\sum_{i=1}^{n} |\Delta V_i| \qquad (7-10)$$

7.3.2.3 蓄能器总容积 V_0 的计算

气囊式蓄能器在使用前先充气。充气后,压缩气体使气囊占有了蓄能器的全部容积,此时气囊中气体的体积为 V_0,绝对压力为 p_0;工作状态下,压力油进入蓄能器,使气囊受压缩,此时压力(绝对)为 p_2,体积为 V_2;压力油释放后,气体压力降为 p_1,体积膨胀为 V_1,见图

7-13。为留有一定余量，一般 $p_1 > p_0$。对折合形气囊：$\frac{p_0}{p_1} = 0.80 \sim 0.85$，波纹气囊：$\frac{p_0}{p_1} = 0.6 \sim 0.65$。至于 p_1 与 p_2 之差的大小，则根据系统中允许的压力变化来确定。由气体定律

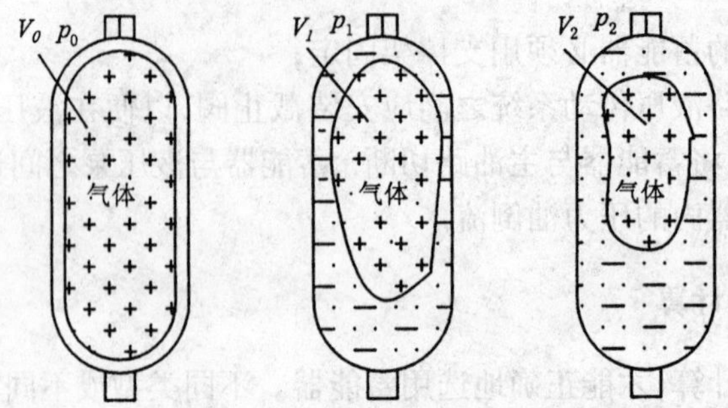

图 7-13 气囊式蓄能器的工作状态

$$p_0 V_0^n = p_1 V_1^n = p_2 V_2^n \tag{7-11}$$

而

$$V_W = V_1 - V_2$$

将式(7-11)带入上式，化简得

$$V_W = V_0 p_0^{\frac{1}{n}} \left[\left(\frac{1}{p_1}\right)^{\frac{1}{n}} - \left(\frac{1}{p_2}\right)^{\frac{1}{n}} \right] \tag{7-12}$$

或

$$V_0 = V_W \frac{1}{p_0^{\frac{1}{n}} \left[\left(\frac{1}{p_1}\right)^{\frac{1}{n}} - \left(\frac{1}{p_2}\right)^{\frac{1}{n}} \right]} \tag{7-13}$$

式中，n 为指数。当压力油液释放较慢时，可认为是恒温过程，取 $n = 1$；当压力油液释放很快时，则接近于绝热过程，$n = 1.4$。

7.4 油管和管接头

油管用于输送液压传动系统的工作液体，而管接头则将油管和液压元件连接起来。因此要求二者有足够的强度，良好的密封，并且要求压力损失小，拆装方便。

7.4.1 油管的种类

液压传动系统常用的油管根据其制造材料的不同分为以下几种：

(1) 无缝钢管。耐压高、变形小、耐油、抗腐蚀能力强。多用于高压液压传动系统。

(2) 紫铜管。易弯曲、安装方便、液流阻力小。只在低压液压传动系统的仪表或控制回路中应用。

(3) 耐油塑料管。装配方便、价格便宜，但耐压低。只能用于回液管或者泄漏管路。

(4) 尼龙管。装配方便、耐压较高，可用于中低压液压传动系统。

(5) 橡胶软管。制造工艺复杂、寿命短、成本高、刚性差，但它能吸收液压传动系统的冲击振动，装配方便。多用于连接有相对运动的液压元件，比如支架管道都采用此管。

7.4.2 油管通径和壁厚的选择

7.4.2.1 油管通径

合理选择油管通径,对于正确决定液压传动系统所需的安装空间、方便安装工艺、保持一定的液压传动系统效率和其他工作性能都很重要。油管内径 d 按下式计算

$$d = 2\sqrt{\frac{Q}{\pi v}} \qquad (7-14)$$

式中 Q——管内通过的流量;

v——液体在管内的最大允许流速。一般对吸油管取 0.5 ~ 1.5 m/s;回油管取 1.5 ~ 2.5 m/s;压油管取 3 ~ 5 m/s。

7.4.2.2 金属管壁厚计算

确定油管内径后,就应计算油管的壁厚 δ。金属管的壁厚可按薄壁筒公式计算

$$\delta = \frac{pd}{2\sigma_s} \qquad (7-15)$$

式中 d——管内径;

p——管中液体最大工作压力;

σ_s——管材许用应力:

$$\sigma_s = \frac{\sigma_b}{n} \qquad (7-16)$$

式中 σ_b——管材抗拉强度;

n——安全系数,因工作压力不同而异:$p < 7$ MPa 时,$n = 8$;7 MPa $\leqslant p < 17.5$ MPa 时,$n = 6$;$p > 17.5$ MPa 时,$n = 4$。

7.4.2.3 常用管接头的类型和结构

在液压传动系统中,金属管之间以及金属管与液压元件间的连接,可以采用直接焊接、法兰连接和管接头连接。直接焊接时,焊接工作要在安装现场进行,需进行试装、焊接、除渣、酸洗等工序。由于焊接质量不易检查,装好后拆卸困难,因此较少采用。法兰连接工作可靠,装拆方便,但外形尺寸较大,一般多用于连接管径大于 50 mm 的金属管道。对于小直径的金属油管,目前普遍采用管接头连接。

管接头的品种、规格繁多,但大都已经标准化了,可参看文献[15]。

7.5 密封装置

密封装置的作用是防止液体泄漏或污染杂质从外部侵入液压传动系统,密封装置应满足以下四点要求:

(1) 在工作压力下具有良好的密封性能,并随着压力的增大能自动提高密封性能;

(2) 密封装置对运动零件的摩擦阻力要小,并且摩擦阻力稳定;

(3) 耐磨性好,工作寿命长;

(4) 制造简单,便于安装和维修。

7.5.1　密封装置的类型

为了使液压传动系统理想地工作，密封装置除必须具有可靠的密封外，还应有较长的使用寿命和小的摩擦损失。密封的方法和形式很多，根据密封的原理可分为间隙密封（非接触密封）和接触式密封两大类。根据被密封部分的运动特性可分为动密封和静密封。所谓动密封是指密封耦合且有相对运动（例如活塞与缸筒之间的密封）；静密封是指密封耦合且无相对运动（例如缸底与缸筒之间的密封、缸盖与缸筒之间的密封）。

7.5.1.1　间隙密封

间隙密封是利用运动件之间的微小间隙起密封作用，是最简单的一种密封形式，其密封效果取决于间隙的大小和压力差、密封长度和零件表面质量，其中以间隙大小及其均匀性对密封性能影响最大。因此这种密封对零件的几何形状和表面加工精度有较高的要求。由于配合零件之间有间隙存在，所以摩擦力小，发热少，寿命长；由于不用任何密封材料，所以结构简单紧凑，尺寸小。间隙密封一般都用于动密封，如液压泵和液压马达的柱塞与柱塞孔之间的密封；配流盘与缸体端面之间的密封；阀体与阀心之间的密封等。间隙密封的缺点是由于有间隙，因而不可能完全阻止泄漏，所以不能用于严禁外漏的地方。另外，当尺寸较大时，要达到间隙密封所要求的表面加工精度比较困难，故对大直径，如大的液压缸，一般不采用间隙密封。

7.5.1.2　接触密封

接触密封是靠密封件在装配时的预压缩力和工作时密封件在油压力作用下发生弹性变形所产生的弹性接触力来实现的，其密封能力一般随压力的升高而提高，并在磨损后具有一定的自动补偿能力，这些性能靠密封材料的弹性、密封件的形状等来达到。就密封材料而言，要求在油液中有较好的稳定性，弹性好，永久变形小；有适当的机械强度；耐热、耐磨性好，摩擦系数小；与金属接触不互相黏着和腐蚀；容易制造，成本低。目前应用最广的是耐油橡胶（主要是丁腈橡胶），其次是聚氨酯。聚氨酯是继丁腈橡胶之后出现的密封材料，用它制造的密封件耐磨性及强度均比丁腈橡胶高。

7.5.2　密封元件的常用材料

密封元件的材料对工作介质的适应性，是影响密封效果的重要因素。因此，根据不同的使用条件，合理地选用密封材料十分重要。非金属材料有皮革、天然橡胶、合成橡胶和合成树脂等，其中合成橡胶是最重要的一种密封材料，密封性能好，应用广泛。但随着时间的推移，硬度变大，使密封性降低。

金属材料的密封元件，适用于高温、高压工作条件。常用密封金属材料有铸铁、铜、铝等。铸铁一般用作活塞环，铜和铝制垫圈用于静密封。

7.5.3　常用密封元件的结构和性能

目前常用的密封件以其断面形状命名，有 O 型、Y 型、Y_x 型、V 型、J 型等。密封件的形状应使密封可靠、耐久，摩擦阻力小，容易制造和装拆，特别是应能随压力的升高而提高密封能力和有利于自动补偿磨损。

7.5.3.1 O 型密封圈

图 7-14 表示 O 型密封圈的外形,一般用耐油橡胶制成。O 型密封圈安装时有一定的预压缩量,同时受油压作用产生变形,紧贴密封表面而起密封作用。当压力较高或密封圈沟槽尺寸选择不当时,密封圈容易被挤出而造成严重的磨损。为此,当工作压力 p 大于10 MPa 时,应在其侧面设置挡圈,如图 7-15 所示。

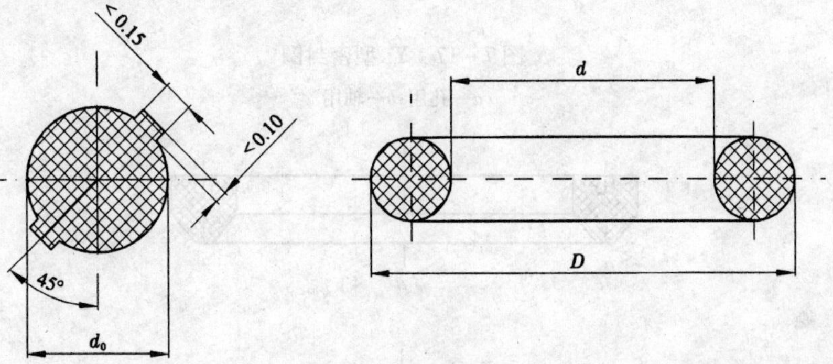

图 7-14 O 型密封圈

D—公称外径;d—公称直径;d_0—断面直径

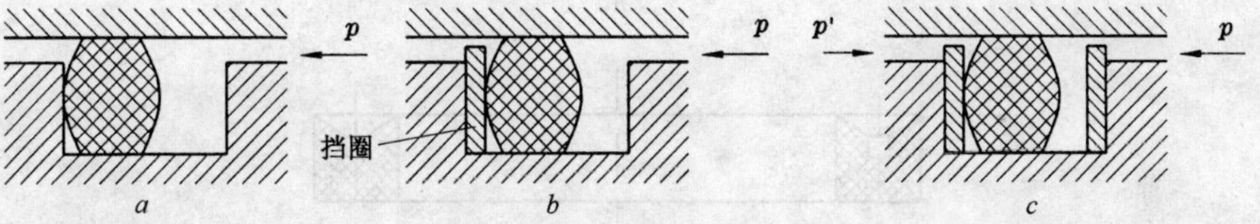

图 7-15 挡圈的正确安装

a—$p \leqslant 10$ MPa;b—单向压力 $p > 10$ MPa;c—双向压力 $p > 10$ MPa

7.5.3.2 Y 型密封圈

如图 7-16 所示,Y 型密封圈用于往复动密封,工作压力可达 14 MPa,具有密封可靠、摩擦系数小、寿命较长、安装简便等优点。其缺点是在速度大、压力变化大的场合易产生"翻转"现象。

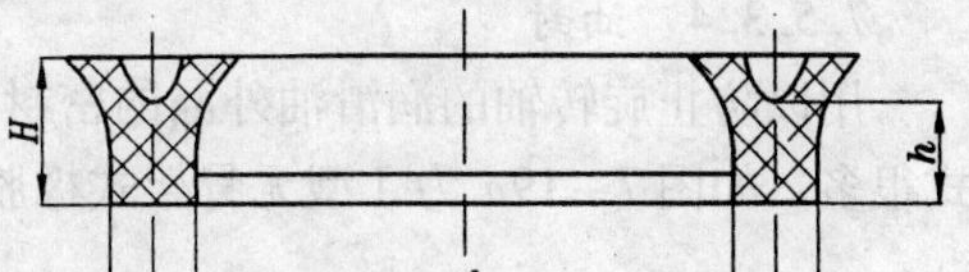

图 7-16 Y 型密封圈

目前工程中使用的 Y_x 型密封圈不易产生"翻转",其断面的高与宽之比等于或大于 2,分为轴用和孔用两种,如图 7-17 所示。

7.5.3.3 V 型密封圈

V 型密封圈用多层涂胶织物压制而成,由支撑环、密封环和压环叠在一起使用,如图7-18所示。当压力增大时,可增加密封环的数量,以提高密封性,工作压力可达 50 MPa。

V 型密封圈的密封性能好,耐磨,在直径大、压力高、行程长等条件下多采用这种密封圈。但其轴向尺寸长,外形尺寸较大,摩擦系数大。

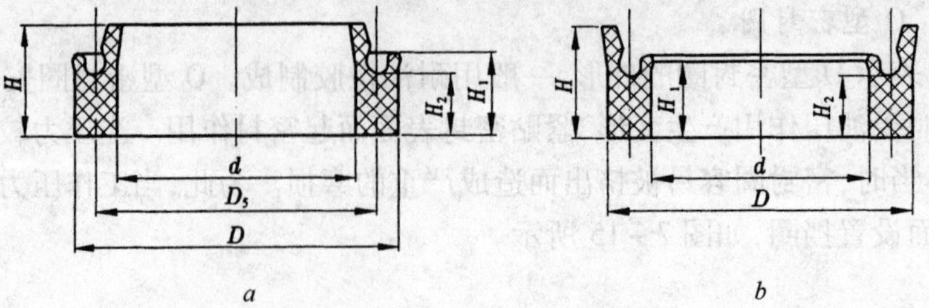

图 7 – 17　Y_x 型密封圈

a—孔用；*b*—轴用

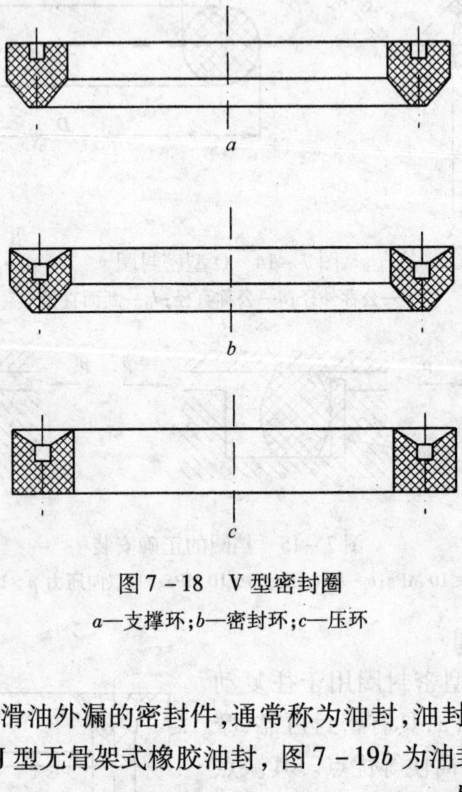

图 7 – 18　V 型密封圈

a—支撑环；*b*—密封环；*c*—压环

7.5.3.4　油封

用以防止旋转轴的润滑油外漏的密封件，通常称为油封，油封一般由耐油橡胶制成，形式很多。如图 7 – 19*a* 为 J 型无骨架式橡胶油封，图 7 – 19*b* 为油封安装情况。

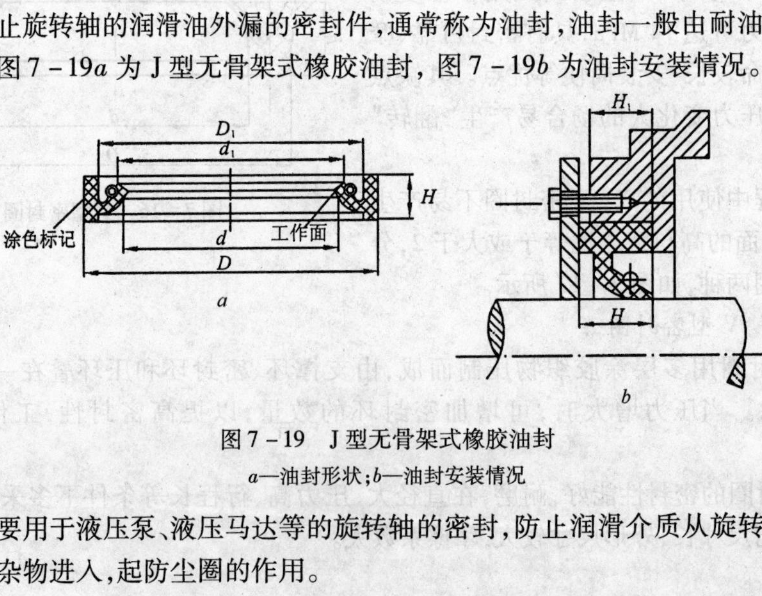

图 7 – 19　J 型无骨架式橡胶油封

a—油封形状；*b*—油封安装情况

油封主要用于液压泵、液压马达等的旋转轴的密封，防止润滑介质从旋转部分泄漏，并防止泥土等杂物进入，起防尘圈的作用。

油封通常由耐油橡胶、骨架和弹簧三部分组成。油封在自由状态下，内径比轴径小，油封装进轴后，即使无弹簧，也对轴有一定的径向力，此力随油封使用时间的增加而逐渐减小，因此需要弹簧予以补偿。当轴旋转时，在轴与唇口之间形成一层薄而稳定的油膜而不致漏油，当油膜超过一定厚度时就会漏油。径向力的大小及其分布的均匀性、轴的加工质量对油封工作有很大影响，油封的使用寿命与胶料材质、油封结构、油的种类、油温及轴的线速度等有关，寿命随线速度的增加而降低。油封安装时应使唇边在油压力作用下贴在轴上，而不能装反。

实际工程应用中还出现了鼓形和蕾形密封圈,其密封机理同其他唇形圈一样,靠唇尖预压缩量和工作介质的径向压力实现自密封,且为双向密封,可参看文献[6]。

7.6 冷却器和加热器

7.6.1 冷却器

当液压系统功率大、效率低(例如截流环节多),或者油箱容积受限制等单靠自然散热不能保持规定的油温时,必须采用冷却器。

水冷式冷却器有多管式、板式和翅片式等形式。

图 7－20 所示多管式水冷却器,工作时,冷却水从铜管 3 内通过,将铜管周围油流中的热量带走。冷却器内的挡板 2 使油迂回前进,增加了流程,提高了传热效率,冷却效果较好。

图 7－21 所示为翅片式水冷却器。水从管内流过,油液从水管外面通过,油管外部加装横向或纵向的散热翅片,以增加散热面积,其冷却效果比其他冷却器提高数倍。

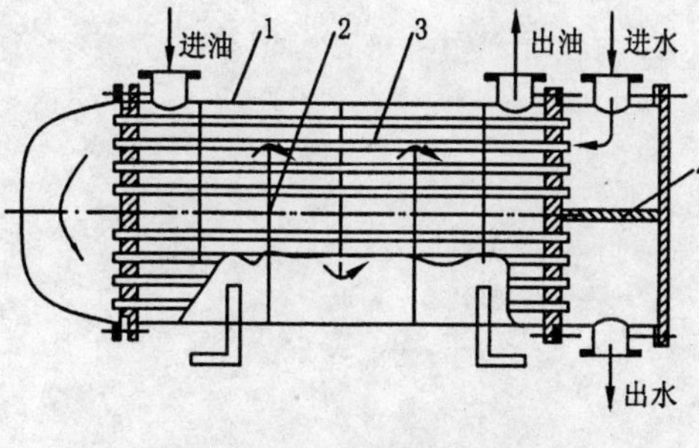

图 7－20　多管式水冷却器

1—外壳;2—挡板;3—铜管;4—隔板

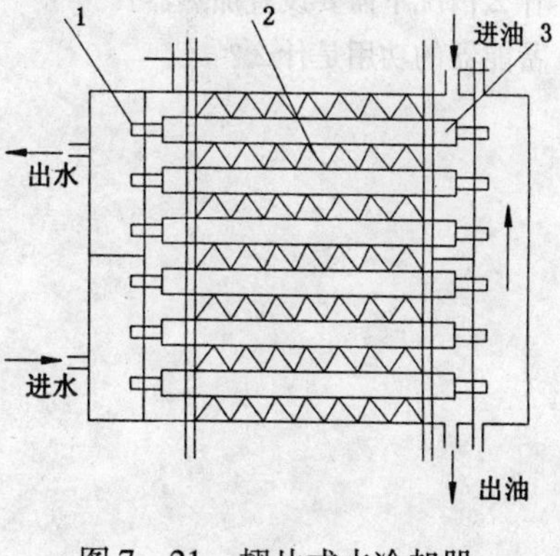

图 7－21　翅片式水冷却器

1—通水管;2—翅片;3—通油管

7.6.2 加热器

液压系统工作前,如果油温低于 10℃将因黏度大而不利于泵的吸入和启动。加热器的作用在于低温启动前将油温升高到适当值(15℃)。加热方法包括蒸汽加热蛇形管和电加热。加热器多装在油箱内(见图 7－22),也有采用管道加热的。

加热器的发热功率可按下式计算

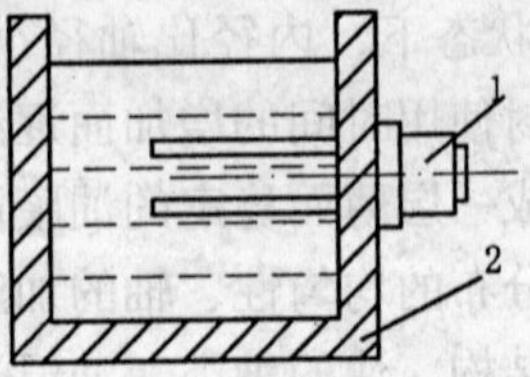

图 7－22　电加热器

1—电加热器;2—油箱

$$P \geqslant \frac{c\rho V \Delta t}{T} \tag{7-17}$$

式中　c——油液的质量热容,取 $c = 1.675 \sim 2.93\ \mathrm{J/(kg \cdot K)}$;

ρ——油液的密度,取 $\rho \approx 900\ \mathrm{kg/m^3}$;

V——油箱内油液的容积,$\mathrm{m^3}$;

T——油液加热后的温升,K;

Δt——加热时间,s。

电加热器所需功率 P_d 为

$$P_d = \frac{P}{\eta_d} \tag{7-18}$$

式中　η_d——加热器的热效率,一般取 $\eta_d = 0.6 \sim 0.8$。

电加热器多装在油箱的横侧,加热部分应全部浸入油中。

思考题与习题

7－1　油箱的功用是什么?

7－2　设计油箱时,应考虑哪些问题?

7－3　怎样确定油箱的容积?

7－4　滤油器有哪几种类型?

7－5　选择滤油器时应考虑哪些问题?

7－6　常用的密封装置有哪几种类型,各有什么特点?

7－7　如何计算油管的内径和壁厚?

7－8　什么情况下需要设置加热器?

7－9　蓄能器的功用是什么?

8 液压系统基本回路

本章要求

了解和掌握各种基本回路的功用和组成，特别是调速回路；掌握各种截流调速回路、各种容积调速回路的组成、工作特性及其应用场合。

任何机械设备的液压传动系统，都是由一些液压基本回路组成的。所谓基本回路，就是由有关的液压元件组成，用来完成特定功能的典型油路。下面对一些常用的基本回路分别予以介绍。

8.1 压力控制回路

压力控制回路是利用压力控制阀来控制系统中油液的压力，以满足执行元件对力或力矩的要求，包括调压、减压、增压、卸荷、保压、平衡等多种回路。

8.1.1 调压回路

调压回路的功用是使液压系统整体或某一部分的压力保持恒定或不超过某个数值。

(1) 单级调压回路（图 8－1*a*）：在泵 1 的出口处设置并联的溢流阀 2，使泵的出口压力基本维持恒定。

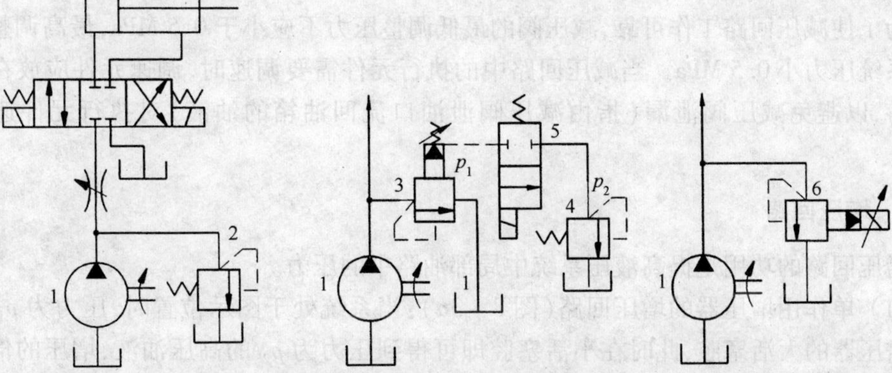

图 8－1　调压回路

a—单级调压回路；*b*—二级调压回路；*c*—无级调压回路

1—泵；2、4—溢流阀；3—先导型溢流阀；5—二位二通电磁换向阀；6—比例溢流阀

(2) 多级调压回路(图 8 – 1*b*):先导式溢流阀 3 的遥控口串接二位二通换向阀 5 和溢流阀 4。这里要求溢流阀 4 的调整压力必须小于先导式溢流阀 3 的调整压力,即 $p_2 < p_1$。当二位二通电磁换向阀 5 处于截止位(即上位)时,泵出口压力为 p_1;当二位二通电磁换向阀 5 处于通位(即下位)时,泵出口压力为 p_2。如果在溢流阀的遥控口处通过多位换向阀的不同通口,并联多个调压阀,即可实现多级调压。

(3) 无级调压回路(图 8 – 1*c*):通过改变比例溢流阀 6 的输入电流来实现无级调压。

8.1.2 减压回路

减压回路的功用是:使系统中的某一部分油路具有较低的稳定压力(图 8 – 2)。回路中的单向阀 3 是防止主油路压力降低(低于减压阀 2 的调整压力)时油液倒流,起短时保压作用。

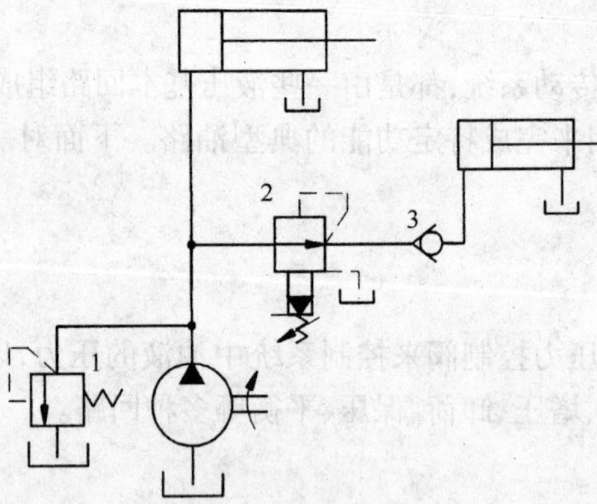

图 8 – 2 减压回路

1—溢流阀;2—减压阀;3—单向阀

也可采用类似两级或多级调压的方法获得两级或多级减压。还可采用比例减压阀来实现无级减压。

为了使减压回路工作可靠,减压阀的最低调整压力不应小于 0.5 MPa,最高调整压力至少比系统压力小 0.5 MPa。当减压回路中的执行元件需要调速时,调速元件应放在减压阀的下游,以避免减压阀泄漏(指由减压阀泄油口流回油箱的油液)对执行元件速度产生影响。

8.1.3 增压回路

增压回路的功用是提高液压系统中局部油路中的压力。

(1) 单作用增压器的增压回路(图 8 – 3*a*):当系统处于图示位置时,压力为 p_1 的油液进入增压器的大活塞腔,此时在小活塞腔即可得到压力为 p_2 的高压油液,增压的倍数等于增压器大、小活塞的工作面积之比。当二位二通电磁换向阀右位接入系统时,增压器的活塞返回,补油箱中的油液经单向阀补入小活塞腔。这种回路只能间断增压。

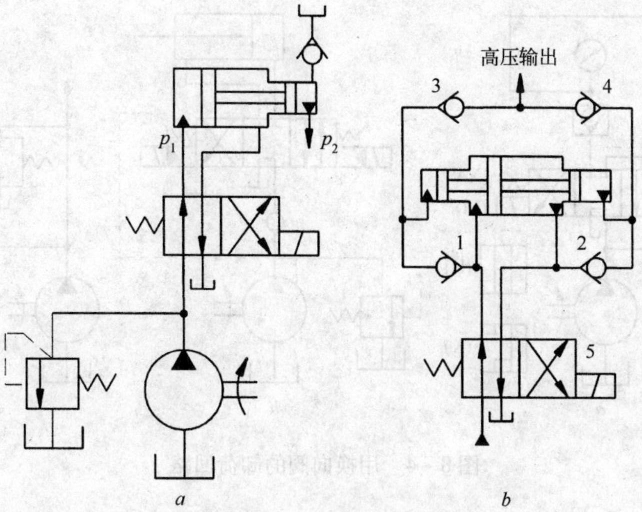

图 8－3 增压回路
a—单作用增压回路；b—双作用增压回路
1～4—单向阀；5—换向阀

(2) 双作用增压器的增压回路（图 8－3*b*）：在图示位置时，泵输出的压力油经换向阀 5 和单向阀 1 进入增压器的左端大、小活塞腔，右端大活塞腔的回油通油箱，右端小活塞腔增压后的高压油经单向阀 4 输出，此时单向阀 2、3 被关闭；当活塞移到右端时，换向阀 5 得电换向，活塞向左移动，左端小活塞腔输出的高压油经单向阀 3 输出。这样，增压缸的活塞不断往复运动，两端便交替输出高压油，实现了连续增压。

8.1.4 卸荷回路

卸荷回路的功用是使液压泵在接近零压的情况下运转。这样可以避免频繁启动电机，减少功率损失和系统发热，延长泵和电机的使用寿命。常用的卸荷回路有以下几种：

(1) 用 M（或 H、K）型换向阀的中位机能卸荷的回路（图 8－4*a*）：这种卸荷回路的切换压力冲击大，适用于低压小流量系统。对于高压大流量系统，可采用 M（或 H、K）型电液换向阀对泵进行卸荷（图 8－4*b*）。由于这种换向阀装有换向时间调节器，所以切换时压力冲击小，但必须在换向阀前设置单向阀（或在换向阀回油口设置背压阀），以使系统保持 0.2～0.3 MPa 的压力，供控制油路用。

(2) 用二位二通阀旁路的卸荷回路（图 8－4*c*）：当执行元件不工作时，二位二通电磁阀得电，从而使泵卸荷。

(3) 用先导型溢流阀的卸荷回路（图 8－5*a*）：将溢流阀 1 的遥控口接二位二通阀 2，当系统压力达到一定值时，压力继电器 3 发出电信号，使二位二通阀 2 得电，使泵卸荷。这种卸荷回路的卸荷压力小，切换时的压力冲击也小，适用于大流量系统。

(4) 用外控顺序阀作卸荷阀的卸荷回路（图 8－5*b*）：当系统达到卸荷阀 4 的调定压力时，液压泵卸荷。

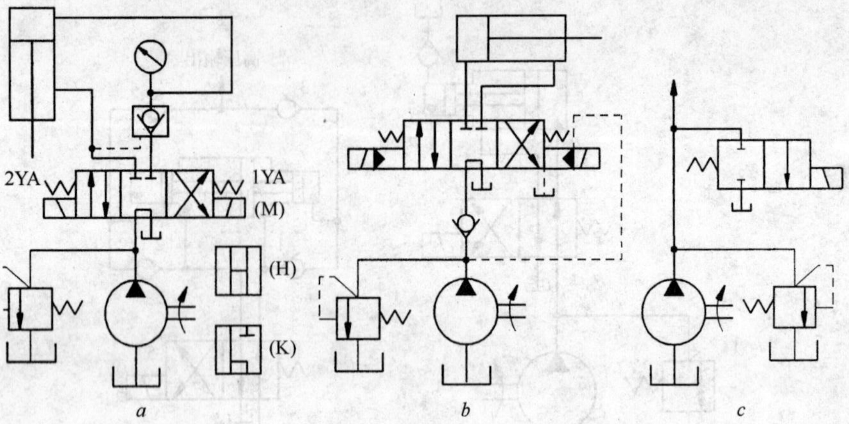

图8-4　用换向阀的卸荷回路

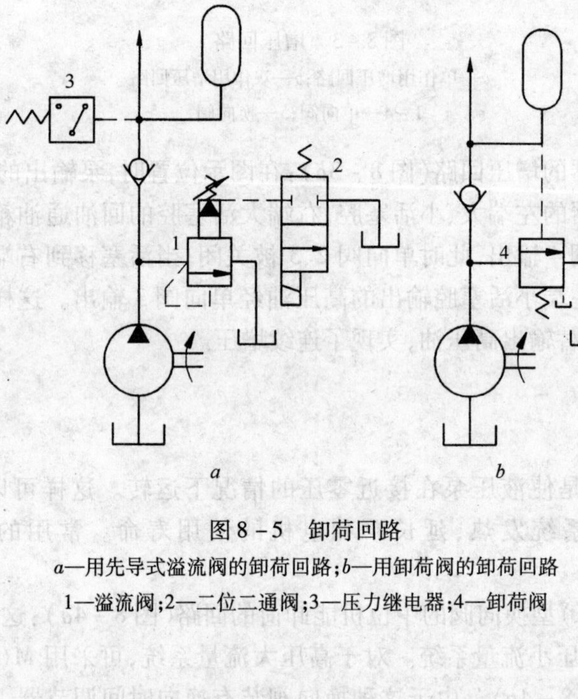

图8-5　卸荷回路

a—用先导式溢流阀的卸荷回路；b—用卸荷阀的卸荷回路

1—溢流阀；2—二位二通阀；3—压力继电器；4—卸荷阀

8.1.5　保压回路

执行元件在工作循环的某一阶段，若需要保持规定的压力，就应采用保压回路。

（1）利用蓄能器保压的回路：图8-6a所示回路，当主换向阀6在左位工作时，液压缸7推进压紧工件，进油路压力升高至调定值，压力继电器4发出电信号使二位二通电磁阀3通电，泵1即卸荷，单向阀自动关闭，液压缸则由蓄能器5保压。当蓄能器压力不足时，压力继电器复位使泵重新工作。图8-6b所示为多缸系统一缸保压回路。进给缸快进时，泵压下降单向阀8关闭，将夹紧油路和进给油路隔开。蓄能器用来给夹紧缸保压并补充泄漏。压力继电器4的作用是当夹紧缸压力达到预定值时发出讯号，使进给缸动作。

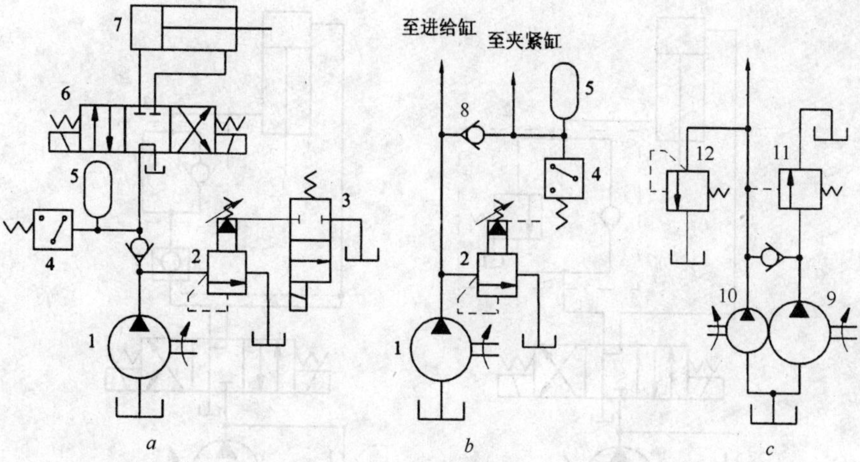

图 8－6　保压回路

a、*b*—用蓄能器的保压回路；*c*—用泵的保压回路

1—泵；2—先导型溢流阀；3—二位二通电磁阀；4—压力继电器；5—蓄能器；

6—三位四通电磁换向阀；7—液压缸；8—单向阀；9—低压大流量泵；

10—高压小流量泵；11—卸荷阀；12—直动型溢流阀

(2) 用泵保压的回路(图 8－6*c*)：当系统压力较低时，低压大流量泵 9 和高压小流量泵 10 同时向系统供油。当系统压力升高到卸荷阀 11 的调定压力时，泵 9 卸荷，此时高压小流量泵 10 使系统压力保持为溢流阀 12 的调定值。泵 10 的流量只需略高于系统的泄漏量，以减少系统发热。

也可采用限压式变量泵来保压，它在保压期间仅输出少量用以补偿系统泄漏的油液，效率较高。

(3) 用液控单向阀(或液压锁)保压的回路：图 8－4*a* 所示为采用液控单向阀和电接触式压力表的自动补油式保压回路。当 1YA 得电时，换向阀右位接入回路，缸上腔压力升至电接触式压力表上触点调定的压力值时，上触点接通，1YA 失电，换向阀切换至中位，泵卸荷，液压缸由液控单向阀保压。当缸上腔压力下降至下触点调定压力时压力表又发出讯号，使 1YA 得电，换向阀右位接入回路，泵给缸上腔补油使压力上升，直至上触点调定值。

8.1.6　平衡回路

为了防止立式液压缸及其工作部件因自重而自行下落，或在下行运动中由于自重而造成失控、失速的不稳定运动，可设置平衡回路。图 8－7*a* 为用单向顺序阀支持并限速控制的平衡回路；图 8－7*b* 为用单向截流阀限速、液控单向阀锁紧的平衡回路。

8.1.7　顺序回路

在多执行元件的液压系统中，用顺序阀可控制多个执行元件的顺序动作。

图 8－8 所示为使用顺序阀的压力控制顺序动作回路。当换向阀右位接入回路且顺序阀 1 的调定压力大于缸 *A* 的最大前进工作压力时，压力油先进入缸 *A* 左腔，实现动作①；缸行至终点后压力上升，压力油打开顺序阀 1 进入缸 *B* 的左腔，实现动作②；同样地，当换向阀左位接入回路且顺序阀 2 的调定压力大于缸 *B* 的最大返回工作压力时，两缸按③和④的顺序返回。

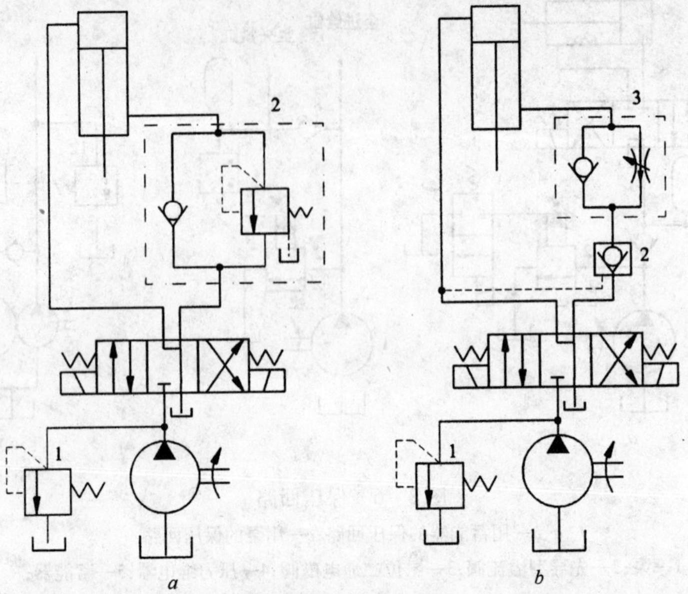

图8-7 平衡回路

a—用单向顺序阀的平衡回路；b—用单向截流阀的平衡回路

1—溢流阀；2—单向顺序阀；3—单向截流阀

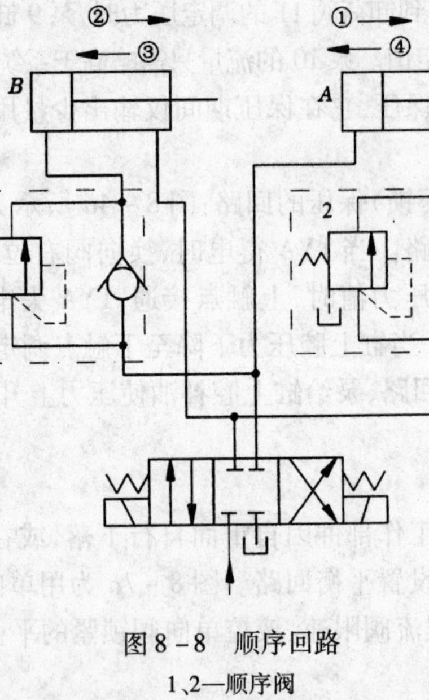

图8-8 顺序回路

1、2—顺序阀

8.2 速度控制回路

速度控制回路包括调速回路、快速运动回路、速度换接回路和同步回路。

8.2.1 调速回路

调速回路有截流调速回路、容积调速回路和容积截流调速回路。

8.2.1.1 截流调速回路

用定量泵供油，通过截流阀(或调速阀)改变进入执行元件的流量使之变速的回路。根据流量阀在回路中的位置不同，截流调速回路分为进油截流调速回路、回油截流调速回路和旁路截流调速回路。

A 进油截流调速回路

用溢流阀及串联在执行元件进油路上的流量阀，来调节进入执行元件的流量，从而调节执行元件运动速度的系统(图8-9*a*)。泵输出的油液一部分经截流阀进入缸的工作腔，多余的油液经溢流阀溢流回油箱。由于溢流阀有溢流，泵的出口压力 p_B 保持恒定。调节截流阀通流面面积，即可改变通过截流阀的流量，从而调节缸的速度。

设 p_1、p_2 分别为缸的进油腔和回油腔的压力，由于回油腔直接通油箱，故 $p_2 \approx 0$；F 为缸的负载；通过截流阀的流量为 Q_1；泵的出口压力为 p_B；A_T 为截流阀孔口截面面积；C_q 为流量系数；ρ、μ 分别为液体密度和动力黏度；d、L 分别为细长孔直径和长度；K 为截流系数(对薄壁小孔 $K=C_q\sqrt{2/\rho}$，对细长孔 $K=d^2/(32\mu L)$)；m 为孔口形状决定的指数($0.5 \leqslant m \leqslant 1$)(对薄壁孔 $m=0.5$，对细长孔 $m=1$)，则缸的运动速度为

$$v=\frac{Q_1}{A_1}=\frac{KA_T}{A_1}\left(p_B-\frac{F}{A_1}\right)^m \tag{8-1}$$

式(8-1)即为进油截流调速回路的负载特性方程。

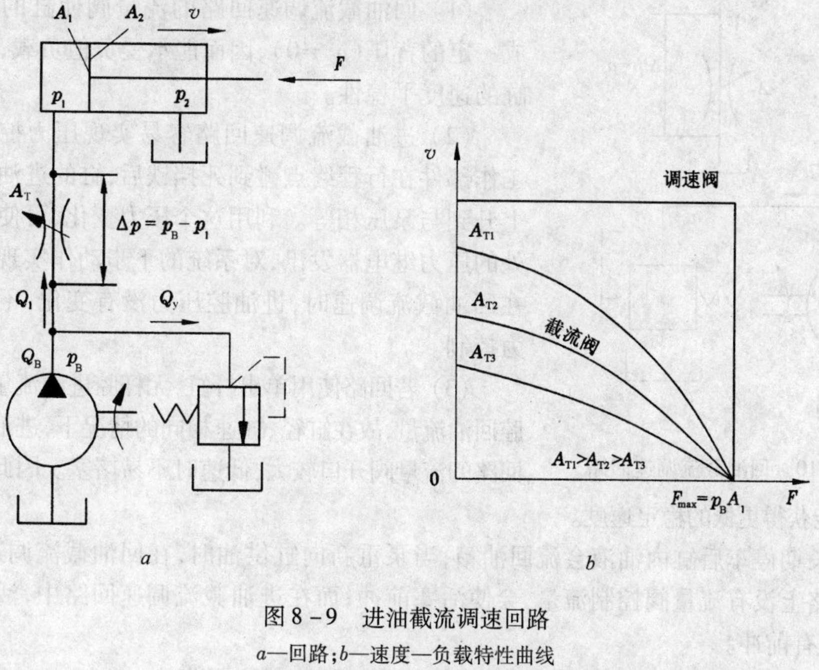

图8-9 进油截流调速回路

a—回路；*b*—速度—负载特性曲线

按式(8-1)选用不同的 A_T 值，可作出一组速度—负载特性曲线(图8-9*b*)。曲线表明速度随负载变化的规律，曲线越陡，表明负载变化对速度的影响越大，即速度刚度越小。由图8-9*b* 可以看出：(1)当截流阀流通面积 A_T 一定时，重载区比轻载区的速度刚度小；(2)在相同负载下工作时，截流阀通流面积大的比小的速度刚度小，即速度高时速度刚性差；(3)多条特性曲线汇交于横坐标轴上的一点，该点对应的 F 值即为最大负载，这说明最

大承载能力 F_{max} 与速度调节无关，因最大负载时缸停止运动($v=0$)，故由式(8-1)可知该回路的最大承载能力为 $F_{max}=p_B A_1$。

可见，进油截流调速回路适用于轻载、低速、负载变化不大和对速度稳定性要求不高的小功率场合。

B 回油截流调速回路

用溢流阀及串联在执行元件回油路上的流量阀，来调节进入执行元件的流量，从而调节执行元件运动速度的系统(图8-10)。缸的运动速度为

$$v=\frac{Q_2}{A_2}=\frac{KA_T}{A_2}\left(p_B\frac{A_1}{A_2}-\frac{F}{A_2}\right)^m \tag{8-2}$$

式中 A_2——缸有杆腔的有效面积；

Q_2——通过截流阀的流量；

其他符号意义同前。

比较式(8-1)和式(8-2)可以发现，回油截流调速与进油截流调速的速度—负载特性及速度刚度基本相同。若缸两腔有效工作面积相同，则两种截流调速回路的速度—负载特性和速度刚度就完全一样。因此，前面对进油截流调速回路的分析和结论都适用于本回路。但也有不同之处：

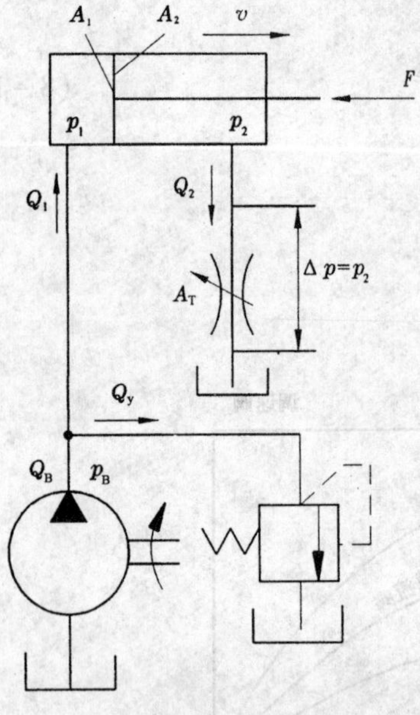

图8-10 回油截流调速回路

(1) 回油截流调速回路的流量阀使缸的回油腔形成一定的背压($p_2\neq 0$)，因而能承受负值负载，并提高了缸的速度平稳性。

(2) 进油截流调速回路容易实现压力控制。因当工作部件在行程终点碰到死挡铁后，缸的进油腔油压会上升到与泵压相等。利用这个压力变化，可使并联于此处的压力继电器发讯，对系统的下步动作实现控制。而在回油截流调速时，进油腔压力没有变化，不易实现压力控制。

(3) 若回路使用单出杆缸，无杆腔进油流量大于有杆腔回油流量，故在缸径、缸速相同的情况下，进油截流调速回路的流量阀开口较大，低速时不易堵塞。因此进油截流调速回路能获得更低的稳定速度。

(4) 长期停车后缸内油液会流回油箱，当泵重新向缸供油时，在回油截流调速回路中，由于进油路上没有流量阀控制流量，会使活塞前冲；而在进油截流调速回路中，活塞前冲很小，甚至没有前冲。

(5) 发热及泄漏对进油截流调速的影响均大于回油截流调速。

为了提高回路的综合性能，一般常采用进油截流调速，并在回油路上加背压阀，使其兼具二者的优点。

C 旁路截流调速回路

将流量阀接在与执行元件并联的旁油路上的调速回路，即旁路截流调速回路(图8-11a)。通过调节截流阀的通流面积，来控制泵溢回油箱的流量，即可实现调速。由

于溢流已由截流阀承担,故溢流阀实为安全阀,常态时关闭,过载时打开,其调定压力为最大工作压力的1.1~1.2倍,故泵工作过程中的压力随负载而变化。设泵的理论流量为Q_t,泵的泄漏系数为k_1,其他符号意义同前,则缸的运动速度为

$$v = Q_1/A_1 = [Q_t - k_1(F/A_1) - KA_T(F/A_1)^m]/A_1 \quad (8-3)$$

选取不同的A_T值,按式(8-3)即可作出一组速度—负载特性曲线(图8-11*b*)。由曲线可见:当截流阀通流面积一定而负载增加时,速度下降较前两种调速回路更为严重,即特性很软,速度稳定性很差;在重载高速时,速度刚度较好,这与前两种恰好相反。其最大承载能力随截流口A_T的增加而减小,即旁路截流调速回路的低速承载能力很差,调速范围也小。

这种回路只有截流损失而无溢流损失。泵压随负载变化,即截流损失和输入功率随负载而变。因此,此回路比前两种回路效率高。

旁路截流调速回路只适用于高速、重载和对速度稳定性要求不高的较大功率系统,如牛头刨床主运动系统、输送机械液压系统等。

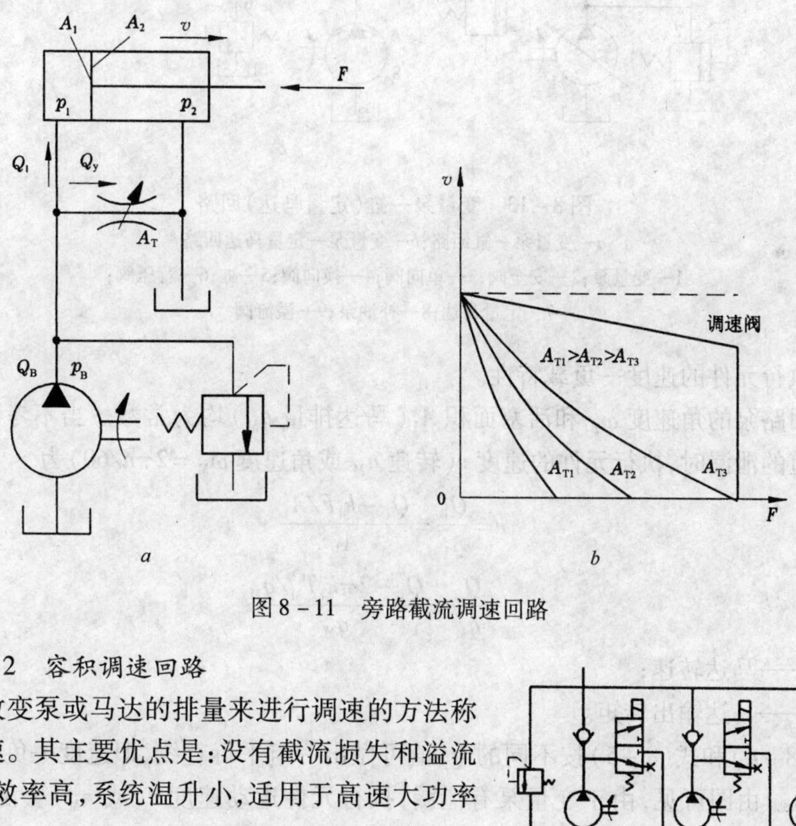

图8-11 旁路截流调速回路

8.2.1.2 容积调速回路

通过改变泵或马达的排量来进行调速的方法称为容积调速。其主要优点是:没有截流损失和溢流损失,因而效率高,系统温升小,适用于高速大功率调速系统。

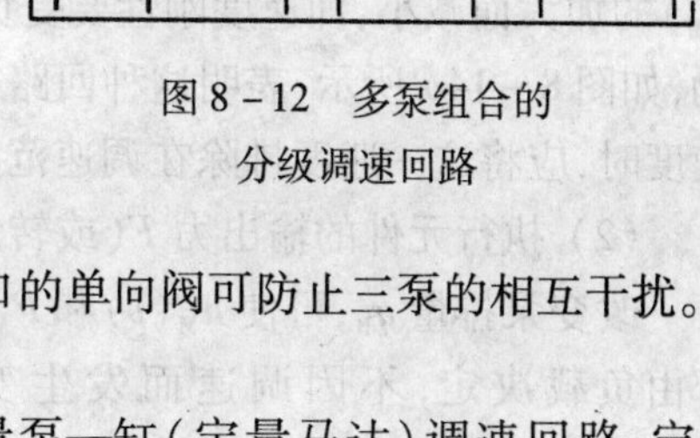

图8-12 多泵组合的分级调速回路

A 容积式分级调速回路

图8-12所示为由多泵组合的分级调速回路,其中三个泵的流量一般为1∶2∶4。改变各换向阀的电磁铁通断关系,即可达到有级调速的目的。各泵出口的单向阀可防止三泵的相互干扰。

B 容积式无级调速回路

容积调速回路按变量元件不同可分为三种:变量泵—缸(定量马达)调速回路、定量

泵—变量马达调速回路、变量泵—变量马达调速回路。

a　变量泵—缸(定量马达)调速回路

图 8－13a 为变量泵—缸容积调速回路,改变变量泵 1 的排量可实现对缸的无级调速。单向阀 3 用来防止停机时油液倒流入油箱和空气进入系统。

图 8－13b 为变量泵—定量马达容积调速回路。此回路为闭式回路,补油泵 8 将冷油送入回路,而从溢流阀 9 溢出回路中多余的热油,进入油箱冷却。

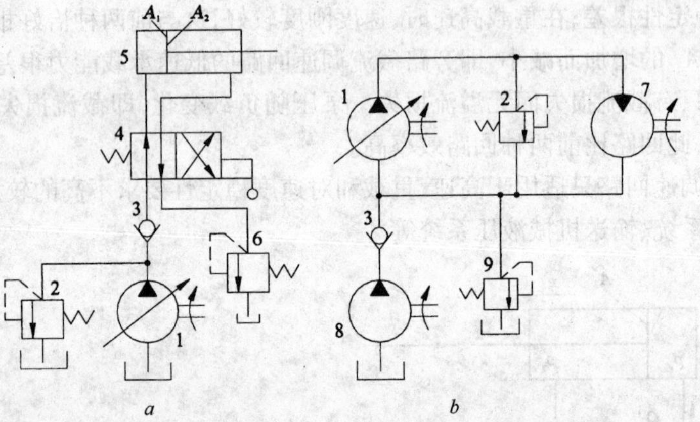

图 8－13　变量泵—缸(定量马达)回路

a—变量泵—缸回路;b—变量泵—定量马达回路

1—变量泵;2—安全阀;3—单向阀;4—换向阀;5—缸;6—背压阀;

7—定量马达;8—补油泵;9—溢流阀

(1) 执行元件的速度—负载特性。

这种回路泵的角速度 ω_B 和活塞面积 A_1(马达排量 q_M)均为常数。当不考虑泵以外的元件和管道的泄漏时,执行元件的速度 v(转速 n_M 或角速度 $\omega_M=2\pi n/60$)为

$$v=\frac{Q_B}{A_1}=\frac{Q_t-k_1F/A_1}{A_1} \tag{8-4}$$

$$n_M=\frac{Q_B}{q_M}=\frac{Q_t-2\pi k_1T_M/q_M}{q_M} \tag{8-5}$$

式中　n_M——马达转速;

T_M——马达输出转矩。

将式(8－4)和式(8－5)按不同的 Q_t 值可做出一组平行直线,即速度—负载特性曲线(图 8－14)。由图可见,由于变量泵有泄漏,执行元件运动速度 v(或 n_M)会随负载 F(或 T_M)的加大而减小,即速度刚性要受负载变化的影响。负载增大到某值时,执行元件停止运动,如图 8－14a 所示,表明这种回路在低速下的承载能力很差。所以,在确定该回路的最低速度时,应将这一速度排除在调速范围之外。

(2) 执行元件的输出力 F(或转矩 T_M)和功率 P_M。

改变泵排量 q_B,可使 $n_M(v)$ 和 P_M 成比例地变化。输出转矩(或力)及回路的工作压力 p 都由负载决定,不因调速而发生变化,故称这种回路为等转矩(等推力)调速回路(图 8－14b)。由于泵和执行元件有泄漏,所以当 q_B 还未调到零值时,实际的 $n_M(v)$、$T_M(F)$

和 P_M 也都为零值。这种回路若采用高质量的轴向柱塞变量泵，其调速范围 R_B（即最高转速和最低转速之比）可达 40，当采用变量叶片泵时，其调速范围仅为 5 ~ 10。

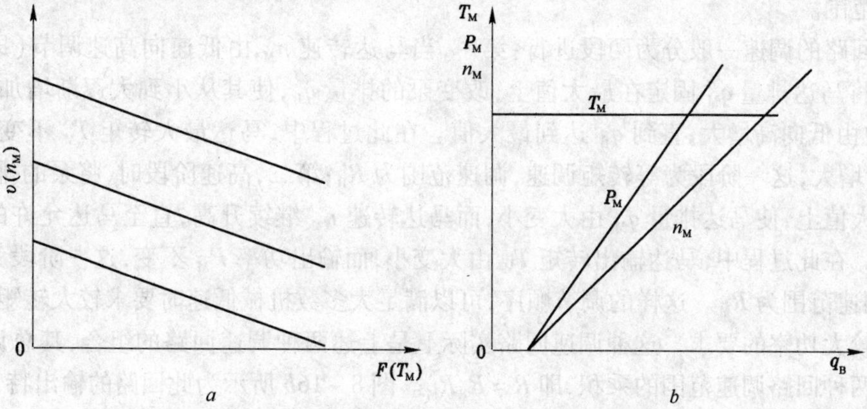

图 8 - 14 变量泵—缸（定量马达）回路特性

b 定量泵—变量马达调速回路

如图 8 - 15 所示，这种回路泵的角速度和排量均为常数，改变马达排量 q_M 时，马达输出转矩 T_M 与马达排量 q_M 成正比变化，马达输出转速 n_M 与马达排量 q_M 成反比（按双曲线规律）变化。当马达排量 q_M 减小到一定程度，T_M 不足以克服负载时，马达便停止转动。这说明不仅不能在运转过程中用改变马达排量 q_M 的办法使马达通过 q_M = 0 点来实现反向，而且其调速范围 R_M 也很小，即使采用了高效率的轴向柱塞马达，调速范围也只有 4 左右。在不考虑泵和马达效率变化的情况下，由于定量泵的最大输出功率不变，马达的输出功率 P_M 也不变，故称这种回路为恒功率调速回路（图 8 - 15*b*）。这种回路能最大限度发挥原动机的作用。

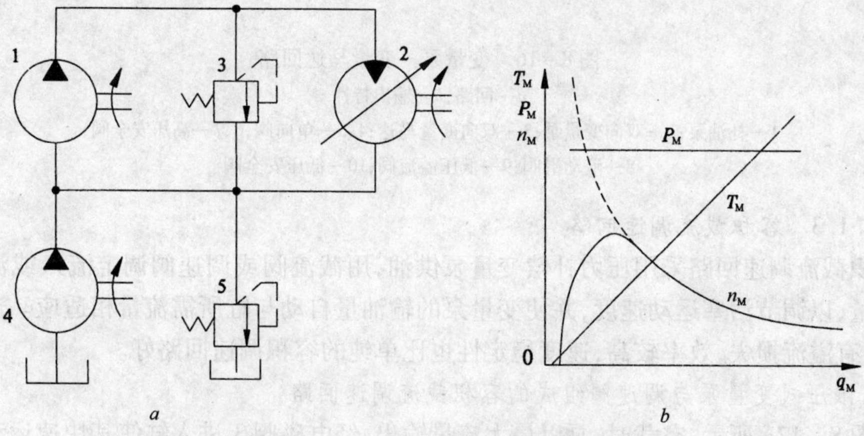

图 8 - 15 定量泵—变量马达调速回路

1—主泵；2—变量马达；3—高压溢流阀；4—低压辅助泵；5—低压溢流阀

c 变量泵—变量马达调速回路

如图 8 - 16*a* 所示，单向阀 4、5 的作用是始终保证补油泵来的油液只能进入双向变量泵的低压腔，液动滑阀 8 的作用是始终保证低压溢流阀 9 与低压管路相通，使回路中的一部分热油由低压管路经溢流阀 9 排入油箱冷却。当高、低压管路的压差很小时，液动滑阀处于中位，切断了低压溢流阀 9 的油路，此时补油泵供给的多余的油液就从低压安全阀 10 流掉。

该回路中，泵的旋转角速度 ω_B 为常数，泵排量 q_B 及马达排量 q_M 都可调，故扩大了马达的调速范围。

该回路的调速一般分为两段进行：第一，当马达转速 n_M 由低速向高速调节（即低速阶段）时，将马达排量 q_M 固定在最大值上，改变泵的排量 q_B，使其从小到大逐渐增加，马达转速 n_M 也由低向高增大，直到 q_B 达到最大值。在此过程中，马达最大转矩 T_M 不变，而功率 P_M 逐渐增大，这一阶段为等转矩调速，调速范围为 R_B；第二，高速阶段时，将泵的排量 q_B 固定在最大值上，使马达排量 q_M 由大变小，而马达转速 n_M 继续升高，直至马达允许的最高转速为止。在此过程中，马达输出转矩 T_M 由大变小，而输出功率 P_M 不变，这一阶段为恒功率调速，调速范围为 R_M。这样的调节顺序，可以满足大多数机械低速时要求较大转矩，高速时能输出较大功率的要求。这种调速回路实际上是上述两种调速回路的组合，其总调速范围为上述两种回路调速范围的乘积，即 $R = R_B R_M$。图 8－16*b* 所示为此回路的输出特性。

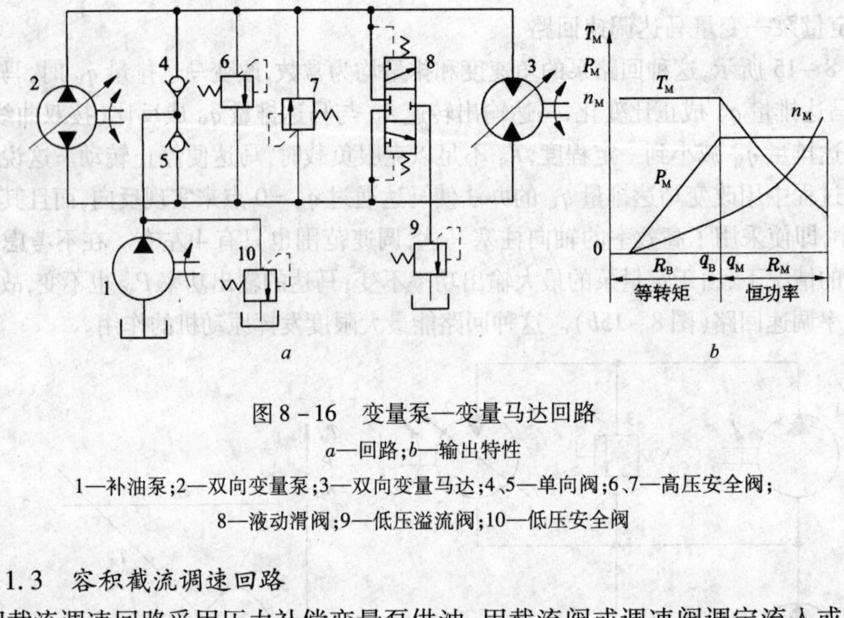

图 8－16　变量泵—变量马达回路

a—回路；*b*—输出特性

1—补油泵；2—双向变量泵；3—双向变量马达；4、5—单向阀；6、7—高压安全阀；8—液动滑阀；9—低压溢流阀；10—低压安全阀

8.2.1.3　容积截流调速回路

容积截流调速回路采用压力补偿变量泵供油，用截流阀或调速阀调定流入或流出液压缸的流量，以调节活塞运动速度，并使变量泵的输油量自动与缸所需流量相适应。这种调速回路，没有溢流损失，效率较高，速度稳定性也比单纯的容积调速回路好。

A　限压式变量泵与调速阀组成的容积截流调速回路

如图 8－17*a* 所示，空载时，泵以最大流量输出，经电磁阀 3 进入缸使其快速运动。工进时，电磁阀 3 通电使其所在油路断开，压力油经调速阀流入缸内。工进结束后，压力继电器 5 发讯，使阀 3 和阀 4 换向，调速阀再被短接，缸快退。

当回路处于工进阶段时，缸的运动速度由调速阀中截流阀的通流面积 A_T 来控制。变量泵的输出流量 Q_B 和出口压力 p_B 自动保持相应的恒定值，故又称此回路为定压式容积截流调速回路。

这种回路适用于负载变化不大的中、小功率场合，如组合机床的进给系统等处。

B 差压式变量泵和截流阀组成的容积截流调速回路

如图 8－17*b* 所示，设 p_B、p_1 分别表示截流阀 12 前、后的压力，F_s 为控制缸 10 中的弹簧力，A 为控制缸 10 活塞右端面积，A_1 为控制缸 7 和缸 10 的柱塞面积，则作用在泵定子上的力平衡方程式为

$$p_B A_1 + p_B (A - A_1) = p_1 A + F_s$$

故得截流阀前后压差为

$$\Delta p = p_B - p_1 = F_s / A \tag{8-6}$$

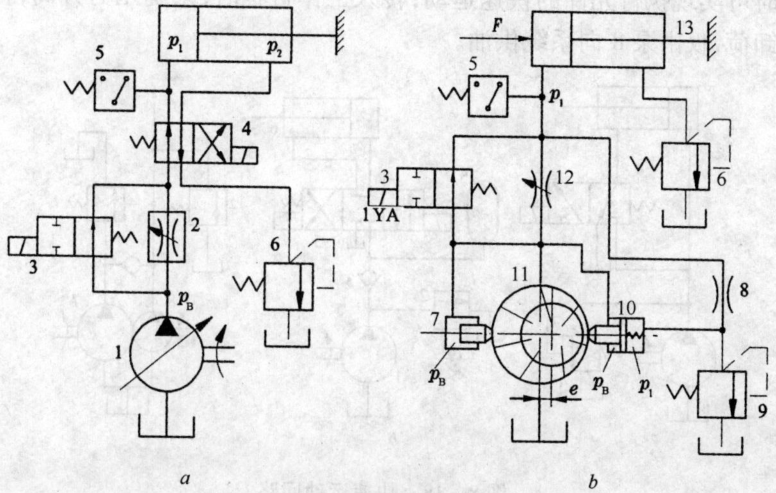

图 8－17 容积截流调速回路

1、11—变量泵；2—调速阀；3—两位两通电磁阀；4—两位四通电磁换向阀；
5—压力继电器；6—背压阀；7、10—控制缸；8—不可调截流阀；
9—溢流阀；12—可调截流阀；13—液压缸

系统在图示位置时，泵排出的油液经阀 3 进入缸 13，故 $p_B = p_1$，泵的定子仅受弹簧力 F_s 的作用，因而使定子与转子间的偏心距 e 为最大，泵的流量最大，缸 13 实现快进。

快进结束，1YA 通电，阀 3 关闭，泵的油液经截流阀 12 进入缸 13，故 $p_B > p_1$，定子右移，使 e 减小，泵的流量就自动减小至与截流阀 12 调定的开度相适应为止。缸 13 实现慢速工进。

由于弹簧刚度小，工作中伸缩量也很小（不大于 e），所以 F_s 基本恒定，由式（8－6）可知，截流阀前后压差 Δp 基本上不随外负载而变化，经过截流阀的流量也近似等于常数。

当外负载 F 增大（或减小）时，缸 13 工作压力 p_1 就增大（或减小），则泵的工作压力 p_B 也相应增大（或减小），故又称此回路为变压式容积截流调速回路。由于泵的供油压力随负载而变化，回路中又只有截流损失，没有溢流损失，因而其效率比限压式变量泵和调速阀组成的调速回路要高。这种回路适用于负载变化大，速度较低的中、小功率场合，如某些组合机床进给系统。

8.2.2 快速运动回路

快速运动回路的功用是，加快执行元件的空载运行速度，以提高系统的工作效率和充分利用功率。常用的方法有以下几种：

(1) 液压缸差动连接快速运动回路(图 8 - 18*a*):当换向阀处于右位时,缸呈差动连接,泵输出的油和缸返回的油合流,进入缸的无杆腔,实现活塞快速运动。当活塞两端有效面积为 2:1 时,快进速度将是非差动连接的 2 倍。

(2) 采用蓄能器的快速运动回路(图 8 - 18*b*):当换向阀 5 处于左位或右位时,泵 1 和蓄能器 4 同时向缸 6 供油,实现快速运动。当换向阀处于中位时,缸停止工作,泵经单向阀 3 向蓄能器充液,蓄能器压力升高到卸荷阀 2 的调定压力时,泵卸荷。

(3) 双泵供油快速运动回路(图 8 - 18*c*):图中 7 为大流量泵,8 为小流量泵,两泵同时向系统供油时可实现执行元件的快速运动;转入工作行程时,系统压力升高,打开卸荷阀 2 使大流量泵卸荷,仅由泵 8 向系统供油。

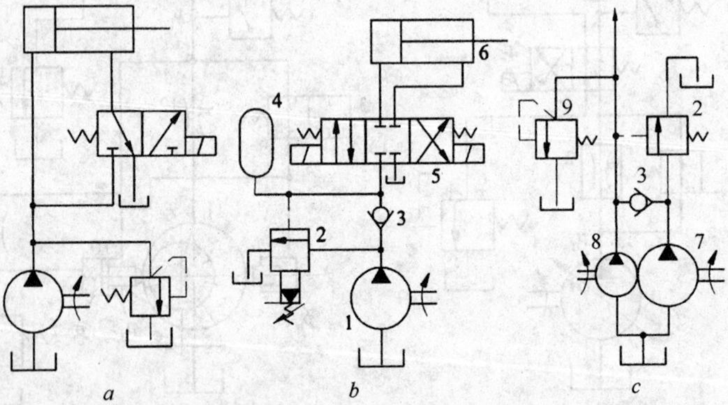

图 8 - 18　快速运动回路

1、7、8—泵;2—卸荷阀;3—单向阀;4—蓄能器;

5—换向阀;6—液压缸;9—溢流阀

8.2.3　速度换接回路

速度换接回路的功用是使执行元件在一个工作循环中,从一种运动速度变换到另一种运动速度。

8.2.3.1　快速与慢速的换接回路

图 8 - 19*a* 所示为用行程阀的快慢速换接回路。在图示状态下,活塞快进,当活塞杆上的挡块压下行程阀 6 时,缸右腔油液经截流阀 5 流回油箱,活塞转为慢速工进;当换向阀 2 左位接入回路时,活塞快速返回。此回路的优点是速度换接过程比较平稳,换接点的位置精度高;缺点是行程阀的安装位置不能任意布置。若将行程阀改为电磁阀,通过挡块压下电气行程开关来操纵,则其平稳性和换接精度均不如行程阀好。

8.2.3.2　两种不同慢速的换接回路

图 8 - 19*b* 中两调速阀并联,由换向阀 *C* 换接,两调速阀各自独立调节流量,互不影响;但一个调速阀工作时,另一个调速阀无油通过,其定差减压阀居最大开口位置,速度换接时大量油液通过该处使执行元件突然前冲。因此,它不宜用于"在加工过程中实现速度换接",只能用于速度预选的场合。

图 8 - 19*c* 中两调速阀串联,且调速阀 *B* 的流量调得比 *A* 小,从而实现两种慢速的换接。此回路的速度换接平稳性好。

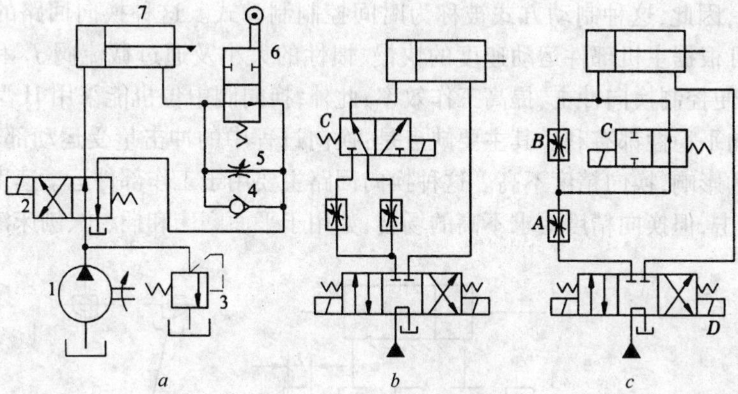

图 8-19　速度换接回路

1—泵;2—换向阀;3—溢流阀;4—单向阀;5—截流阀;6—行程阀;7—液压缸

8.3　方向控制回路

8.3.1　简单换向回路

简单换向回路,只需在泵与执行元件之间采用标准的普通换向阀即可。

8.3.2　复杂换向回路

当需要频繁、连续自动做往复运动且对换向过程有很多附加要求时,则需采用复杂换向回路。

对于换向要求高的主机(如各类磨床),若用手动换向阀就不能实现自动往复运动。采用机动换向阀,利用工作台上的行程块推动(连接在换向阀杆上的)拨杆来实现自动换向,但工作台慢速运动时,当换向阀移至中间位置时,工作台会因失去动力而停止运动(称"换向死点"),不能实现自动换向;当工作台高速运动时,又会因换向阀心移动过快而引起换向冲击。若采用电磁换向阀由行程挡块推动行程开关发出换向信号,使电磁阀动作推动换向,可避免"死点",但电磁阀动作一般较快,存在换向冲击,而且电磁阀还有换向频率不高、使用寿命短、易出故障等缺陷。

为解决上述两个矛盾,采用特殊设计的机液换向阀,以行程挡块推动机动先导阀,由它控制一个可调式液动换向阀来实现工作台的换向,既可避免"换向死点",又可消除换向冲击。这种换向回路,按换向要求不同可分为时间控制制动式和行程控制制动式两种。

8.3.2.1　时间控制制动式换向回路

如图 8-20 所示,这种回路中的主油路只受换向阀 3 控制。在换向过程中,例如,当先导阀 2 在左端位置时,控制油路中的压力油经单向阀 I_2 通向换向阀 3 右端,换向阀左端的油经截流阀 J_1 流回油箱,换向阀心向左移动,阀心上的制动锥面逐渐关小回油通道,活塞速度逐渐减慢,并在换向阀 3 的阀心移过 L 距离后将通道闭死,使活塞停止运动。换向阀阀心上的制动锥半锥角一般取 $\alpha = 1.5° \sim 3.5°$,在换向要求不高的地方还可以取大一些。制动锥长度可根据试验确定,一般取 $L = 3 \sim 12$ mm。当截流阀 J_1 和 J_2 的开口大小调定之后,换向阀阀心移过距离 L 所需的时间(即活塞制动所经历的时间)就确定不变(不考虑油液黏度变化的影响)，因此，这种制动方式被称为时间控制制动式。这种换向回路的主要优点是：其制动时间可根据主机部件运动速度的快慢、惯性的大小及通过截流阀 J_1 和 J_2 的开口量得到调节，以便控制换向冲击，提高工作效率；此外，换向阀中位机能采用 H 型，对减小冲击量和提高换向平稳性都有利。其主要缺点是：换向过程中的冲击量受运动部件的速度和其他一些因素的影响，换向精度不高。这种换向回路主要用于工作部件运动速度较高，要求换向平稳，无冲击，但换向精度要求不高的场合，如用于平面磨床和插、拉、刨床液压系统中。

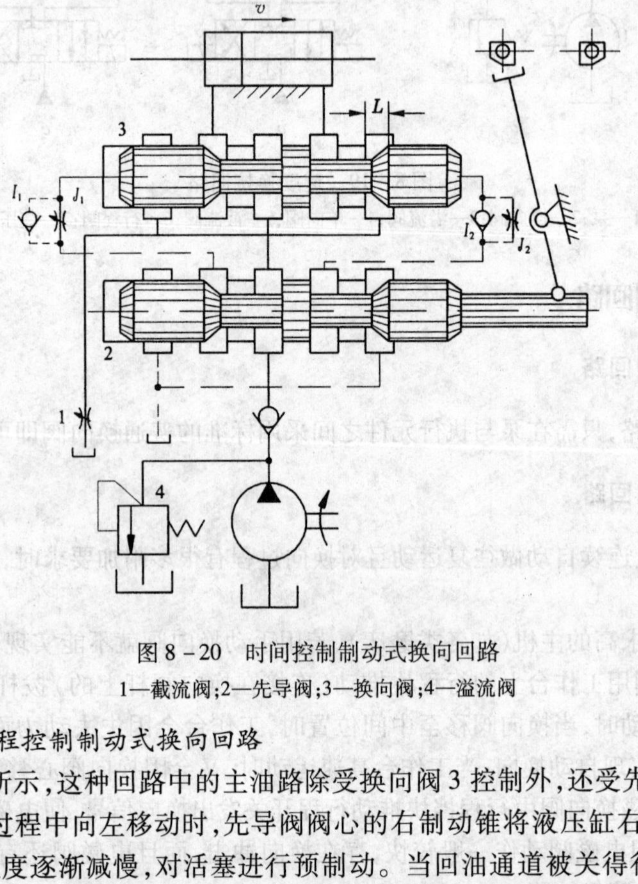

图 8 - 20　时间控制制动式换向回路

1—截流阀；2—先导阀；3—换向阀；4—溢流阀

8.3.2.2　行程控制制动式换向回路

如图 8 - 21 所示，这种回路中的主油路除受换向阀 3 控制外，还受先导阀 2 控制。当先导阀 2 在换向过程中向左移动时，先导阀阀心的右制动锥将液压缸右腔的回油通道逐渐关小，使活塞速度逐渐减慢，对活塞进行预制动。当回油通道被关得很小(轴向开口量尚留约 0.2 ~0.5 mm)、活塞速度变得很慢时，换向阀 3 的控制油路才开始切换，换向阀心向左移动，切断主油路通道，使活塞停止运动，并随即使它在相反的方向启动。这里，不论运动部件原来的速度快慢如何，先导阀总是要先移动一段固定的行程 L，将工作部件先进行预制动后，再由换向阀来使它换向，所以这种制动方式被称为行程控制制动式。先导阀制动锥半锥角一般取 $\alpha = 1.5° \sim 3.5°$，长度 $L = 5 \sim 12$ mm，合理选择制动锥度能使制动平稳(而换向阀上就没有必要采用较长的制动锥，一般制动锥长度只有 2 mm，半锥角也较大，$\alpha = 5°$)。

行程控制制动式换向回路的换向精度较高，冲击量较小，但由于先导阀的制动行程恒定不变，制动时间的长短和换向冲击的大小就将受运动部件速度快慢的影响，所以这种换向回路宜用在主机工作部件运动速度不大，但换向精度要求较高的场合，如内、外圆磨床的液压系统中。

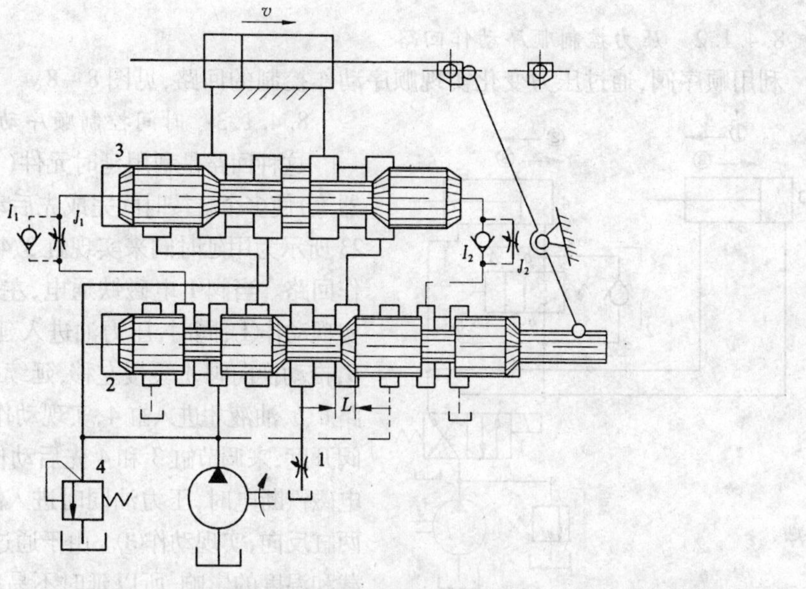

图 8－21　行程控制制动式换向回路

1—截流阀；2—先导阀；3—换向阀；4—溢流阀

8.4　多执行元件工作控制回路

8.4.1　顺序动作回路

8.4.1.1　行程控制顺序动作回路

图 8－22*a* 所示为用行程阀控制的顺序动作回路。在图示状态下，*A*、*B* 两缸的活塞均在右端。当推动手柄，使阀 *C* 左位工作，缸 *A* 左行，完成动作①；挡块压下行程阀 *D* 后，缸 *B* 左行，完成动作②；手动换向阀 *C* 复位后，缸 *A* 先复位，实现动作③；随着挡块后移，阀 *D* 复位，缸 *B* 退回实现动作④，完成一个工作循环。

图 8－22*b* 所示为用行程开关控制的顺序动作回路。当阀 *E* 得电换向时，缸 *A* 左行完成动作①；其后，缸 *A* 触动行程开关 S_1 使阀 *F* 得电换向，控制缸 *B* 左行完成动作②；当缸 *B* 左行至触动行程开关 S_2 使阀 *E* 失电时，缸 *A* 返回，实现动作③；其后，缸 *A* 触动 S_3 使 *F* 断电，缸 *B* 返回完成动作④；最后，缸 *B* 触动 S_4 使泵卸荷或引起其他动作，完成一个工作循环。

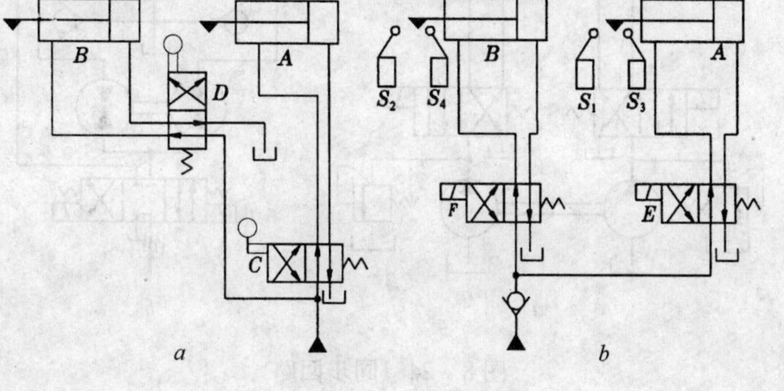

图 8－22　行程控制顺序动作回路

8.4.1.2　压力控制顺序动作回路

利用顺序阀，通过压力变化实现顺序动作控制的回路，见图 8－8。

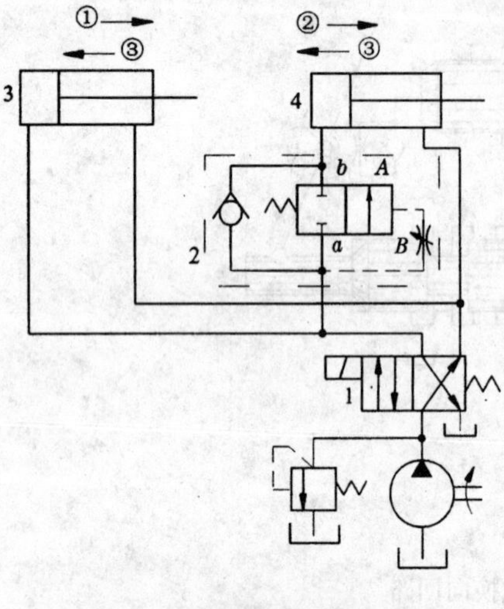

图 8－23　时间控制顺序动作回路
1—阀；2—延时阀；3、4—缸

8.4.1.3　时间控制顺序动作回路

这种回路是利用延时元件（如延时阀、时间继电器等）使多个缸按时间完成先后动作的回路。图 8－23 所示为用延时阀来实现缸 3、4 工作行程的顺序动作回路。当阀 1 电磁铁通电，左位接通回路后，缸 3 实现动作①；同时，压力油进入延时阀 2 中的截流阀 *B*，推动换向阀 *A* 缓慢左移，延续一定时间后，接通油路 *a*、*b*，油液才进入缸 4，实现动作②。通过调节截流阀开度，来调节缸 3 和 4 先后动作的时间差。当阀 1 电磁铁断电时，压力油同时进入缸 3 和缸 4 右腔，使两缸反向，实现动作③。由于通过截流阀的流量受负载和温度的影响，所以延时不易准确，一般都与行程控制方式配合使用。

8.4.2　同步回路

同步回路的功用是保证系统中的两个或多个缸（马达）在运动中以相同的位移或相同的速度（或固定的速比）运动。在多缸系统中，影响同步精度的因素很多，如缸的外负载、泄漏、摩擦阻力、制造精度、结构弹性变形以及油液中含气量，都会使运动不同步。为此，同步回路应尽量克服或减少上述因素的影响。

8.4.2.1　容积式同步回路

（1）同步泵的同步回路（图 8－24*a*）：用两个同轴等排量的泵分别向两缸供油，实现两缸同步运动。正常工作时，两换向阀应同时动作；在需要消除端点误差时，两阀也可以单独动作。

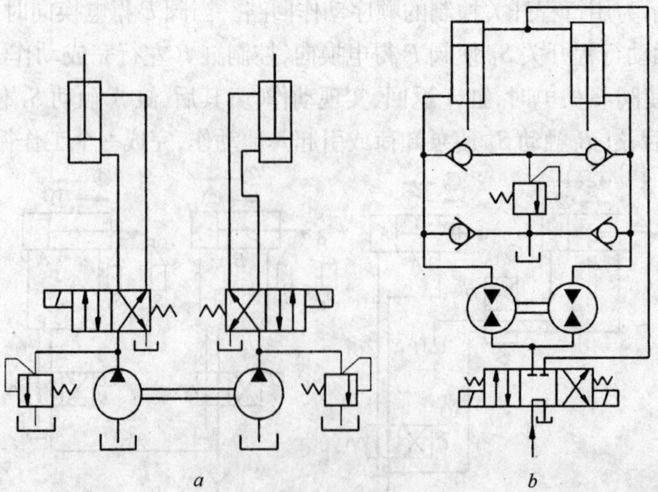

图 8－24　同步回路
a—同步泵的同步回路；*b*—同步马达的同步回路

(2) 同步马达的同步回路(图 8-24b):用两个同轴等排量马达作配流环节,输出相同流量的油液来实现两缸同步运动。由单向阀和溢流阀组成交叉溢流补油回路,可在行程端点消除误差。

(3) 同步缸的同步回路(图 8-25a):同步缸 3 由两个尺寸相同的双杆缸连接而成,当同步缸的活塞左移时,油腔 a 与 b 中的油液使缸 1 与缸 2 同步上升。若缸 1 的活塞先到达终点,则油腔 a 的余油经单向阀 4 和安全阀 5 排回油箱,油腔 b 的油继续进入缸 2 下腔,使之到达终点。同理,若缸 2 的活塞先达到终点,也可使缸 1 的活塞相继到达终点。

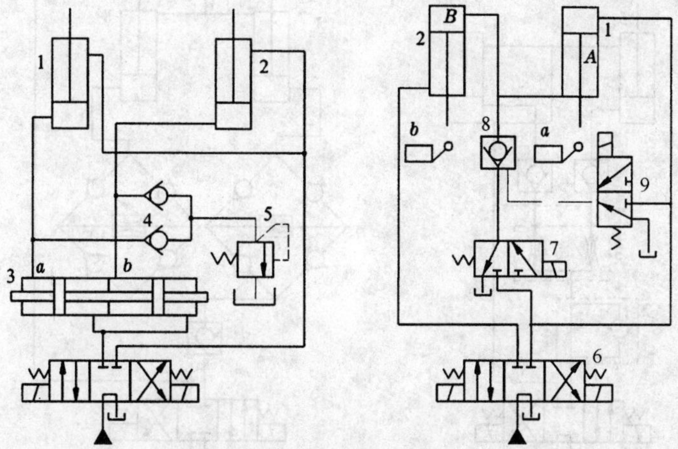

a *b*

图 8-25 同步回路

a—同步缸的同步回路;b—带补偿装置的串联缸同步回路

1、2—液压缸;3—同步缸;4—单向阀;5—溢流阀;6—三位四通换向阀;

7、9—二位三通换向阀;8—液控单向阀

(4) 带补偿装置的串联缸同步回路(图 8-25b):缸 1 有杆腔 A 的有效面积与缸 2 无杆腔 B 的面积相等。当三位四通阀右位工作时,两缸下行,若缸 1 活塞先到底,将触动行程开关 a 使阀 7 得电,压力油经阀 7 和液控单向阀 8 向缸 2 的 B 腔补油,使活塞继续下降到底。若缸 2 活塞先到底,则触动行程开关 b 使阀 9 得电,控制压力油经阀 9 打开液控单向阀 8,缸 1 下腔油液经液控单向阀 8 及阀 7 回油箱,其活塞继续下降到底。

(5) 机械连接同步回路(图 8-26):这种回路是用刚性梁、齿轮及齿条等机械零件,使两缸活塞杆间建立刚性的运动联系,实现位移同步。

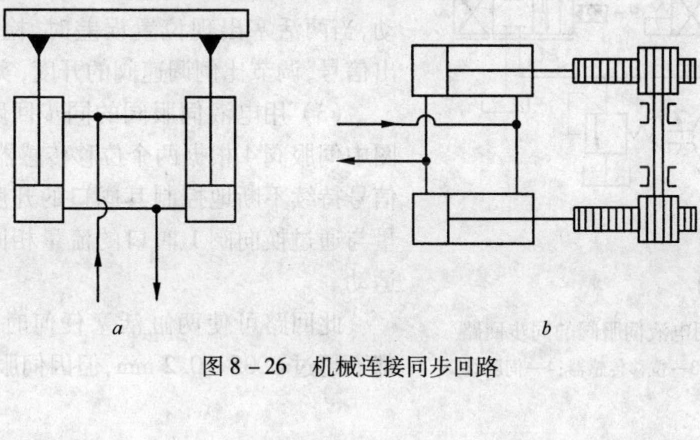

a *b*

图 8-26 机械连接同步回路

8.4.2.2　截流式同步回路

(1) 采用分流集流阀的同步回路(图 8-27*a*):当换向阀左位接回路时,压力油经分流集流阀 3 分成两股等量的油液进入缸 5 和缸 6,使两缸活塞同步上升;当换向阀右位接回路时,阀 3 起集流作用,控制两缸活塞同步下降。回路中的单向截流阀 2 是用来控制活塞下降速度,增加背压用。

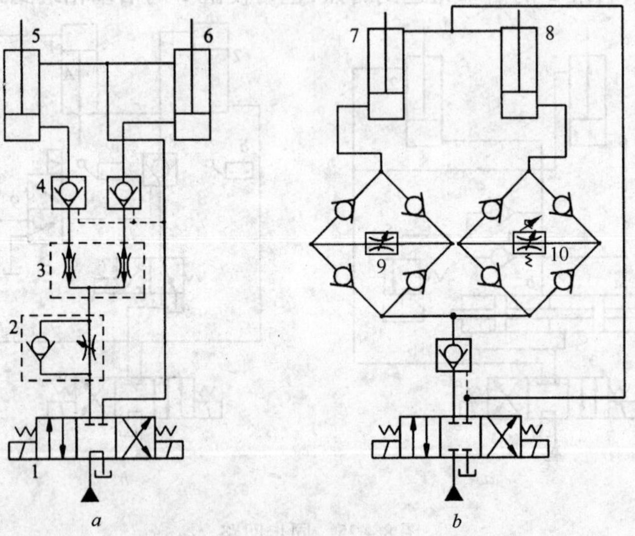

图 8-27　同步回路

1—换向阀;2—单向截流阀;3—分流集流阀;4—液压锁;5、6、7、8—液压缸;9—调速阀;10—电液比例调速阀

分流集流阀只能实现速度同步。若某缸先到达行程终点,则可经阀内截流孔窜油,使各缸都能到达终点,从而消除积累误差。

(2) 采用电液比例调速阀的同步回路(图 8-27*b*):回路中使用一个普通调速阀和一个电液比例调速阀(它们各自装在由单向阀组成的桥式截流油路中),分别控制着缸 7 和缸 8 的运动,当两活塞出现位置误差时,检测装置就会发出信号,调节比例调速阀的开度,实现同步。

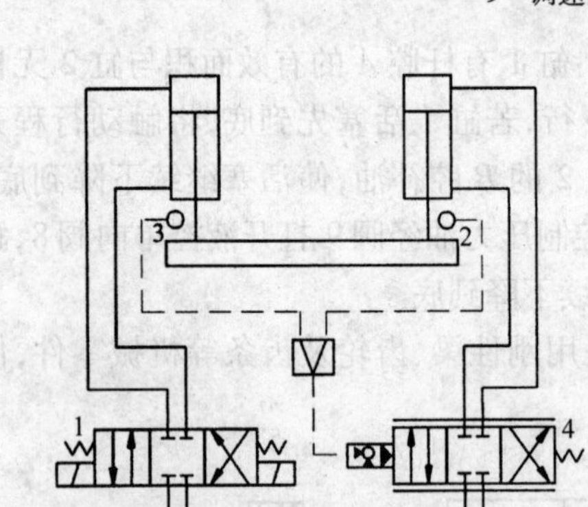

图 8-28　用电液伺服阀的同步回路

1—换向阀;2、3—位移传感器;4—伺服阀

(3) 用电液伺服阀的同步回路(图 8-28):图中伺服阀 4 根据两个位移传感器 3 和 2 的反馈信号持续不断地控制其阀口的开度,使通过的流量与通过换向阀 1 阀口的流量相同,使两缸同步运动。

此回路可使两缸活塞任何时候的位置误差都不超过 0.05 ~ 0.2 mm,但因伺服阀必须通过与换向阀同样大的流量，因此规格尺寸大，价格贵。此回路适用于两缸相距较远而同步精度要求很高的场合。

8.5 其他回路

8.5.1 缓冲制动回路

图 8－29 所示为使用溢流阀的缓冲制动回路。当换向阀在中位时，液压马达进出液口被封闭，由于负载质量的惯性作用，使液压马达转入泵工况，出口产生高压，此时溢流阀 4 或 5 打开，起缓冲和制动作用。图 8－29*a* 为采用两个安全阀组成的缓冲制动阀组，可实现双向缓冲制动。图 8－29*b* 所示为采用了单向阀组从油箱向液压马达吸油侧补油的回路。

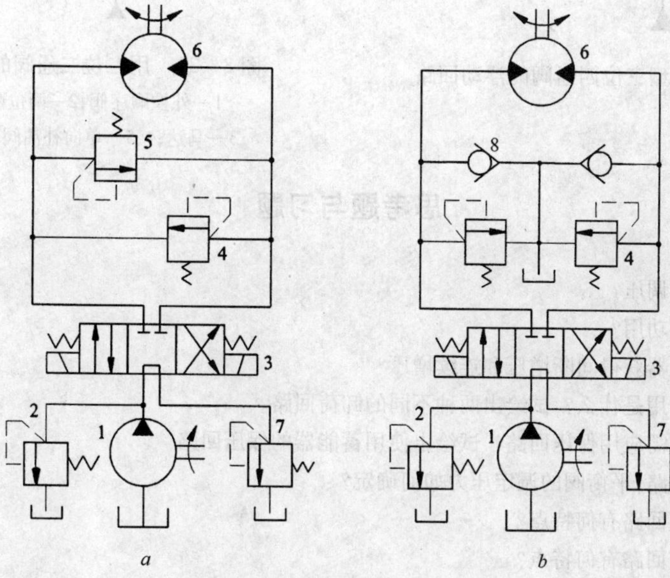

图 8－29 缓冲制动回路

1—泵；2、4、5—溢流阀；3—换向阀；6—马达；7—背压阀；8—单向阀

8.5.2 浮动回路

浮动回路是把执行元件的进、回油路连通或同时接通油箱，借助于自重或负载的惯性力，使其处于无约束的自由浮动状态。

图 8－30 所示为采用 H 型（或 P 型、Y 型）三位四通阀的浮动回路。

图 8－31 所示为利用二位二通阀 2 实现起重机吊钩马达浮动的回路。当二位二通阀的上位接回路时，起重机吊钩在自重作用下不受约束地快速下降（即“抛钩”）。马达浮动时若有外泄漏，单向补油阀 4（或 5）可自动补油，以防空气进入。

对于径向柱塞式内曲线马达而言，使定子内充满压力油，柱塞缩回缸体，马达外壳就处于浮动状态。这种马达用于起重机械，能实现抛钩；用于行走机械，可以滑行。

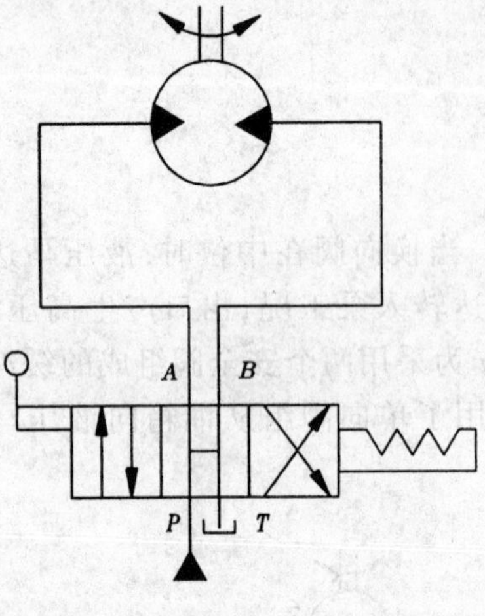

图 8－30　用 H 型三位四通阀的浮动回路

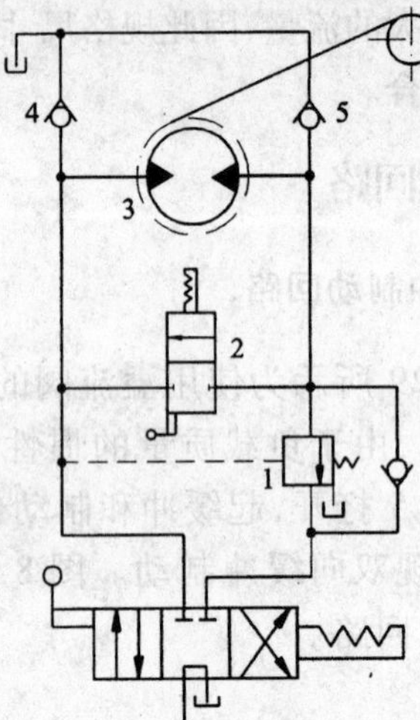

图 8－31　用二位二通阀的浮动回路

1—外控顺序阀；2—两位两通阀；

3—马达；4、5—单向补油阀；6—吊钩

思考题与习题

8－1　如何实现三级调压？

8－2　减压回路有何功用？

8－3　如何利用增压器获得间断增压和连续增压？

8－4　卸荷回路的功用是什么？试绘出两种不同的卸荷回路。

8－5　在什么情况下需应用保压回路？试绘出使用蓄能器的保压回路。

8－6　什么是平衡回路，平衡阀的调定压力如何确定？

8－7　进油截流调速回路有何特点？

8－8　回油截流调速回路有何特点？

8－9　旁路截流调速回路有何特点？

8－10　为什么采用调速阀能提高调速性能？

8－11　溢流截流阀既可用于进油截流调速，也可用于回油截流调速和旁路截流调速吗，为什么？

8－12　试分析、比较三种容积式无级调速回路的特性。

8－13　试绘出三种不同的快速运动回路。

8－14　什么叫差动回路？

8－15　如何利用行程阀实现两种不同速度的换接？

8－16　如何利用两个调速阀实现两个不同慢速的换接？

8－17　时间控制制动式换向回路有何特点？

8－18　行程控制制动式换向回路有何特点？

8－19　如何使用行程阀实现执行元件顺序动作？

8－20　如何使用顺序阀实现执行元件顺序动作？

8－21　如何利用延时阀实现执行元件时间控制顺序动作？

8－22　试绘出两种不同的容积式同步回路？

8－23　怎样实现串联液压缸同步？

8-24 怎样实现并联液压缸同步？

8-25 绘出机械连接的同步回路？

8-26 如何利用分流集流阀使执行元件实现同步？

8-27 如何利用电液比例调速阀实现液压缸同步？

8-28 如何利用电液伺服阀使两个液压缸实现同步？

8-29 试述缓冲制动回路的功用。

8-30 浮动回路的功用是什么？

8-31 为什么在变量泵—变量马达调速系统中，低速时采用恒扭矩调速，高速时采用恒功率调速？说明这种调速系统的调节方法。

8-32 习题图 8-1 所示为绞车液压系统，试指出该系统是由哪些基本回路组成，并说明这个系统的工作原理。

8-33 习题图 8-2 所示液压系统，已知各溢流阀单独使用时的调整压力分别为：$p_{y1}=7$ MPa，$p_{y2}=5$ MPa，$p_{y3}=3$ MPa，$p_{y4}=1$ MPa，试问当系统的外负载趋于无穷大时，在电磁铁 1YA 通电或断电情况下，泵的出口压力各为多少？

8-34 习题图 8-3 所示为减压回路，溢流阀调定压力为 6 MPa，减压阀调整压力为 2 MPa，试分析活塞在运动期间和碰到死挡铁后管路 A 和 B 的压力值。若 B 管内流量为 12 L/min，求通过减压阀的能量损耗为多少。

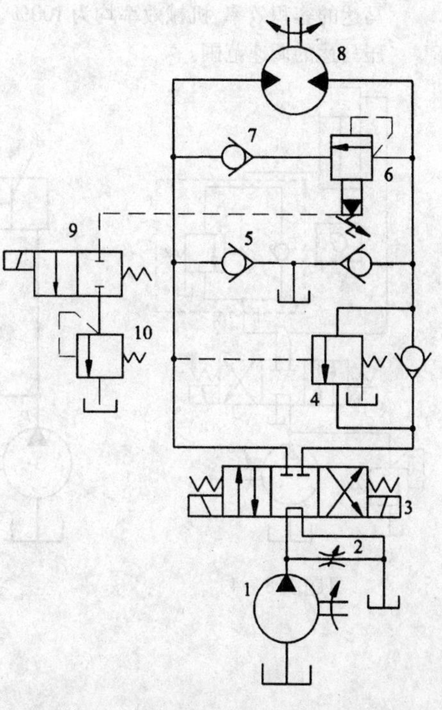

习题图 8-1

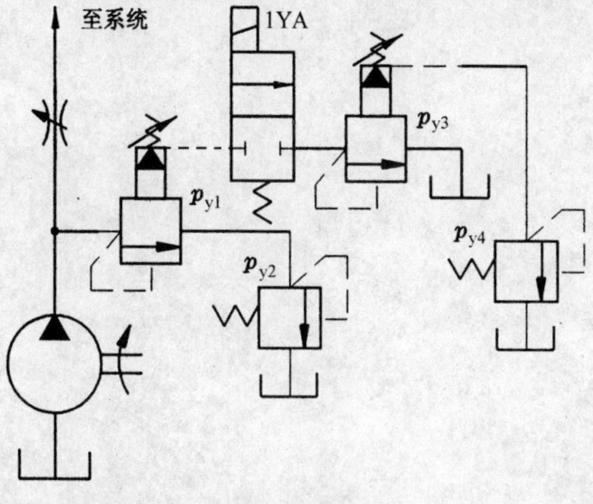

习题图 8-2

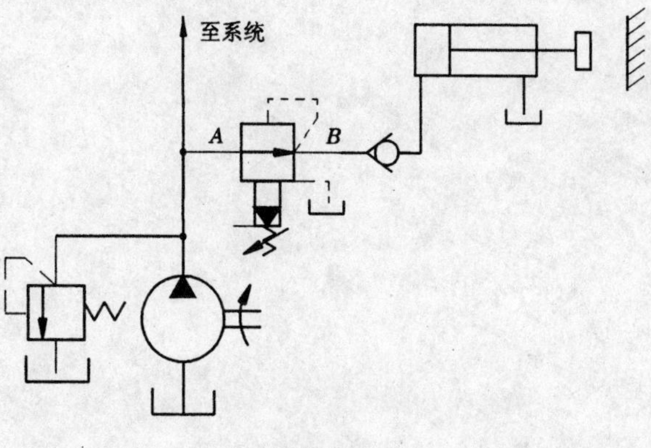

习题图 8-3

8-35 习题图 8-4 所示为平衡回路，已知液压缸活塞和活塞杆直径分别为 $D=100$ mm，$d=70$ mm，活塞及所提重物的总质量为 $m=15\times10^3$ kg。提升重物时，要求在 0.15 s 内均匀地达到稳定上升速度 $v=6$ m/min，停止时活塞不能下落，若不计回路各种损失，试确定溢流阀及顺序阀的调定压力。

8-36 习题图 8-5 所示的截流调速回路中，已知液压缸两腔面积 $A_1=100\ \text{cm}^2$，$A_2=50\ \text{cm}^2$，调速阀最小压差 $\Delta p=0.5$ MPa，当负载 F 从零变化到 30 kN 时，活塞向右运动的速度稳定不变。试求：

1）溢流阀最小调整压力 p_y 为多少？

2）负载 $F=0$ 时，泵工作压力 p 为多少？油缸回油腔压力 p_2 为多少？

8-37 习题图 8-6 所示为变量泵—定量马达容积调速回路中，已知液压马达的排量 $q_M=120$ mL/r，液压

泵排量 $q_B = 10 \sim 50\ \mathrm{mL/r}$，转速 $n_B = 1200\ \mathrm{r/min}$，安全阀 3 的调定压力 $p_n = 10\ \mathrm{MPa}$。设液压泵和液压马达的容积效率、机械效率均为 100%。试求：液压马达的最大输出扭矩和最大输出功率，以及液压马达的调速范围。

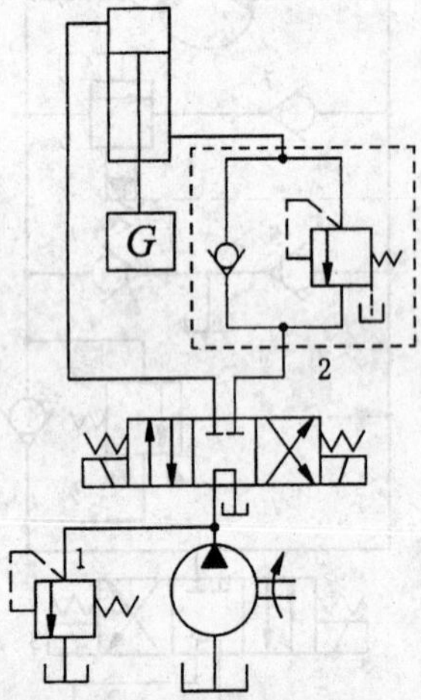

习题图 8－4

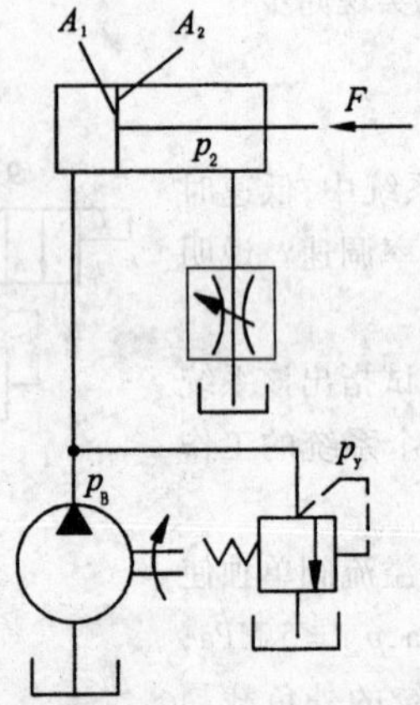

习题图 8－5

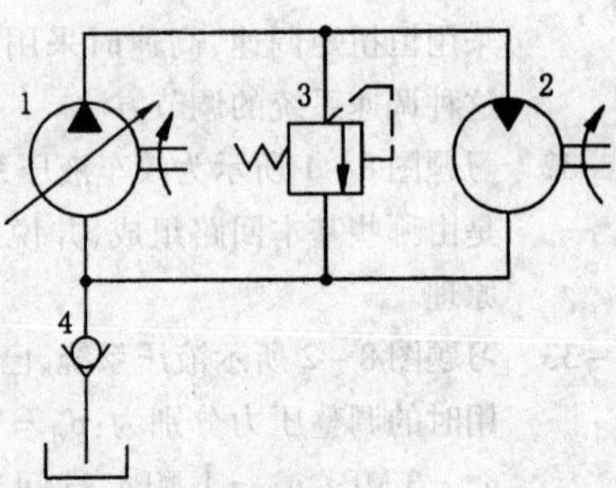

习题图 8－6

9 液压传动系统

本章要求

了解液压系统的组成和分类；掌握阅读和分析液压系统的方法和步骤；通过学习和训练提高独力分析液压系统工作原理及其优缺点的能力。

液压传动系统简称液压系统，是由液压能源、执行元件、控制元件和辅助元件等组成，以完成一定动作的系统。在各种机械设备上，液压传动技术得到了广泛应用。这些液压传动系统可能很复杂，但它们都是由一些基本回路组成。通常阅读和分析一个较复杂的液压系统，大致可按以下步骤进行：

(1) 了解设备的工艺对液压系统的动作要求；

(2) 初步浏览整个系统，了解系统中包含哪些元件，并以各个执行元件为中心，将系统分解为若干子系统；

(3) 对每一子系统进行分析，搞清楚其中含有哪些基本回路，然后根据执行元件的动作要求，参照动作循环表读懂这一子系统；

(4) 根据液压设备中各执行元件间互锁、同步、防干扰等要求，分析各子系统之间的联系；

(5) 在全面读懂系统的基础上，归纳总结整个系统有哪些特点，以加深对系统的理解。

9.1 液压系统分类

液压系统可按照液流在主回路中的循环方式、执行元件类型和系统回路的组合方式等进行分类。

9.1.1 按工作液体的循环方式分类

按工作液体的循环方式分有开式系统和闭式系统。

(1) 开式系统。泵从油箱中吸油，执行元件的回油返回油箱的系统称为开式系统。

在开式系统中，执行元件的开、停和换向由换向阀操纵。由于油箱是开式系统工作介质的吞、吐及贮存场所，所以油液可以在油箱中很好地散热、冷却和沉淀杂质。但开式系统的油箱容积大，且由于空气与油液的接触面积大，空气溶入油液的量就多，油液容易污染和氧化。

(2) 闭式系统。执行元件的回油直接接至泵吸入口的系统称为闭式系统。

在闭式系统中，为了补充系统的泄漏，进行热交换以及供给低压控制油液，必须设置辅助泵。辅助泵的流量视系统的容积损失、热平衡要求和低压控制的需要而定，一般为主泵流量的1/5 ~1/3。闭式系统中一般采用双向变量泵来进行调速和换向。

闭式系统油箱容积小,结构紧凑,油液在封闭管道内循环,与空气、灰尘的接触机会少,空气、灰尘不易混入,油液不易污染,回油路有一定背压,故传动平稳。但其结构复杂,散热条件差,所以通常都安装冷却器。

9.1.2　按执行元件类型分类

按执行元件类型分有泵—马达系统、泵—缸系统和混合系统。

(1) 泵—马达系统。执行元件只有马达的系统。通常旋转运动的机械采用这种系统。

(2) 泵—缸系统。执行元件只有缸的系统。通常做直线往复运动的机械和机构采用这种系统。

(3) 混合系统。执行元件既有马达又有缸的系统。

9.1.3　按系统回路的组合方式分类

按系统回路的组合方式分有并联系统、串联系统、串并联系统和复合系统。

在同一个液压系统中,当液压泵向两个或两个以上执行元件供液时,各执行元件回路有以下几种连接方式:

(1) 并联系统。液压泵排出的高压油液同时进入两个或多个执行元件,各执行元件的回油同时流回油箱的系统。

并联系统中,液压泵的输出流量等于进入各执行元件流量之和,而泵的出口压力则由外载荷最小的执行元件决定。当两个执行元件同时启动时,油液首先进入外载荷小的元件,而且系统中任一执行元件的载荷发生变化时,都会引起系统流量重新分配,致使各执行元件的运动速度也发生变化。所以,这种系统只适用于外载荷变化较小、对执行元件的运动速度要求不严格的场合。

(2) 串联系统。在两个及两个以上的执行元件中,除第一个执行元件的进口和末一个执行元件的出口分别与液压泵和油箱相连外,其余执行元件的进、出液口依次顺序相连,这样的系统称为串联系统。

在相同情况下,串联系统中液压泵的工作压力应比并联系统大,而流量应比并联系统小。

串联系统适用于负载不大、速度稳定的小型设备。

应当指出,液压缸和液压马达不能混合串联,因为液压缸的往复间歇运动,会影响液压马达的稳定运转。

(3) 串并联系统。在多执行元件系统中,各换向阀之间进油路串联,而回油路并联的系统称为串并联系统。它的特点是一个液压泵在同一时间内,只能向一个执行元件供液。这样的系统可以避免各执行元件的动作相互干扰。

(4) 复合系统。由上述3种系统的任何两种或3种组成的系统,称为复合系统。

液压系统除按以上方式分类外,还可以按系统的调速方式、按泵和执行元件的数量等来分类。

9.2 典型液压系统

下面介绍几台设备的典型液压系统，为液压系统的分析和设计提供实例。

9.2.1 组合机床动力滑台液压系统

9.2.1.1 组合机床动力滑台液压系统介绍

组合机床是由通用部件和部分专用部件组成的高效、专用、自动化程度较高的机床。它能完成钻、扩、铰、镗、铣、攻丝等工序和工作台转位、定位、夹紧、输送等辅助动作，可用来组成自动线，这里只介绍组合机床动力滑台液压系统。动力滑台上常安装着各种旋转着的刀具，其液压系统的功能是使这些刀具做轴向进给运动，并完成一定的动作循环。

9.2.1.2 YT4543型动力滑台液压系统工作原理

图9-1和表9-1分别表示YT4543型动力滑台液压系统原理图和系统动作循环表。这个系统用限压式变量叶片泵供油，用电液换向阀换向，用行程阀实现快进速度和工进速度的切换，用电磁阀实现两种工进速度的切换，用调速阀使进给速度稳定。在机械和电气的配合下，能够实现"快进→一工进→二工进→死挡铁停留→快退→原位停止"的半自动循环。其工作情况如下所述。

A 快进

按下启动按钮，电磁铁1YA通电吸合，控制油路由泵14经电磁先导阀11左位、单向阀15进入液动阀12的左端油腔，液动阀12左位接系统，液动阀12的右端油腔回油经截流阀16和阀11的左位回油箱，液动阀处于左位。主油路从泵14→单向阀13→液动阀12左位→行程阀8(常态位)→液压缸左腔(无杆腔)。回油路从液压缸右腔→阀12左位→单向阀3→阀8→液压缸左腔。由于动力滑台空载，系统压力低，液控顺序阀2关闭，液压缸成差动连接，且液压泵14有最大的输出流量，滑台向左快进(活塞杆固定，滑台随缸体向左运动)。

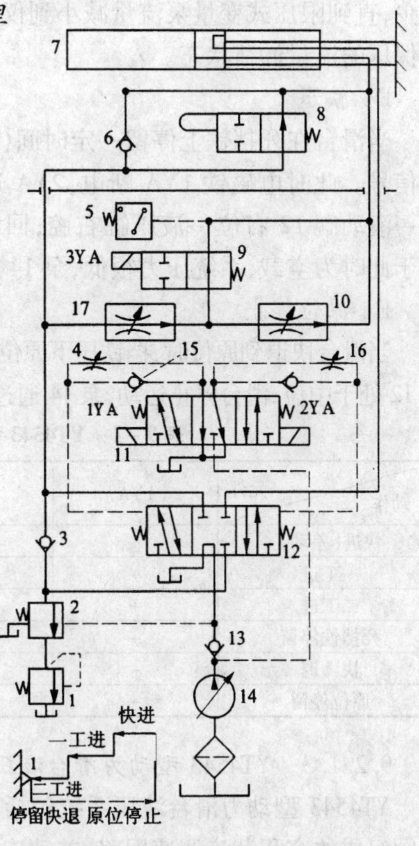

图9-1 YT4543型动力滑台液压系统图

1—背压阀；2—顺序阀；3、6、13、15—单向阀；4、16—截流阀；10、17—调速阀；5—压力继电器；7—液压缸；8—行程阀；9—电磁阀；11—先导阀；12—液动阀；14—液压泵

B 一工进

快进到一定位置，滑台上的行程挡块压下行程阀8，使原来通过阀8进入液压缸无杆腔的油路切断。此时阀9的电磁铁3YA处于断电状态，调速阀17接入系统进油路，系统压力升高。压力的升高，一方面使液控顺序阀2打开，另一方面使限压式变量泵的流量减小，直到与经过调速阀17后的流量相同为止。这时进入液压缸无杆腔的流量由调速阀17的开口大小决定。液压缸有杆腔的油液则通过液动阀12后经液控顺序阀2和背压阀1回油箱(两侧

的压力差使单向阀3关闭)。液压缸以第一种工进速度向左运动。

C 二工进

当滑台以一工进速度行进到一定位置时,挡块压下行程开关,使电磁铁3YA通电,经阀9的通路被切断。此时油液需经调速阀17与10才能进入液压缸无杆腔。由于阀10的开口比阀17小,滑台的速度减小,速度大小由调速阀10的开口决定。

D 死挡铁停留

当滑台以二工进速度行进到碰上死挡铁后,滑台停止运动。液压缸无杆腔压力升高,压力继电器5发出信号给时间继电器(图中未表示),使滑台在死挡铁上停留一定时间后再开始下一步动作。滑台在死挡铁上停留,主要是为了满足加工端面或台肩孔的需要,使其轴向尺寸精度和表面粗糙度达到一定要求。当滑台在死挡铁上停留时,泵的供油压力升高,流量减少,直到限压式变量泵流量减小到仅能满足补偿泵和系统的泄漏量为止,系统这时处于需要保压的流量卸荷状态。

E 快退

当滑台在死挡铁上停留一定时间(由时间继电器调整)后,时间继电器发出使滑台快退的信号。此时电磁铁1YA断电,2YA通电,阀11和阀12处于右位。进油路由泵14→阀13→液动阀12右位→液压缸右腔;回油路由液压缸左腔→单向阀6→阀12右位→油箱。由于此时为空载,系统压力很低,泵14输出的流量最大,滑台向右快退。

F 原位停止

当滑台快退到原位时,挡铁压下原位行程开关,使电磁铁1YA、2YA和3YA都断电,阀11和阀12处于中位,滑台停止运动,泵14通过阀12中位卸荷(注意,这时系统处于压力卸荷状态)。

表9-1 YT4543型动力滑台液压系统的动作循环表

动作 \ 元件	1YA	2YA	3YA	压力继电器5	行程阀8
快进(差动)	+	−	−	−	导 通
一工进	+	−	−	−	切 断
二工进	+	−	+	−	切 断
死挡铁停留	+	−	+	+	切 断
快 退	−	+	±	−	切断→导通
原位停留	−	−	−	−	导 通

9.2.1.3 YT4543型动力滑台液压系统特点

YT4543型动力滑台液压系统包括以下一些基本回路:由限压式变量叶片泵和进油路调速阀组成的容积截流调速回路,差动连接快速运动回路,电液换向阀的换向回路,由行程阀、电磁阀和液控顺序阀等联合控制的速度切换回路以及用中位为M型机能的电液换向阀的卸荷回路等。液压系统的性能就由这些基本回路所决定。该系统有以下几个特点:

(1)采用了由限压式变量泵和调速阀组成的容积截流调速回路。它既满足系统调速范围大,低速稳定性好的要求,又提高了系统的效率。进给时,在回油路上增加了一个背压阀,这样做一方面是为了改善速度稳定性(避免空气渗入系统,提高传动刚度),另一方面是为了使滑台能承受一定的与运动方向一致的切削力。

(2)采用限压式变量泵和差动连接两个措施实现快进,这样既能得到较高的快进速度,又不致使系统效率过低。动力滑台快进和快退速度均为最大进给速度的10倍,泵的流量自动变化,即在快速行程时输出最大流量,工进时只输出与液压缸需要相适应的流量,死挡铁停留时只输出补偿系统泄漏所需的流量。系统无溢流损失,效率高。

(3) 采用行程阀和液控顺序阀使快进转换为工进,动作平稳可靠,转换的位置精度比较高。至于两个工进之间的换接则由于两者速度都比较低,采用电磁阀完全能保证换接精度。

9.2.2 Q2-8 型汽车起重机液压系统

9.2.2.1 Q2-8 型汽车起重机液压系统介绍

Q2-8 型汽车起重机采用液压传动,最大起重量为 80 kN(幅度 3 m 时),最大起重高度为 11.5 m,起重装置可连续回转。该机具有较高的行走速度,可与装运工具的车编队行驶,机动性好。当装上附加吊臂后,可用于建筑工地吊装预制件,吊装的最大高度为 6 m。液压起重机承载能力大,可在有冲击、振动、温度变化大和环境较差的条件下工作。但其执行元件要求完成的动作比较简单,位置精度较低。一般采用高压手动控制系统,系统对保证安全性十分重视。

9.2.2.2 Q2-8 型汽车起重机液压系统原理

图 9-2 为 Q2-8 型汽车起重机的液压系统图。该系统的液压泵由汽车发动机通过装在汽车底盘变速箱上的取力箱驱动。液压泵工作压力为 21 MPa,每转排量为 40 mL,转速为 1500 r/min。泵通过中心回转接头 9、开关 10 和滤油器 11,从油箱吸油,输出的压力油经手动阀组 1 和手动阀组 2 串联地输送到各个执行元件。安全阀 3 用于防止系统过载,调整压力为 19 MPa,其实际工作压力由压力表 12 读取。这是一个单泵、开式、串联(串联式多路阀)液压系统。

系统中除液压泵、滤油器、安全阀、阀组 1 及支腿部分外,其他液压元件都装在可回转的上车部分,其中油箱也在上车部分,兼作配重。上车和下车部分的油路通过中心回转接头 9 连通。

起重机液压系统包含支腿收放、回转机构、起升机构、吊臂伸缩和吊臂变幅等五个部分。各部分都有相对的独立性。

A 支腿收放回路

由于汽车轮胎的支撑能力有限,在起重作业时必须放下支腿,将汽车轮胎架空。汽车行驶时则必须收起支腿。前后各有两条支腿,每一条支腿配有一个液压缸。两条前支腿用一个三位四通手动换向阀 *A* 控制其收放,而两条后支腿则用另一个三位四通阀 *B* 控制。换向阀都采用 M 型中位机能,油路上是串联的。每一个液压缸上都配有一个双向液压锁,以保证支腿可靠地锁住,防止在起重作业过程中发生"软腿"现象(液压缸上腔油路泄漏引起)或行车过程中液压支腿自行下落(液压缸下腔油路泄漏引起)。

B 回转机构回路

回转机构中采用一个液压马达通过蜗杆蜗轮减速箱和开式小齿轮(与转盘上的内齿轮啮合)来驱动转盘。转盘回转速度较低,一般为每分钟 1~3 转。驱动转盘的液压马达转速也不高,故不必设置马达制动回路。因此,回转机构回路比较简单,通过三位四通手动换向阀 *C* 就可获得左转、停转、右转三种不同工况。在不同角度上的起重量,应按规定的作业范围进行。

C 起升机构回路

起升机构是起重机的主要执行机构,它是一个由大扭矩液压马达带动的卷扬机。马达的正、反转由一个手动三位四通阀 *F* 控制。马达的转速,或起吊速度可通过改变汽车发动机的转速来调节。在马达下降的回油路上有平衡阀 8,用以防止重物自由下落。平衡阀 8 是由经过改进的液控顺序阀和单向阀组成。由于设置了平衡阀,使得液压马达只有在进油路

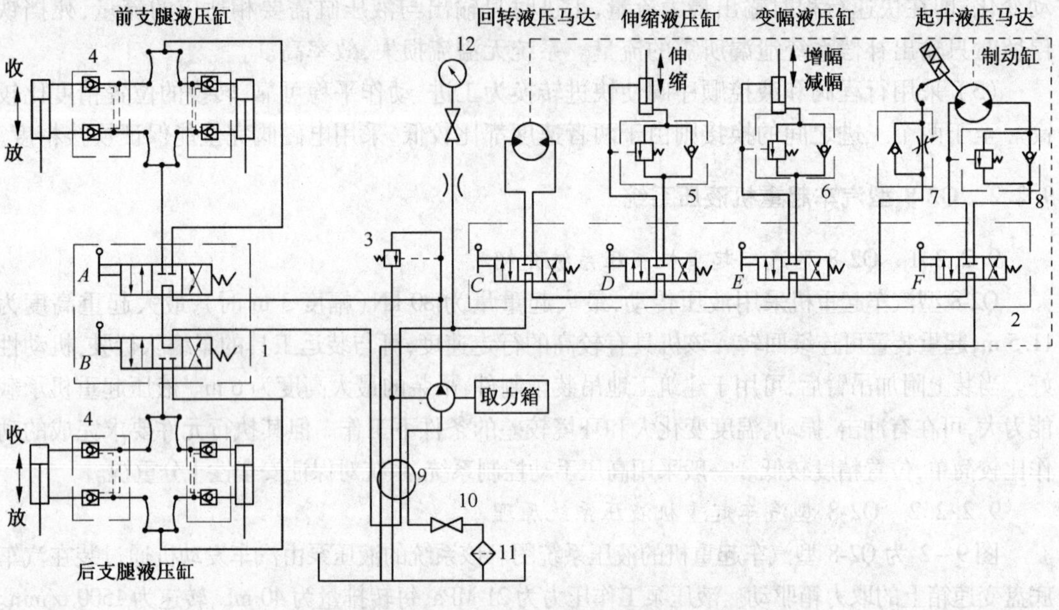

图 9－2　Q2-8 型汽车起重机液压系统

1、2—手动阀组；3—安全阀；4—双向液压锁；5、6、8—平衡阀；7—单向截流阀；
9—中心回转接头；10—开关；11—滤油器；12—压力表

上有压力的情况下才能旋转。改进后的平衡阀使重物下降时不会产生“点头”现象。由于液压马达的泄漏比液压缸大得多，当负载吊在空中时，尽管油路中设有平衡阀，仍有可能产生“溜车”现象。为此，在液压马达上设有制动缸，以便在马达停转时，用制动器锁住起升液压马达。单向截流阀 7 的作用是使制动器上闸快，松闸慢。前者是为使马达迅速制动，重物迅速停止下降；而后者则是避免当负载在半空中再次起升时，负载拖动液压马达反转而产生滑降现象。

D　吊臂伸缩回路

吊臂由基本臂和伸缩臂组成，伸缩臂套在基本臂之中。吊臂的伸缩是由一伸缩液压缸控制。为防止吊臂在自重作用下下落，伸缩回路中装有平衡阀 5。

E　吊臂变幅回路

所谓变幅，就是用一液压缸改变起重臂的起落角度。变幅作业也要防止因自重而下降，因此吊臂变幅回路上也装有平衡阀 6。

Q2-8 型汽车起重机是一种中小型起重机，为简化机构，常用一个液压泵串联地给各执行元件供油。在执行元件不满载的情况下，各串联的执行元件可任意组合使一个或几个执行元件同时运动，如使起升和变幅（或起升或回转）同时动作，又如在起升回路工作的同时，也可操纵回转回路和吊臂伸缩回路等。但是大型汽车起重机中多数采用多泵供油。

9.2.3　YA32-200 型四柱万能液压机液压系统

9.2.3.1　YA32-200 型四柱万能液压机液压系统介绍

液压机是锻压、冲压、冷挤、矫直、弯曲、粉末冶金、成形等压力加工工艺中广泛应用的机械设备，它是最早应用液压传动的机械之一。按其工作介质是油还是水（乳化液），液压机可分为油压机和水压机两种，本节介绍一种以油为介质的 YA32-200 型四柱万能液压机。该液压机主缸最大压制力为 2000 kN。液压机要求液压系统完成的主要动作是主缸滑块的快速下行、慢速加压、保压，泄压、快速回程及在任意点停止；顶出缸活塞的顶出、退回等。在作薄板拉伸时有时还需要利用顶出缸将坯料压紧，这时顶出缸下腔保持一定压力并随主缸一起下行，在一个工作循环内，系统中的压力和流量变化很大，因此要特别注意功率的合理利用。

9.2.3.2 YA32-200 型四柱万能液压机液压系统工作原理

图 9-3 是该液压机的液压系统图。系统中有两个泵：主泵 1 是一个高压、大流量恒功率（压力补偿）变量泵，最高工作压力为 32 MPa，由远程调压阀 5 调定；辅助泵 2 是一个低压小流量的定量泵，主要用以供给电液阀的控制油液，其压力由溢流阀 3 调整。

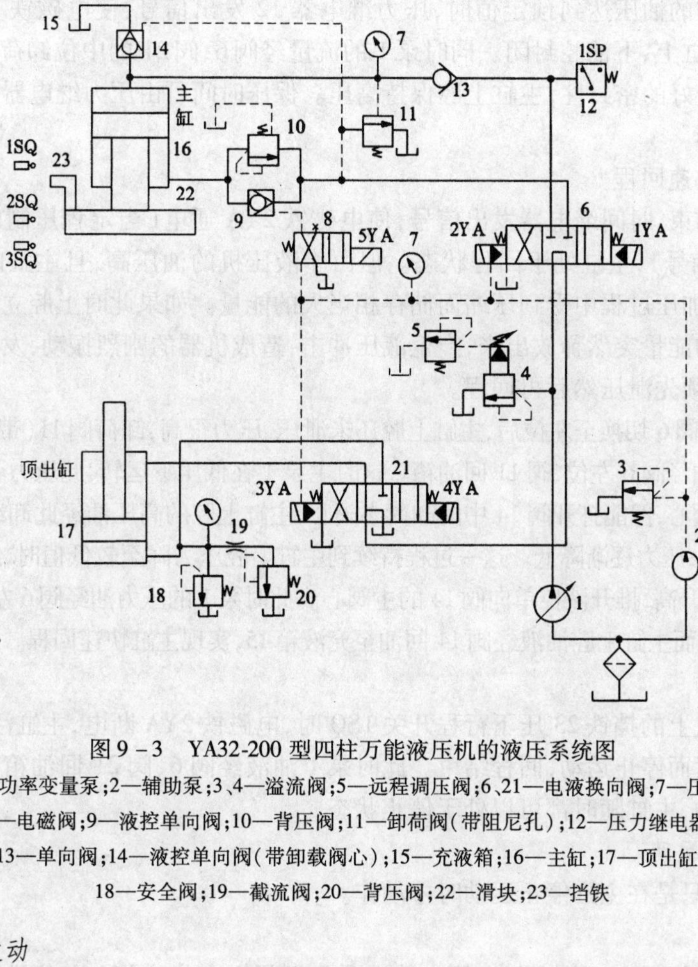

图 9-3 YA32-200 型四柱万能液压机的液压系统图

1—恒功率变量泵；2—辅助泵；3、4—溢流阀；5—远程调压阀；6、21—电液换向阀；7—压力表；8—电磁阀；9—液控单向阀；10—背压阀；11—卸荷阀（带阻尼孔）；12—压力继电器；13—单向阀；14—液控单向阀（带卸载阀心）；15—充液箱；16—主缸；17—顶出缸；18—安全阀；19—截流阀；20—背压阀；22—滑块；23—挡铁

A 主缸运动

a 快速下行

按下启动按钮，电磁铁 1YA、5YA 通电吸合。低压控制油使电液阀 6 切换至右位，同时经阀 8 使液控单向阀 9 打开。泵 1 供油经阀 6 右位、单向阀 13 至主缸 16 上腔，而主缸下腔油液经液控单向阀 9、阀 6 右位、阀 21 中位回油。此时主缸滑块 22 在自重作用下快速下降，泵 1 虽为最大流量，但还不足以补充主缸上腔空出的容积，因而上腔形成局部真空，置于液

压缸顶部的充液箱 15 内的油液在大气压及油位作用下，经液控单向阀 14（充液阀）进入主缸上腔。

b 慢速接近工件、加压

当主缸滑块 22 上的挡铁 23 压下行程开关 2SQ 时，电磁铁 5YA 断电，阀 8 处于常态位，阀 9 关闭。主缸回油经背压（平衡）阀 10、阀 6 右位、阀 21 中位至油箱。由于回油路上有背压力，滑块单靠自重就不能下降，由泵 1 供给的压力油使之下行，速度减慢。这时主缸上腔压力升高，液控单向阀 14 关闭。来自泵 1 的压力油推动活塞使滑块慢速接近工件。当主缸活塞的滑块抵住工件后，阻力急剧增加，上腔油压进一步提高，变量泵 1 的排油量自动减小，主缸活塞以极慢的速度对工件加压。

c 保压

当主缸上腔的油压达到预定值时，压力继电器 12 发出信号，使电磁铁 1YA 断电，阀 6 回复中位，将主缸上、下油腔封闭。同时泵 1 的流量经阀 6、阀 21 的中位卸荷。单向阀 13 保证了主缸上腔良好的密封性，主缸上腔保持高压。保压时间可由压力继电器 12 控制的时间继电器调整。

d 泄压、快速回程

保压过程结束，时间继电器发出信号，使电磁铁 2YA 通电（当定程压制成形时，可由行程开关 3QS 发信号），主缸处于回程状态。但由于液压机的油压高，且主缸的直径大，行程长，缸内液体在加压过程中受到压缩而储存相当大的能量。如果此时上腔立即与回油相通，缸内液体积蓄的能量突然释放出来，产生液压冲击，造成机器的剧烈振动，发出很大的噪声。为此，保压后必须先泄压然后再回程。

当电液换向阀 6 切换至左位后，主缸上腔还未泄压，压力很高，卸荷阀 11（带阻尼孔）呈开启状态，主泵 1 的油经阀 6 左位、阀 11 回油箱。这时主泵 1 在低压下运转，此压力不足以打开液控单向阀 14 的主阀心，但能打开阀 14 中的卸荷小阀心，主缸上腔的高压油经此卸载小阀心的开口而泄回充液箱 15，压力逐渐降低。这一过程持续到主缸上腔压力降至较低值时，卸荷阀 11 关闭，泵 1 的供油压力升高，推开液控单向阀 14 的主阀心。此时泵 1 的压力油经阀 6 左位、液控单向阀 9 进入主缸下腔；而主缸上腔油液经阀 14 回油至充液箱 15，实现主缸快速回程。

e 停止

当主缸滑块上的挡铁 23 压下行程开关 1SQ 时，电磁铁 2YA 断电，主缸活塞被中位为 M 机能的阀 6 锁紧而停止运动，回程结束。此时泵 1 油液经阀 6、阀 21 回油箱，泵处于卸荷状态。实际使用中，主缸随时都可以处于停止状态。

B 顶出缸运动

顶出缸 17 只是在主缸停止运动时才动作。

a 顶出

按下顶出按钮，3YA 通电吸合，压力油由泵 1 经阀 6 中位、阀 21 左位进入顶出缸下腔，上腔油液则经阀 21 回油，活塞上升。

b 退回

3YA 断电，4YA 通电吸合时，油路换向，顶出缸的活塞下降。

c 浮动压边

作薄板拉伸压边时，要求顶出缸既保持一定压力，又能随主缸滑块的下压而下降。这时

3YA 通电,使顶出缸上升到顶住被拉伸的工件,然后 3YA 断电,顶出缸下腔的油液被阀 21 封住。主缸滑块下压时,顶出缸活塞被迫随之下行,顶出缸下腔回油经截流阀 19 和背压阀 20 流回油箱,使缸下腔保持所需的压边力。图中安全阀 18 在截流阀 19 阻塞时起安全保护作用。

9.2.3.3 YA32-200 型四柱万能液压机液压系统特点

YA32-200 型四柱万能液压机液压系统特点如下:

(1) 采用高压大流量恒功率变量泵供油,既符合工艺要求,又节省能量。

(2) 利用活塞滑块自重的作用实现快速下行,并用充液阀对主缸充液。这种快速运动回路结构简单,使用元件较少。

(3) 本液压机采用单向阀 13 保压。为了减少由保压转换为快速回程时的液压冲击,采用了卸荷阀 11 和带卸载小阀心的液控单向阀 14 组成的卸压回路。

9.2.4 AM-50 型掘进机液压系统

AM-50 型掘进机是奥地利阿尔卑尼(Alpine)公司生产的一种悬臂横轴式部分断面巷道掘进机,适用于掘进坚硬度 $f \leq 7$ 的煤或半煤岩巷道,切割断面为 7 ~ 20.3 m^2。由于 AM-50 型掘进机的切割断面较大,能切割较硬煤岩,且机体尺寸较小,机高仅 1.65 m,质量适当,得到许多使用国家的好评,在我国煤和半煤岩巷道掘进中使用效果也较好。

AM-50 型掘进机液压系统(图 9-4)由以下几部分组成。

9.2.4.1 泵站

泵站由 A2V 型斜轴式变量泵(流量 40 L/min)1、滤油器 6 及油箱等组成。泵 1 由11 kW 的电动机拖动。系统工作压力为 20 MPa,由多路换向阀 2、3 中的安全阀调定。

9.2.4.2 主电动机的冷却系统

变量泵 1 排出的油液经多路换向阀 2、3 及调节阀 4 驱动液压马达 5,马达 5 的回油经滤油器 6 回油箱。马达为双出轴,一端带动水泵,从水箱中把水送入截割头的主电动机进行水冷,回水经冷却器回水箱;另一端带动 ϕ320 mm 的风扇,加速冷却器散热。调节阀 4 由可调截流阀及溢流阀组成,溢流阀调定压力为 3 MPa,使液压马达工作压力不超过此值。可以看出,当系统任一油缸工作时,进入液压马达的油液都是油缸的回油,调节阀 4 使整个系统的回油保持一定背压。这样,只要主泵 1 开动,不管是否有油缸工作,液压马达总是带动冷却系统工作。

9.2.4.3 截割头的升降及回转

手把 *A* 和 *D* 用来操纵截割头的升降或回转。高压油液经过多路换向阀、单向截流阀 11 及液控单向阀 13 使截割头上升,回油经液控单向阀 10、换向阀 *A*、调节阀 4、马达 5、滤油器 6 回油箱。图中的液控单向阀起锁紧油缸位置作用,单向截流阀用来起平衡作用。

截割头回转是靠齿条油缸带动扇形齿轮实现的。油缸两侧的 31.5 MPa 安全阀用来起缓冲保护作用,同时防止在油缸锁定位置时,因两侧突加载荷而使元件损坏。当油缸一端压力大于 31.5 MPa 时,经安全阀流入油缸另一端,使截割头回转一个角度。

9.2.4.4 铲板升降

掘进机前端装载机构的铲板升降是靠手把 *B* 来操纵的。18 MPa 的安全阀用来防止当铲板油缸锁定时上部突然加在铲板上的载荷而设置的。

9.2.4.5　稳定器升降

利用手把 C 操纵稳定器升降。在稳定器升起的回路上连接一个低压安全阀 7(压力 5 MPa)用来防止当稳定器与行走电动机之间有大块物料卡住时,不致损坏电动机,使油缸的活塞杆腔维持低压。

9.2.4.6　胶带机的升降和回转

胶带机的升降和回转分别由手把 G 和 F 操纵。升降回路中,当胶带机受到很大外载荷而使活塞杆腔压力增大时利用安全阀保护。胶带机回转由两个油缸推动,一个油缸的无杆腔与另一个油缸的有杆腔并联,以达到加大回转力矩的效果。

从图 9－4 还可以看出,多路换向阀组 2 和 3 之间是串并联连接,而每个阀组内的各个阀之间是并联连接。因此阀组 2 或 3 只能单独操作,而每组阀内的各阀可以同时操纵一个或几个执行元件。

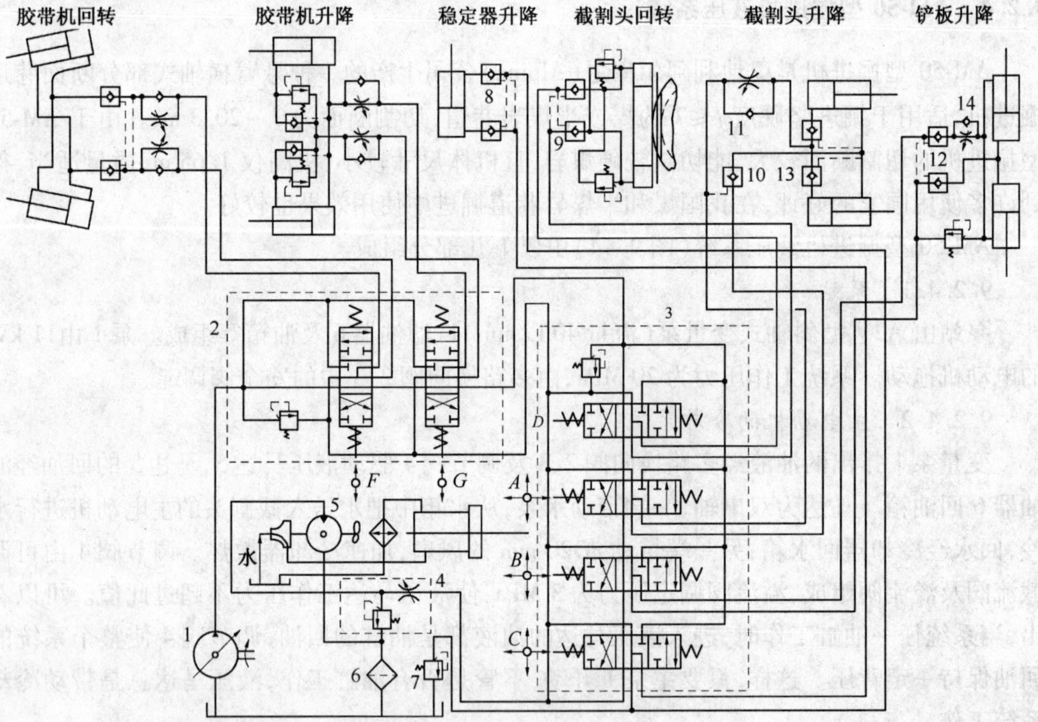

图 9－4　AM-50 型掘进机液压系统

1—斜轴式变量泵;2、3—多路换向阀;4—调节阀;5—液压马达;6—滤油器;
7—低压安全阀;8、9、10、12、13—液控单向阀;11、14—单向截流阀

9.2.5　DY-150 型采煤机牵引部液压系统

DY-150 型采煤机牵引部液压系统(图 9－5)是一个典型的闭式系统,该系统由以下基本回路组成。

9.2.5.1　主回路

由伺服变量轴向柱塞泵 1 及径向柱塞式内曲线马达 2 组成的闭式容积调速系统,马达出轴直接带动主动链轮。

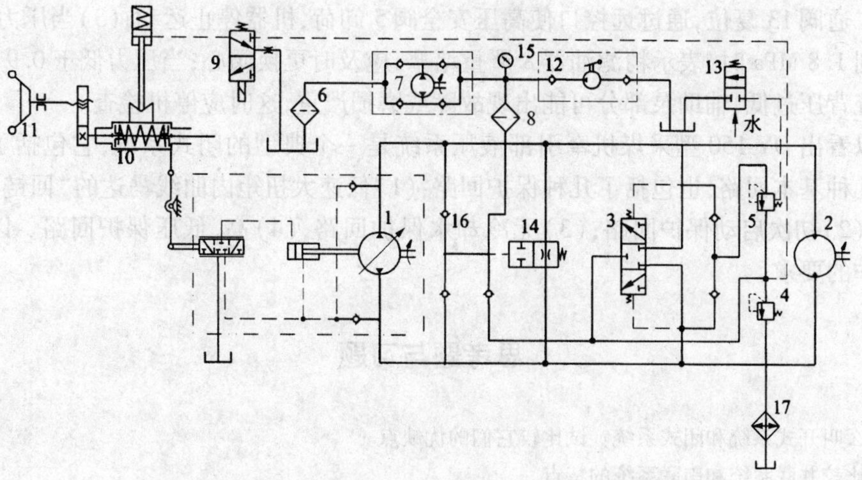

图 9-5 DY-150 型采煤机牵引部液压系统

1—轴向柱塞泵;2—液压马达;3—液动换向阀;4—低压溢流阀;5—高压安全阀;6、8—滤油器;
7—辅助泵;9—二位三通阀;10—调速回零机构;11—手把;12—手摇泵;
13—二位二通阀;14—旁通阀;15—压力表;16—单向阀;17—冷却器

9.2.5.2 补油回路

补油回路由滤油器 6、辅助泵 7 和单向阀组、精滤油器 8 及单向阀 16 等组成,用来向闭式系统补充油液,进行热交换。

9.2.5.3 热交换回路

马达 2 回油侧的热油经液动换向阀 3、低压溢流阀 4 及冷却器 17 回油箱,实现热油的冷却。

9.2.5.4 高、低压保护回路

高压安全阀 5(13 MPa)进行高压保护,低压溢流阀 4(0.8 ~1 MPa)进行低压保护。当低压系统压力小于 0.5 MPa 时,旁通阀 14 在弹簧作用下复位,高、低压油路串通,液压马达停止工作,此回路也起低压保护的作用。

9.2.5.5 “回链敲缸”保护

当机器停电,辅助泵 7 停止供液时,液压马达在锚链弹性作用下呈泵工况,旁通阀 14 复位,油液经旁通阀 14 截流孔循环,防止马达“敲缸”。

9.2.5.6 调速回零机构

马达的牵引速度,由手把 11 经螺旋副带动调速回零机构 10 的弹簧套,并经连杆带动伺服阀进行调速。调速前,首先要使二位三通阀 9 通电,系统向调速机构 10 的液压缸供液,使活塞杆升起进行解锁,才能转动手把 11。电动机停电时,阀 9 复位,调速机构上锁,主泵自动回零。

当电动机超载时,电磁阀 9 动作,液压缸的活塞杆在弹簧力的作用下,插入 80°的 V 形块,使弹簧套带动伺服机构回零,牵引速度立即下降,以实现超载保护。

9.2.5.7 保护回路

图 9-5 液压系统中有以下保护回路:(1)初次启动前利用手摇泵 12 对全系统进行冲液及排气,以保护系统正常启动;(2)当机器无冷却喷雾水或当水压小于 0.3 MPa 时,水控

的二位二通阀 13 复位，通过远控口使高压安全阀 5 卸荷，机器停止运动；(3) 当压力表 15 的压力达到 1.8 MPa 时，表示精滤油器 8 严重堵塞，应及时更换阀心；当压力低于 0.9 MPa 时，表示系统背压过低，辅助泵部分可能出现故障或磨损严重，这时应停机检查。

可以看出 DY-150 型采煤机牵引部液压系统是一个典型的闭式系统，它包括了前面介绍过的几种基本回路，也包括了几种保护回路：(1) 低速大扭矩内曲线马达的"回链敲缸"保护回路；(2) 初次启动保护回路；(3) 无冷却水保护回路；(4) 高、低压保护回路。以满足采煤机工作的要求。

思考题与习题

9－1　什么叫开式系统和闭式系统？试比较它们的优缺点。

9－2　试比较并联系统和串联系统的特点。

9－3　习题图 9－1 所示的液压系统是怎样工作的？试根据其循环动作表中的提示进行阅读并将该表填写完整。

动作名称	电气元件							备注
	1YA	2YA	11YA	12YA	21YA	22YA	YJ	
定位夹紧								
快进								
工进卸荷(低)								(1) Ⅰ、Ⅱ回路独立循环互不约束 (2) 12YA、22YA 中任一个通电时 1YA 便通电；12YA、22YA 均断电时 1YA 才断电
快退								
松开拔销								
原位卸荷(低)								

9-4　题 9-3 中的液压系统有何特点？试进行分析、评论。

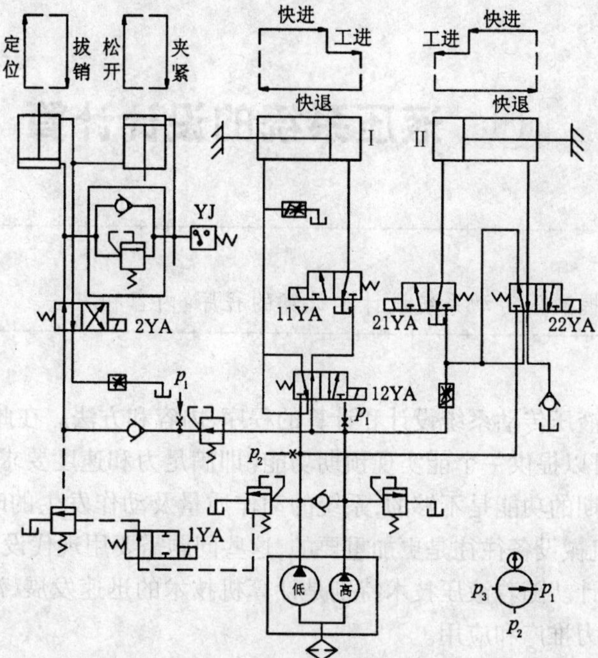

习题图 9-1

10 液压系统的设计计算

本章要求

了解和掌握液压传动系统设计和计算的程序、内容和方法。

本章主要讨论液压传动系统设计和计算的程序、内容和方法。在此讨论的是静态的、经验的设计方法,它可以提供一个能实现预期功能(即满足力和速度要求)的传动系统。而系统仅仅能实现所预期的功能是不够的,系统的动作质量及动作发生的时间历程也是很重要的,而且对于现代机械设备往往是更加重要的,这些问题需要用现代设计方法和手段进行系统的动态分析和设计。随着液压技术特别是计算机技术的迅速发展,液压系统的计算机辅助设计等已得到大力推广和应用。

液压传动系统的设计是整个机器设计的一部分,它与主机的设计是紧密相关的。当经过全面方案论证,确定一部机器或机器的某一部分的传动方式采用液压传动后,则液压系统的设计计算步骤大致如下:

(1) 明确系统设计要求;

(2) 分析主机工况,确定液压系统的主要参数;

(3) 拟定液压系统原理图;

(4) 液压元件的计算与选择;

(5) 液压系统的性能验算;

(6) 进行结构设计,编写技术文件。

在以上的设计步骤中,前五项属于性能设计,它们互相影响,互相渗透,本章将扼要叙述这些内容;最后一项属于结构设计,进行时须先查明液压元件的结构和配置方式,仔细查阅有关产品样本、设计手册和资料,本章不作介绍。

10.1 明确系统的设计要求

液压系统的设计必须能全面满足主机的各项功能和技术性能。因此,在开始设计液压系统时,首先要对机械设备主机的工作情况进行详细的分析,明确主机对液压系统提出的要求,具体包括:

(1) 主机的用途、类型、主要结构、总体布局以及对液压系统执行元件在位置布置和空间尺寸上的限制。

(2) 对液压系统动作和性能的要求:如主机的工作循环、液压执行元件的运动方式(往复直线运动、旋转运动或摆动)、自动化程度、调速范围、运动平稳性和精度、负载状况及其工作范围。

(3) 主机各液压执行元件的动作顺序或互锁要求。

(4) 液压系统的工作环境和工作条件,如周围介质、环境温度、湿度、尘埃情况、外界冲击振动等。

(5) 其他方面的要求,如液压装置在质量、外形尺寸、可靠性、经济性等方面的规定或限制。

10.2 分析工况,确定主要参数

在明确了液压系统的设计依据后,就可以对主机的工作过程进行分析,即负载分析和运动分析,确定负载和速度在整个工作循环中的变化规律,然后即可计算执行元件的主要结构参数,以及确定液压系统的主要参数——工作压力和最大流量。

10.2.1 工况分析

工况分析,就是分析主机在工作过程中各执行元件的运动速度和负载的变化规律。

主机在不同的工作阶段,其执行机构所需要克服的负载一般由下列几项组成:工作负载(如切削力、注射力、重力等)、惯性负载和阻力负载(如摩擦阻力、密封阻力、背压阻力等)。这些负载的大小可按具体情况,根据有关手册、资料计算出来(其中密封阻力一般以执行机构的机械效率来估算反映)。按其所经历的时间,将各执行元件在各阶段所需克服的负载用图 10-1*a* 所示的负载—位移($F-l$)曲线表示,称为负载图。

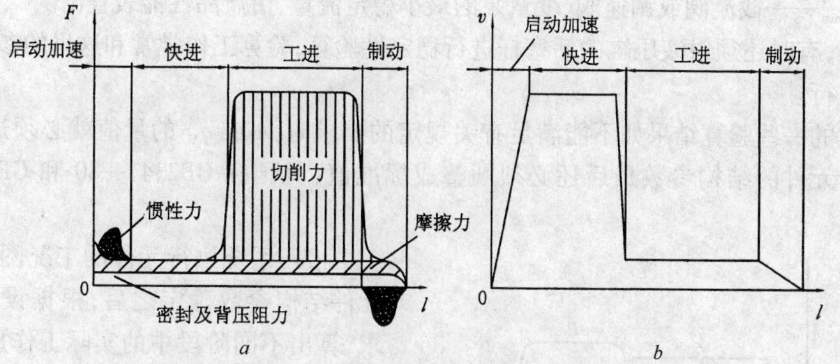

图 10-1 液压系统执行元件的负载图和速度图

a—负载图;*b*—速度图

同样,执行机构各个工作阶段的运动速度可以计算出来,用图 10-1*b* 所示的速度—位移($v-l$)曲线表示,称为速度图。设计简单的液压系统时,这两种图可省略不画。

10.2.2 确定主要参数

这里是指确定液压执行元件的工作压力和最大流量。

执行元件的工作压力,可以根据负载图中的最大负载来选取(见表 10-1),也可根据主机的类型来选取(见表 10-2);而最大流量则由执行元件速度图中的最大速度计算出来。这两者都与执行元件的结构参数(指液压缸的有效工作面积 A 或液压马达的排量 q_M)有关。

表 10-1 按负载选择执行元件工作压力

负载 F/N	<5000	5000~10000	10000~20000	20000~30000	30000~50000	>50000
工作压力 p/MPa	<0.8~1	1.5~2	2.5~3	3~4	4~5	>5~7

表 10－2　按主机类型选择执行元件工作压力

主机类型	机床				农业机械 小型工程机械 工程机械辅助机构	液压机 中、大型挖掘机 重型机械 起重运输机械
	磨床	组合机床	龙门刨床	拉床		
工作压力 p/MPa	≤2	3～5	≤8	8～10	10～16	20～32

一般的做法是，先选定工作压力 p，再按最大负载和预估的执行元件机械效率求出 A 或 q_M，经过各种必要的验算、修正和圆整后定下这些结构参数，最后再算出最大流量 Q_{max}。

在机床的液压系统中，工作压力选得小些，对系统的可靠性、低速平稳性和降低噪声都是有利的，但在结构尺寸和造价方面则须付出一定的代价。

在本步骤的验算中，必须使执行元件的最低工作速度 v_{min} 或 ω_{min}（$=2\pi n_{min}/60$）符合下述要求：

液压缸　$$\frac{Q_{min}}{A}\leqslant v_{min}$$

液压马达　$$\frac{Q_{min}}{q_M}\leqslant n_{min} \tag{10-1}$$

式中　Q_{min}——截流阀或调速阀、变量泵的最小稳定流量，由产品性能表查出。

此外，有时还须对液压缸的活塞杆进行稳定性验算，验算工作常常和这里的参数确定工作交叉进行。

以上的一些验算结果如不能满足有关规定的要求时，A 或 q_M 的量值就必须进行修改。这些执行元件的结构参数最后还必须圆整成标准值（见国标 GB2347—80 和 GB/T2348—93）。

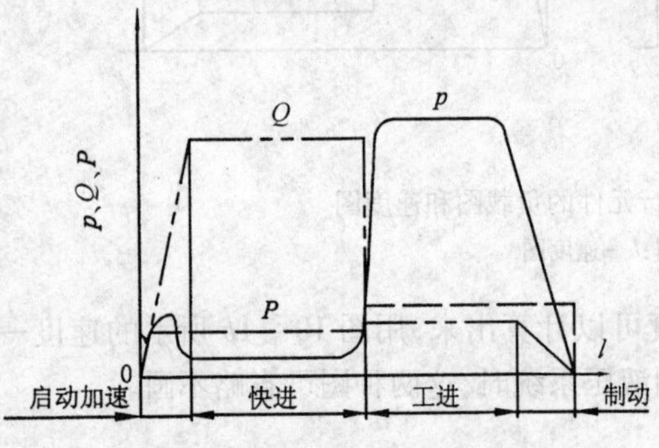

图 10－2　执行元件的工况图

液压系统执行元件的工况图是在执行元件结构参数确定之后，根据设计任务要求，算出不同阶段中的实际工作压力、流量和功率之后做出的（见图 10－2）。工况图显示液压系统在实现整个工作循环时这三个参数的变化情况。当系统中包含多个执行元件时，其工况图是各个执行元件工况图的综合。

液压执行元件的工况图是选择系统中其他液压元件和液压基本回路的依据，也是拟订液压系统方案的依据，这是因为：

（1）液压泵和各种控制阀的规格是根据工况图中的最大压力和最大流量选定的。

（2）各种液压回路及其油源形成都是按工况图中不同阶段内的压力和流量变化情况初选后，再通过比较确定的。

（3）将工况图所反映的情况与调研得来的参考方案进行比较，可以对原来设计参数的合理性作出鉴别，或进行调整。例如，在工艺情况允许的条件下，调整有关工作阶段的时间或速度，可以减少所需的功率；当功率分布很不均匀时，适当修改参数，可以避开（或削减）功率“峰值”等。

10.3 拟定液压系统原理图

10.3.1 概述

拟定液压系统原理图是液压系统设计中重要的一步，它对系统的性能及设计方案的经济、合理性具有决定性的影响。这一步涉及面广，需要综合运用已学过的知识经过反复分析比较后才能确定。拟定液压系统原理图一般分为两步进行：

第一步：分别选择各个基本回路。选择时应从对主机性能影响较大的回路开始，并应对各种方案进行分析比较。对于大多数机械来说，总是有调速的要求，因此采用容积调速或截流调速是一个首先要确定的问题。例如对于组合机床，速度变换问题比较突出，拟定液压系统时也应从速度回路开始。由于组合机床要求调速范围大，低速稳定性好，故应采用调速阀调速。考虑到系统长期连续运行，限制发热和温升以及提高系统效率问题也很重要，因此常采用效率较高的容积截流调速回路。

第二步：将选择的基本回路进行归并、整理，再增加一些必要的元件或辅助油路组合成一个完整的液压系统。

10.3.2 拟定系统原理图时应注意的问题

10.3.2.1 控制方式

在液压系统中，执行元件需改变运动速度和方向。此外如果一个系统有多个液压执行元件时，则还有动作顺序及互锁等要求。这些都存在一个动作转换的控制方式问题。如果机器只要求手动操作，则采用手动换向阀改变运动方向。某些执行机构较多的工程机械、船舶以及起重机等设备中常采用多路阀。如果机器要求完成某些自动循环动作，就要慎重地选择各种控制方式，一般讲行程控制动作比较可靠，是最通用的控制方式。合理地选择压力控制可以简化系统，但在一个系统内不宜多次使用。时间控制一般不单独使用，往往和行程或压力控制组合使用。按不同控制方式设计出的系统，其繁简程度差别较大，因此要求设计者合理地使用各种控制方式，设计出简单、可靠、性能完善的系统。

10.3.2.2 系统安全可靠

拟定液压系统图时，应对系统的安全性和可靠性予以足够的重视。为防止系统过载，安全阀是必不缺少的。为防止垂直运动部件在系统失压情况下自动下落，必须有平衡回路。起重机液压马达回路除有平衡回路外，还常有机械、液压制动装置，以确保安全。系统中有多个执行元件时，如果用一个泵供给两个以上执行元件运动时，则必须考虑防干扰问题。对要求可靠性较高的系统有时要设置一些备用元件或备用回路，以便个别工作元件或回路发生故障时，确保系统仍能正常工作。

10.3.2.3 节约能量

节能的目的在于提高能量利用率。对于液压系统而言，提高系统的效率不仅能节约能量，而且可防止系统过热。拟定液压系统时应对节能问题予以重视。如在工作循环中，系统所需流量差别较大时，应采用双泵和变量泵供油，或采用蓄能器；在系统处于保压或停止工作时应使泵卸荷等，这些都是提高系统效率的有效措施。

10.3.2.4 其他

尽可能采用标准元件，借用本厂现有产品中的元件和系统，以缩短设计和制造周期，降低成本等。

10.4 液压元件的计算与选择

液压泵的最大工作压力必须等于或超过液压执行元件最大工作压力及进油路上总压力损失这两者之和。液压执行元件的最大工作压力可以从工况图中找到；进油路上的总压力损失可以通过估算求得，也可以按经验资料估计（见表 10－3）。

表 10－3 进油路压力损失经验值

系统结构情况	总压力损失 Δp/MPa
一般截流调速及管路简单的系统	0.2～0.5
进油路有调速阀及管路复杂的系统	0.5～1.5

液压泵的流量必须等于或超过几个同时工作的液压执行元件总流量的最大值以及回路中泄漏量这两者之和。液压执行元件总流量的最大值可以从工况图中找到（当系统中备有蓄能器时，此值应为一个工作循环中液压执行元件的平均流量），而回路中的泄漏量则可按总流量最大值的 10%～30% 估算。

在参照产品样本选取液压泵时，泵的额定压力应选得比上述最大工作压力高 20%～60%，以便留有压力储备；额定流量则只需选得能满足上述最大流量需要即可。

液压泵在额定压力和额定流量下工作时，其驱动电机的功率一般可以直接从产品样本上查到。电机功率也可以根据具体工况计算出来，有关的算式和数据见液压工程手册。

阀类元件的规格按液压系统的最大压力和通过该阀的实际流量从产品样本上选定。选择截流阀和调速阀时，还要考虑它的最小稳定流量是否符合设计要求。各类阀都须选得使其实际通过流量最多不超过其公称流量的 120%，以免引起发热、噪声和过大的压力损失。对于可靠性要求特别高的系统来说，阀类元件的额定压力应高出其工作压力较多。

油管规格的确定和油箱容量的估算见本书第 7 章。

10.5 液压系统的性能验算

在确定了各个液压元件之后，有时还要根据需要对整个液压系统的某些技术性能进行必要的验算，以便对所选液压元件和液压系统参数作进一步调整。液压系统性能验算的项目很多，常见的有回路压力损失验算和发热温升验算。

10.5.1 回路压力损失验算

压力损失包括管道内的沿程损失和局部损失以及阀类元件处的局部损失三项。管道内的这两种损失可用第 3 章中的有关公式估算；阀类元件处的局部损失则需从产品样本中查出。当通过阀类元件的实际流量 Q 不是其公称流量 Q_0 时，它的实际压力损失 Δp 与其额定压力损失 Δp_0 之间将呈如下的近似关系

$$\Delta p = \Delta p_0 \left(\frac{Q}{Q_0} \right)^2 \tag{10-2}$$

计算液压系统的回路压力损失时,不同的工作阶段要分开来计算。回油路上的压力损失一般都须折算到进油路上去。计算时所得的总压力损失如果与计算液压元件时假定的压力损失相差太大,则应对设计进行必要的修改。

10.5.2 发热温升验算

这项验算是用热平衡原理来对油液的温升值进行估计。单位时间内进入液压系统的热量 H(以 W 计)是液压泵输入功率 P_i 和液压执行元件有效功率 P_0 之差。假如这些热量全部由油箱散发出去,不考虑系统其他部分的散热效能,则油液温升的估算公式可以根据不同的条件分别从有关的手册中找出来。例如,当油箱 3 个边的尺寸比例在 1:1:1 到 1:2:3 之间、油面高度是油箱高度的 80% 且油箱通风情况良好时,油液温升 ΔT(℃)的计算式可以用单位时间内输入热量 H(W)和油箱有效容积 V(m^3)近似地表示成

$$\Delta T = \frac{H}{\sqrt[3]{V^2}} \times 10^{-2} \tag{10-3}$$

当验算出来的油液温升值超过允许数值时,系统中必须考虑设置适当的冷却器。油箱中油液允许的温升 ΔT 随主机的不同而异:一般机床为 25～30℃,工程机械为 35～40℃等。

10.6 液压系统的设计计算举例

某台卧式单面多轴钻孔组合机床液压系统设计实例。

已知:机床工作时轴向切削力 $F_t = 25000$ N;

往复运动加速、减速的惯性力 $F_m = 500$ N;

静摩擦阻力 $F_{fs} = 1500$ N,动摩擦阻力 $F_{fd} = 850$ N;

快进、快退速度 $v_1 = v_3 = 0.1$ m/s;

快进行程长度 $l_1 = 0.1$ m;

工进速度 $v_2 = 0.000833$ m/s;

工进行程长度 $l_2 = 0.04$ m。

设该机床是自动线上的一台设备,为了保证自动化要求,其工件的定位、夹紧都应采用液压控制,机床的动作顺序应为:定位→夹紧→动力滑台快进→工进→快退→原位→夹具松开→拔定位销。

液压系统的设计过程如下。

10.6.1 工况分析

本例以动力滑台液压缸的分析计算为主,表 10－4 为液压缸在各工作阶段的负载值,其负载图、速度图,与图 10－1 相似。液压缸的机械效率取 0.9,且不考虑动力滑台上的颠覆力矩的作用。

表 10－4 液压缸在各工作阶段的负载值

工况	负载组成	负载值 F/N	推力 $\frac{F}{\eta_m}$/N
启动	$F=F_{fs}$	1500	1667
加速	$F=F_{fd}+F_m$	1350	1500
快进	$F=F_{fd}$	850	945
工进	$F=F_{fd}+F_t$	25850	28722
快退	$F=F_{fd}$	850	945

10.6.2 液压缸主要参数的确定

由表 10－1 和表 10－2 可知，组合机床液压系统在最大负载约为 29000 N 时宜取 $p_1=$ 4 MPa。液压缸选用单杆式，并在快进时做差动连接。此时液压缸无杆腔工作面积 A_1 应为有杆腔工作面积 A_2 的两倍，即活塞杆直径 d 与缸筒直径 D 的关系为 $d=0.707D$。

在钻孔加工时，液压缸回油路上必须具有背压 p_2，以防孔被钻通时滑台突然向前冲，可取 $p_2=0.8$ MPa。快进时液压缸虽作差动连接，但由于油管中有压降 Δp 存在，有杆腔的压力必须大于无杆腔的压力，估算时可取 $\Delta p\approx0.5$ MPa。快退时回油腔中是有背压的，这时 p_2 亦可按 0.5 MPa 估算。

由工进时的推力计算液压缸面积

$$F/\eta_m=A_1p_1-A_2p_2=A_1p_1-(A_1/2)p_2$$

故有

$$A_1=\left(\frac{F}{\eta_m}\right)\Big/\left(p_1-\frac{p_2}{2}\right)=28722\Big/\left[\left(4-\frac{0.8}{2}\right)\times10^6\right]$$

$$=0.008\ \text{m}^2=80\ \text{cm}^2$$

$$D=\sqrt{4A_1/\pi}=10.09\ \text{cm},\ d=0.707D=7.13\ \text{cm}$$

按 GB/T2348—93 将这些直径圆整成就近标准值得：$D=10$ cm，$d=7$ cm。由此求得液压缸两腔的实际有效面积为

$$A_1=\pi D^2/4=78.54\ \text{cm}^2,\ A_2=\pi(D^2-d^2)/4=40.06\ \text{cm}^2$$

根据上述 D 与 d 值，可估算液压缸在各个工作阶段中的压力、流量和功率，如表 10－5 所示，并据此绘出工况图如图 10－3 所示。

表 10－5 液压缸在不同阶段的压力、流量和功率值

工况		负载 F/N	回油腔压力 p_2/Pa	进油腔压力 p_1/Pa	输入流量 Q/m³ · s⁻¹	输入功率 P/W	计算式
快进（差动）	启动	1667	$p_2=0(\Delta p=0)$	0.433×10^6			$p_1=(F+A_2\Delta p)/(A_1-A_2)$ $Q=(A_1-A_2)v_1$ $P=p_1Q$
	加速	1500	$p_2=p_1+\Delta p$ $(\Delta p=0.5\times10^6$ Pa)	0.910×10^6			
	恒速	954		0.766×10^6	$23.09/(60\times10^3)$	0.30×1000	
工进		28722	0.85×10^6	4.065×10^6	$0.39/(60\times10^3)$	0.026×1000	$p_1=(F+A_2p_2)/A_1$ $Q=A_1v_2$ $P=p_1Q$

续表 10－5

工况		负载 F/N	回油腔压力 p_2/Pa	进油腔压力 p_1/Pa	输入流量 $Q/m^3\cdot s^{-1}$	输入功率 P/W	计算式
快退	启动	1667	$p_2=0$	0.416×10^6			$p_1=(F+A_1p_2)/A_2$ $Q=A_2v_3$ $P=p_1Q$
	加速	1500	0.5×10^6	1.36×10^6			
	恒速	945		1.216×10^6	$24.04/(60\times10^3)$	0.487×1000	

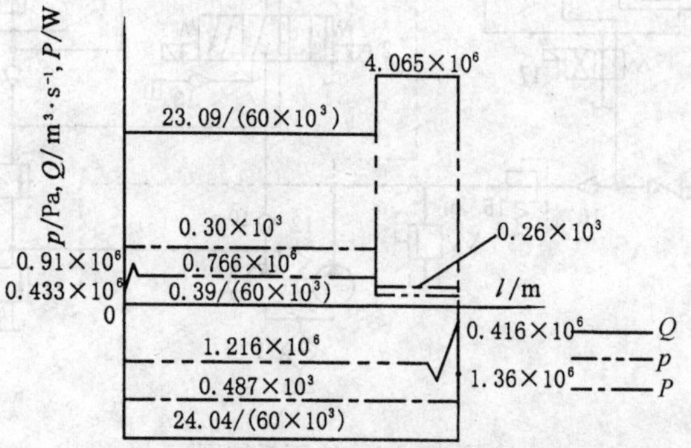

图 10－3 组合机床动力滑台液压缸工况图

10.6.3 液压系统图的拟定

10.6.3.1 *液压回路的选择*

首先选择调速回路。由工况图(见图 10－3)知,这台机床液压系统的功率小,滑台运动速度低,工作负载变化小,可采用进口截流的调速形式。为了解决进口截流调速回路在孔钻通时的滑台突然前冲现象,回油路上要设置背压阀。

由于液压系统选用了截流调速的方式,系统中油液的循环必然是开式的。

分析工况图可知,在这个液压系统的工作循环内,液压缸交替地要求油源提供低压大流量和高压小流量的油液。

最大流量与最小流量之比约为 60,而快进快退所需的时间比工进所需的时间少得多,因此从提高系统效率,节省能量的角度上来看,采用单个定量泵作为油源显然是不合适的,宜采用双泵供油系统,或采用限压式变量泵加调速阀组成容积截流调速系统。

在调速方案确定以后,供油方式、调压方式均已定。

本机床快进快退速度较大,为保证换向平稳,且液压缸在快进时为差动连接,故采用三位五通 Y 型电液换向阀来实现运动换向,并实现差动连接。

为保证夹紧力可靠,且能单独调节,在支路上串接减压阀和单向阀;为保证定位→夹紧的顺序动作,在进入夹紧缸的油路上接单向顺序阀来控制,只有当定位缸达到和超过顺序阀的调节压力时,夹紧缸才动作;为保证工件确已夹紧后进给缸才能动作,在夹紧缸进口处装一压力继电器,只有当夹紧压力达到压力继电器的调节压力时,才能发出信号,使进给缸油路的三位五通电液换向阀电磁铁通电,进给缸才能开始快进。

10.6.3.2 *拟定液压系统图*

综合上述分析和所拟定的方案,将各种回路合理地组合成为该机床液压系统原理图,如

图 10－4 所示。

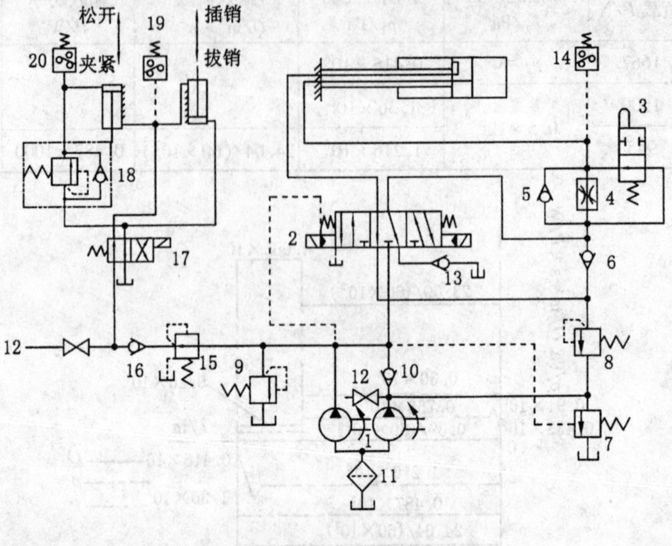

图 10－4　液压系统图

1—双联泵；2—三位五通电液阀；3—行程阀；4—调速阀；5、6、10、13、16—单向阀；7—顺序阀；8—背压阀；9—溢流阀；11—滤油器；12—压力表开关；14、19、20—压力继电器；15—减压阀；17—二位四通电磁阀；18—单向顺序阀

10.6.4　液压元件的选择

10.6.4.1　*液压泵*

液压缸在整个工作循环中的最大工作压力为 4.065 MPa，如取进油路上的压力损失为 0.8 MPa（见表 10－3），压力继电器调整压力应比系统最大工作压力高出 0.5 MPa，则小流量泵的最大工作压力应为

$$p_{p_1} = (4.065 + 0.8 + 0.5)\,\text{MPa} = 5.365\ \text{MPa}$$

大流量泵是在快速运动时才向液压缸输油的，由图 10－3 可知，快退时液压缸中的工作压力比快进时大，如取进油路的压力损失为 0.5 MPa，则大流量泵的最高工作压力为

$$p_{p_2} = (1.216 + 0.5)\,\text{MPa} = 1.716\ \text{MPa}$$

两个液压泵应向液压缸提供的最大流量为 $23.09/(60\times10^3)\ \text{m}^3/\text{s}$（见图 10－3）。若回路中的泄漏按液压缸输入流量的 10% 估计，则两个泵的总流量为 $Q_p = 1.1\times23.09/(60\times10^3)\ \text{m}^3/\text{s} = 25.4/(60\times10^3)\ \text{m}^3/\text{s}$。由于溢流阀的最小稳定溢流量为 $3/(60\times10^3)\ \text{m}^3/\text{s}$，工进时输入液压缸的流量为 $0.39/(60\times10^3)\ \text{m}^3/\text{s}$，所以小流量泵的流量规格最少应为 $3.39/(60\times10^3)\ \text{m}^3/\text{s}$。

根据以上压力和流量的数值查阅产品目录，最后确定选取 YB-4/25 型双联叶片泵。

由于液压缸在快退时输入功率最大，这相当于液压泵输出压力 1.716 MPa、流量 $29/(60\times10^3)\ \text{m}^3/\text{s}$ 时的情况。如取双联叶片泵的总效率为 $\eta = 0.75$，则液压泵驱动电机所需的功率为

$$P = p_p Q_p/\eta_p = [1.716\times10^6\times29/(60\times10^3)]/0.75\ \text{W} = 1100\ \text{W} = 1.1\ \text{kW}$$

根据所得数值查阅电机产品目录,选择功率和额定转速相近的电动机。

10.6.4.2 阀类元件及辅助元件

根据液压系统的工作压力和通过各个阀类元件和辅助元件的实际流量,可选出这些元件的型号及规格,表 10－6 列出了所选出的一种方案。

表 10－6 元件的型号及规格

序 号	元件名称	估计通过流量 $/L \cdot min^{-1}$	型 号	规 格	调节压力 /MPa
1	双联叶片泵		YB-4/25	6.3 MPa 25 L/min 和 4L/min	
2	三位五通电液阀	60	35DY-63BYZ	6.3 MPa	
3	行程阀	50			
4	调速阀	<1	QCI-63B	6.3 MPa	
5	单向阀	60			
6	单向阀	45	I-63B	6.3 MPa	
7	液控顺序阀	25	XY-63B	6.3 MPa	2.0
8	背压阀	<1	B-10B	6.3 MPa	0.8
9	溢流阀	4	Y-10B	6.3 MPa	5.4
10	单向阀	25	I-63B	6.3 MPa	
11	滤油器	30	XU-J40 * 100	40 L/min	
12	压力表开关		K-3B	6.3 MPa,3 测点	
13	单向阀	60	I-63B	6.3 MPa	
14	压力继电器		DP_1-63B	6.3 MPa	4.5
15	减压阀	30	J-63B	6.3 MPa	4.6
16	单向阀	30	I-63B	6.3 MPa	
17	二位四通电磁阀	30	24D-40B	6.3 MPa	
18	单向顺序阀		XI-63B	6.3 MPa	大于插销压力
19	压力继电器		DP_1-63B	6.3 MPa	4.6
20	压力继电器		DP_1-63B	6.3 MPa	4.6

10.6.5 液压系统的性能验算

10.6.5.1 回路压力损失验算

由于系统的具体管路布置还未确定,系统进油路上的总压力损失 $\sum \Delta p$ 无法估算,但是阀类元件的局部压力损失可以估算出来,它在总压力损失中占了很大份额,这里估算从略。

10.6.5.2 系统发热和温升验算

工进在整个工作循环中所占的时间比例达 96%,所以系统发热和油液温升可用工进时的情况来计算。

工进时液压缸的有效功率为

$$P_0 = p_2 Q_2 = F v_2 = 25850 \times 0.000833\ W = 21.5\ W$$

这时大流量泵通过顺序阀 7 卸荷(卸荷压力 $p_{P1} = 0.3 \times 10^6$ Pa),小流量泵在高压($p_{P2} = 5.4 \times 10^6$ Pa)下供油,所以两个泵的总输出功率为

$$P_i = \frac{p_{P1}Q_{P1} + p_{P2}Q_{P2}}{\eta} = \frac{0.3 \times 10^6 \times [25/(60 \times 1000)] + 5.4 \times 10^6 \times [4/(60 \times 1000)]}{0.75}$$

$$= 649.2\ \mathrm{W}$$

故得液压系统单位时间的发热量为

$$H = P_i - P_0 = (649.2 - 21.5)\ \mathrm{W} = 627.7\ \mathrm{W}$$

此机床允许油液温升 $\Delta T = 30$ K,为使温升不超过允许的 ΔT 值,可按式(7-1)计算油箱的最小有效容积 V_{min}

$$V_{min} = 10^{-3}\sqrt{\left(\frac{H}{\Delta T}\right)^3} = 10^{-3}\sqrt{\left(\frac{627.7}{30}\right)^3} = 0.0957\ \mathrm{m}^3$$

取 $V = 0.096\ \mathrm{m}^3$。

按式(7-4)计算油箱的总容积 V_a

$$V_a = 1.25\ V = 0.12\ \mathrm{m}^3$$

必须指出:如果实际所采用的油箱的有效容积 V 小于按式(7-1)计算出的最小有效容积 V_{min}($0.0957\ \mathrm{m}^3$),必须设置冷却器。

思考题与习题

10-1　某厂拟自制一台单缸传动的液压机,要求液压传动系统满足完成的工作循环是:快速下降→压制→快速回程→原位停止。

主要参数是:

移动部件自重为 5 kN;快速下降时的外负载为 10 kN,速度为 6 m/min;压制时外负载为 50 kN,速度为 0.2 m/min;快速回程外负载为 10 kN,速度为 12 m/min,不计管道压力损失、泄漏损失、液压缸的密封摩擦力以及惯性力等。试确定:

(1) 液压缸内径 D 和活塞杆直径 d;

(2) 该液压机的液压系统原理图;

(3) 液压泵和电动机的规格。

10-2　试设计一台钻、镗两用组合机床,要求液压系统完成快进→工进→死挡铁停留→快退→原位停止和工件的定位与夹紧。机床的快进、快退速度为 5 m/min,工进要求能在 20~100 mm/min 范围内无级调速,最大行程为 400 mm(其中工进行程 200 mm),最大切削力为 12000 N,运动部件自重为 20000 N,导轨为平导轨。工件所需夹紧力不得超过 6000 N,最小不低于 3330 N,其夹紧缸的行程为 40 mm,由松开到夹紧的时间为 $\Delta t_1 = 1$ s,启动换向时间取 $\Delta t_2 = 0.2$ s。

11 液压伺服控制系统

本章要求

了解和掌握液压伺服控制系统的组成、原理及其特点和应用;液压伺服阀的结构类型及特性;机液伺服控制系统的组成、稳定性分析及应用;电液伺服阀的结构、工作原理与基本特性。

11.1 液压伺服控制系统概述

液压伺服控制,是在液压传动和自动控制理论基础上,建立起来的一种液体自动控制系统。近20年来,许多工业部门和技术领域对高响应、高精度、高功率—质量比和大功率的液压伺服控制系统的需求不断扩大,促使液压伺服控制技术迅速发展,特别是反馈控制技术在液压装置中的应用,电子技术与液压技术的结合,使液压伺服控制系统这门技术不论在元件和系统方面,还是在理论和应用方面都日趋完善和成熟,并形成一门新的学科,成为液压技术的重要发展方向之一。

11.1.1 液压伺服控制原理及其特点

11.1.1.1 液压伺服控制原理

液压伺服系统(液压控制系统或液压随动系统)是一种自动控制系统,在这种控制系统中,液压执行元件的运动,也就是系统的输出量(机构位移、速度、加速度或力),能自动、快速而准确地复现输入量的变化规律。与此同时,还起到信号的功率放大作用,因此液压伺服机构也是功率放大装置。凡是采用液压伺服元件和液压执行元件,根据液压传动原理建立起来的伺服系统,都叫做液压伺服控制系统。

图11-1所示为一简单液压传动系统,由一个滑阀控制的液压缸,推动负载运动。当给阀心输入量 x_i(例如向右),则滑阀移动某一开口量 x_v,此时,压力油进入液压缸右腔,液压缸左腔回油,推动缸体向右运动,即有一输出位移 x_p,这一输出位移 x_p 和输入位移 x_i 大小无直接关系,而与液压缸结构尺寸有关。

若将上述滑阀和液压缸组合成一个整体,构成反馈通路,上述系统就变成一简单液压伺服系统,如图11-2所示。

如果控制滑阀处于中间位置(零位),即没有信号输入,$x_i=0$。这时,阀心凸肩恰好堵住液压缸两个油口,缸体不动,系统的输出量 $x_p=0$,负载停止不动,系统处于静止平衡状态。

若给控制滑阀输入一个正位移 $x_i>0$(例如向右为正)的输入信号,阀心偏离其中间位置,液压缸进出油路同时打开,凸肩和油口形成截流窗口,阀相应开口量 $x_v=x_i$,高压油通过一个截流窗口进入液压缸右腔，而液压缸左腔的油通过另一个截流窗口回油，液压缸产生位移 x_p，此时，系统处于不平衡状态。

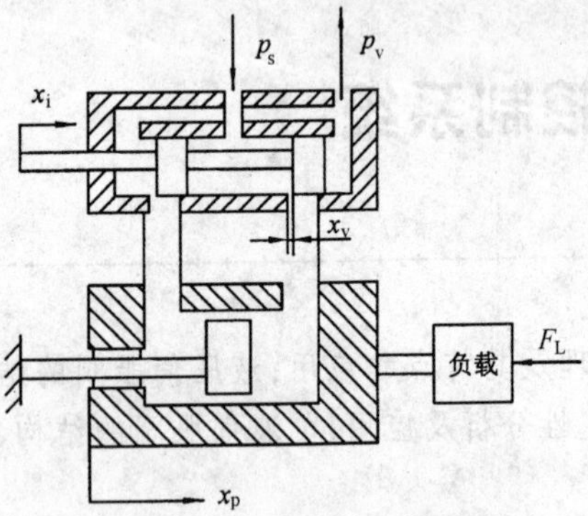

图 11－1　液压传动系统

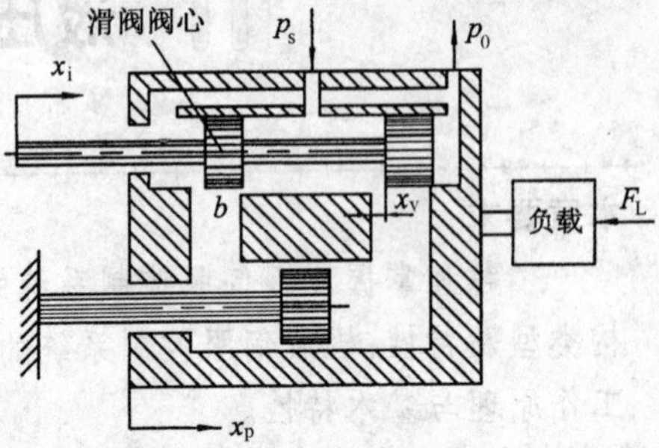

图 11－2　液压伺服系统

由于控制滑阀阀体和液压缸缸体固连在一起，成为一个整体，随着输出量 x_p 增加，而滑阀开口量 x_v 逐渐减少。当 x_p 增加到 $x_p = x_i$ 时，则开口量 $x_v = 0$，油路关闭，液压缸不动，负载停止在一个新的位置上，达到一个新的平衡状态。

如果继续给控制滑阀向右的输入信号 x_i，液压缸就会跟随这个信号继续向右运动。

反之，若给控制滑阀输入一个负位移 $x_i < 0$（向左为负）的输入信号，则液压缸就会跟随这个信号向左运动。

由此看出，在此系统中，滑阀不动，液压缸也不动；滑阀移动多少距离，液压缸也移动多少距离；滑阀移动速度快，液压缸移动速度也快；滑阀向哪个方向移动，液压缸也向哪个方向移动。只要给控制滑阀以某一规律的输入信号，则执行元件（系统输出）就自动地、准确地跟随控制滑阀。按照这个规律运动，这就是液压伺服系统的工作原理。

11.1.1.2　液压伺服系统的基本特点

通过上述分析，可以看出液压伺服系统具有下列基本特点：

（1）输出量能够自动地跟随输入量变化规律而变化，所以，液压伺服系统是一个自动跟踪系统（或随动系统）。

（2）液压缸位移 x_p 和阀心位移 x_i 之间不存在偏差时，即当控制滑阀处于零位时，系统的控制对象处于静止状态。由此可见，欲使系统有输出信号，首先必须保证控制滑阀具有一个开口量，即 $x_v = x_i - x_p \neq 0$。系统的输出信号和输入信号之间存在偏差是液压伺服系统工作的必要条件，也可以说液压伺服系统是靠偏差信号进行工作的。所以，液压伺服系统是一个有差系统。

（3）输出信号之所以能精确地复现输入信号的变化，是因为控制阀体和液压缸固连在一起，构成了一个反馈控制通路。液压缸输出位移 x_p 通过这个反馈通路回输给控制阀体，与输入位移 x_i 相比较，从而逐渐减小和消除输出信号和输入信号之间的偏差，即滑阀的开口量，直至输出位移和输入位移相同为止。所以，液压伺服系统是一个反馈系统，这里的反馈是负反馈。

（4）移动滑阀所需信号功率是很小的，而系统的输出功率（液压缸输出的速度和力）却可以很大，所以，液压伺服系统是一个功率（或力）放大系统。

综上所述，液压伺服控制的基本原理就是液压流体的反馈控制，即利用反馈连接得到偏差信号，再利用偏差信号去控制液压能源输入到系统的能量，使系统向减小偏差方向变化，从而使系统输出信号复现输入信号的变化规律。

11.1.2 液压伺服控制系统的组成和分类

11.1.2.1 液压伺服控制系统的组成

图 11-3 是应用电液伺服阀的电液位置伺服系统，由指令电位器 1，反馈电位器 2，放大器 3，电液伺服阀 4，液压缸 5 和工作台 6 组成。

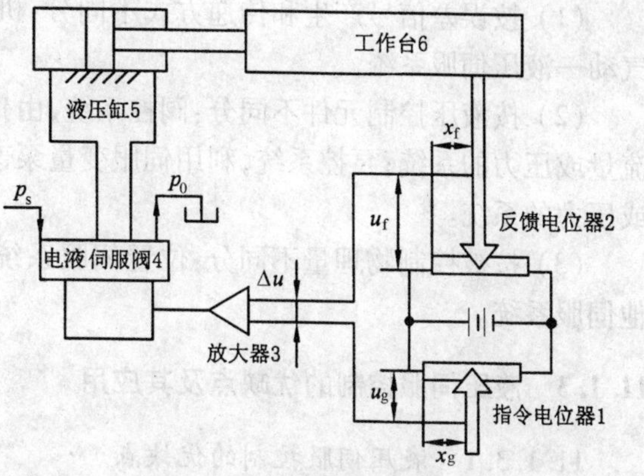

图 11-3 电液位置伺服系统

指令电位器将滑臂的位置指令 x_g 转换成电压 u_g，被控制的工作台位置 x_f 由反馈电位器检测，转换成电压 u_f：两个相同的线性电位器接成桥式电路，该电桥输出电压 $\Delta u = u_g - u_f$。当工作台位置 x_f 与指令位置 x_g 一致时，电桥输出偏差电压 $\Delta u = 0$，此时放大器输出电压为零；电液伺服阀处于零位，没有流量输出，工作台不移动，系统处在一个平衡状态。当指令电位器滑臂位置发生变化，如向右移动某一位移 x_g，而工作台位置还没有发生变化时，即 $x_f = 0$，$u_f = 0$，则电桥输出的偏差电压 $\Delta u = u_g - u_f = u_g$，经放大器放大后变为电流信号去控制电液伺服阀，电液伺服阀输出压力油，推动工作台右移。工作台位移 x_f 由反馈电位器检测，转换为电压 u_f，使电桥输出偏差电压逐渐减小，当工作台位移 x_f 等于指令电位器滑臂位移 x_g 时，电桥输出偏差电压 $\Delta u = 0$，工作台停止运动，系统处在一个新的平衡状态。如果指令电位器滑臂反向运动，则工作台也做反向运动。在这种系统中，工作台位置能准确地跟随指令电位器滑臂的变化规律，实现电液位置伺服控制。

任何液压伺服系统，无论多复杂，都是由一些基本元件组成，并可用图 11-4 表示。

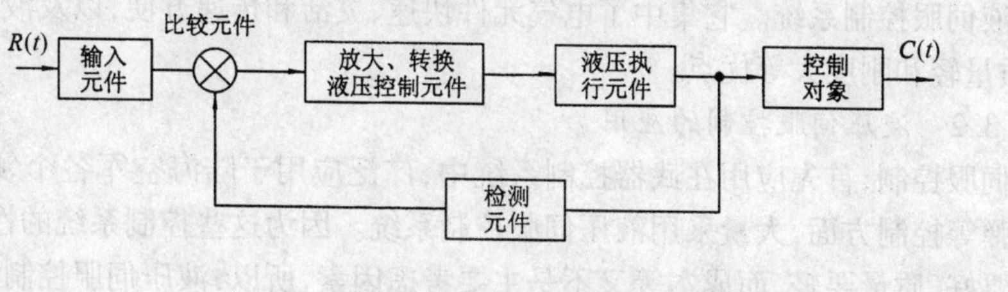

图 11-4 液压伺服控制系统的基本元件

(1) 指令(输入)元件：给出与反馈信号具有同样形式和量纲的控制信号，如前例中的指令电位器，以及其他电器或计算机。

(2) 反馈检测元件：检测被控制量，给出系统的反馈信号，如前例中的反馈电位器、测速机以及其他类型传感器。

(3) 放大、转换、控制元件：把偏差信号加以放大，作能量形式转换(电—液、机—液、气—液等)，变成液压信号(流量、压力)并控制执行元件运动，如前例中的放大器、伺服阀等。

(4) 比较元件：把控制信号和反馈信号加以比较，给出偏差信号。比较元件有时不单独存在，而是与输入元件、反馈检测元件及放大器在一起，由一个结构元件来完成。图 11 – 2 中的滑阀，可同时完成输入、比较和放大三种功能。

(5) 执行元件：直接对控制对象起控制作用的元件，如液压缸和液压马达等。

(6) 控制对象：它是系统中所控制的对象，如工作台及其他负载装置。

此外，还可能有各种校正装置，以及不包含在控制回路内的能源装置和其他辅助装置等。

11.1.2.2　液压伺服控制系统的分类

液压伺服控制系统，可按下列不同原则进行分类：

(1) 按误差信号产生和传递方式不同分：机械—液压伺服系统；电气—液压伺服系统；气动—液压伺服系统。

(2) 按液压控制元件不同分：阀控系统，由伺服阀利用截流原理，控制输入执行元件的流量或压力的系统；泵控系统，利用伺服变量泵改变排量的办法，控制输入执行元件的流量或压力的系统。

(3) 按被控制物理量不同分：位置伺服系统；速度伺服系统；力(或压力)伺服系统；其他伺服系统。

11.1.3　液压伺服控制的优缺点及其应用

11.1.3.1　液压伺服控制的优缺点

液压伺服控制除具有液压传动所固有的一系列显著优点外，还具有系统刚度大，控制精度高，响应速度快，能高速启动、制动和反向等优点。因而可组成体积小，质量轻，加速能力强，快速动作和控制精度高的伺服系统，来控制大功率和大负载。

同样，液压伺服控制除具有液压传动所具有的一些优点外，还具有一些缺点，如它的精密控制元件(如电液伺服阀)加工精度高，因而价格贵，对工作油要求高，工作油的污染对系统可靠性影响较大。

由于对信号输入、误差检测、输出信号反馈以及系统校正和综合使用等电气系统比较方便，所以往往在信号处理部分采用电气元件。从功率放大到执行元件采用液压元件，这样就构成了电液伺服控制系统。它集中了电气元件快速、灵活和传递方便，以及液压执行元件结构紧凑，质量轻和刚度大等优点。

11.1.3.2　液压伺服控制的应用

液压伺服控制，首先应用在武器控制系统中，广泛应用于陆海空军各个领域。在航天、航空和导弹等控制方面，大量采用液压伺服控制系统。因为这些控制系统的性能要求很高，快速性能要好，质量要轻，而成本等又不是主要考虑因素，所以，液压伺服控制技术在这些部门得到了大量应用和发展。目前，在飞机上所有的控制系统和操纵机构几乎全都采用液压伺服及液压传动机构。在导弹方面，小口径导弹，由于要求本身质量轻，大多采用气动伺服系统；中程及远程导弹的各个控制系统，几乎都采用液压伺服系统。

在地面武器方面，由于要跟踪及扫描航速日益提高的飞机，早在第二次世界大战前高射炮就有采用液压伺服控制。目前，由于武器种类越来越多，自动化程度也越来越高，所以，在坦克稳定控制、雷达的搜索跟踪控制等方面都采用了液压伺服控制。

在民用工业方面，如机床方面的仿形机床、数控机床；船舶上的舵机操纵和消摆系统；冶炼方面的电炉电极自动升降控制系统；试验装置方面的振动试验台、材料试验机等；锻压设备中的挤压机速度伺服控制,油压机的位置同步伺服控制;轧制设备中的轧机压下,带材连续生产中的跑偏控制、张力控制;大型车辆的转向助力器等,都应用了液压伺服控制。

以上仅在几个方面举出了一些应用实例,其实由于各行各业的自动化程度越来越高,机器设备的运行速度也越来越快,工作精度也越来越高,功率越来越大,所以,适于上述特点的伺服控制系统将越来越广泛地应用到各行各业。

11.2 液压伺服阀

液压伺服元件分为液压伺服变量泵和液压伺服阀两大基本类型。液压伺服阀(液压控制阀或液压随动阀)是液压伺服控制系统中最主要的一种控制元件。

液压伺服阀以输入的机械运动控制输出流体的压力和流量,在液压伺服系统中,它是机械—液压转换装置(机—液接口元件)。液压伺服阀,把输入的小功率机械信号,转换为大功率的液压信号输出,所以它也是一种功率放大装置,常被叫做液压放大元件。

在截流式液压伺服控制系统中,液压伺服阀直接控制液压执行元件的动作。在容积式液压伺服系统中,它控制液压泵的变量机构,改变其输出流量,从而间接地对液压执行元件进行控制。所以,液压伺服阀的性能直接影响系统的工作性能。

11.2.1 液压伺服阀的结构及分类

液压伺服控制系统中,常用的典型液压伺服阀有圆柱滑阀、喷嘴挡板阀和射流管阀。

11.2.1.1 圆柱滑阀

这种阀因具有良好的控制性能,在液压伺服控制系统中应用最广。由于使用场合不同,工程上应用的圆柱滑阀具有各种结构形式。

(1) 根据滑阀控制边(工作截流棱边)的数目,圆柱滑阀可分为单边、双边和四边滑阀,见图11-5*a*、*b*、*c*。从加工工艺来看,单边滑阀最简单,四边滑阀最复杂;从控制性能来看,

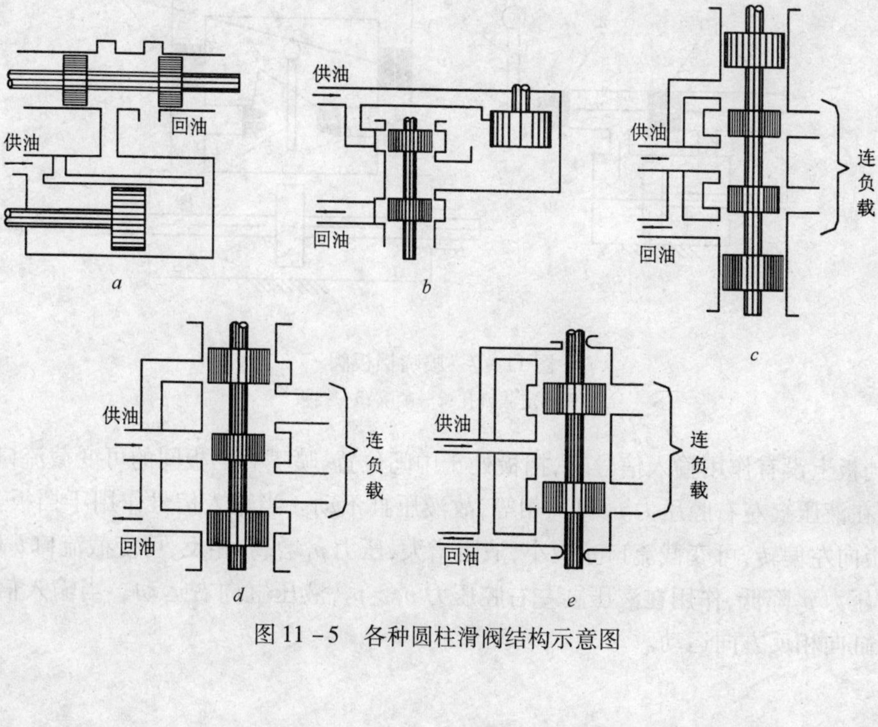

图11-5 各种圆柱滑阀结构示意图

单边滑阀最差，四边滑阀最好。在要求较高的液压伺服控制系统中，四边滑阀应用最多；在要求不高的机床仿形刀架上，常用单边或双边滑阀。

(2) 根据滑阀的通道数，圆柱滑阀可分为二通阀、三通阀和四通阀等。二通阀和三通阀只有一个负载通道，只能控制差动液压缸，见图 11－5*a*、*b*。

(3) 根据滑阀在零位时的开口形式，圆柱滑阀可分为正开口(负重叠 $t<h$)阀，零开口(零重叠 $t=h$)阀和负开口(正重叠 $t>h$)阀，分别如图 11－6 所示。

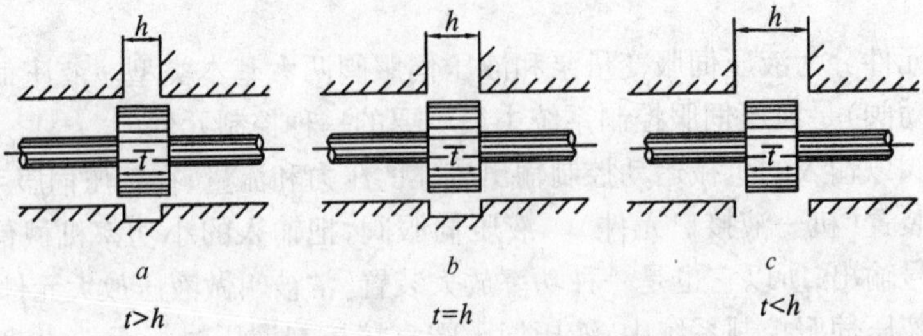

图 11－6　滑阀的不同开口形式

a—负开口；*b*—零开口；*c*—正开口

11.2.1.2　喷嘴挡板阀

喷嘴挡板阀，有单喷嘴挡板阀和双喷嘴挡板阀两种结构形式，如图 11－7*a*、*b* 所示，主要由喷嘴 2，固定截流孔 1 和挡板 3 组成。挡板和喷嘴之间形成一个可变截流口，挡板一般由扭轴或弹簧支撑，挡板的位置由输入信号控制。

对于双喷嘴挡板阀，如图 11－7*b* 所示，当压力油 p_s 进入阀后，分别通过两个液阻相等的固定截流口 1，一部分油液经喷嘴 2 和挡板 3 间的可变截流口 *a*、*b* 喷出，流回油箱，在喷嘴腔 *c*、*d* 内分别形成压力 p_1、p_2，分别加在执行液压缸的左右腔。

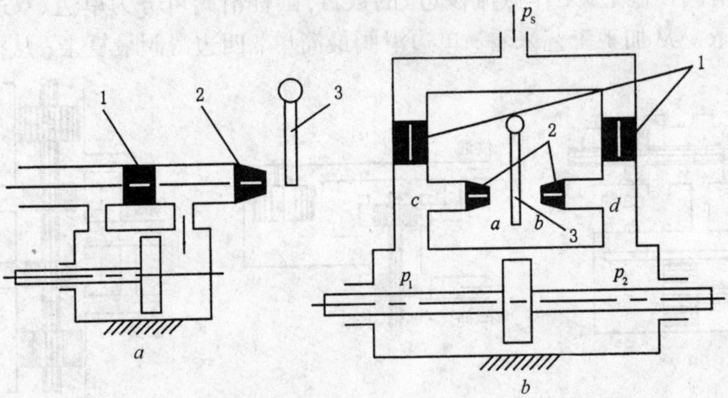

图 11－7　喷嘴挡板阀

1—固定截流孔；2—喷嘴；3—挡板

当挡板上没有作用输入信号时，挡板处于中间位置，喷嘴和挡板间的可变截流口液阻相等，作用在液压缸左右腔压力 p_1 和 p_2 相等，故液压缸不动。当输入信号作用于挡板上时，例如使挡板向左偏转，可变截流口 *a* 减小，液阻增大，压力 p_1 增高；相反，可变截流口 *b* 增大，液阻减小，压力 p_2 降低，作用在液压缸左右腔压力 $p_1>p_2$，液压缸向右运动。当输入信号反向时，液压缸向相反方向运动。

喷嘴挡板阀和圆柱滑阀相比较，其突出优点是抗污染能力强，而且不像滑阀那样要求严格的制造精度，另外惯性小、位移小，响应速度高，主要缺点是零位泄漏量大。因此常用于小功率系统中，通常作为二级或三级电液伺服阀的前置级（第一级）。

11.2.1.3 射流管阀

射流管阀如图 11－8 所示，它由射流管 1，接受器 2 组成。射流管由轴承支撑，可以摆动。接受器上的两个接受孔 a、b 分别和液压缸两腔相通。

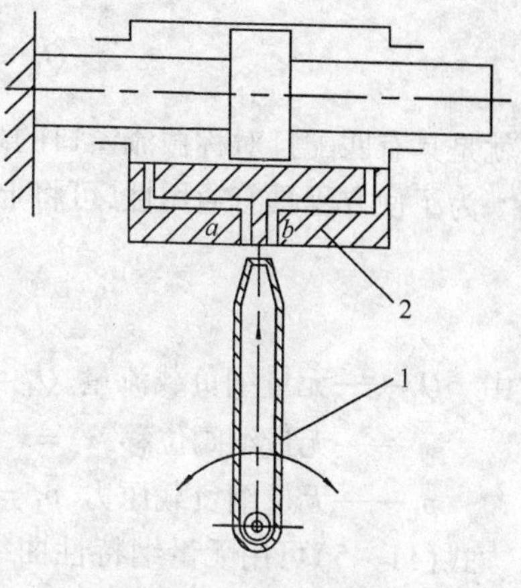

图 11－8 射流管阀
1—射流管；2—接受器

压力为 p_2 的压力油由射流管射出，被两个接受孔接收，并加在液压缸左右两腔。在没有输入信号时，射流管处于中间位置，喷嘴对准两接受孔的中间，两接受孔接受的油液相等，加在液压缸两腔的压力相等，液压缸不运动。有输入信号时，射流管偏转，两接受孔接受的油液不相等，加在液压缸两腔压力不相等，液压缸运动。

射流管阀的优点是结构简单、加工精度低、抗污染能力强；缺点是惯性大、响应速度低、工作性能较差、零位功率损耗大。因此，这种阀只适用于低压、小功率的场合，可作为电液伺服阀的前置级。

11.2.2 零开口四边滑阀的分析

11.2.2.1 理想零开口四边滑阀的分析

为了简化分析，我们引入理想滑阀的概念。如果滑阀阀心与阀套的径向间隙为零，并且所有控制边为理想锐边（圆角半径为零），这样的滑阀叫做理想滑阀。

（1）理想零开口四边滑阀的压力—流量方程。参见图 11－9。

当 $x_v>0$ 时，$A_2=A_4=0$，即 $Q_2=Q_4=0$，$Q_L=c_dA_1\sqrt{(p_s-p_L)/\rho}$ （11－1）

当 $x_v<0$ 时，$A_1=A_3=0$，即 $Q_1=Q_3=0$，$Q_L=-c_dA_2\sqrt{(p_s+p_L)/\rho}$ （11－2）

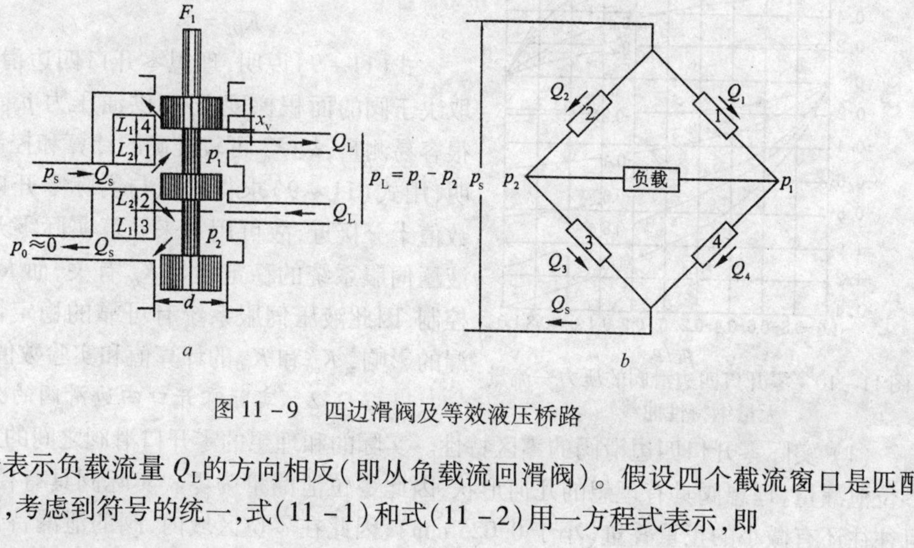

图 11－9 四边滑阀及等效液压桥路

式中的负号表示负载流量 Q_L 的方向相反（即从负载流回滑阀）。假设四个截流窗口是匹配而且对称的，考虑到符号的统一，式（11－1）和式（11－2）用一方程式表示，即

$$Q_L = c_d |A_1| \frac{x_v}{|x_v|}\sqrt{\frac{1}{\rho}\left(p_s - \frac{x_v}{|x_v|}p_L\right)} \tag{11-3}$$

如果截流窗口为矩形，面积梯度为 W，则 $A_1 = Wx_v$，故式(11-3)变为

$$Q_L = c_d W x_v \sqrt{\frac{1}{\rho}\left(p_s - \frac{x_v}{|x_v|}p_L\right)} \tag{11-4}$$

这就是具有匹配且对称截流窗口的理想零开度四边滑阀的压力—流量方程。

为了使方程具有通用性，可将上式变为无量纲方程

$$\overline{Q}_L = \overline{x}_v \sqrt{1 - \frac{x_v}{|x_v|}\overline{p}_L} \tag{11-5}$$

式中　$\overline{Q}_L$——无量纲负载流量，$\overline{Q}_L = Q_L/Q_0 = Q_L/(c_d W x_{v\max}\sqrt{p_s/\rho})$；

$\overline{x}_v$——无量纲阀位移，$\overline{x}_v = x_v/x_{v\max}$；

$\overline{p}_L$——无量纲负载压力，$\overline{p}_L = p_L/p_s$。

式(11-5)可用无量纲特性曲线表示。图11-10为零开口四边滑阀的压力—流量无量纲特性曲线。

(2) 理想零开口四边滑阀的阀系数。理想零开口四边滑阀的阀系数可通过对式(11-4)求偏微分得到：

流量增益：
$$K_q = \partial Q_L/\partial x_v = c_d W\sqrt{(p_s - p_L)/\rho} \tag{11-6}$$

流量—压力系数：
$$K_c = -\frac{\partial Q_L}{\partial p_L} = \frac{c_d W x_v \sqrt{(p_s - p_L)/\rho}}{2(p_s - p_L)} \tag{11-7}$$

压力增益：
$$K_p = \frac{\partial p_L}{\partial x_v} = \frac{K_q}{K_c} = \frac{2(p_s - p_L)}{x_v} \tag{11-8}$$

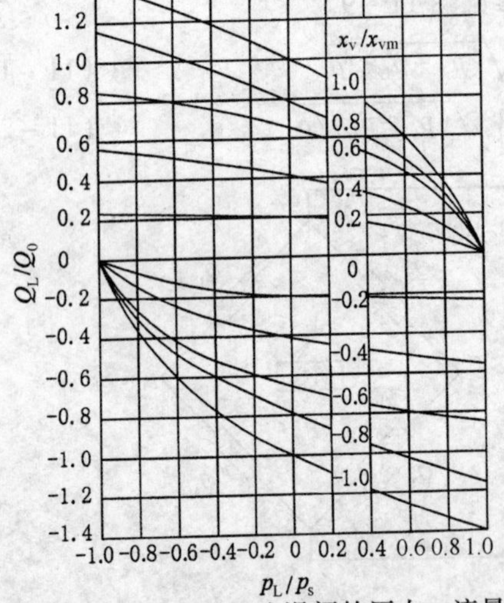

图11-10　零开口四边滑阀的压力—流量无量纲特性曲线

理想零开口四边滑阀的零位阀系数为($Q_L = p_L = x_v = 0$)：

$$K_{q0} = c_d W\sqrt{p_s/\rho} \tag{11-9}$$

$$K_{c0} = 0 \tag{11-10}$$

$$K_{p0} = \infty \tag{11-11}$$

式(11-9)说明，理想零开口四边滑阀的 K_{q0} 只取决于阀的面积梯度 W 和供油压力 p_s。这两个量很容易测量，故 K_{q0} 可较准确的计算和控制。经验证明，用式(11-9)求得的值与实际零开口阀的实验数值十分接近，故可用它来计算实际零开口的 K_{q0}。液压伺服系统的稳定性与 K_{q0} 有关，而 K_{q0} 又很容易控制，因此液压伺服系统有可靠的稳定性。由于泄漏的影响，K_{c0} 和 K_{p0} 的计算值和实验数值相差较大。

11.2.2.2　实际零开口四边滑阀的分析

(1) 实际零开口四边滑阀的零区特性。实际的和理想的零开口滑阀之间的差别就在于零位泄漏量，理想阀具有理想的几何形状，因此零位泄漏量为零。实际阀具有径向间隙，而且往往还有微小的正重叠量(小于0.025 mm)，因此在零位区域内，阀的泄漏特性决定了阀

的零区特性。在零位区域外，理想阀的特性才与实际阀的特性一致。

实际阀的零区特性，可通过实验确定。如图 11－9 所示，把负载通道关死，即 $Q_L=0$，并在负载通道和供油口分别接上压力表，在回油口上接上流量计或量杯，固定供油压力 p_s，改变阀位移 x_v，测出相应的负载压力 p_L 和泄漏流量 Q_c（即供油量 Q_s）。根据测得的结果可作出压力特性曲线（图 11－11）和泄漏流量曲线（图 11－12）。如果使阀处于零位不动，改变供油压力 p_s，则可得到阀的零位泄漏流量 Q_c，其曲线如图 11－13 所示。

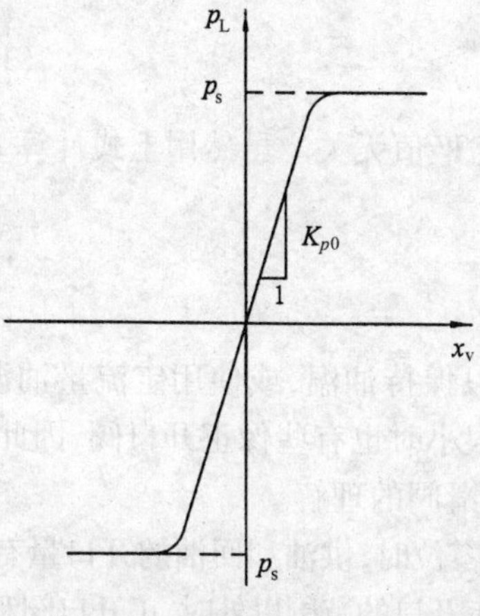

图11－11 关闭负载通道后的压力特性曲线

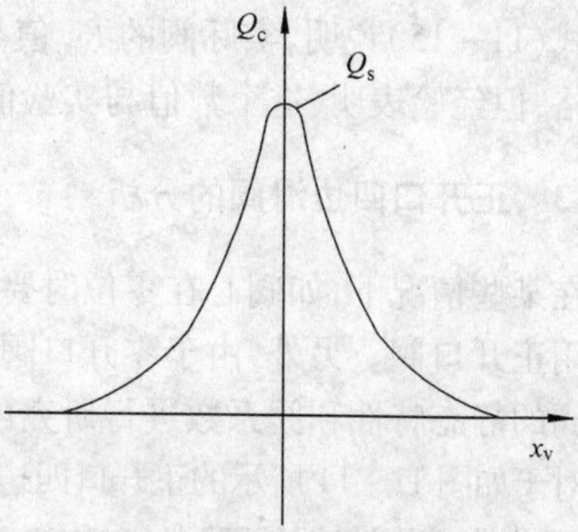

图 11－12 泄漏流量曲线

图 11－11 曲线在原点处的斜率就是 K_{p0} 值，只要有一很小位移，负载压力 p_L 就会很快地增加到供油压力 p_s，这说明液压伺服阀的压力增益很高。图 11－12 的泄漏曲线表示阀的液压功率损失。泄漏量在阀处于零位时具有最大值，因为此时阀的密封长度最短，随着阀心移动，回油密封长度增加，泄漏量就急剧减少。图 11－13 中，新阀和旧阀零位泄漏量不同，新阀的间隙小，故泄漏量小且液流为层流状态，旧阀由于控制边被磨损，泄漏通道面积增大，故泄漏量增大且液流为紊流状态。

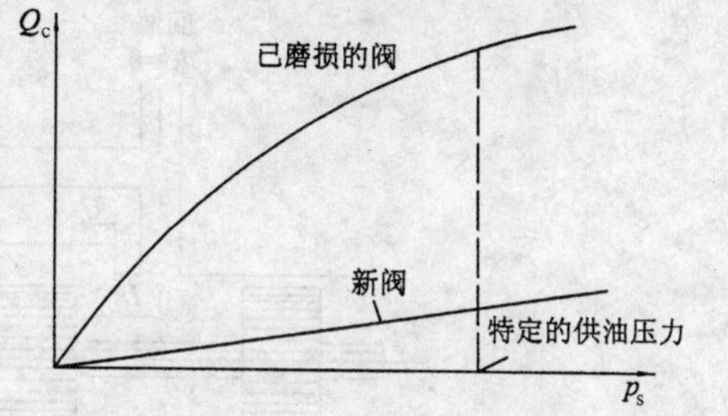

图 11－13 零位泄漏流量曲线

（2）实际零开口四边滑阀的阀系数。当实际零开口阀处于零位时，每个截流窗口压力差和泄漏量分别为 $p_s/2$ 和 $Q_s/2$，则总的泄漏量为

$$Q_c=\frac{\pi W r_c^{\ 2}}{32\mu}p_s \tag{11-12}$$

式中 W——阀口的面积梯度；

r_c——阀心与阀套间的径向间隙；

p_s——供油压力；

Q_c——阀的零位泄流量。

对式（11－12）微分可得

$$K_{c0}=\frac{\partial Q_c}{\partial p_s}=\frac{\pi W r_c^{\ 2}}{32\mu} \tag{11-13}$$

式(11－13)说明,实际阀的 K_{c0} 值与阀的面积梯度 W 值有关。上式可用来近似计算实际阀的零位流量—压力系数,结果比理想阀的 K_{c0} 要准确。

零位流量增益:

$$K_{q0} = c_d W\sqrt{p_s/\rho} \tag{11-14}$$

实际阀的 K_{q0} 和理想阀的 K_{q0} 相同。

零位压力增益:

$$K_{p0} = \frac{32\mu c_d\sqrt{p_s/\rho}}{\pi r_c^2} \tag{11-15}$$

式(11－15)说明,实际阀的 K_{p0} 值与阀的面积梯度 W 值无关。虽然用上式计算 K_{p0} 值并不严格,但经验表明,这个数值与实验值比较接近。

11.2.3　正开口四边滑阀的分析

在某些情况下,如阀心在零位时要求有液流通过以保持油温,或使用定流量油源时,必须采用正开口阀。另外,由于零开口阀的特性在行程很小时也有些像正开口阀,因此对正开口滑阀的静态特性和阀系数进行研究可加深对零开口滑阀的理解。

对于如图 11－14 所示的正开口四边滑阀,当阀处于零位时,供油和回油的开口量有相同的数值 U,此外,还假定阀是匹配且对称的。由于开口量在正开口的范围以外时,正开口阀和零开口的特性是一样的,因此我们只研究开口量在正开口范围内,即 $|x_v| \leqslant U$ 时的特性。

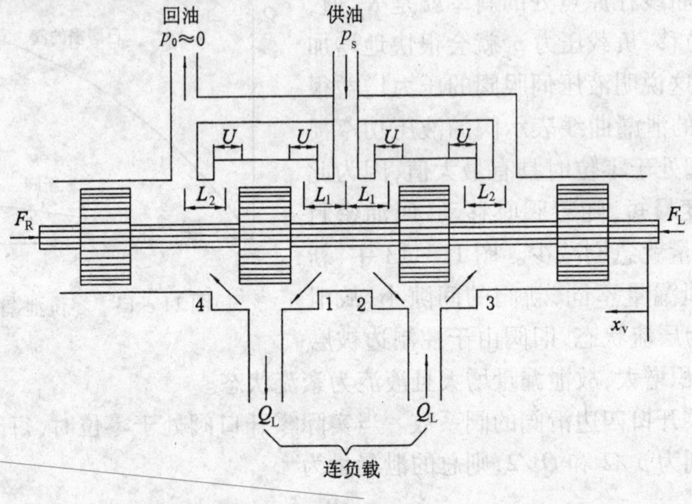

图 11－14　正开口四边滑阀

1、2、3、4—截流窗口

当滑阀有某一正向位移 x_v 时,各截流窗口面积为

$$A_1 = A_3 = W(U + x_v) \tag{11-16}$$

$$A_2 = A_4 = W(U - x_v) \tag{11-17}$$

通过截流窗口的流量分别为

$$Q_1 = c_d W(U + x_v)\sqrt{(p_s - p_L)/\rho} \tag{11-18}$$

$$Q_2 = c_d W(U - x_v)\sqrt{(p_s + p_L)/\rho} \tag{11-19}$$

$$Q_3 = c_d W(U + x_v)\sqrt{(p_s - p_L)/\rho} \tag{11-20}$$

$$Q_4 = c_d W(U - x_v)\sqrt{(p_s + p_L)/\rho} \tag{11-21}$$

而负载流量为

$$Q_L = Q_1 - Q_4 = Q_3 - Q_2$$
$$= c_d W(U + x_v)\sqrt{(p_s - p_L)/\rho} - c_d W(U - x_v)\sqrt{(p_s + p_L)/\rho}$$

即

$$Q_L = c_d WU\sqrt{\frac{p_s}{\rho}}\left[\left(1 + \frac{x_v}{U}\right)\sqrt{1 - \frac{p_L}{p_s}} - \left(1 - \frac{x_v}{U}\right)\sqrt{1 + \frac{p_L}{p_s}}\right] \tag{11-22}$$

上式即为正开口四边滑阀的压力—流量方程。

零位阀系数可通过对式(11-22)微分求出

$$K_{q0} = 2c_d W\sqrt{p_s/\rho}$$

$$K_{c0} = \frac{c_d WU\sqrt{p_s/\rho}}{p_s} \tag{11-23}$$

$$K_{p0} = 2p_s/U$$

与理想零开口四边滑阀相比较，正开口四边滑阀的流量增益增加了1倍。这是因为当滑阀阀心移动一个距离x_v后，截流窗口1和3面积增大了Wx_v，而窗口2和4的面积却减少了同一数值，故截流面积的总变化量为$2Wx_v$，所以采用正开口阀可提高零位附近的流量增益，但零位时泄漏量增大。在零位点上，$p_L = 0$，$x_v = 0$，因此$A_1 = A_2 = WU$，可算出零位时总流量或泄漏流量，即

$$Q_c = 2c_d WU\sqrt{p_s/\rho} \tag{11-24}$$

它说明阀在零位工作点工作时功率损失增大。K_{c0}值取决于面积梯度W，而K_{p0}值则与W无关。这就更加说明了研究零开口四边滑阀的泄漏流量曲线时所做出的类似结论，即零位附近，零开口阀很类似正开口阀。

根据上述分析，负开口阀的特性不用再推导了，因为在负开口范围内$Q_L = 0$，$x_v = 0$为阀的不灵敏区（死区），而当行程超过开口量后，其特性和零开口阀相同。

11.2.4 双边滑阀的分析

11.2.4.1 零开口双边滑阀的分析

双边滑阀必须和差动液压缸组合使用，如图11-15所示，当活塞两端作用力相等时，即

$$p_s A_r = p_c A_h \tag{11-25}$$

式中 p_s——供油压力；

p_c——控制压力；

A_h——活塞无杆腔面积；

A_r——活塞有杆腔面积。

当活塞静止不动，给滑阀一正向位移x_v，截流口1开大，2关小，控制压力p_c升高，活塞向下运动，反之亦然。为了使活塞在两个方向上得到相同的运动速度和加减速能力，应使阀在零位工作点工作时，控制压力为$p_{c0} = p_s/2$。为此，在无负载时，应将液压缸活塞设计成$A_h = 2A_r$。

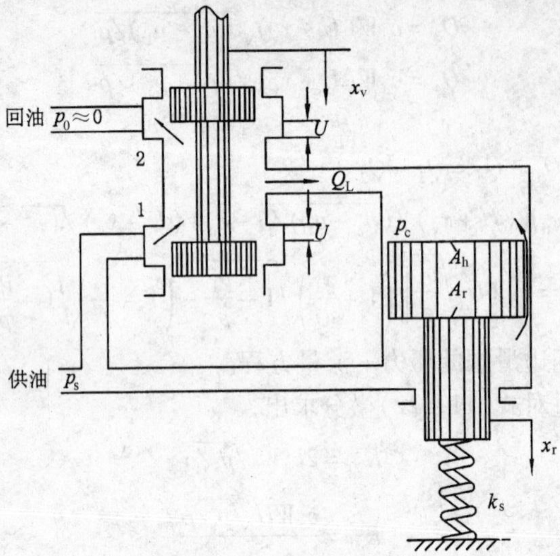

图 11－15　双边滑阀

1、2—截流窗口

对于图 11－15 所示的零开口双边滑阀，当 $U=0$ 时，压力—流量方程为

$$x_v \geqslant 0 \text{ 时}, Q_L = c_d A_1 \sqrt{2(p_s - p_c)/\rho} = c_d W x_v \sqrt{2(p_s - p_c)/\rho} \tag{11-26}$$

$$x_v \leqslant 0 \text{ 时}, Q_L = c_d A_2 \sqrt{2p_c/\rho} = c_d W x_v \sqrt{2p_c/\rho} \tag{11-27}$$

零开口双边滑阀的零位阀系数为（$Q_L = x_v = 0, p_c = p_s/2$）

$$\left.\begin{aligned} K_{q0} &= c_d W \sqrt{p_s/\rho} \\ K_{c0} &= 0 \\ K_{p0} &= \infty \end{aligned}\right\} \tag{11-28}$$

将上式与零开口四边滑阀的阀系数进行比较，可以看出，K_{q0} 相同，K_{p0} 理论值亦相同，但实际值为四边阀的一半。因此，对双边滑阀来说，由常值负载力和摩擦负载力引起的稳态误差，是四边阀的两倍。对于实际零开口双边滑阀，泄漏量和零位阀系数可用类似实际零开口四边滑阀的分析方法求得。

11.2.4.2　正开口双边滑阀的分析

对于图 11－15 所示的正开口双边滑阀，当正开口量为 U 时，压力—流量方程为

$$Q_L = c_d W (U + x_v) \sqrt{2(p_s - p_c)/\rho} - c_d W (U - x_v) \sqrt{2p_c/\rho} \tag{11-29}$$

$$Q_L = c_d W U \sqrt{2p_s/\rho} \left\{ [1 + (x_v/U)] \sqrt{1 - (p_c/p_s)} - [1 - (x_v/U)] \sqrt{p_c/p_s} \right\} \tag{11-30}$$

正开口双边滑阀的零位阀系数为

$$\left.\begin{aligned} K_{q0} &= 2c_d W \sqrt{p_s/\rho} \\ K_{c0} &= \frac{2c_d W U \sqrt{p_s/\rho}}{p_s} \\ K_{p0} &= p_s/U \end{aligned}\right\} \tag{11-31}$$

和正开口四边滑阀相比较，K_{q0} 相同，K_{p0} 是四边阀的一半。

正开口双边滑阀的零位泄漏量为

$$Q_c = Q_s = Q_1 = Q_2 = c_d WU\sqrt{p_c/\rho} \quad (11-32)$$

11.2.5　带一个固定截流口的单边滑阀的分析

图 11－16 所示为带一个固定截流口的单边滑阀，负载为差动液压缸，其面积关系为$A_h = 2A_r$。

当液压缸静止及$p_c = p_s/2$时，滑阀开口量为U，此时通过固定截流孔的流量Q_2与通过滑阀流量Q_1相等，即

$$Q_2 = Q_1$$

$$c_{d0}(\pi d_0^2/4\sqrt{p_s/\rho}) = c_d WU\sqrt{p_s/\rho}$$

可得
$$c_{d0}(\pi d_0^2/4) = c_d WU \quad (11-33)$$

式中　c_{d0}——固定截流孔的流量系数；

d_0——固定截流孔的直径。

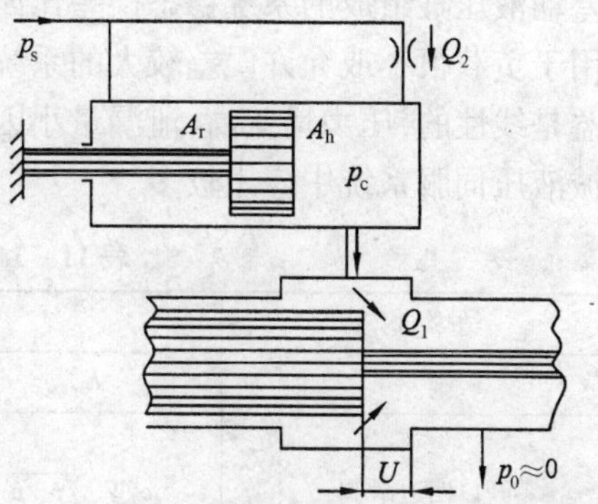

图 11－16　带一个固定截流孔的单边滑阀

当阀心向右移动一个距离x_v后

$$Q_1 = c_d W(U - x_v)\sqrt{2p_c/\rho} \quad (11-34)$$

$$Q_2 = c_{d0}(\pi d_0^2/4)\sqrt{2(p_s - p_c)/\rho} \quad (11-35)$$

负载流量为

$$Q_L = Q_2 - Q_1 = c_{d0}(\pi d_0^2/4)\sqrt{2(p_s - p_c)/\rho} - c_d W(U - x_v)\sqrt{2p_c/\rho}$$

考虑式(11－33)后得

$$Q_L = c_d WU\sqrt{2p_s/\rho}\{\sqrt{1-(p_c/p_s)} - [1-(x_v/U)]\sqrt{p_c/p_s}\} \quad (11-36)$$

上式即为带一个固定截流孔的单边滑阀的压力—流量方程。

带一个固定截流孔的单边滑阀的零位阀系数：

$$\left.\begin{aligned} K_{q0} &= c_d W\sqrt{p_s/\rho} \\ K_{c0} &= \frac{2c_d WU\sqrt{p_s/\rho}}{p_s} \\ K_{p0} &= p_s/(2U) \end{aligned}\right\} \quad (11-37)$$

零位泄漏量：
$$Q_c = c_d WU\sqrt{p_s/\rho} \quad (11-38)$$

通过上述对各种滑阀静态特性的分析，可以得出以下几点结论：

(1) 影响滑阀静态性能的因素，有阀的结构形式（阀的控制边数、阀口的开口形式和阀口的几何形状）、阀的制造精度（影响阀的开口形式、径向间隙和控制边圆角等）和阀的使用条件（供油压力、油液的性质等）。

(2) 四边阀和双边阀由于结构的对称性，其压力—流量特性对称于零位工作点，说明阀在两个方向上的控制性能相同，这种特性是液压伺服系统所希望的。

(3) 滑阀在零位附近流量特性不同。一般情况下，液压伺服系统希望尽可能具有线性增益特性，故零开口阀得到广泛的应用。负开口阀由于流量增益特性具有死区，将导致稳态误差，因此很少采用。正开口阀由于有一个连续的液流，以便使油液维持合适的温度，故用于要求具有恒流量能源系统的场合。

(4) 将各种结构滑阀的零位阀系数计算结果列于表 11－1,并比较它们的阀系数,可得到下述结论:相对正开口阀而言,零开口阀(四边或双边)的压力增益 K_{p0} 较大,流量—压力系数 K_{c0}、零位泄漏量 Q_c 均较小,所以它广泛用于功率放大级。而正开口阀的流量增益 K_{q0} 大,线性度好,不灵敏区小。若将四边阀和双边阀相比较,它们的流量增益 K_{q0} 相同,但双边阀的压力增益 K_{p0} 小一半,因而刚度也小一半。在相同负载力和摩擦力的条件下,双边阀—差动液压缸组成的系统稳态误差比四边阀大一倍,这是双边阀的主要缺点,所以它通常只适用于负载很小或允许误差较大的系统。总的来看,零开口四边滑阀的综合性能最好,流量增益是线性的,压力增益高,泄漏量小因而应用最广,特别是在电液伺服系统中。双边阀在机械液压伺服系统中应用较多。

表 11－1　各种结构滑阀的零位阀系数

结构形式		零位阀系数			零位阀泄漏
阀	缸	K_{q0}	K_{c0}	K_{p0}	Q_c
零开口四边滑阀	双作用液压缸	$c_d W\sqrt{p_s/\rho}$	0(理论) $\dfrac{\pi W r_c^2}{32\mu}$	∞(理论) $\dfrac{32 c_d W\sqrt{p_s/\rho}}{\pi r_c^2}$	0(理论) $\dfrac{\pi W r_c^2 p_s}{32\mu}$
正开口四边滑阀	双作用液压缸	$2c_d W\sqrt{p_s/\rho}$	$\dfrac{c_d WU\sqrt{p_s/\rho}}{p_s}$	$\dfrac{2p_s}{U}$	$2c_d WU\sqrt{p_s/\rho}$
零开口双边滑阀	单作用液压缸	$c_d W\sqrt{p_s/\rho}$	0(理论)	∞(理论)	0(理论) $\dfrac{\pi W r_c^2 p_s}{64\mu}$
正开口双边滑阀	单作用液压缸	$2c_d W\sqrt{p_s/\rho}$	$\dfrac{2c_d WU\sqrt{p_s/\rho}}{p_s}$	$\dfrac{p_s}{U}$	$c_d WU\sqrt{p_s/\rho}$
带一截流口双边滑阀	单作用液压缸	$c_d WU\sqrt{p_s/\rho}$	$\dfrac{2c_d WU\sqrt{p_s/\rho}}{p_s}$	$\dfrac{p_s}{2U}$	$c_d WU\sqrt{p_s/\rho}$

11.2.6　液压伺服阀的功率输出及效率

在液压伺服控制系统中,液压伺服阀经常作为功率放大元件出现,因此需要研究它的输出功率和效率。

设液压伺服阀油源的供油压力为 p_s,供油量为 Q_s,负载压力为 p_L,负载流量为 Q_L,则液压伺服阀输出功率(即负载功率)为

$$P_L = p_L Q_L \tag{11-39}$$

输入功率为

$$P_s = p_s Q_s \tag{11-40}$$

液压伺服阀的效率为

$$\eta = \frac{P_L}{P_s} = \frac{p_L Q_L}{p_s Q_s} \tag{11-41}$$

以零开口四边滑阀为例,当阀心有一个正位移时,其流量为

$$Q_L = c_d W x_v \sqrt{(p_s - p_L)/\rho} \tag{11-42}$$

则输出功率为

$$P_L = p_L Q_L = p_L c_d W x_v \sqrt{(p_s - p_L)/\rho}$$

$$= c_d W x_v p_s \sqrt{p_s/\rho}(p_L/p_s)\sqrt{1-(p_L/p_s)} \tag{11-43}$$

其无量纲曲线如图 11－17 所示。由图11－17或式(11－43)可得,当压力 $p_L = p_s$ 时,$P_L = 0$。因这时滑阀截流窗口两端已无剩余压差来产生流量去驱动执行机构运动。当负载压力 $p_L = 0$ 时,因负载不要求功率输出,因此输出功率 $P_L = 0$。在这两者之间,输出功率 P_L 必有一最大值,可通过 $\partial P_L/\partial p_L = 0$,求出输出功率 P_L 达到最大时的 p_L 值

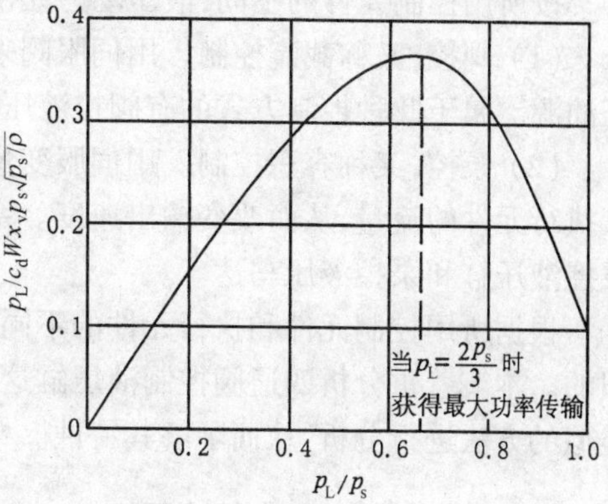

图 11－17 四边滑阀输出功率

$$\partial P_L/\partial p_L = (\partial/\partial p_L)\left[p_L c_d W x_v \sqrt{(p_s - p_L)/\rho}\right] = 0$$

解得

$$p_L = 2p_s/3 \tag{11-44}$$

阀在最大开口量 x_{vmax} 和负载压力 $p_L = 2p_s/3$ 时,阀的输出功率最大,其值为

$$P_{L\max} = 2/(3\sqrt{3})\, c_d W x_{v\max} \sqrt{p_s^3/\rho} \tag{11-45}$$

整个液压伺服系统的效率与油源形式及输油管路中的损失有关。

下面分析当伺服阀输出功率最大时,两种不同油源形式下的伺服系统效率。

(1) 采用变量泵油源。当采用变量泵作为油源时,可把泵的输出流量 Q_s 调节为正好满足所要求的负载流量 Q_L,即 $Q_s = Q_L$。对于零开口四边滑阀,输出功率最大时的效率为

$$\eta = \frac{p_L Q_L}{p_s Q_s} = \frac{2p_s Q_s/3}{p_s Q_s} = \frac{2}{3} = 66.7\% \tag{11-46}$$

(2) 采用定量泵油源。当采用定量泵—溢流阀作为油源时,由于油源的供油压力 p_s 和供油量 Q_s 不变,而供油量 Q_s 不得小于伺服阀的最大输出负载流量 $Q_{L\max}$。设

$$Q_s = Q_{L\max} = c_d W x_{v\max} \sqrt{p_s/\rho} \tag{11-47}$$

这样,液压伺服系统的输入功率 $P_s = p_s Q_s =$ 常数,而输出功率最大时的效率为

$$\eta = \frac{p_L Q_L}{p_s Q_s} = \frac{(2/3)p_s c_d W x_{v\max}\sqrt{[p_s - (2p_s/3)]/\rho}}{p_s c_d W x_{v\max}\sqrt{p_s/\rho}} = (2/3) \times 57.7\% \approx 38\% \tag{11-48}$$

从上述分析可以看出,采用定量泵—溢流阀形式的油源时,效率很低,而且由于负载不恒定,效率将随负载变化而变化,故不能保持最高效率值。在设计液压定量泵伺服系统时,首先应满足其性能指标要求,如稳定性、快速响应、精度、灵敏度、线性度等,为此往往不得不牺牲一部分效率指标。如果再考虑执行机构和泵本身的效率及管路损失等,系统效率就更低。因此,这种油源系统发热严重,但由于其结构简单、成本低、维护方便,因此在小功率系统中还得到广泛应用,而大功率系统则常采用变量泵作为油源。

11.3 液压动力元件

液压动力元件(或称液压动力机构)由液压控制元件、执行机构和负载组成,它是液压控制系统中必不可少的组成部分。它的动态特性对大多数液压控制系统的性能有着决定性

的影响,液压动力元件的传递函数是分析和设计整个液压控制系统的基础。

按所用控制元件的不同,液压动力元件的控制方式可分为两种:

(1) 阀控,又称截流控制。用伺服阀来控制从油源流入执行元件的流量,油源通常为恒压油源。属于此种控制方式的有阀控液压缸和阀控液压马达。

(2) 泵控,又称容积控制。用伺服变量泵给执行元件供油,通过改变泵的排量来控制流入执行元件的流量,从而改变输出速度。系统的压力取决于负载。属于这种控制方式的有泵控液压缸和泵控液压马达。

根据所用控制元件和执行元件的不同,液压动力元件分为四大类,但它们的特性都是类似的。本节着重分析四通阀控制液压缸这种动力元件的特性,其他各种动力元件可以采取类似的方法进行分析,从而了解其特性。

11.3.1　四通阀控制双出杆液压缸

阀控液压缸的动态特性取决于阀和液压缸的特性并和负载有关。分析时按集中参数考虑,假定负载是质量、弹簧和黏性阻尼构成的单自由度系统。由于描述动力元件的一些微分方程是非线性的,为了分析简便和便于应用,采用线性化分析方法,即研究在某一稳态工作点附近做微小运动时的特性。当工作点变动时必须谨慎地对所有工作点进行研究。但实际上动力元件的参数可在较宽的范围内用于不同的工作点,所以线性化的分析结果还是相当实用的。

11.3.1.1　基本方程

(1) 滑阀的线性化流量方程为

$$Q_L = K_q x_v - K_c p_L \tag{11-49}$$

(2) 液压缸流量连续性方程。假定所有连接管道都是短而粗的,管道内的摩擦损失、流体质量影响和管道的动态等均忽略不计;液压缸每个工作腔内各处的压力相同,油液温度和体积弹性模量可认为是常数,液压缸的内外泄漏为层流流动。

在这种情况下,可压缩流体连续性方程为

$$\sum Q_r - \sum Q_c = \frac{dV}{dt} + \frac{V}{K}\frac{dp}{dt} \tag{11-50}$$

式中　V——所取控制腔的体积;

$\sum Q_r$——流入控制腔的总流量;

$\sum Q_c$——流出控制腔的总流量;

K——液体体积弹性模量。

将式(11-50)用于图11-18所示液压缸的进油腔,并考虑内外泄漏时,可得

$$Q_1 - k_{ic}(p_1 - p_2) - k_{ec}p_1 = \frac{dV_1}{dt} + \frac{V_1}{K}\frac{dp_1}{dt} \tag{11-51}$$

该式的物理意义是:流进进油腔的净流量等于液体压缩流量与活塞运动所需流量之和。同理,式(11-51)用于回油腔时可得

$$k_{ic}(p_1 - p_2) - k_{ec}p_2 - Q_2 = \frac{dV_2}{dt} + \frac{V_2}{K}\frac{dp_2}{dt} \tag{11-52}$$

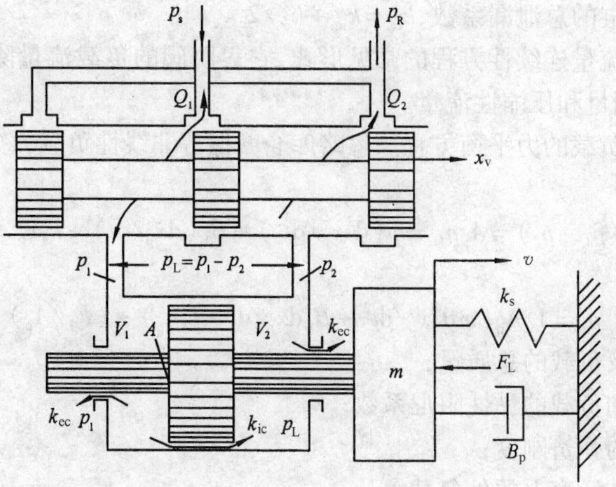

图 11-18 四通阀控制双作用液压缸

式中 k_{ic}——液压缸的内泄漏系数；

k_{ec}——液压缸的外泄漏系数；

K——有效体积弹性模量(包括液体、混入油中的空气以及工作腔体的机械柔度)；

V_1——液压缸进油腔容积(包括阀、连接管道和进油腔的体积)；

V_2——回油腔体积(包括阀、连接管道和回油腔的体积)。

液压缸工作腔的体积可写成

$$V_1 = V_{10} + A_p x_p \tag{11-53}$$

$$V_2 = V_{20} - A_p x_p \tag{11-54}$$

式中 A_p——活塞有效面积；

V_{10}——进油腔初始容积；

V_{20}——回油腔初始容积；

x_p——活塞位移。

故

$$\mathrm{d}V_1/\mathrm{d}t = -\mathrm{d}V_2/\mathrm{d}t = A_p(\mathrm{d}x_p/\mathrm{d}t) \tag{11-55}$$

式(11-51)减式(11-52)，并考虑到式(11-53)~式(11-55)中的关系，可得

$$Q_1 + Q_2 = 2k_{ic}(p_1 - p_2) + k_{ec}(p_1 - p_2) + 2A_p\frac{\mathrm{d}x_p}{\mathrm{d}t} + \frac{V_{10}}{K}\frac{\mathrm{d}p_1}{\mathrm{d}t} - \frac{V_{20}}{K}\frac{\mathrm{d}p_2}{\mathrm{d}t} + \frac{A_p x_p}{K}\left(\frac{\mathrm{d}p_1}{\mathrm{d}t} + \frac{\mathrm{d}p_2}{\mathrm{d}t}\right) \tag{11-56}$$

为了使分析简化，假定活塞处在中间位置，因此两个腔的初始容积相等，即

$$V_{10} = V_{20} = V_t/2 \tag{11-57}$$

式中 V_t——两个油腔的总容积。

应该指出，活塞在中间位置时的稳定性最差，因此假定初始容积相等是谨慎的。因 $|A_p x_p| \ll V_0$，并假定动态时 $p_1 + p_2 = p_s$ 仍能适用，则 $\mathrm{d}p_1/\mathrm{d}t + \mathrm{d}p_2/\mathrm{d}t = 0$，式(11-56)可写成

$$Q_L = A_p\mathrm{d}x_p/\mathrm{d}t + k_{tc}p_L + (V_t/4K)(\mathrm{d}p_L/\mathrm{d}t) \tag{11-58}$$

式中　k_{tc}——液压缸的总泄漏系数，$k_{tc}=k_{ic}+k_{ec}/2$

这是动力元件流量连续性方程的常见形式，它表明阀的负载流量除用于推动活塞运动外，还用于补偿泄漏量和压缩性流量。

（3）液压缸和负载的力平衡方程。忽略库仑摩擦等非线性负载，忽略油液的质量，根据牛顿第二定律，可得

$$A_p(p_1-p_2)=A_p p_L=m(d^2x_p/dt^2)+B_P(dx_p/dt)+k_s x_p+F_L$$

或写成

$$p_L=1/A_p(md^2x_p/dt^2+B_p dx_p/dt+k_s x_p)+(F_L/A_p) \quad (11-59)$$

式中　m——活塞及负载的总质量；

B_p——活塞和负载的黏性阻尼系数；

k_s——负载的弹簧刚度；

F_L——作用在活塞上的外负载力。

11.3.1.2　阀控液压缸的方块图

式(11-49)、式(11-58)和式(11-59)是阀控液压缸的三个基本方程，式中各物理量都是指初始条件下的变化量，这三个方程决定了阀控液压缸的动特性。

式(11-49)、式(11-58)和式(11-59)的拉氏变换式为

$$Q_L=K_q X_v-K_c p_L \quad (11-60)$$

$$Q_L=A_p s X_p+[K_{tc}+(V_t/4K)s]p_L \quad (11-61)$$

式(11-61)可改写成　$X_p=[Q_L-(K_{tc}+(V_t/4K)s)p_L]/(A_p s)$　(11-61a)

或　$p_L=(Q_L-A_p s X_v)/[K_{tc}+(V_t/4K)s]$　(11-61b)

$$p_L=1/A_p(ms^2+B_p s+k_s)X_p+(F_L/A_p) \quad (11-62)$$

式(11-62)可改写成　$p_L=(1/A_p)[(ms+B_p)sX_p+k_s X_p+F_L]$　(11-62a)

或　$X_p=(p_L A_p-F_L)/(ms^2+B_p s+k_s)$　(11-62b)

由式(11-60)和式(11-61b)和式(11-62b)，可画出阀控液压缸的方块图，如图11-19所示。图中，前向通路为负载流量至液压缸，即位移由流量算出，它适合质量较轻的场合。一般位置控制系统多采用此方块图。

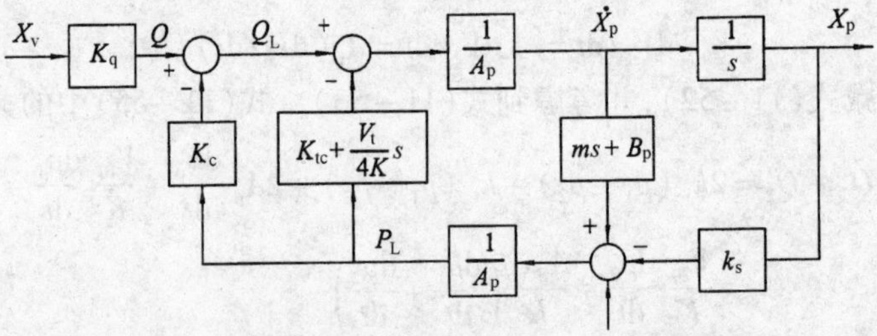

图11-19　阀控液压缸的方块图

同理，由式(11-60)、(11-61a)和(11-62a)可得动力元件另一种方块图，如图11-20所示。图中前向通路为负载压降至液压缸，即位移由负载压降算出，它多用于质量和泄漏系数均较大的场合。

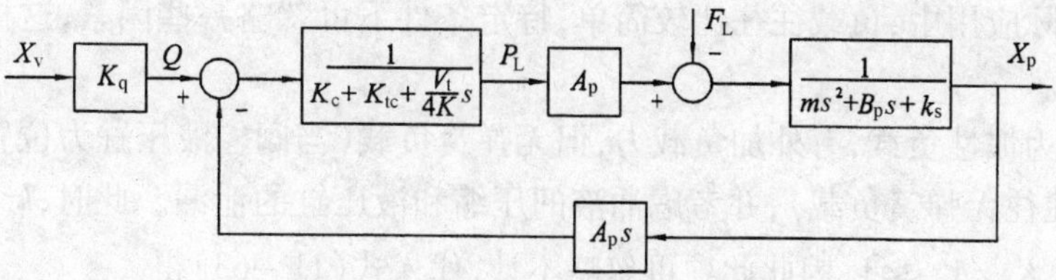

图 11-20 阀控液压缸的方块图

若以阀位移 x_v 为输入，负载压降 p_L 为输出时，利用三个基本方程或直接由图 11-20 与图 11-19 经变换可得图 11-21 所示方块图，F_s 为液压缸产生的力，在力和压力控制系统中多采用此方块图。

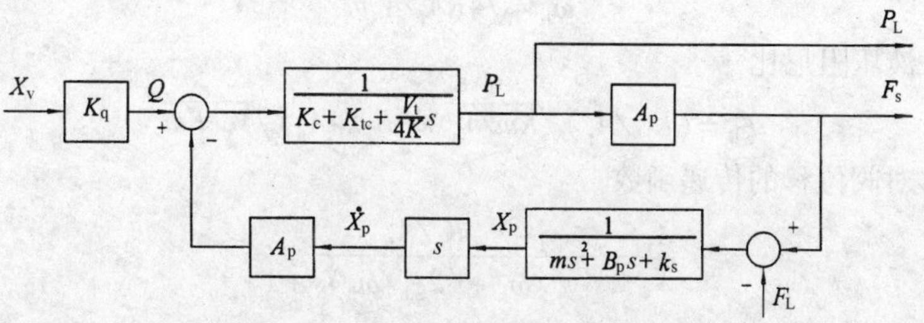

图 11-21 阀控液压缸的方块图

11.3.1.3 阀控液压缸的传递函数

A 传递函数

阀控液压缸的传递函数可通过联解三个基本方程求得，也可由方块图通过化简求得

$$X_p=\frac{\frac{K_q}{A_p}X_v-\frac{K_{ce}}{A_p^2}\left(1+\frac{V_t}{4KK_{ce}}s\right)F_L}{\frac{V_tm}{4KA_p^2}s^3+\left(\frac{K_{ce}m}{A_p^2}+\frac{B_pV_t}{4KA_p^2}\right)s^2+\left(1+\frac{B_pK_{ce}}{A_p^2}+\frac{k_sV_t}{4KA_p^2}\right)s+\frac{K_{ce}k_s}{A_p^2}} \tag{11-63}$$

式中 K_{ce}——总流量—压力系数，$K_{ce}=K_c+k_{tc}$。

式(11-62b)给出了活塞对阀输入位移和负载力扰动的响应特征。这个表达式是十分通用的，它适用于任何一种四通阀和对称双作用液压缸组合。

输入为 X_v 输出为 X_p 的传递函数

$$\frac{X_p}{X_v}=\frac{K_q/A_p}{\frac{V_tm}{4KA_p^2}s^3+\left(\frac{K_{ce}m}{A_p^2}+\frac{B_pV_t}{4KA_p^2}\right)s^2+\left(1+\frac{B_pK_{ce}}{A_p^2}+\frac{k_sV_t}{4KA_p^2}\right)s+\frac{K_{ce}k_s}{A_p^2}} \tag{11-64}$$

输入为 F_L 输出为 X_p 的传递函数

$$\frac{X_p}{F_L}=\frac{-\frac{K_{ce}}{A_p^2}\left(1+\frac{V_t}{4KK_{ce}}s\right)}{\frac{V_tm}{4KA_p^2}s^3+\left(\frac{K_{ce}m}{A_p^2}+\frac{B_pV_t}{4KA_p^2}\right)s^2+\left(1+\frac{B_pK_{ce}}{A_p^2}+\frac{k_sV_t}{4KA_p^2}\right)s+\frac{K_{ce}k_s}{A_p^2}} \tag{11-65}$$

B 传递函数的简化形式

上面推导传递函数时考虑了各种因素，如质量、阻尼、弹簧、油液的压缩性和液压缸的泄漏等。但在实际应用中,负载往往比较简单,特定条件下可忽略一些因素,这样可以使传递函数大为简化。

(1) 负载为惯性负载,有外加负载力,但无弹簧负载(当阀控液压缸为位置控制的功率输出元件时,往往无弹簧负载),并考虑油液的压缩和液压缸的泄漏。此时,$k_s=0$,由于 $A_p^2/K_{ce} >> B_p$,即 $B_pK_{ce}/A_p^2 << 1$,因此此项可忽略不计,代入式(11-63)得

$$X_p=\frac{\frac{K_q}{A_p}X_v-\frac{K_{ce}}{A_p^2}\left(1+\frac{V_t}{4KK_{ce}}s\right)F_L}{s\left(\frac{s^2}{\omega_h^2}+\frac{2\xi_h}{\omega_h}s+1\right)} \tag{11-66}$$

式中　ω_h——液压固有频率

$$\omega_h=\sqrt{4KA_p^2/V_tm} \tag{11-67}$$

ξ_h——液压阻尼比

$$\xi_h=(K_{ce}/A_p)\sqrt{Km/V_t}+(B_p/4A_p)\sqrt{V_t/Km} \tag{11-68}$$

活塞位移对阀位移的传递函数

$$\frac{X_p}{X_v}=\frac{K_q/A_p}{s[s^2/\omega_h^2+(2\xi_h/\omega_h)s+1]} \tag{11-69}$$

活塞位移对外负载力的传递函数

$$\frac{X_p}{F_L}=\frac{-\frac{K_{ce}}{A_p^2}\left(1+\frac{V_t}{4KK_{ce}}s\right)}{s\left(\frac{s^2}{\omega_h^2}+\frac{2\xi_h}{\omega_h}s+1\right)} \tag{11-70}$$

(2) 负载为惯性负载,由弹簧负载和外加负载,并考虑油液的压缩性和液压缸的泄漏。

根据式(11-63)可见,如果三阶方程可因式分解,传递函数就易进行分析。为了将三阶函数因式分解,必须作一些近似处理。负载黏性阻尼系数 B_p 一般较小,可以忽略不计,这样式(11-63)就可写为

$$\begin{aligned}X_p&=\frac{\frac{K_q}{A_p}X_v-\frac{K_{ce}}{A_p^2}\left(1+\frac{V_t}{4KK_{ce}}s\right)F_L}{\frac{V_tm}{4KA_p^2}s^3+\frac{K_{ce}m}{A_p^2}s^2+\left(1+\frac{k_sV_t}{4KA_p^2}\right)s+\frac{K_{ce}k_s}{A_p^2}}\\&=\frac{\frac{K_q}{A_p}X_v-\frac{K_{ce}}{A_p^2}\left(1+\frac{V_t}{4KK_{ce}}s\right)F_L}{\frac{s^3}{\omega_h^2}+\frac{2\xi_h}{\omega_h}s^2+\left(1+\frac{k_s}{k_h}\right)s+\frac{K_{ce}k_s}{A_p^2}}\end{aligned} \tag{11-71}$$

假设此式能分解为

$$X_p=\frac{\frac{K_q}{A_p}X_v-\frac{K_{ce}}{A_p^2}\left(1+\frac{V_t}{4KK_{ce}}s\right)F_L}{\left(s+\frac{K_{ce}k_s}{A_p^2}\right)\left(\frac{s^2}{\omega_h^2}+\frac{2\xi_h}{\omega_h}s+1\right)} \tag{11-72}$$

将式(11-72)的分母展开,再与式(11-71)比较,就可看出式(11-71)能够分解成式

(11－72)的条件为

$$k_s/k_h \ll 1 \quad , \quad K_{ce}^2 m k_s / A_p^4 \ll 1$$

即

$$k_s \ll k_h \quad , \quad K_{ce}^2 m k_s / A_p^4 \ll 1$$

液压弹簧刚度 k_h一般总是比负载弹簧刚度 k_s大得多,所以 $k_s \ll k_h$这条件总是成立的(只有少数情况如材料疲劳试验机等才希望 $k_s = k_h$)。另一条件是 $K_{ce}^2 m k_s / A_p^4 \ll 1$,可将此条件改写为

$$\frac{K_{ce}^2 m k_s}{A_p^4} = \frac{4K_{ce}^2 K m}{A_p^2 V_t}\left(\frac{k_s}{k_h}\right) = 4\xi_h^2\left(\frac{k_s}{k_h}\right)$$

因为 $\xi_h < 1, k_s \ll k_h$,所以一般情况下此条件总是能满足的,所以式(11－63)可以分解成式(11－72)。

将式(11－72)与式(11－66)比较,可以看出有弹簧负载时的积分环节改成惯性环节 $s + (K_{ce}k_s/A_p^2)$即可。当弹簧刚度趋于零时,则惯性环节变成积分环节。

根据特定的应用条件,忽略不同的因素,传递函数还可以作各种简化,表 11－2 给出了常用的简化传递函数。

11.3.1.4 动态参数分析

在上述传递函数中,决定动力元件特性的主要性能参数有:ω_h、ξ_h、K_q/A_p。

A 速度增益 K_q/A_p

对于一个既定的动力元件,A_p是一个固定常数,故 K_q/A_p随阀的流量增益而变。不同结构形式的阀具有不同的流量增益,同一种阀在不同工况下流量增益也不同,故 K_q/A_p与所选阀的结构形式及工况有关。在零位区域,正开口阀的 K_q值比零开口阀大一倍,但阀位移超过零位区域时增益下降 50%,这就和零开口阀一样了。一个确定的阀,其 K_q值在空载时最大,随着负载压降 p_L的增加而降低。对于零开口阀,若按一般设计原则取最大负载压降为 $p_L = (2/3)p_s$,那么阀的流量增益将下降到空载时的$\sqrt{p_s - p_L}/\sqrt{p_s} = \sqrt{1/3} = 57.7\%$。由于一般的伺服系统中增益的降低都不会对稳定有不利影响,所以按动态性能分析和设计系统时,K_q通常取空载时的数值。系统中的速度增益大体上被看成是一个相对恒定的量。

B 液压固有频率 ω_h

密闭在油腔中的液体被压缩时,会像弹簧一样,其和一个外加质量一起振动时的频率称为液压固有频率。如图 11－18 所示的双作用缸,如果油液被困在油腔 V_1及 V_2中,而活塞因惯性仍顺着 x_p方向运动,若不计泄漏,则由于液体被压缩,p_2将增加而 p_1将下降,可得

$$\Delta p_1 = -(K/V_{10})A_p\Delta x_p, \Delta p_2 = (K/V_{20})A_p\Delta x_p$$

两腔的压差迫使质量 m 作减速运动,其运动方程为

$$A_p(\Delta p_2 - \Delta p_1) = KA_p^2[(1/V_{10}) + (1/V_{20})]\Delta x_p \tag{11-73}$$

这是一个简谐运动方程,振动源是液体在油腔中被压缩,振动频率是式(11－67)中的液压固有频率。由式(11－73)可以看出,两腔的总液压弹簧刚度为

$$k_h = KA_p^2[(1/V_{10}) + (1/V_{20})] \tag{11-74}$$

可见 k_h是活塞位置的函数。$V_{10} = V_{20}$时,即当活塞处于中间位置时,k_h最低,从而液压固有频率最低,因此活塞处在中间位置时,稳定性最差。当活塞运动到行程的一端时,较小腔的液压弹簧刚度就起了主导作用,于是固有频率就将提高,所以推导流量方程时,假设 $V_{10} = V_{20} = V_t/2$ 是合理的。

表 11－2 简化传递函数

考虑因素	简化条件	对 X_v 的传递函数	四通阀控缸主要参数	四通阀控马达主要参数	三通阀控缸主要参数
负载质量 m 负载阻尼 B_p 油液 K 弹簧刚度 k_s 液压缸泄漏 k_{tc}	$\frac{B_pK_{ce}}{A_p{}^2\left(1+\frac{k_s}{k_h}\right)} \ll 1$ $\left[\frac{K_{ce}\sqrt{mk_s}}{A_p{}^2\left(1+\frac{k_s}{k_h}\right)}\right]^2 \ll 1$	$\frac{X_p}{X_v}=\frac{K_q/A_p}{\left[\left(1+\frac{k_s}{k_h}\right)s+\frac{K_{ce}k_s}{A_p^2}\right]\left[\frac{s^2}{\omega_0{}^2}+\frac{2\xi_0}{\omega_0}s+1\right]}$ $\frac{P_L}{X_v}=\frac{\frac{K_q}{K_{ce}}\left(\frac{s^2}{\omega_m^2}+\frac{B_p}{k_s}s+1\right)}{\left(\frac{s}{\omega_r}+1\right)\left(\frac{s^2}{\omega_0{}^2}+\frac{2\xi_0}{\omega_0}s+1\right)}$	$\omega_0=\sqrt{\frac{4KA_p^2}{V_tm}+\frac{k_s}{m}}$ $\xi_0=\frac{1}{2\omega_0}\left(\frac{4KK_{ce}}{V_t\left(1+\frac{k_s}{k_h}\right)}+\frac{B_p}{m}\right)$ $\omega_r=\frac{K_{ce}k_s}{A_p^2}\Big/\left(1+\frac{k_s}{k_h}\right)$ $\omega_m=\sqrt{k_s/m}$	$\omega_0=\sqrt{\frac{4Kq_m^2}{V_tJ}+\frac{G}{J}}$ $\xi_0=\frac{1}{2\omega_0}\left(\frac{4KK_{ce}}{V_t\left(1+\frac{G}{k_h}\right)}+\frac{B_m}{J}\right)$ $\omega_r=\frac{K_{ce}G}{q_m^2}\Big/\left(1+\frac{G}{k_h}\right)$ $\omega_m=\sqrt{G/J}$	$\omega_0=\sqrt{\frac{4KA_h^2}{V_0m}+\frac{k_s}{m}}$ $\xi_0=\frac{1}{2\omega_0}\left(\frac{KK_{ce}}{V_0\left(1+\frac{k_s}{k_h}\right)}+\frac{B_p}{m}\right)$ $\omega_r=\frac{K_{ce}k_s}{A_h^2}\Big/\left(1+\frac{k_s}{k_h}\right)$ $\omega_m=\sqrt{k_s/m}$
	$\frac{k_s}{k_h} \ll 1$ $\frac{B_pK_{ce}}{A_p^2} \ll 1$ $\left[\frac{K_{ce}\sqrt{mk_s}}{A_p^2}\right]^2 \ll 1$	$\frac{X_p}{X_v}=\frac{K_q/A_p}{\left(s+\frac{k_sK_{ce}}{A_p^2}\right)\left(\frac{s^2}{\omega_h^2}+\frac{2\xi_h}{\omega_h}s+1\right)}$ $\frac{P_L}{X_v}=\frac{\frac{K_q}{K_{ce}}\left(\frac{s^2}{\omega_m{}^2}+\frac{B_p}{k_s}s+1\right)}{\left(\frac{A_p^2}{k_sK_{ce}}s+1\right)\left(\frac{s^2}{\omega_h{}^2}+\frac{2\xi_h}{\omega_h}s+1\right)}$	$\omega_h=\sqrt{\frac{4KA_p^2}{V_tm}}$ $\xi_n=\frac{K_{ce}}{A_p}\sqrt{\frac{Km}{V_t}}+\frac{B_p}{4A_p}\sqrt{\frac{V_t}{Km}}$ $\omega_m=\sqrt{\frac{k_s}{m}}$	$\omega_h=\sqrt{\frac{4Kq_m^2}{V_tJ}}$ $\xi_h=\frac{K_{ce}}{q_m}\sqrt{\frac{KJ}{V_t}}+\frac{B_m}{4q_m}\sqrt{\frac{V_t}{KJ}}$ $\omega_m=\sqrt{\frac{G}{J}}$	$\omega_h=\sqrt{\frac{KA_h^2}{V_0m}}$ $\xi_h=\frac{K_{ce}}{A_h}\sqrt{\frac{Km}{V_t}}+\frac{B_p}{4A_h}\sqrt{\frac{V_t}{Km}}$ $\omega_m=\sqrt{\frac{k_s}{m}}$

续表 11 - 2

考虑因素	简化条件	对 X_v 的传递函数	四通阀控缸主要参数	四通阀控马达主要参数	三通阀控缸主要参数
负载质量 m 油液 K	$K_s=0$ $B_p=0$	$\frac{X_p}{X_v}=\frac{K_q/A_p}{s\left(\frac{s^2}{\omega_h^2}+\frac{2\xi_h}{\omega_h}s+1\right)}$ $\frac{X_p}{X_v}=\frac{K_q/A_p}{\frac{s^2}{\omega_h^2}+\frac{2\xi_h}{\omega_h}s+1}$	$\omega_h=\sqrt{\frac{4KA_p^2}{V_t m}}$ $\xi_h=\frac{K_{ce}}{A_p}\sqrt{\frac{Km}{V_t}}$	$\omega_h=\sqrt{\frac{4Kq_m^2}{V_t J}}$ $\xi_h=\frac{K_{ce}}{q_m}\sqrt{\frac{KJ}{V_t}}$	$\omega_h=\sqrt{\frac{KA_h^2}{V_0 m}}$ $\xi_h=\frac{K_{ce}}{A_h}\sqrt{\frac{Km}{V_0}}$
弹簧刚度 k_s 油液 K	$m=0$ $B_p=0$	$\frac{X_p}{X_v}=\frac{\frac{K_q A_p}{k_s K_{ce}}}{\frac{1}{\omega_r}s+1}$ $\frac{P_L}{X_v}=\frac{K_q/K_{ce}}{s/\omega_r+1}$	$\omega_r=\frac{\frac{K_{ce}k_s}{A_p^2}}{1+k_s/k_h}$	$\omega_r=\frac{\frac{K_{ce}k_s}{q_m^2}}{1+G/k_h}$	$\omega_r=\frac{\frac{K_{ce}k_s}{A_h^2}}{1+k_s/k_h}$
负载质量 m	$B_p=0$ $k_s=0$ $K=\infty$	$\frac{X_p}{X_v}=\frac{K_q/A_p}{s\frac{K_{ce}m}{A_p^2}s+1}$			
	$m=0$ $B_p=0$ $k_s=0$	$\frac{X_p}{X_v}=\frac{K_q/A_p}{s}$			

C　阻尼比 ξ_h

从式(11-68)可以看出，阻尼比是由阀的流量—压力系数、系统泄漏和摩擦损失等所决定。由于随着工作点的不同，K_c 会有很大变化，如在零位时 K_c 值最小，从而 ξ_h 也最小，因此，在计算系统的稳定性时，应取零位时的 K_{c0} 值。实测的 K_{c0} 比理论计算的 K_{c0} 大些，一般在 0.1~0.2 范围内变化，但有时也高些。K_c 值随阀开口的增大而增大，因此 ξ_h 值的变化范围就更大，变化幅度达 20~30 倍，这是液压伺服系统的一个特点。

D　阀控液压缸的动态刚度 F_L/X_p

负载干扰力的变化引起的动态过程一般是不计算的，因为它并不影响系统的稳定性。但负载变化对输出是有影响的，因此需要研究，即研究系统动态刚度。式(11-70)表示外加扰动力的变化对输出位移的影响。X_p/F_L 称为阀控液压缸的动态柔度，而它的倒数 F_L/X_p 称为动态刚度。由式(11-70)得

$$\frac{F_L}{X_p}=-\frac{\frac{A_p^2}{K_{ce}}s\left(\frac{s^2}{\omega_h^2}+\frac{2\xi_h}{\omega_h}s+1\right)}{1+(s+\omega_1)} \tag{11-75}$$

式中　ω_1——转折频率，在 $k_s=0, B_p=0$ 时，$\omega_1=4KK_{ce}/V_t=2\xi_h\omega_h$　　(11-76)

一般 $\omega_1<\omega_h$。这是由于 ξ_h 值很小，并且 ω_1 值随 ξ_h 值在很宽的范围内变化。

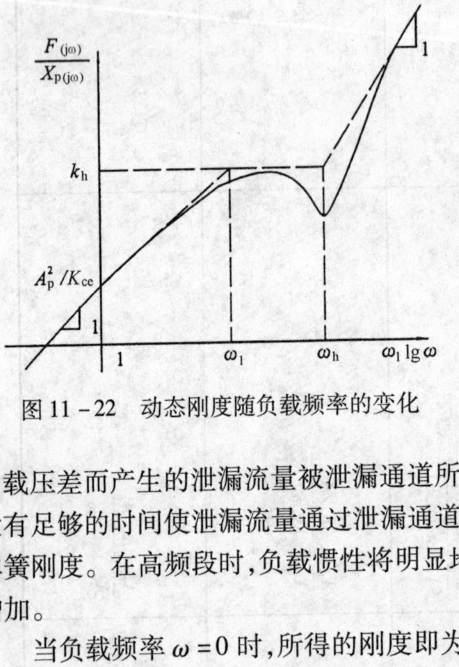

图 11-22　动态刚度随负载频率的变化

图 11-22 表示动态刚度的对数幅频特性。因为负载干扰力 F_L 的增加将引起液压缸速度的降低，所以式(11-75)带负号。低频段($\omega<\omega_1$)渐近线斜率为 20 dB · dec^{-1}，中频段($\omega_1<\omega<\omega_h$)渐近线斜率为零，高频段($\omega>\omega_k$)渐近线斜率为40 dB · dec^{-1}。在低频段，由于 $s=j\omega$，所以当 $\omega=1$ 时，由式(11-75)可知

$$\left|\frac{F_L}{X_p}\right|_{\omega=1}=\frac{A_p^2}{K_{ce}} \tag{11-77}$$

此时，伺服液压缸相当于一个阻尼系数为 A_p^2/K_{ce} 的黏性阻尼器。从物理意义上看，在低频段时因负载压差而产生的泄漏流量被泄漏通道所阻碍，从而产生黏性阻尼作用。在中频段时，由于没有足够的时间使泄漏流量通过泄漏通道，油液被封死在液压缸腔内，因而动刚度等于液压弹簧刚度。在高频段时，负载惯性将明显地起作用，阻止液压缸速度变化，因而动刚度显著增加。

当负载频率 $\omega=0$ 时，所得的刚度即为静刚度。由式(11-75)可知，静态位置刚度为

$$\left.\frac{F_L}{X_p}\right|_{\omega=0}=0 \tag{11-78}$$

静态速度刚度为

$$\left.\frac{F_L}{\dot{X}_p}\right|_{\omega=0}=\frac{A_p^2}{K_{ce}} \tag{11-79}$$

该值大，则闭环系统的动态位置刚度也大，因此，希望该值尽可能大。事实上，液压伺服控制系统的静态速度刚度是很大的，这正是液压伺服控制系统得到广泛应用的一个原因。

11.3.2 四通阀控制液压马达

用阀控制液压缸做直线往复运动，行程总是有限的，要想得到无限的运动，就得采用阀控液压马达。阀控液压缸与阀控液压马达两者的区别除了执行元件的结构及运动方式不同外，其分析方法完全相同，所建立的基本方程形式完全一样，只是参数符号不同，所以二者的传递函数形式也必然完全相同。因此，只要把阀控液压缸传递函数中的相应参数换成阀控液压马达的参数，即可得到阀控液压马达的传递函数。如图 11－23，用阀控液压马达的参数 q_m、θ_m、B_m、G、T_L、J 去替换式（11－68）中的 A_p、x_p、B_P、k_s、F_L、m 各项，就可得到液压马达轴的转角 θ_m与作用在液压马达轴上的外负载力矩 T_L及阀心位移 x_v的关系式

$$\theta_m=\frac{\frac{K_q}{q_m}x_v-\frac{K_{ce}}{q_m^2}\left(\frac{V_t}{4KK_{ce}}s+1\right)T_L}{\frac{V_tJ}{4Kq_m^2}s^3\left(\frac{K_{ce}J}{q_m^2}+\frac{B_mV_t}{4Kq_m^2}\right)s^2+\left(\frac{GV_t}{4Kq_m^2}+\frac{B_mK_{ce}}{q_m^2}+1\right)s+\frac{K_{ce}G}{q_m^2}} \tag{11-80}$$

式中 θ_m——液压马达轴的转角；

q_m——液压马达的理论平均排量；

V_t——阀腔、马达腔和连接管道的总容积；

J——液压马达和负载（折算到马达轴上）的总惯量；

B_m——负载和液压马达的黏性阻尼系数；

G——负载的扭转弹簧刚度；

T_L——作用于液压马达轴上的任意外负载力矩。

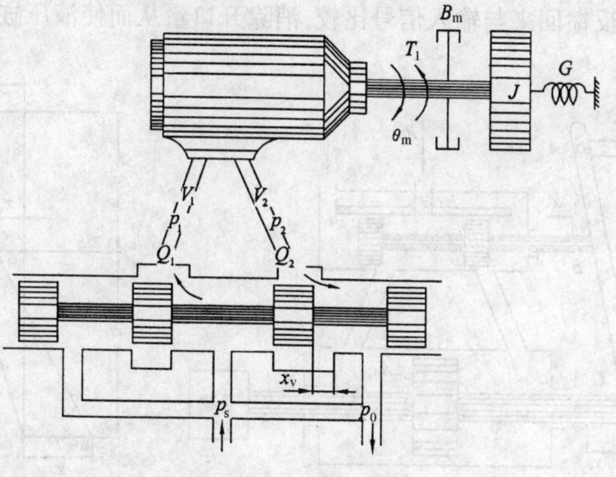

图 11－23 阀控马达

同理，根据不同的应用条件并忽略不同的因素，也可得到各种简化的传递函数。将表 11－2 简化传递函数中阀控缸的参数改换为阀控马达的参数，即可得到阀控液压马达的各种简化传递函数。阀控液压缸的结论都可以应用于阀控液压马达，对性能参数也可参照阀控液压缸的分析方法。

11.4　机液伺服控制系统

在液压伺服控制系统中,不用电气元件,而用机械零件和液压元件完成信号转换的系统称为机液伺服控制系统。大部分机液伺服系统都是以滑阀为控制元件,以液压缸或液压马达作执行元件,再加上机械反馈将输出量与输入量比较以组成闭环回路,见图 11－24,它主要用来进行位置控制,液压仿形刀架的液压控制系统多为机液伺服系统。此外,大型机床的操纵机构为了省力也采用机液伺服系统。

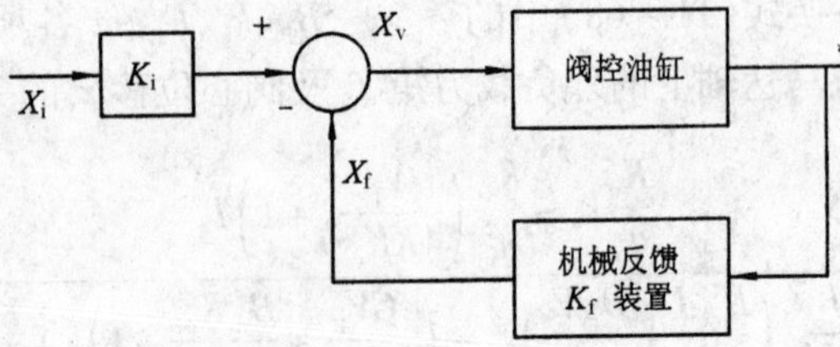

图 11－24　机液伺服系统原理图

11.4.1　系统的组成及方块图

图 11－2 是内反馈式的机液伺服系统,而图 11－25 是外反馈机液伺服系统。控制元件是定压能源的四边滑阀,它与液压缸一起组成阀控液压缸动力元件。阀心与活塞杆间用杠杆相连构成反馈装置。系统的输入信号为位移量 x_i,输出量为活塞杆的位移 x_p。工作过程如下:当输入信号使伺服阀的阀心移动,并将伺服阀口打开时,油液进入液压缸,推动活塞并拖动负载以一定速度运动。活塞的运动速度正比于阀心的位移量。当活塞运动之后,其位置又通过反馈杠杆反馈回来与输入信号比较,消除开口量从而使液压缸跟随阀心运动。

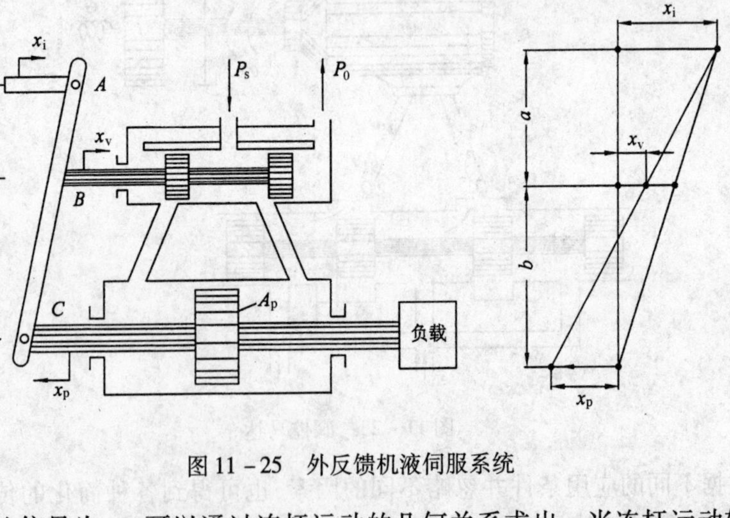

图 11－25　外反馈机液伺服系统

系统的误差信号为 x_v,可以通过连杆运动的几何关系求出。当连杆运动较小时,阀心的位移可由下式求得

$$x_v = \frac{b}{a+b}x_i - \frac{a}{a+b}x_p = K_i x_i - K_f x_p \qquad (11-81)$$

式中　K_i——输入放大系数,$K_i = b/(a+b)$;

K_f——反馈系数，$K_f = a/(a+b)$。

图 11－2 的内反馈装置，反馈是直接的，故阀心开口量 x_v 由下式求得

$$x_v = x_i - x_p \tag{11-82}$$

机液伺服系统的反馈装置是多种多样的，通常可以由凸轮、连杆、齿轮、轴等构成。其输入、输出与阀心的关系都可用下式表示

$$x_v = K_i x_i - K_f x_p \tag{11-83}$$

如果反馈通道是非线性的（如使用凸轮反馈机构时），则式（11－83）应看成是线性化后的表达式。机械反馈机构的动态特性与液压元件相比，影响很小，因而一般可忽略不计。在动态分析中，可看成简单的比例环节。

假定拖动装置的负载特性为惯性负载和黏性负载，并认为外加负载力是任意的。由 11.3.1 可知，阀控液压缸的输出位移可用式（11－66）表示，重写如下：

$$X_p = \frac{\dfrac{K_q}{A_p}X_v - \dfrac{K_{ce}}{A_p^2}\left(1+\dfrac{V_t}{4KK_{ce}}s\right)F_L}{s\left(\dfrac{s^2}{\omega_h^2}+\dfrac{2\xi_h}{\omega_h}s+1\right)}$$

根据式（11－83）和式（11－66）可以绘制系统的方块图，如图 11－26 所示。

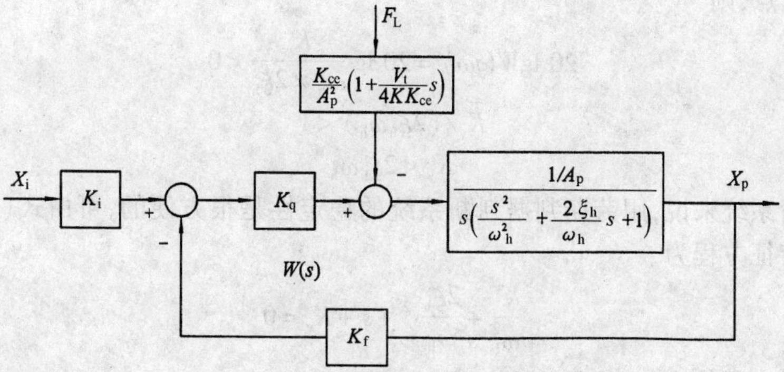

图 11－26 机液位置伺服系统方块图

11.4.2 系统的稳定性分析

稳定性是控制系统正常工作的必要条件，是系统最重要的特性，系统动态特性分析和设计一般都是以稳定性要求为中心进行的。频率法是较常用的判断稳定性的方法。

由图 11－4 所示方块图可得系统的开环传递函数为

$$W(s) = \frac{K_v}{s\left(\dfrac{s^2}{\omega_h^2}+\dfrac{2\xi_h s}{\omega_h}+1\right)} \tag{11-84}$$

式中 K_v——开环放大系数，$K_v = K_f K_q / A_p$。

式（11－84）的波德图表示在图 11－27 中。图中低频段渐近线为 $-20\ \mathrm{dB \cdot dec^{-1}}$ 的直线，高频段渐近线为 $-60\ \mathrm{dB \cdot dec^{-1}}$ 的直线，低频段渐近线与高频段渐近线交点处的频率为液压固有频率 ω_h。当阻尼比 ξ_h 较小时，在 ω_h 处出现一个谐振峰，根据奈魁斯特判据可以证明，当谐振峰超过零分贝线时系统是不稳定的。由此可以由下式求出稳定性判据

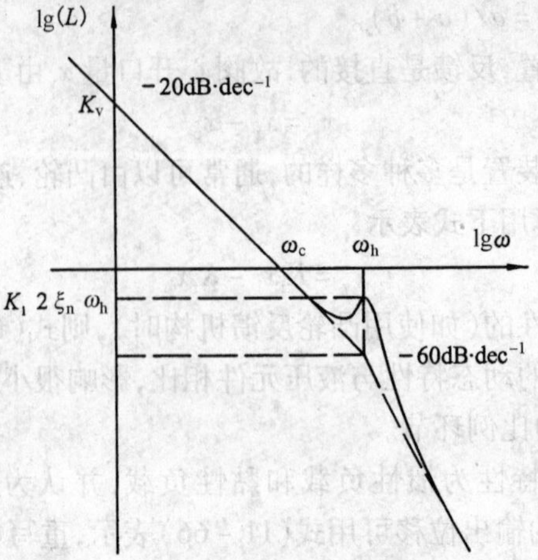

图 11－27　机液位置伺服系统的波德图

$$20\lg W(j\omega)=20\lg K_v+(-20\lg\omega)-20\lg\sqrt{\left[1-\left(\frac{\omega}{\omega_h}\right)^2\right]^2+\left(2\xi_h\frac{\omega}{\omega_h}\right)^2}<0$$

在 $\omega=\omega_h$ 点，则

$$20\lg W(j\omega)=20\lg\frac{K_v}{\omega_h\times 2\xi_h}<0$$

即

$$K_v/(2\xi_h\omega_h)<1$$

$$K_v<2\xi_h\omega_h \tag{11-85}$$

对于低阶系统来说，用劳斯判据判断系统的稳定性是很方便的，可由式(11－84)求出闭环系统的特征方程为

$$\frac{s^3}{\omega_h^2}+\frac{2\xi_h}{\omega_h}s^2+s+K_v=0$$

系统的稳定条件为

$$(2\xi_h/\omega_h)-(K_v/\omega_h^2)>0$$

即

$$K_v<2\xi_h\omega_h$$

该式与式(11－85)完全相同。式(11－85)对所有未经校正的液压位置伺服系统都适用，从而成为这类系统的一个设计准则。式(11－85)给出了对保证系统稳定所允许的最大开环放大系数 K_v 值。ξ_h 和 ω_h 由动力元件所决定，ω_h 可以较准确地算出来，而 ξ_h 值容易变化不易测试，加之计算值误差又很大，所以通常取 ξ_h 值为 0.1～0.2，因此稳定条件为

$$K_v<(0.2\sim0.4)\omega_h \tag{11-86}$$

可以将它作为经验法则。

液压伺服系统，只满足稳定的临界条件是不够的，为了防止系统中由于元件参数变化造成的不稳定，应保证系统有适当的稳定裕量，从波德图可以确定系统的幅值裕量和相位裕量。通常相位裕量应为 30°～60°，幅值裕量应为 6～12 dB。

11.4.3　系统的稳态误差

稳态误差是表征系统精度的一项指标，稳态误差愈小，系统的精度愈高。伺服系统的稳

态误差是由输入信号和外加负载力引起的，由输入信号引起的稳态误差称为跟随误差，由外加负载引起的稳态误差称为负载误差。

11.4.3.1　跟随误差

跟随误差是系统的输出信号对输入信号在位置上的偏差。

如图11－28所示控制系统，稳态误差为系统的输入信号与主反馈信号之差（当反馈系数为1时，误差为输入信号与输出信号之差）

$$E(s)=X_i'(s)X_p(s)=\frac{X_i'(s)}{1+G(s)H(s)}$$

$$=\frac{s\left(\frac{s^2}{\omega_h^2}+\frac{2\xi_h}{\omega_h}s+1\right)}{s\left(\frac{s^2}{\omega_h^2}+\frac{2\xi_h}{\omega_h}s+1\right)+K_v} \tag{11-87}$$

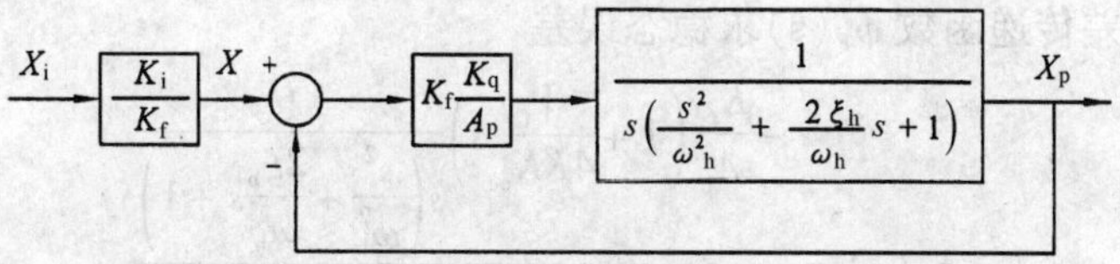

图11－28　系统对输入信号简化方块图

根据拉氏变换的终值定理，可求出系统的稳态误差为

$$e_i(\infty)=\lim_{t\to\infty}e_i(t)=\lim_{s\to 0}sE(s)$$

$$=\lim_{s\to 0}\frac{s^2\left(\frac{s^2}{\omega_h^2}+\frac{2\xi_h}{\omega_h}s+1\right)}{s\left(\frac{s^2}{\omega_h^2}+\frac{2\xi_h}{\omega_h}s+1\right)+K_v}X_i(s) \tag{11-88}$$

稳态误差与开环传递函数的结构和输入信号的形式有关。不同形式的输入信号，产生不同的稳态误差。

（1）阶跃输入 $x_i'=x_{10}$，则 $x_i'(s)=x_{10}/s$，代入式（11－88）得到稳态位置误差 e_p

$$e_p=0 \tag{11-89}$$

这说明机液位置伺服系统是一阶无差系统，对阶跃输入，其稳态位置误差为零。

（2）等速输入，$x_i'=u_1t$，则 $x_i'(s)=u_1/s^2$，代入式（11－88）得稳态速度误差 e_V

$$e_V=u_1/K_v \tag{11-90}$$

稳态速度误差 e_V，并不是速度上的误差，而是系统跟随等速输入时所产生的位置上的误差。实际上工作部件要获得运动速度，阀心必须偏离原位形成开口，油液经此开口进入液压缸，使工作部件获得运动速度，此偏移量为稳态速度误差。由式（11－90）可知，它与输入速度成正比，与开环放大系数 K_v 成反比。

（3）等加速度输入 $x_i'=(a_1/2)t^2$，则 $x_i'(s)=a_1/s^3$，代入式（11－88）得到加速度误差 e_a

$$e_a=\infty \tag{11-91}$$

加速度误差 e_a 是由于加速度输入引起的位置误差。由于 $e_a=\infty$，显然此系统不能跟随加速度输入信号。

11.4.3.2　负载误差

控制系统除有输入信号作用外，还经常受各种扰动作用，如切削力等。负载误差是扰动造成的系统误差，可以在输入信号为零（$x_i=0$）的条件下来计算，可将图 11－26 改为图 11－29 所示的方块图。

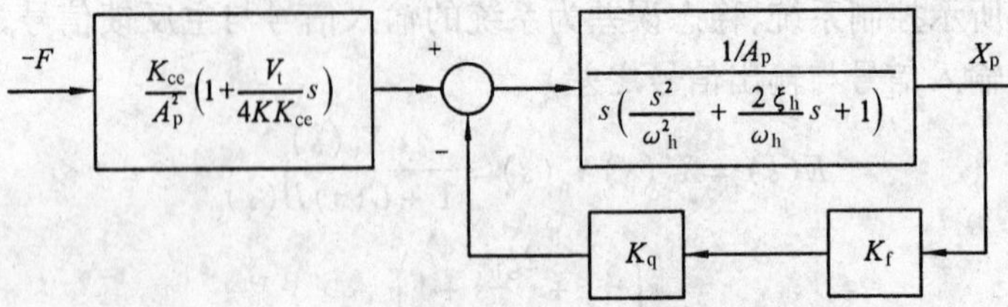

图 11－29　干扰信号作用下的系统方块图

当系统输入信号为零，只有扰动信号输入时，其输出就是由于扰动引起的系统稳态误差。可以利用误差传递函数 $\phi_F(s)$ 求稳态误差

$$\phi_F(s)=\frac{-\frac{K_{ce}}{A_p^2}\left(1+\frac{V_t}{4KK_{ce}}s\right)\frac{1}{s\left(\frac{s^2}{\omega_h^2}+\frac{2\xi_h}{\omega_h}s+1\right)}}{1+\frac{K_V}{s\left(\frac{s^2}{\omega_h^2}+\frac{2\xi_h}{\omega_h}s+1\right)}}$$

$$=\frac{-\frac{K_{ce}}{A_p^2}\left(1+\frac{V_t}{4KK_{ce}}s\right)}{s\left(\frac{s^2}{\omega_h^2}+\frac{2\xi_h}{\omega_h}s+1\right)+K_v} \tag{11-92}$$

同样利用终值定理求得稳态负载误差为

$$e_F(\infty)=\lim_{s\to 0}s\phi_F(s)F_L(s) \tag{11-93}$$

对于常值负载力 F_{L0}，则 $F_L(s)=F_{L0}/s$，代入式（11－93）则可得稳态负载误差 e_F

$$e_F=\frac{K_{ce}}{K_vA_p^2}F_{L0} \tag{11-94}$$

e_F与外加负载 F_{L0}成正比，与系统的闭环静刚度成反比。产生负载误差的原因是当工作部件受外来负载力作用时，由于力的不平衡，执行部件“退让”，而产生阀心和阀套的相对位移，使开口量改变，从而产生与外负载平衡的力，以达到新的平衡。由“退让”而引起开口的变化量就是负载误差。

当输入信号和外负载力同时作用于系统时，系统的稳态误差等于跟随误差和负载误差之代数和。在误差分析时，除了上述两种误差外，还应考虑摩擦力、间隙等造成的死区以及伺服阀的零漂等引起的误差。

11.4.4　机液伺服系统的实际应用

与电液伺服系统相比，机液伺服系统的主要优点是结构简单、工作可靠、使用及维修方便。主要缺点是：(1) 系统增益全由机械部件的结构参数（如流量增益 K_q，活塞面积 A_p等）

决定，而这些参数又都是不可调的，所以系统增益不能调。但是由于系统增益和系统的稳定性及系统工作精度关系很大，因此总希望增益可调，以满足系统的要求。(2)反馈元件和比较元件等都用机械零件，而机械零件的配合在传动过程中会产生间隙及磨损，所以不可避免地总会有空回现象，从而产生死区或不稳定现象。(3)机械零件受力后总会有弹性变形，如果零件刚度不够，也将影响系统的动态特性。因此机液伺服系统多用在精度较低和频带不宽的场合，如操纵飞机舵机及车辆转向机构的助力器等，这时输入信号是人的动作，所以机液伺服系统的频率不需要高过人的反应能力很多。在机床方面主要用在仿形机床和数控机床上。

11.4.4.1 仿形机床

目前在液压仿形机床中应用较广的液压伺服系统，有仿形车床、仿形铣床及车床仿形刀架等。液压仿形比机械仿形或电气仿形精度高。仿形车床或车床仿形刀架通常用来自动加工阶梯轴或其他形状复杂的轴，可以大大提高劳动生产率。

A 工作原理

图 11-30 所示的仿形刀架安装在刀架横溜板的后方，这样可以保留车床原来的方刀架，不影响车床原有的性能。样板(样件)1 装在床身的后侧面，仿形刀架在工作中随车床溜板作纵向送进。液压缸的活塞杆固定在刀架底座上，液压缸体连同刀架 6 可装在刀架底座的导轨上沿液压缸轴向移动。

仿形刀架由控制滑阀(伺服阀)、液压缸和反馈机构三部分组成。控制滑阀是一个双边阀，阀体与液压缸体刚性连接，与杠杆一起构成反馈机构。滑阀一端有弹簧 3，经杆 4 使触头 2 压紧在样板 1 上。信号由样板 1 给出，经杆 5 和杆 4 作用在滑阀的阀心上。液压缸体跟随滑阀运动，使刀架在液压缸轴线方向产生仿形运动。

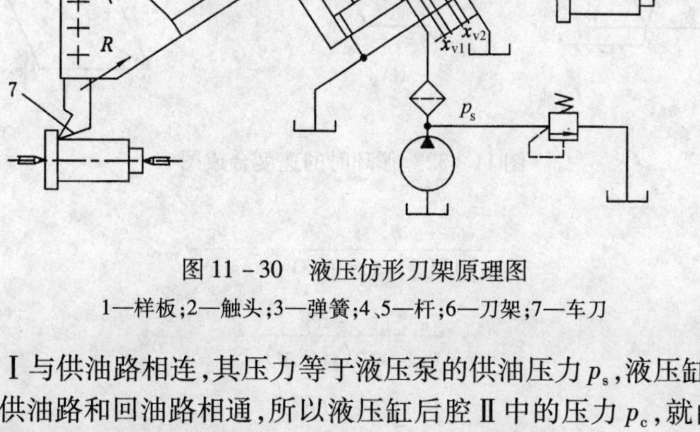

图 11-30 液压仿形刀架原理图

1—样板；2—触头；3—弹簧；4、5—杆；6—刀架；7—车刀

液压缸前腔Ⅰ与供油路相连，其压力等于液压泵的供油压力 p_s，液压缸后腔Ⅱ经滑阀开口 x_{v1}，x_{v2}分别与供油路和回油路相通，所以液压缸后腔Ⅱ中的压力 p_c，就由滑阀开口 x_{v1} 和 x_{v2}的比例关系所决定。假定液压缸前腔Ⅰ的有效工作面积为 A_1，液压缸后腔Ⅱ的有效工作面积为 $2A_1$，当滑阀处在中间位置时，$x_{v1}=x_{v2}$，$p_c=p_s/2$，液压缸处于相对平衡状态。

切削圆柱面时，触头 2 沿样板 1 的圆柱表面滑动，这时滑阀不动。但液压缸体在液压缸轴向切削分力 R 的作用下，要产生一个退让，使滑阀开口 x_{v1} 减小，x_{v2} 增大，从而使 p_c 减小，则 $A_1p_s > 2A_1p_c$，以便和切削分力 R 相平衡，即

$$A_1p_s = 2A_1p_c + R$$

这时仿形刀架又重新处于平衡状态，由溜板带动仿形刀架纵向进给车出圆柱面，参见图 11－31 中的 a 点。

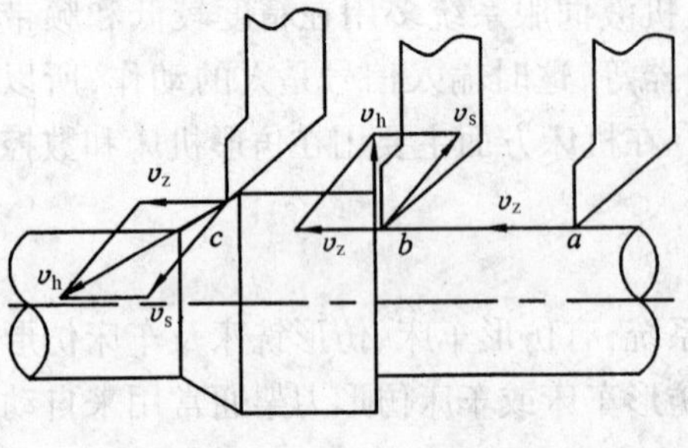

图 11－31　进给运动示意图

车削台肩时，触头一碰到样板上的台肩，就绕支点 o 抬起，并经杆 4 向右上方牵动阀心，使开口 x_{v1} 增大，x_{v2} 减小，于是液压缸后腔Ⅱ的压力 p_c 增大，$2A_1p_c > A_1p_s$，液压缸体带动车刀 7 后退，这时溜板的纵向进给运动 v_z 和仿形刀架液压缸体的仿形运动 v_s 组合成进给运动 v_h，就使车刀车出工件的台肩部分（见图 11－31 中的 b 点）。一般仿形刀架的液压缸轴线与主轴中心线安装成斜角，目的是为了车削直角台肩。在液压缸后退时，一方面带动阀体后退，另一方面通过触头的支点和杆 4 牵动阀心也作较小的后退，综合结果使开口 x_{v1} 减小，x_{v2} 增大，这就是负反馈的过程。当开口 x_{v1} 和 x_{v2} 恢复到原来大小时，仿形刀架又处于平衡状态。在车削台肩时，由于样板的台肩不断将触头抬起（不断输入信号），使开口 x_{v1} 增大，x_{v2} 减小（偏差增大），不断使平衡状态受到破坏，因此液压缸体也就带动车刀不断后退，使开口 x_{v1} 减小，x_{v2} 增大（减小偏差），从而实现了刀具对触头的跟踪运动。

B　刀具的安装角度

图 11－30 所示的仿形刀架，其纵向进给运动靠机床原有的机械传动实现，在仿形过程中 v_z = 常数。由图 11－32 可知

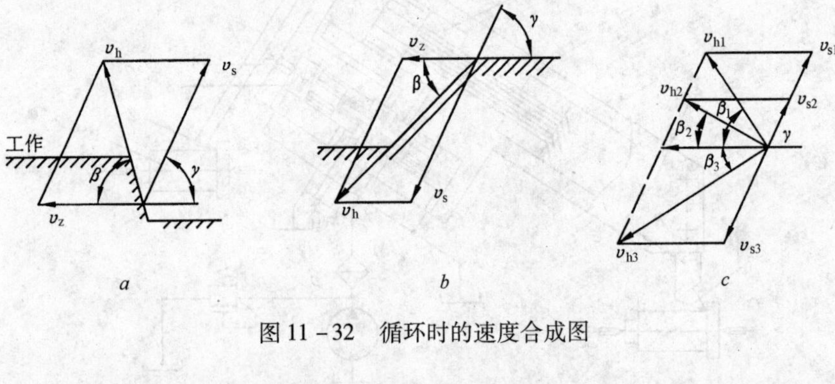

图 11－32　循环时的速度合成图

$$\frac{v_z}{\sin[180° - (\beta + \gamma)]} = \frac{v_h}{\sin\gamma}$$

或

$$\frac{v_h}{v_z} = \frac{\sin\gamma}{\sin(\beta + \gamma)} \tag{11-95}$$

$$\frac{v_s}{v_z} = \frac{\sin\beta}{\sin(\beta + \gamma)} \tag{11-96}$$

式中　v_z——刀架纵向进给速度；

v_s——刀架随动速度；

v_h——刀架合成进给速度；

γ——刀架安装角，刀架液压缸轴线与车床主轴中心线之间的夹角；

β——所仿工件轮廓线的升角，沿纵向进给方向工件轮廓线的升角，轮廓线直径增大为正，减小为负。

这样，要仿制具有直角端面的台阶轴，即 $\beta = \pm 90°$时，只要 $\gamma \neq 90°$，即 $\sin(\gamma+\beta) \neq 0$ 的情况下才有可能，否则将导致 v_h或 $v_s \to \infty$，所以仿形刀架必须斜装。

由式(11－95)得到的曲线如图 11－33 所示。由图可知，这时加工的工件轮廓升角还要受到限制，不能仿制负角太大的工件，否则将导致仿形过程中仿形刀架的合成进给速度 v_h变化范围太大，不利于获得均匀一致的表面粗糙度。由图 11－33还可看出，对于不同的刀架安装角，当仿制升角变化范围相同，如 $-30° \leqslant \beta \leqslant 90°$时，其合成速度变化范围不同，显然安装角 $\gamma = 60°$比 $\gamma = 45°$的好。但仿制升角在 0°～90°时，$\gamma = 45°$比 $\gamma = 60°$要好。刀架无论安装角 60°或 45°，都不能仿制负角大的工件，因为除了 v_h/v_z变化大以外，刀具的副切削刃也会破坏已加工过的工件外形。

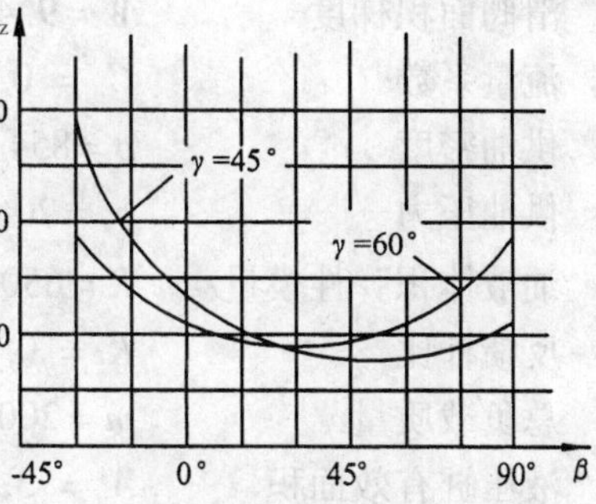

图 11－33　β 与 γ，v_h/v_z 的关系

C　稳定性验算

液压仿形刀架是典型的机液位置伺服系统，其稳定性判据为：$K_v < 2\xi_h\omega_h$。

D　加工误差

设由输入信号引起的加工误差为 δ_v。加工外圆柱表面时，液压伺服系统的输入信号为零，即触头和刀具之间的相对位置没有改变，稳态误差为零，故仿形加工误差为零。

加工外圆锥面时，液压伺服系统的输入信号为等速输入，$x_i = u_s t$，产生的稳态误差为 $e_v = v_s/K_v$，此时，产生的加工误差如图 11－34 所示。

$$\delta_v = \frac{e_v}{\sin\beta}\sin(\gamma+\beta) = \frac{\sin(\gamma+\beta)}{\sin\beta}\frac{v_s}{K_v} = \frac{v_z}{K_v} \tag{11-97}$$

加工锥面时，由仿形速度引起的误差是刀具在轴线方向滞后带来的误差，它和 K_V成反比，与 v_s成正比。

设切削力引起的加工误差为 δ_F。图 11－35 所示，实线表示零件应加工的尺寸，虚线表示由于切削力使刀具后让而形成的实际加工轮廓，于是

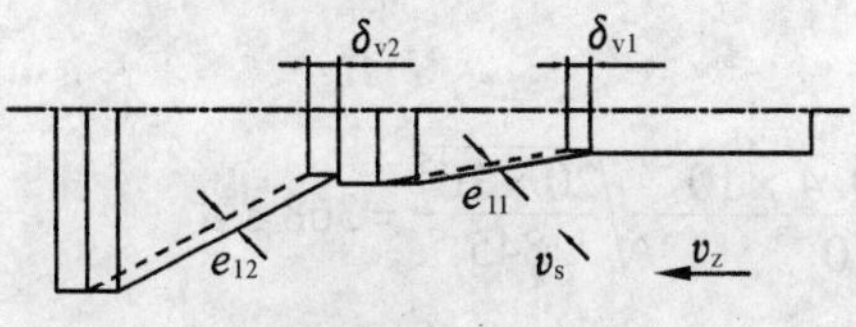

图 11－34　由仿形速度形成的仿形误差 δ_v

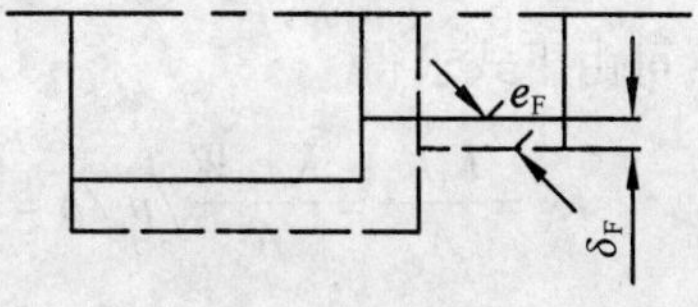

图 11－35　由切削力引起的仿形误差 δ_F

$$\delta_F = e_F \sin\gamma = \frac{K_{ce}}{A_p^2}\frac{F_{L0}}{K_v}\sin\gamma = \frac{K_{ce}F_{L0}}{A_p K_q K_f}\sin\gamma \qquad (11-98)$$

δ_F是由切削力引起的在加工对象径向上的误差。同理也可以计算出轴向误差。可以看出产生的加工误差 δ_F 与 K_q 和 A_p 成反比，与外负载成正比。

例 11－1　如图 11－36 所示的仿形刀架，具体参数如下：

滑阀面积梯度	$W = 9.4 \times 10^{-2}$ m
流量系数	$C_d = 0.62$
供油密度	$\rho = 854$ kg · m
供油压力	$p_s = 20 \times 10^5$ N/m^2
油液体积弹性模量	$K = 6500 \times 10^5$ N/m^2
反馈杆比	$K_f = 0.5$
总负载质量	$m = 200$ kg
液压缸有效面积	$A_p = 3.85 \times 10^{-3}$ m^2
液压缸行程	$L = 0.11$ m

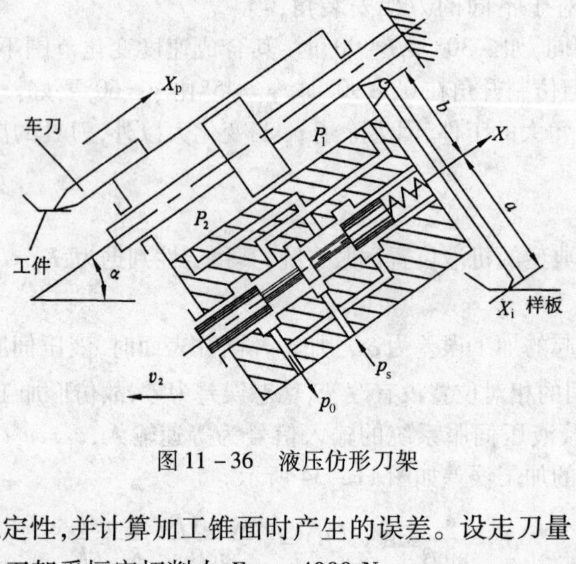

图 11－36　液压仿形刀架

试检验系统的稳定性，并计算加工锥面时产生的误差。设走刀量 $v_z = 2 \times 10^{-3}$ m/s，刀架安装角度 $\gamma = 45°$，刀架受恒定切削力 $F_{L0} = 4000$ N。

系统的开环传递函数与式（11－84）相同，即

$$W(s) = \frac{K_v}{s\left(\frac{s^2}{\omega_h^2} + \frac{2\xi_h s}{\omega_h} + 1\right)}$$

式中，K_v可由下式求得

$$K_v = \frac{K_f K_q}{A_p} = \frac{K_f c_d W}{A_p}\sqrt{p_s/\rho} = \frac{0.5 \times 0.62 \times 9.4 \times 10^{-2}}{3.85 \times 10^{-3}}\sqrt{\frac{20 \times 10^5}{845}} = 368\ \text{s}^{-1}$$

ω_h可由下式求得

$$\omega_h = \sqrt{\frac{4KA_p^2}{V_t m}} = \sqrt{\frac{4 \times 6500 \times 10^5 \times 3.85 \times 10^{-3}}{0.11 \times 200}} = 674\ \text{s}^{-1}$$

考虑到导轨和液压缸机械摩擦及库仑摩擦的影响，取液压阻尼比为 $\xi_h = 0.3$。根据稳定性判据：$2\xi_h\omega_h > K_v$，$2 \times 0.3 \times 674 = 404 > 368$，所以该系统是稳定的。

输入信号引起的加工误差

$$K_v = \frac{K_f c_d W}{A_p}\sqrt{\frac{1}{\rho}(p_s - p_L)} = \frac{0.5 \times 0.62 \times 9.4 \times 10^{-2}}{3.85 \times 10^{-3}}$$

$$\times \sqrt{\frac{1}{845}(20 - 10.3) \times 10^{-5}} = 257\ \mathrm{s}^{-1}$$

$$\delta_v = v_z / K_v = 2 \times 10^{-3} / 257 = 7.78 \times 10^{-6}\ \mathrm{m}$$

切削力引起的加工误差：忽略泄漏，则 $K_{ce} = K_c$

$$K_c = \frac{c_d W x_v \sqrt{1/\rho(p_s - p_L)}}{2(p_s - p_L)} = \frac{0.62 \times 9.4 \times 10^{-2} \times 7.78 \times 10^{-6}}{2(20 - 10.3) \times 10^5} \times \sqrt{\frac{(20 - 10.3) \times 10^5}{845}}$$

$$= 7.9 \times 10^{-12}\ \mathrm{m}/(\mathrm{N}^4 \cdot \mathrm{s})$$

径向加工误差 δ_{F1}：$\delta_{F1} = \dfrac{K_{ce}}{A_p^2}\dfrac{F_{L0}}{K_v}\cos\gamma = 5.86 \times 10^{-6}\ \mathrm{m}$

轴向加工误差 δ_{F1}：$\delta_{F2} = \dfrac{K_{ce}}{A_p^2}\dfrac{F_{L0}}{K_v}\sin\gamma = 5.86 \times 10^{-6}\ \mathrm{m}$

11.4.4.2 数控机床

数控机床若采用开环控制方式，则其驱动装置多由步进电机和液压扭矩放大器组成，称为步进马达，结构原理如图 11－37 所示。步进电机能将电脉冲信号转化为角位移，角位移量与输入脉冲数成正比，而回转速度与输入脉冲的频率成正比。步进电机将数字量转变为模拟量，将电信号转变为机械信号输给液压扭矩放大器。

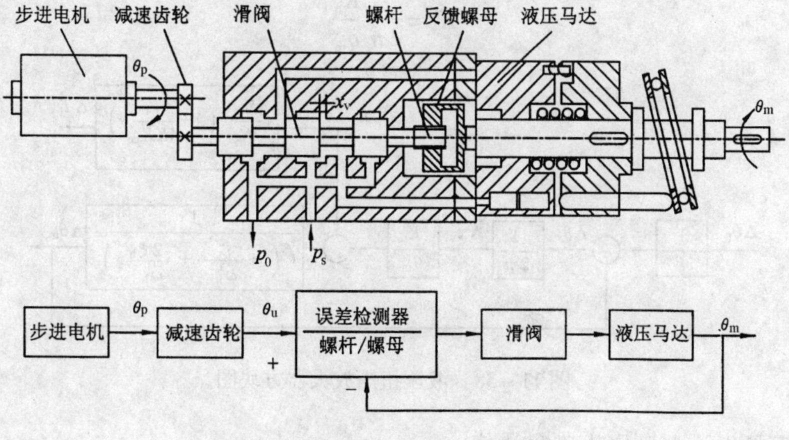

图 11－37 步进马达结构原理图

A 液压扭矩放大器结构原理

液压扭矩放大器包括四通滑阀、液压马达以及阀心端部的螺杆和液压马达输出轴上螺母组合而成的反馈机构。液压扭矩放大器实质上是阀控液压马达，加上反馈丝杠螺母副形成的闭环机液伺服系统。

从图 11－37 可知，当步进电机在输入脉冲作用下转过一定角度时，经过一对减速齿轮传至四通滑阀，由于滑阀端部的螺杆与液压马达轴上的螺母相啮合，当轴旋转时，由于轴在轴向不能移动，故使阀套产生轴向移动，使阀心与阀套间形成开口，压力油经阀口进入液压马达使之转动。液压马达输出轴的转动又通过螺母使阀心恢复原位关闭开口，使液压马达停止转动；当步进电机在相反的脉冲作用下反向转动时，液压马达也作反向运动。因此，液压马达总是跟随步进电机运动。液压马达的转角与输入脉冲数成正比，而转速与输入脉冲频率成正比。

B　液压扭矩放大器方块图

设液压马达的负载为惯性负载。外加负载力矩 T_L，液压马达输出轴的转角 θ_m 与阀心位移 x_v 之间的关系根据表 11－2，可得

$$\theta_m=\frac{\dfrac{K_q}{q_m}x_v-\dfrac{K_{ce}}{q_m^2}\left(1+\dfrac{V_t}{4KK_{ce}}s\right)T_L}{s\left(\dfrac{s^2}{\omega_h^2}+\dfrac{2\xi_h}{\omega_h}s+1\right)} \tag{11-99}$$

阀心位移 x_v 与液压扭矩放大器输入轴（步进电机轴）转角 θ_p、输出轴转角 θ_m 的关系为

$$x_v=\frac{t}{2\pi}\left(\frac{1}{i}\theta_p-\theta_m\right) \tag{11-100}$$

式中　t——阀心端部螺杆的导程；

i——步进电机与滑阀间的齿轮传动比；

ω_h——无阻尼液压固有频率，$\omega_h=\sqrt{4Kq_m^2/(V_tJ_t)}$；

ξ_h——液压阻尼比，$\xi_h=(K_{ce}/q_m)\sqrt{KJ_t/V_t}$。

由式（11－100）和式（11－99）的简化形式，可画出液压扭矩放大器的方块图，如图 11－38 所示。由图可求得，液压扭矩放大器开环放大系数为

$$K_v=\frac{t}{2\pi}\frac{K_q}{q_m} \tag{11-101}$$

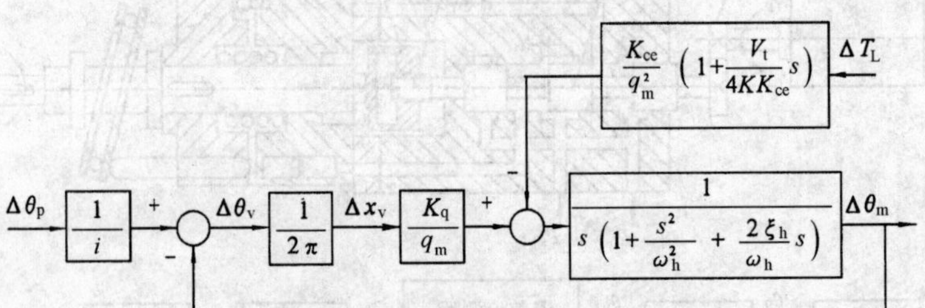

图 11－38　液压扭矩放大器方块图

C　液压扭矩放大器的选用和计算

选择液压伺服系统的使用压力 p_s：根据我国目前液压元件的现状，液压伺服系统的使用压力一般为 $p_s=50\times10^5\,N/m^2$。压力选低了要增加流量，使液压扭矩放大器体积庞大；压力选高了可减小液压扭矩放大器的体积，但造成液压元件寿命降低，使用性能下降，同时使液压固有频率降低，系统不易稳定。

满足最高伺服速度 v_m 的要求：只要液压扭矩放大器的最高转速 n_m 足够大，就可以满足最高伺服速度的要求，其关系为：

$$v_m = n_m i t'/(2\pi)$$

式中 n_m——步进马达的最高转速；

i——由步进马达到工作台的减速比；

t'——丝杆的导程。

满足扭矩 T 的要求：供油压力确定之后，应满足扭矩要求，即确定液压扭矩放大器的单位排量 q_m。

步进马达快速工作时的扭矩 T_k

$$T_k = (T_{kj} + T_m)/\eta_c \tag{11-102}$$

步进马达切削工作时的扭矩 T_c

$$T_c = (T_{cj} + T_m + T_c')/\eta_c \tag{11-103}$$

式中 T_m——传动系统的摩擦扭矩；

T_c'——机床切削扭矩；

η_c——传动系统效率；

T_{kj}、T_{cj}——快速工作和切削工作时加减速所需的惯性扭矩。

T_{kj}或T_{cj}可由下式计算

$$T_j = \frac{J_t \omega_m}{\tau}$$

式中 J_t——折算到液压马达轴上（包括液压马达本身）的总惯量；

ω_m——液压马达的角速度；

τ——系统的时间常数，一般取 $\tau = (0.01 \sim 0.1)$s。

J_t的计算是将工作台移动惯量及齿轮系的转动惯量折算到液压马达轴上的转动惯量。如图 11－39 所示的传动系统，J_t计算式为

$$J_t = J_1 + i^2(J_2 + J_3) + i^2(G/g)[t'/(2\pi)]^2 + J_0 \tag{11-104}$$

式中 G——工作台质量；

i——齿轮减速比，$i = Z_1/Z_2$，Z_1是液压马达轴上齿轮齿数，Z_2是丝杆轴上齿轮齿数；

J_1、J_2、J_3——分别为齿轮 1、齿轮 2 及丝杆轴的转动惯量；

J_0——马达本身惯量。

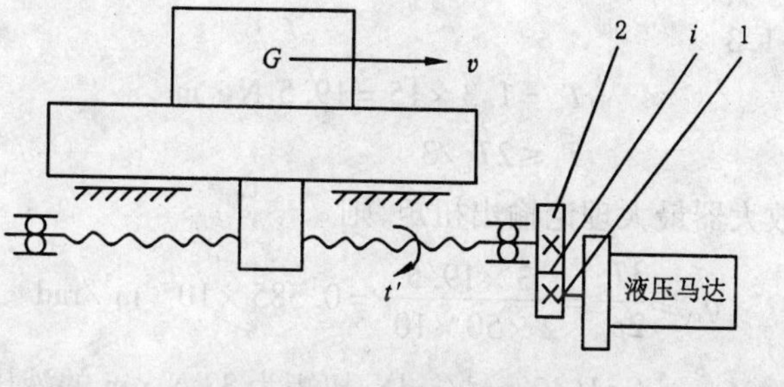

图 11－39 机床传动示意图

1、2—齿轮

按式（11－102）和式（11－103）计算所得结果中，选择大者作为液压扭矩放大器的计算扭矩 T，并用它来确定液压扭矩放大器的排量。在确定 T_c时，考虑到伺服工作突然反向或停

止，同时又要保证有足够的快速性以保证精度，所以实际选取的 T_c 值比 T 要大 n 倍，n 称为安全系数，一般取 $n = 1.3 \sim 1.5$。

$$T_c > nT$$

$$T_c = np_L q_m$$

故

$$p_L q_m > T \tag{11-105}$$

根据计算出来的 q_m，可以选液压马达型号。

验算系统的稳定性：稳定条件为 $K_V < 2\xi_h\omega_h$。

例 11-2　某数字程序控制铣床采用电液步进马达带动滚珠丝杆，滚珠丝杆驱动工作台。传动简图如图 11-39 所示。工件重量 $G_1 = 1.5\times10^4$ N，工作台重量 $G_2 = 1.35\times10^4$ N，切削力 $F_{L0} = 3\times10^4$ N，大齿轮、小齿轮及丝杆的转动惯量分别为 $J_1 = 2.6\times10^{-5}$ N·m·s^2；$J_2 = 3.7\times10^{-6}$ N·m·s^2；$J_3 = 7.3\times10^{-3}$ N·m·s^2，阀心直径 $d = 0.01$ m，反馈螺母导程 $t =$ 3 mm，供油压力 $p_s = 50\times10^5$ N/m^2，齿轮减速比 $i = 4/15$，丝杆导程 $t' = 10$ mm，所用步进马达的最高转速 $\omega_m = 50\ \mathrm{s}^{-1}$，要求工作台快进速度 $v = 1.67\times10^{-2}$ m/s，试校验其工作性能，并确定液压马达排量。

校核最大伺服速度：

$$v_m = n_m it'/(2\pi) = (50/2\pi)\times(4/15)\times0.01 = 2.12\times10^{-2}\ \mathrm{m/s}$$

满足快速进给要求。

确定液压马达排量：

折算到步进马达轴上的切削和摩擦扭矩为

$$T = \frac{i(F_{L0} + fG)t'}{2\pi\eta_c}$$

式中　G——运动部件质量，$G = G_1 + G_2$；

f——摩擦系数，取 $f = 0.015$；

η_c——总的效率，$\eta_c = \eta_s\eta_e\eta_z = 0.9\times0.97\times0.99 = 0.86$；

η_s、η_e、η_z 分别为滚珠丝杆、齿轮、轴承的传动效率。

$$T = \frac{4}{15}\,\frac{(3 + 0.015\times2.85)\times10^4\times0.01}{2\pi\times0.86} = 15\ \mathrm{N\cdot m}$$

取安全系数 $n = 1.3$

$$T_c = 1.3\times15 = 19.5\ \mathrm{N\cdot m}$$

$$T_c \leqslant 2T_m/3$$

T_m 为液压扭矩放大器最大理论输出扭矩，则

$$q_m \geqslant \frac{3T_c}{2p_s} = \frac{3\times19.5}{2\times50\times10^5} = 0.585\times10^{-5}\ \mathrm{m^3/rad}$$

故选用排量为 6.36 cm^3/rad(40 cm^3/rad)，扭矩为 33 N·m 的液压扭矩放大器DY-B40。(其结构参数：液压马达的转动惯量 $J_0 = 3.5\times10^{-3}$ N·m·s^2，液压马达压油腔 $V_t = 4.5\times10^{-5}\ \mathrm{m^{-3}}$)。

校核稳定性：

一般在零位时的 $\xi_h = 0.1 \sim 0.2$，取 $\xi_h = 0.15$：

$$J_t = J_1 + i^2(J_2 + J_3) + i^2\frac{Gt'^2}{39.24\pi^2} + J_0 = 4.83 \times 10^{-3}\text{N·m·s}^2$$

$$\omega_h = \sqrt{\frac{4Kq_m^2}{V_tJ_t}} = 721\ \text{s}^{-1}$$

$$K_v = \frac{t}{2\pi}\frac{c_dW}{q_m}\sqrt{\frac{1}{\rho}p_s} = 130\ \text{s}^{-1}$$

稳定判据：$2\xi_h\omega_h > K_v$，$2 \times 0.15 \times 721 = 216.3 > 130$，故系统是稳定的。

11.5 电液伺服阀

在伺服系统中，用电作为信号的优点是：传递速度快，线路连接方便，适于远距离控制，易于测量、比较和校正。用液压能作为动力有输出力大、惯性小、反应快等优点。因此两者结合而成的电液伺服系统是一种控制灵活，精度高，快速性好，输出功率大的系统。这种系统中一定要有一个将电信号变为液压信号的转换装置，即电液伺服阀。

电液控制系统中，电液伺服阀起电信号与液压信号之间的转换作用，同时又起信号放大作用，它的性能对系统的特性影响很大，是系统的核心元件。

11.5.1 电液伺服阀的结构及工作原理

电液伺服阀具有各种不同的结构和形式，但就组成而言，总是由电气—机械转换器和液压放大器组成的，如图 11-40 所示。电气—机械转换器将电信号转换为阀心的位移。常见的转换器有动圈式力矩马达和衔铁式力矩马达。液压放大器可分为前置放大器和功率放大器。前置级放大器的功用是当力马达（力矩马达）输出的力（力矩）不足以推动液压滑阀时，用它将力（力矩）放大。常用形式有喷嘴—挡板阀、射流管阀和滑阀等。功率级放大器是用来推动负载的放大器，都采用滑阀式结构。下面介绍两种电液伺服阀。

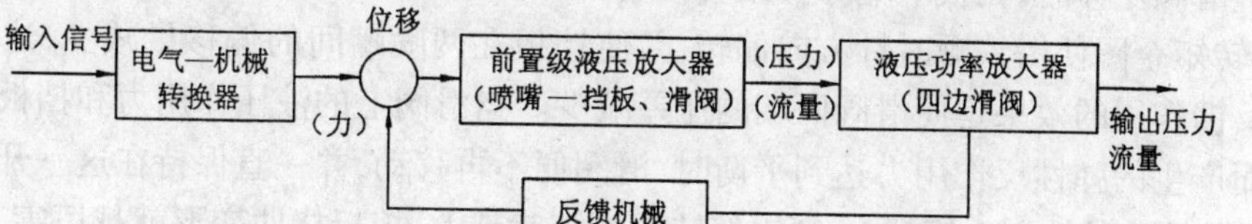

图 11-40　电液伺服阀的职能图

11.5.1.1　力反馈伺服阀

图 11-41 所示为电液伺服阀，力矩马达作为电气—机械转换器。该马达由一对永久磁铁 1、导磁体 2、衔铁 3、线圈 4 和弹簧管座 5 等组成。前置放大器采用双喷嘴—挡板阀 6，而滑阀 7 是功率放大级。衔铁 3 与挡板 9 连接在一起，由固定在阀座 10 上的弹簧管座 5 支撑着。挡板下端为一球头，嵌放在滑阀 7 的凹槽内。

永久磁铁和导磁体形成一个固定磁场，当线圈 4 中没有电流通过时，导磁体和衔铁间四个气隙 a、b、c、d（图 11-42）中的磁通都是 Φ_g，且方向相反，因此衔铁处于中位。当控制电流通入线圈时，衔铁被磁化，如果通入电流的方向使衔铁产生如图 11-42 所示的磁通 Φ_c，则在气隙 b、c 中 Φ_p和 Φ_c相加，在气隙 a、d 中两者相减，于是衔铁就在磁力作用下克服弹簧的弹性反作用力，向逆时针方向偏转 θ 角，即偏转到磁力所产生的转矩与弹性反作用力所产生的反转矩平衡时为止。这时，滑阀尚未移动，挡板 9 因随衔铁偏转而发生挠曲，改变了它与两个喷嘴间的间隙，右面的间隙减小，左面的间隙加大。

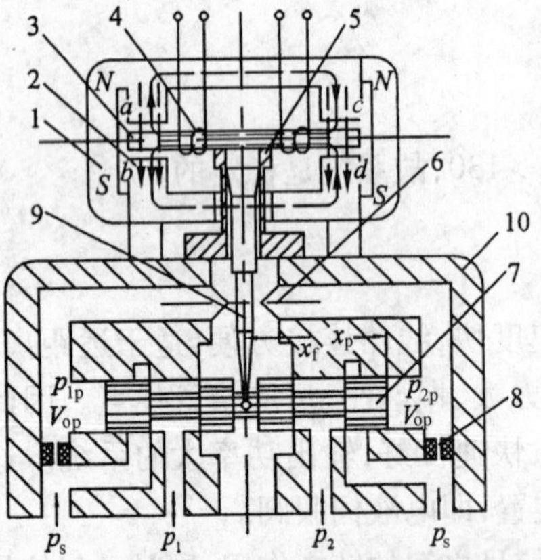

图 11－41　电液伺服阀

1—永久磁铁；2—导磁体；3—衔铁；4—线圈；5—弹簧管座；6—双喷嘴—挡板阀；7—滑阀；8—截流孔；9—挡板；10—阀座

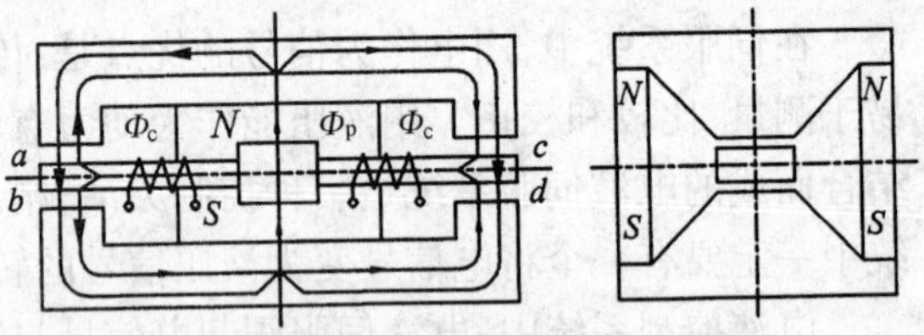

图 11－42　力矩马达

通入伺服阀的压力油，一路通向滑阀，并从它的左边或右边的出口输出（视滑阀开口情况而定），另一路则通过两个对称的截流孔 8 和左、右喷嘴 6 流出，进入回油路。当挡板与左、右喷嘴间的间隙相等时，喷嘴后侧（亦即是滑阀两端）的压力 p_{1p}、p_{2p} 相等，滑阀处于中间平衡位置。当挡板挠曲，出现上述右边间隙小，左边间隙大的情况时，喷嘴后侧的压力 p_{2p} 增大，p_{1p} 减小，使滑阀向左移动一段距离，压力油就由滑阀左边的出口输出，右边的出口则通向回油。滑阀左移时，挡板下端球头跟着移动，在衔铁挡板组件上产生一个顺时针方向的转矩；这个转矩企图使衔铁顺时针方向偏转，并使挡板在两喷嘴间的偏移量减少，这就是反馈作用。反馈作用的效果是使滑阀两端的压差减少。当滑阀上的液压作用力和挡板下端球头因移动而产生的弹性反作用力达到平衡时，滑阀便不再移动，并一直保持在这一开度。

通入线圈 4 的控制电流越大，衔铁偏转的转矩就越大，挡板挠曲变形就越厉害，滑阀两端的压差就大，滑阀的偏移量就大，伺服阀输出的流量也就越多。由于滑阀的位移、喷嘴—挡板的间隙、衔铁的转角都依次和输入电流成正比。输入电流反向时，输出流量也反向，即当控制电流使衔铁顺时针方向偏转时，压力油由阀右边的出口输出，而左边的出口通向回油。

图 11－41 中滑阀的最终位置是通过挡板弹性反作用力的反馈作用而达到平衡的，因此这种伺服阀属于力反馈式。此种阀还由于其输出流量与输入电流成正比，而被叫做流量控制阀，该阀的职能图见图 11－43。

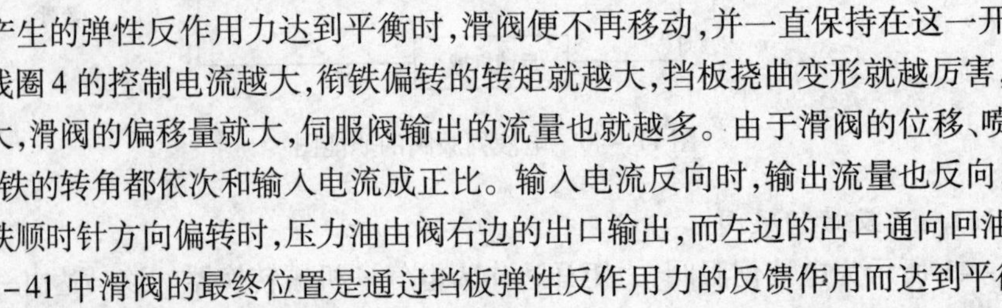

图 11－43　力反馈式电液伺服阀职能图

11.5.1.2 位置反馈式伺服阀

图11－44所示为动圈式力马达和二级滑阀组成的位置直接反馈式伺服阀，其工作原理如下：在线圈7未通入电流时，伺服阀处于平衡位置。压力油从 P 腔进入，分别通过 P 腔槽、阀套窗口、固定截流口3、5到达上、下控制窗口，然后再通过主阀（二级阀心）的回油口流回油箱。当输入正向电流时，根据左手定则，载流导体在磁场中受力而向下运动，于是一级阀心6随之下移。由于这时上控制窗口的过流面积减小，下控制窗口的过流面积增大，所以上控制腔压力升高，而下控制腔压力降低，使作用在主阀心4（二级阀心）两端的液压力失去平衡。主阀心在液压力作用下向下移动。主阀心下移，使上控制窗口的过流面积逐渐增大，下控制窗口的过流面积逐渐缩小。当主阀心移动到上、下控制窗口过流面积重新相等的位置时，作用于主阀心两端的液压力重新平衡，主阀心就停留在新的平衡位置上，形成一定的开口。这时，压力油由 P 腔通过主阀心的工作边到 A 腔而供给负载，回油通过 B 腔，经主阀心的工作边到 T 腔而回油箱。

输入的信号电流相反时，阀的动作过程与上述情况相反。油流方向为 $P \to B, A \to T$。

上述工作过程中，动圈的位移量与一级阀心位移量相等，而动圈位移量是与输入信号电流成正比，所以输出流量和输入信号电流成正比。

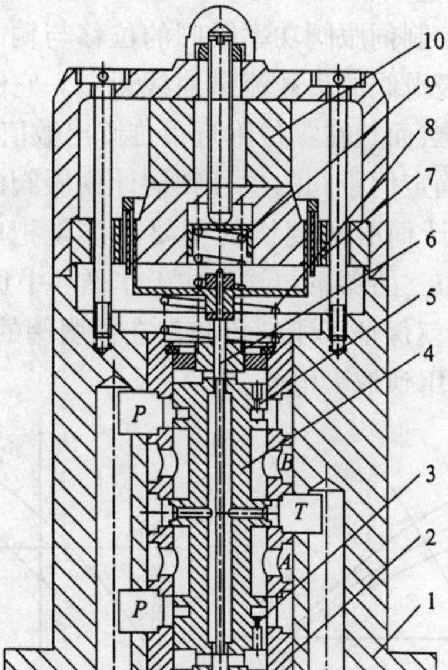

图11－44 位置反馈伺服阀

1—阀体；2—阀套；3、5—固定截流孔；4—主阀心（二级阀心）；6——级阀心；7—线圈；8、9—弹簧；10—力马达

位置反馈式电液伺服阀的职能图见图11－45。

上述两种电液伺服阀各有优缺点，力反馈式两级伺服阀（如QDY型）灵敏度高，动态响应好，但抗污染能力差，对工作油的过滤要求严，适用于要求较高的场合；位置反馈式（如DY阀）伺服阀结构简单，工作可靠，对油的过滤要求不高，但灵敏度和动态响应较低，因此适用于一般工业系统。

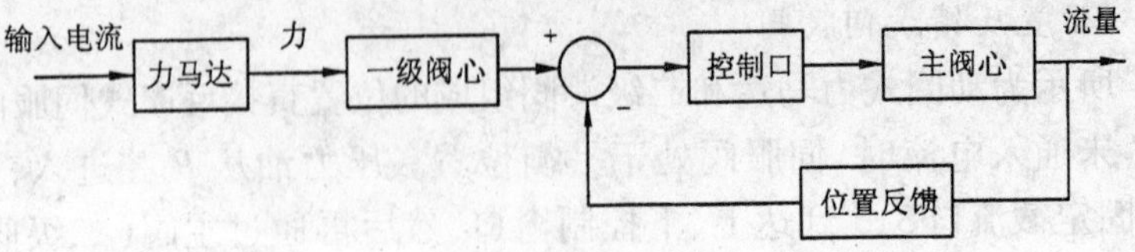

图 11-45　位置反馈式电液伺服阀职能图

11.5.2　电液伺服阀的基本特性

电液伺服阀是由电器元件和液压控制滑阀等组成，它是电液伺服系统中的关键元件，由于它非常复杂而精密，就需要较多的参数来表示它的性能。它和其他液压元件相比，性能的技术要求严格得多，有关电液伺服阀的术语和技术要求，详见国家标准，其基本静态和动态特性对于设计、选用和评定伺服阀都是非常有用的。

11.5.2.1　静态特性

电液流量控制伺服阀的静态性能，可以根据负载流量特性、空载流量特性、压力特性和泄漏特性等曲线和相应的参数评定。

(1) 负载流量(压力—流量)特性：表示在稳定状态下，输入电流、负载流量和负载压降三者之间的关系。由于流量控制伺服阀功率级阀的位移与输入电流近似成比例关系，所以负载流量曲线的形状与功率级滑阀的负载流量曲线近似。它完全确定了伺服阀的静特性，但要测得这组曲线却相当困难，而且在零位附近很难读出数值，可是伺服阀又正好在此处工作，因此，这些曲线主要用来确定伺服阀的型号和估计伺服阀的规格，以便与所要求的负载流量和负载压力相匹配。估计伺服阀规格的主要方法是把阀的额定流量选得大到能使图 11-46*a* 上对应最大电流 Δi_{max} 的那条曲线包住工作循环中负载流量和负载压力的所有各点，并且确保 $p_L < (2/3)p_s$，这就保证了所有负载都在伺服阀的能力范围内。但为了满足系统总的精度要求，伺服阀不要用到最大电流。

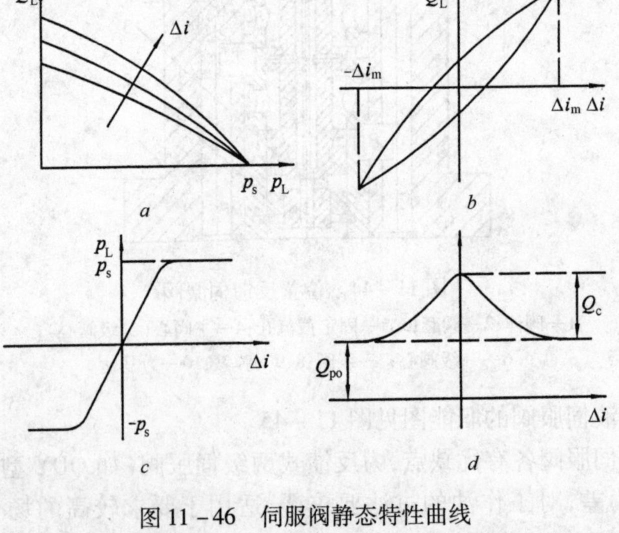

图 11-46　伺服阀静态特性曲线

(2) 空载流量曲线:它是在给定的伺服阀压降(通常为$63\times10^5\ N/m^2$)和负载压降为零的条件下,使输入电流在正、负额定电流值之间做一完整的循环,而后绘制的连续曲线。由此曲线可以得到以下参数:额定流量、流量增益、滞环、非线性度、不对称度和零偏等。

额定流量:在额定电流和规定的阀压降下所测得的流量。通常在空载条件下规定伺服阀的额定流量,也可以在负载压降等于三分之二供油压力的条件下规定额定流量,这样规定的额定流量对应阀的最大功率输出点。

流量增益:流量曲线回环的中点轨迹线称为名义流量曲线,它是无滞环流量曲线。由于伺服阀的滞环通常很小,因此可把流量曲线的一侧当作名义流量曲线使用。流量曲线上某点或某段的斜率就是阀在该点或该区段的流量增益。

(3) 压力特性:压力特性曲线是输出流量为零(将两个负载口堵死)时,输入电流在正负额定电流之间变化一个完整周期后负载压力p_L的变化曲线。在压力特性曲线上某点或某段的斜率即压力增益($N/(m^2\cdot A^1)$)。这条曲线应具有很陡的斜率,并且当信号电流为全行程电流的一小部分时,压力就很快达到饱和。伺服阀的压力增益越高,伺服系统的刚度越大,克服外负载能力越强,从而系统的误差越小。压力增益低表示零位泄漏量大,阀心和阀套配合不好,从而使伺服系统的响应变得缓慢而迟钝。

(4) 泄漏特性:泄漏流量是输出流量为零(在负载通道关闭)时,由回油口流出的内部泄漏流量(m^2/s)。泄漏流量随输入电流变化而变化,当阀处于零位时为最大值。对于两级伺服阀泄漏量由前置级或第一级的泄漏量Q_{p0}和输出级的泄漏量Q_L组成。Q_c/p_s的比值可用来作为滑阀的流量—压力系数。

11.5.2.2 动态特性

伺服阀的动态特性,可用传递函数和频率特性来表示,如图11-41所示的力反馈式流量控制伺服阀的传递函数可近似地写成

$$W_{sv}(s)=\frac{Q(s)}{I(s)}=\frac{K_{sv}}{\frac{s^2}{\omega_{sv}^2}+\frac{2\xi_{sv}}{\omega_{sv}}s+1} \tag{11-106a}$$

或

$$W_{sv}(s)=\frac{Q(s)}{I(s)}=\frac{K_{sv}}{s/\omega_{sv}+1} \tag{11-106b}$$

式中 K_{sv}——电液伺服阀增益,$K_{sv}=Q_0/I_0$;

Q_0——空载流量;

I_0——额定电流;

ω_{sv}——电液伺服固有频率;

ξ_{sv}——电液伺服阀的阻尼比。

ω_{sv}、ξ_{sv}、I_{sv}、Q_0、I_0均可由产品目录查出。在伺服系统的动态计算中,当系统执行元件的固有频率较高时(50 Hz以上),可用式(11-106a)计算;当系统固有频率较低时(50 Hz以下),用式(11-106b)计算。这就是说,当电液伺服阀对系统的动态特性影响较大时,可以近似地把它看作一个振荡环节,影响较小时可以近似地把它看作是一个惯性环节。电液伺服阀的频率响应是输入电流在某一频率范围内作等幅变频正弦变化(正弦扫描)时,主载流量与输入电流的复数比。频率响应用幅值比(dB)和相位滞后(度)与频率的关系表示,见图11-47。

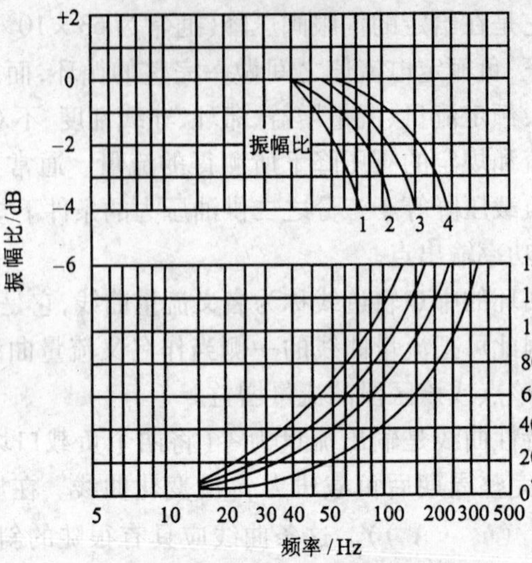

图 11－47　频率响应、幅频宽和相频宽的关系

幅频特性 $L=20\lg A_1/A_0$，A_0为频率 $\omega=0$ 时，输出流量的幅值，A_1为频率为 ω 时输出流量的幅值。相频特性 φ 是输出流量相对于输入电流的相位差。

由频率特性可以看出伺服阀的幅频宽和相频宽。选择伺服阀的频宽应根据系统实际需要加以确定，频宽过低会限制系统的响应，过高会使高频干扰传到负载上去。

思考题与习题

11－1　电液伺服阀是由哪两部分组成的？

11－2　液压放大器有哪几种结构形式，各有哪些优缺点？

11－3　滑阀在零位（中间位置）时的开口形式有哪几种（分别绘图表示）？

11－4　伺服阀的负载流量曲线表示出了哪几个参数之间的函数关系，绘制这些曲线的主要用途是什么？

11－5　压力增益 K_p的大小能说明什么问题？

11－6　伺服阀的内泄漏特性曲线是怎样绘制出来的，零位泄漏流量 Q_c的大小能够说明什么问题？

11－7　四通阀控制液压缸的活塞运动，活塞速度为 v，活塞有效面积 $A_p=0.003\ \mathrm{m}^2$，$K_p=3\times10^{10}\ \mathrm{N/m}^3$，若增加外负载力 $F_L=4500\ \mathrm{N}$，并保持活塞等速度运动，问此时阀心应有多大的位移？

11－8　有外反馈机液伺服系统如习题图 11－1 所示，输入量为 x_i，输出量 x_p，负载质量 m，反馈系数为 1，略去液体的压缩及泄漏。请写出系统的基本方程，画出方块图及导出系统的闭环传递函数。

11－9　试推导"一个固定截流孔单边滑阀控制单活塞杆液压缸"x_p的表达式，见习题图 11－2 所示。

11－10　若用四边阀控双活塞杆液压缸的仿形刀架，加工阶梯轴见习题图 11－3，试求产生的仿形误差。其参数为：滑阀直径 $d=0.016\ \mathrm{m}$，滑阀和阀套的配合间隙 $r_r=1.5\times10^{-5}\ \mathrm{m}$，反馈系数 $K_f=1$，活塞直径 $D=0.09\ \mathrm{m}$，活塞宽度 $B=0.04\ \mathrm{m}$，流量系数 $c_d=0.62$，油液密度 $\rho=845\ \mathrm{kg/m}^3$，供油压力 $p_s=20\times10^5\ \mathrm{N/m}^3$，工件的升角为 β_1，β_2，刀架安装斜角 $\gamma=60°$，刀架的纵走速度 $v_z=3\times10^{-3}\ \mathrm{m/s}$，切削力 $F_{L0}=3000\ \mathrm{N}$。

11－11　试算习题图 11－2 所示液压控制系统的稳定性。其参数为：$m=200\ \mathrm{kg}$，$A_h=0.0042\ \mathrm{m}^2$，油缸的行程 $L=0.12\ \mathrm{m}$，固定截流孔直径 $d_0=1.5\times10^{-3}\ \mathrm{m}$，滑阀直径 $d=0.016\ \mathrm{m}$。反馈系数 $K_f=1$，供油压力 $p_s=25\times10^5\ \mathrm{N/m}^2$，油液密度 $\rho=845\ \mathrm{kg/m}^3$，油液体积弹性模量 $K=6500\times10^5\ \mathrm{N/m}^2$，取阻尼系数 $\xi_h=0.2$。

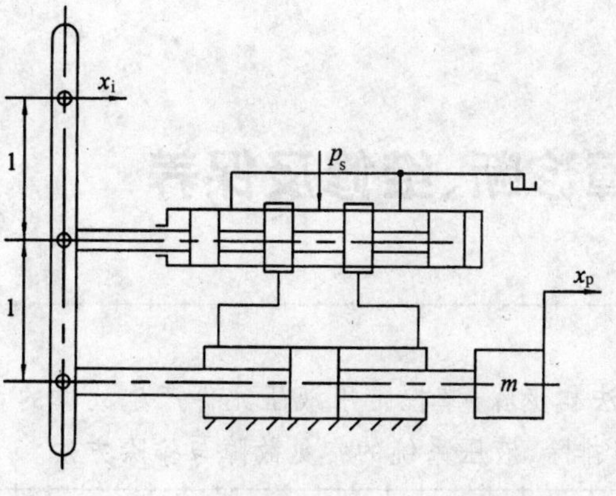

习题图 11－1

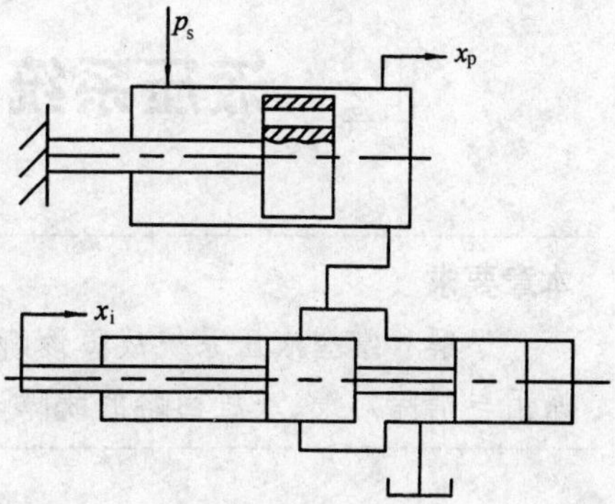

习题图 11－2

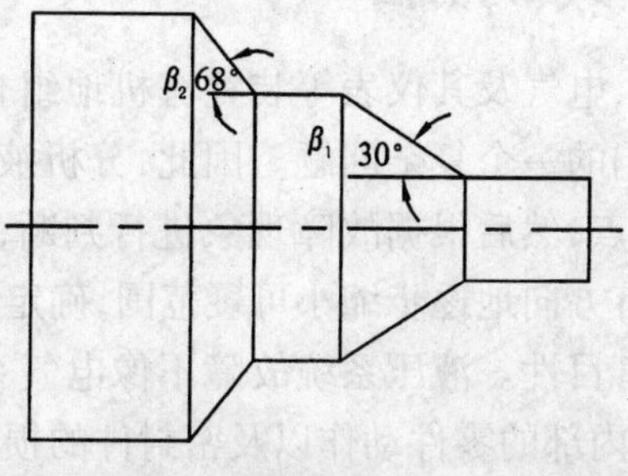

习题图 11－3

12 液压系统故障诊断、维修及保养

本章要求

了解和掌握液压系统故障诊断的方法和步骤；掌握常用液压元件产生故障的原因与消除对策，液压回路的故障诊断与排除，液压系统的常见故障与排除方法。

12.1 液压系统故障诊断步骤与方法

液压设备是由机械、液压、电气及其仪表等装置有机地组合成的统一体，系统的故障分析也是由各方面因素综合影响的一个复杂问题。因此，分析液压故障之前必须弄清楚整个液压系统的传动原理、结构特点，然后根据故障现象进行判断，逐步深入，采取顺藤摸瓜、跟踪追击的分析方法，有目的、有方向地逐步缩小可疑范围，确定区域和部位，以至于某个液压元件。尽力避免分析辨别的盲目性。液压系统故障不像电气系统那样检测方便，因为液压管路内油液流动状态、液压件内部的零件动作以及密封件的损坏等情况，一般是看不见摸不着的，所以给人们观察分析带来更多的麻烦和困难。当然，液压系统中某个局部油腔装有压力表，但远不能满足分析故障的需要。因此，要求人们具有分析故障原因、准确判断故障部位的能力。特别是机械故障、液压故障、电气问题几方面交织在一起时，必须预先有一个清醒的估计，实事求是地进行观察推断。液压系统工作的基本特征是压力、流量及液流方向。根据这一特征，总是可以找出故障的原因，并能及时给予排除的。

近年来，在设备维修部门开始采用状态监测技术，可早期发现故障部位和原因，为预知维修提供了依据。状态监测与故障诊断技术，可以在液压系统运动中或基本不拆卸零部件的情况下了解和掌握系统运行状况，判断出故障的部位和原因，并能预测出液压系统未来的技术状态。但是，目前寻找液压系统故障原因的主要方法还是靠有丰富实践经验的专家进行分析和判断。

12.1.1 液压系统故障产生的特征

12.1.1.1 不同运行阶段的故障特征

A 试制液压设备调试阶段的故障

设备调试阶段的故障率较高，存在问题较为复杂，其特征是设计、制造、安装(包括装配)以及管理等质量问题交织在一起。除机械、电气问题外，液压传动系统常发生的故障有：

(1) 外泄漏严重，主要发生在接头和有关元件的端盖处；

(2) 执行元件运动速度不稳定；

(3) 由于脏物或油污使液压阀阀心卡死或运动不灵活，导致执行元件动作失灵；

(4) 压力控制的阻尼小孔被堵，造成系统压力不稳定或压力调不上去；

(5) 某些阀类元件漏装弹簧或密封件，造成控制失灵，甚至管道接错而使动作混乱；

(6) 液压系统设计不完善,液压元件选择不当,造成系统发热、执行元件同步精度差等故障现象。

B 液压设备运行初期的故障

液压设备经过调试阶段后,便进入正常生产运行阶段。此阶段故障的主要特征是:

(1) 管接头因振动而松脱;

(2) 密封件质量差,或由于装配不当而被损伤,造成泄漏;

(3) 管道或液压元件油道内的毛刺、型砂、切屑等污物在油流的冲击下脱落,堵塞阻尼孔和滤油器,造成压力和工作速度不稳定;

(4) 少数设备因负荷率高或环境散热条件差,使油液温度过高,从而引起泄漏,导致工作压力和工作速度不稳定,甚至造成工作严重失常,以至于停产。

C 液压设备运行到中期的故障

液压设备运行到中期,其故障率最低,这个阶段液压系统工作状态最佳,但应特别注意控制油液的污染。

D 液压设备运行后期的故障

液压设备运行到后期,液压元件因工作频率和负荷的差异,易损件先后开始正常性的超差磨损,此阶段故障率较高,泄漏增加,效率降低。针对这一状况,要对元件进行全面检验,对已失效的液压元件应进行修理或更换,以防止液压设备不能运行而被迫停产。

12.1.1.2 突发性故障

这类故障多发生在液压设备运行初期和后期。故障的特征是突发性,故障发生的区域及产生原因较为明显,如发生碰撞、元件内弹簧突然折断、管道破裂、异物堵塞流道、密封件损坏等故障现象。

突发性故障往往与液压设备安装不当、维护不良有关系,有时由于操作错误而发生破坏性故障。防止这类故障的主要措施是加强设备管理维护,严格执行岗位责任制,以及加强人员素质的培养。

12.1.2 液压系统故障诊断的步骤

12.1.2.1 找出故障元件的步骤

液压系统的故障有时是系统中某个元件产生故障造成的,因此,需要把出了故障的元件找出来。根据图 12-1 列出的步骤进行检查,就可以找出液压系统中产生故障的元件。

第一步:液压传动设备运转不正常,例如,没有运动、运动不稳定、运动方向不正确、运动速度不符合要求、动作顺序错乱、力输出不稳定、泄漏严重、爬行等。无论是什么缘故,都可以归纳为流量、压力和方向三大问题。

第二步:审核液压回路图,并检查每个液压元件,确认它的性能和作用,初步评定其质量状况。

第三步:列出与故障相关的元件清单,进行逐个分析。进行这一步时,一要充分利用判断力,二是注意绝不可遗漏对故障有重大影响的元件。

第四步:对清单中所列元件按以往的经验和元件检查的难易排列次序,必要时,列出重点检查的元件和元件的重点检查部位,同时安排测量仪器等。

第五步:对清单中列出的重点检查元件进行初检。初检应判断以下一些问题:元件的使用和装配是否合适;元件的测量装置、仪器和测试方法是否合适;元件的外部信号是否合适;对外部信号是否响应等。特别注意某些元件的故障先兆,如过高的温度和噪声、振动和泄漏等。

第六步:如果初检中未查出故障,要用仪器反复检查。

第七步:识别出发生故障的元件,对不合格的元件进行修理或更换。

第八步:在重新启动主机前,必须先认真考虑一下这次故障的原因和后果。如果故障是由于污染或油液温度过高引起的,则应预料到另外元件也有出现故障的可能性,并应针对隐患采取相应的补救措施。例如,由于铁屑进入泵内引起泵的故障,在换新泵之前要对系统进行彻底清洗。

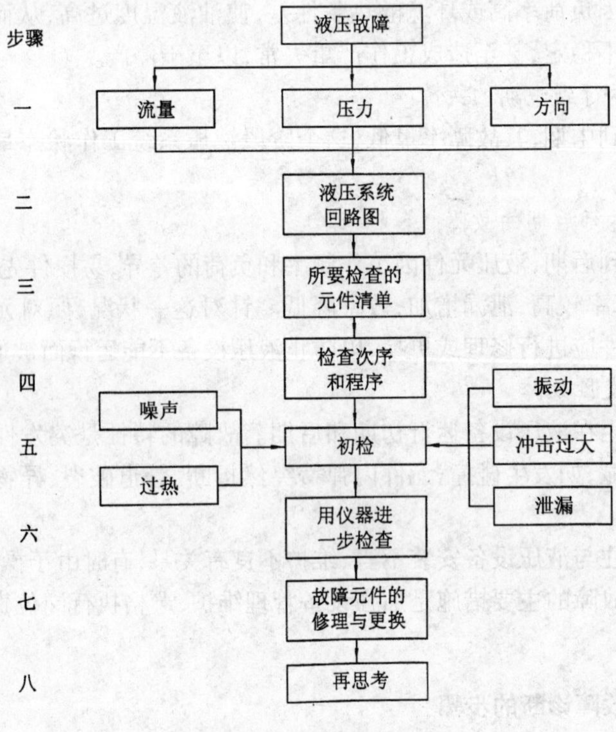

图 12-1 液压故障分析步骤

12.1.2.2 重新启动的步骤

排除液压系统故障之后,不能操之过急,盲目启动,必须遵照一定的要求和程序启动,否则,旧的故障排除了,新的故障会相继产生,其主要原因是缺乏周密的思考。如前所述,液压泵因铁屑进入而出现故障,那么,铁屑是怎样进入的呢?油箱、管道中是否还有可能有铁屑及其他污物存在?

图 12-2 为重新启动程序框图。

12.1.3 液压系统故障诊断的方法

液压设备故障诊断,一般分为简易诊断和精密诊断。

12.1.3.1 简易诊断技术

简易诊断技术是靠维修工程技术人员利用简单的诊断仪器和凭个人的实际经验,对液压系统出现的故障进行诊断,判别产生故障的原因和部位,并提出相应的排除方法。

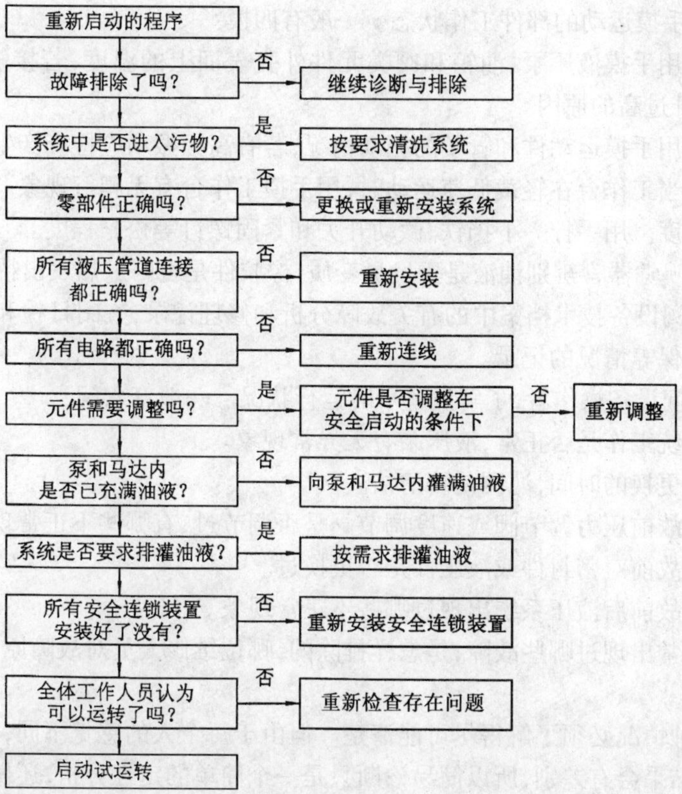

图 12－2　重新启动程序框图

简易诊断技术是设备维修部门普遍采用的方法，其具体做法如下：

(1) 看。看液压系统工作的实际状况。一般有六看：

一看速度。指执行机构运动速度有无变化和异常现象。

二看压力。指液压系统中各测压点的压力值大小，压力值有无波动等现象。

三看油液。观察油液是否清洁，是否变质，油液表面是否有泡沫，油量是否在规定的油标线范围内，油液的黏度是否符合要求等等。

四看泄漏。指液压管道各接头、阀板结合处、液压缸端盖、液压泵轴端等是否有渗漏、滴漏现象。

五看振动。指液压缸活塞杆或工作台等运动部件工作时有无因振动而跳动等现象。

六看产品。根据液压机床加工出来的产品质量，判断运动机构的工作状态、系统工作压力和流量的稳定性。

(2) 听。用听觉判断液压系统工作是否正常。一般有四听：

一听噪声。听液压泵和液压系统工作时的噪声是否过大；溢流阀、顺序阀等压力元件是否有尖叫声。

二听冲击声。指工作台液压缸换向时冲击声是否过大；液压缸活塞是否有撞击缸底的声音；换向阀换向时是否有撞击端盖的现象。

三听气蚀与困油的异常声。检查液压泵是否吸进空气，或是否存在严重困油现象。

四听敲打声。指液压泵运转时是否有因损坏引起的敲打声。

(3) 摸。用手摸运动的部件工作状态。一般有四摸：

一摸温升。用手摸液压泵、油箱和阀类元件外壳表面上的温度，若接触两秒钟感到烫手，就应检查温升过高的原因。

二摸振动。用手摸运动件和管子的振动情况，若有高频振动应检查产生的原因。

三摸爬行。当工作台在轻载低速运动时，用手摸工作台有无爬行现象。

四摸松紧程度。用手拧一下挡铁、微动开关和紧固螺钉等松紧程度。

(4) 闻。用嗅觉器官辨别油液是否发臭变质，橡胶件是否因过热发出特殊气味等。

(5) 阅。查阅设备技术档案中的有关故障分析和修理记录，查阅日检和定检卡，查阅交接班记录和维护保养情况的记录。

(6) 问。访问设备操作者，了解设备平时运行状况。一般有六问：

一问液压系统工作是否正常，液压泵有无异常现象。

二问液压油更换的时间，滤网是否清洁。

三问发生事故前压力调节阀或速度调节阀是否调节过，有哪些不正常现象；

四问发生事故前对密封件或液压件是否更换过。

五问发生事故前后液压系统出现过哪些不正常现象。

六问过去经常出现过哪些故障，是怎样排除的，哪位维修人员对故障原因与排除方法比较清楚。

总之，对各种情况必须了解得尽可能清楚。但由于每个人的感觉不同，判断能力和实际经验不同，判断结果会有差别，所以简易诊断只是一个简单的定性分析，还做不到定量测试。因此，为了弄清楚液压系统产生故障的原因，有时要停机拆卸，将有故障的液压元件在试验台上做定量的性能测试。

简易诊断技术简单易行，它在缺少测试仪器和野外作业等情况下，能迅速判断和排除故障，故具有实用性和普及意义。

12.1.3.2　精密诊断技术

精密诊断技术是在简易诊断技术的基础上对有疑问的异常现象，采用测试仪器进行定量分析，从而找出发生故障原因的方法。对自动线之类的液压设备，可以在有关部位和各执行机构中装设监测仪器（如压力、流量、位置、速度、油位、温度等传感器），在自动运行过程中，某个部位产生异常现象时，监测仪器均可及时监测到技术状况，并可在屏幕上自动显示出来，这时，即可组织有关人员分析研究，并予以排除。

状态监测用的仪器很多，通常有压力传感器、流量传感器、速度传感器、位移传感器、油温监测仪、压力增减仪等。把监测仪器测量到的数据输入电子计算机系统，计算机根据输入的信号提供各种信息和各项技术参数，由此可判别出某个执行机构的工作状况，并可在电视屏幕上自动显示出来。在出现危险性故障之前，可自动报警、自动停机或不能启动另外一个执行机构等。所以状态监测技术可解决人的感觉器官无法解决的疑难故障，并为预知维修提供了信息。

例如，某条液压传动自动线的生产周期加长了，是由于内泄漏导致某些主要液压缸动作缓慢造成的。但是，究竟是哪些液压缸动作缓慢很难找到。因为自动线有几十个液压缸，简易诊断法，无法得到准确的判断。而用精密诊断技术，可利用主要液压缸两端的行程开关作为监测开关量，并与计算机系统接口，将液压缸在规定时间内应完成动作的时间储存于计算机系统中。当液压缸动作时间发生变化时，计算机就可立即判别出是哪一个或哪几个液压缸引起的。此外,还可设自动报警或自动停机等信号装置。这样,就很容易找到故障的部位和产生的原因。

目前精密诊断技术所用的传感器和有关仪表费用较高,一般液压设备不宜采用。此外,要正确找到液压系统或液压元件的故障原因、故障部位和提出排除故障方案,单靠精密诊断技术仍不够,还要依靠有实践经验的专家决策与指导。

当前,精密诊断技术正处在研究、提高与完善阶段,一般应用于下列几种液压设备:

(1) 发生故障后对生产影响较大的关键液压设备。

(2) 必须确保安全性能的液压控制系统和设备。

(3) 价格昂贵的精密、大型、关键的液压设备和液压控制系统。

(4) 故障停机修理时间过长时,损失很大或修理费用过高的液压设备和液压控制系统。

12.1.4 诊断故障部位的方法

液压系统中出现故障,原因是多方面的,但是其中必定有一个主要原因。寻找主要原因的方法有:方框图分析法、鱼刺图分析法、液压系统图分析法、逻辑流程图分析法等。

12.1.4.1 方框图分析法

用实例来说明方框图的使用方法。在铸造造型流水线中,型砂压实机液压缸防尘圈因老化失效更换新防尘圈后,启动时柱塞向上冲击一下便停止不动,再启动一次仍出现同样的故障。

故障产生的原因可以根据图12-3所示方框图进行分析。横向按A、B、C、D顺序,纵向按箭头指向查找。经故障查找与测试发现,压力不足是产生故障的主要原因,但此时压力值与更换防尘圈前相同,这就不难分析出,载荷增大,相比之下,系统压力显得不足了。但由于外载荷未变,便可确认是由于更换防尘圈,新防尘圈唇口与柱塞表面压缩量过大,摩擦力增加造成的。将溢流阀压力值由6 MPa调高到6.3 MPa时,压实液压缸运动恢复正常。

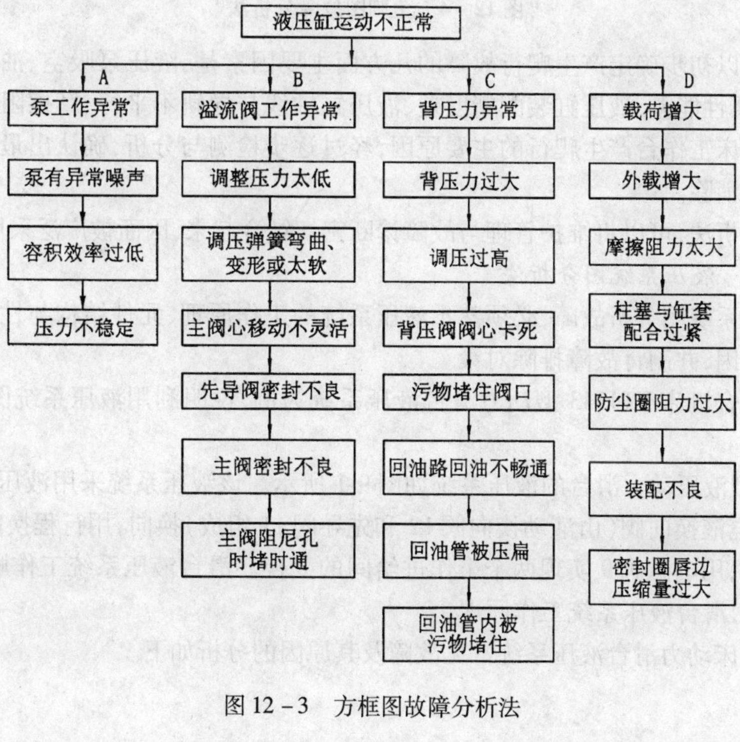

图12-3 方框图故障分析法

12.1.4.2　鱼刺图分析法

用因果关系分析方法，对液压设备出现的故障进行分析，找出故障的主要因素。这个方法既能较快地找出故障主次原因，又能积累排除故障的经验。

下面以图 12－4 所示的鱼刺图分析磨床工作台爬行故障为例，说明鱼刺图的使用方法。

首先分析磨床工作台产生爬行的主次原因，并依次标写在鱼刺图上，然后经过分析与检测，确认主要原因。

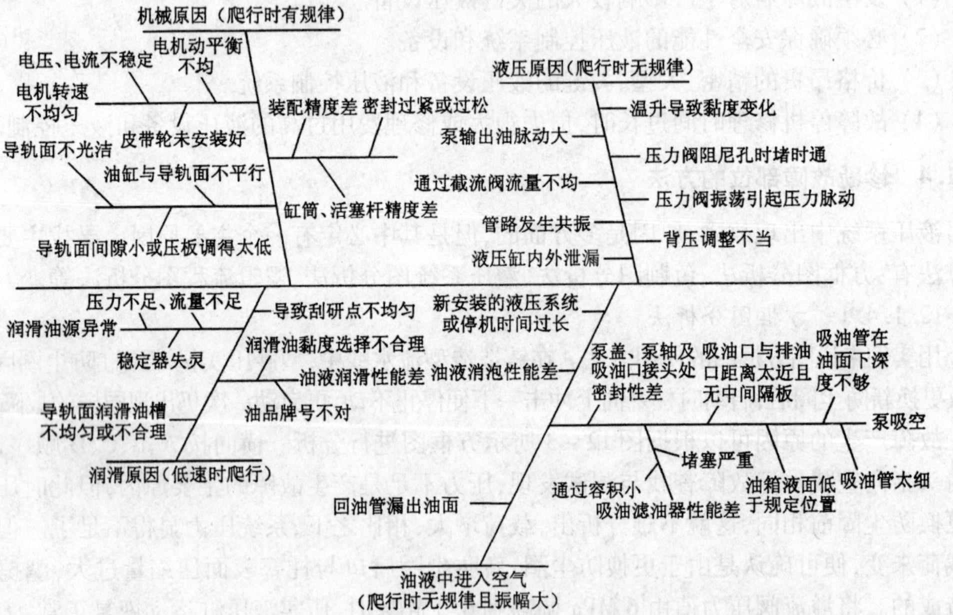

图 12－4　鱼刺图故障分析法

从图中可以初步确定产生爬行故障的几方面主要因素是：液压泵吸空、油温过高、油液黏度过低、润滑性能差、液压缸装配精度差、液压缸轴线与导轨不平行、摩擦阻力不均匀等。这些因素是磨床工作台产生爬行的主要原因，经过逐步检测与分析，确认出最终原因，采取相应对策予以消除。

鱼刺图分析法，可以将维护管理与故障诊断密切结合起来，因而被广泛采用。

12.1.4.3　液压系统图分析法

应用液压系统图分析故障，必须熟悉液压系统的工作原理、元件结构与性能，才能逐步找出故障的原因，并制订故障排除对策。

下面以组合机床 YT4543 型动力滑台液压系统为例，说明利用液压系统图分析故障的步骤和方法。

YT4543 型液压动力滑台的液压系统如图 9-1 所示。该液压系统采用液压泵 14 向液压系统供油，用电液换向阀（由液动换向阀 12 和先导阀 11 组成）换向，用行程换向阀 8 实现快进与工进变换，用电磁阀 9 实现两个工作进给间的变换。滑台液压系统工作顺序见第 9 章 YT4543 型动力滑台液压系统工作原理。

对组合机床动力滑台液压系统常见故障及其原因的分析如下。

A　滑台到达终点后不能快速返回

(1) 液压泵 14 有故障,使系统压力不足。

(2) 返回行程开关或压力继电器 5 电气线路接触不良。

(3) 电磁铁铁心烧坏或卡住。

(4) 先导阀 11 因阀心与阀体配合过紧或油液过脏而被卡死。

(5) 液动换向阀 12 左边控制管路上截流阀 4 被关闭,使滑阀不能换向。

(6) 压力继电器 5 有故障或压力值调得过高,或电气线路故障。

B　滑台不能实现快进转工进

(1) 调速阀 17 调速性能不良。

(2) 单向阀 6 密封性能差,油液经过单向阀进入液压缸,所以速度仍然快。

(3) 行程换向阀 8 未压下,快进油路未截断。

C　滑台无二次工作进给

(1) 阀 9 未得到电信号;3YA 线圈接线不良,或铁心卡住,使电磁铁不能吸合,故阀心不能换向。

(2) 阀 9 的复位弹簧太硬,或严重弯曲而卡住,使电磁铁推不动。

(3) 阀 9 中阀心与阀孔磨损严重,间隙过大,通过阀 9 泄漏量大。

(4) 调速阀 10 有故障,或阀 10 截流口大于阀 17 的截流口。

D　滑台只有二工进无一工进

(1) 阀 9 电磁铁未断电,故电磁铁不能复位。

(2) 阀 9 阀心卡死在常闭位置。

(3) 阀 9 的复位弹簧太软或断裂,使阀心不能复位。

(4) 调速阀 17 截流口太大。

E　滑台快进未结束就开始工进

行程阀 8 安装位置不对,造成过早压下。

F　滑台第二次工进未结束就开始快退

压力继电器 5 压力值调整过低,当液压系统有冲击时,使压力继电器过早地发出信号,使快退电磁铁 2YA 接通,故阀 12、阀 11 换向。

G　滑台工进到达终点后无延时就返回或延时过长

(1) 压力继电器 5 无延时调节装置,或延时装置调节不良,造成无延时作用。

(2) 压力继电器 5 中延时装置进油口调节得太小,阻尼太大,发信号迟缓,造成延时过长。反之,造成无延时作用。

H　滑台快进转工进时有冲击现象

(1) 快进转工进因行程阀 8 突然切换,使行程阀前油路中产生压力冲击,而行程阀后到液压缸的油路压力突然下降,滑台就有后退的可能。如果调速阀 17 中的减压阀阀心移动迟缓,就会引起通过截流阀的流量变大,又会使滑台产生前冲。

(2) 当调速阀 17 中减压阀阀心被卡死时,在快进转工进的过程中会产生冲击。

(3) 液压缸和管路中有空气,也会产生冲击。

I　滑台工进时爬行

(1) 液压系统调整不当。

(2) 液压泵 14 有故障,使液压系统压力和流量不稳定。

(3) 调速阀有故障,使出油量不稳定。

(4) 滑台导轨面镶条调得太紧或导轨压板压得太紧。

(5) 液压缸活塞、活塞杆装配质量差,密封件预压缩量过大。

(6) 液压缸与床身,同轴度、平行度差,因而运动有卡死现象。

(7) 液压系统进入大量空气。

J　滑台工进时无力

(1) 调速阀(进口截流)中的截流口被堵,流通不畅。

(2) 液压缸内密封件损坏、老化而失去密封作用,使缸内高低压腔相通。

(3) 液压系统内外泄漏严重,系统压力下降。

K　滑台前进、返回时存在换向冲击

(1) 若采用电磁换向阀,当行程开关被压下时,电路接通,使阀心突然换向,即产生换向冲击。

(2) 若采用电液换向阀时,液动换向阀两端换向停留时间调节不当,截流阀开口调得太大,使换向时间急促。

L　液压系统温度过高

(1) 油箱液压油不足,散热条件差。

(2) 系统压力调得过高。

(3) 变量叶片泵性能差。

应用液压系统图分析研究故障原因,是目前工程技术人员采用的最基本的方法,这个方法是基础,其他方法都必须依靠这个基础。所以认真掌握液压系统原理图是故障诊断与排除的必要条件。

12.1.4.4　逻辑流程图分析法

液压系统发生故障时,常常不易立即找出故障部位和根源。因为液压系统的压力和流量不像电气系统的电压和电流那样容易检测,而且故障的根源很多。为了避免盲目查找故障,工程技术人员必须根据液压系统的基本原理,进行逻辑分析,减少怀疑对象,逐步逼近,找出故障发生部位,检测分析产生故障的原因。

另外,随着计算机技术的发展,计算机用于查找设备的故障部位和产生原因,也已开始比较广泛地研究与应用了。

为了便于查找故障,首先由故障诊断专家设计逻辑流程图,对产生故障的原因进行逻辑判断,一步一步地查找产生故障的原因,并对逻辑故障流程图,经过程序设计输入到计算机储存。当某个部位出现不正常的技术状态时,计算机可帮助人们及时地找到产生故障的部位和原因,从而得以及时排除。

下面以液压系统中液压缸无动作为例,来说明逻辑诊断流程图的使用方法,如图 12 - 5 所示。

液压缸无动作首先应检查判断液压泵工作是否正常,若不正常,应修理或更换;若正常则应查看换向阀是否换向,若不换向则应再查找原因,并采取相应对策;若换向正常说明换向阀无问题,则应再查看溢流阀工作状况等。这样,按流程图所指引的路线逐步查找下去,就一定能找出液压缸不动作的原因。

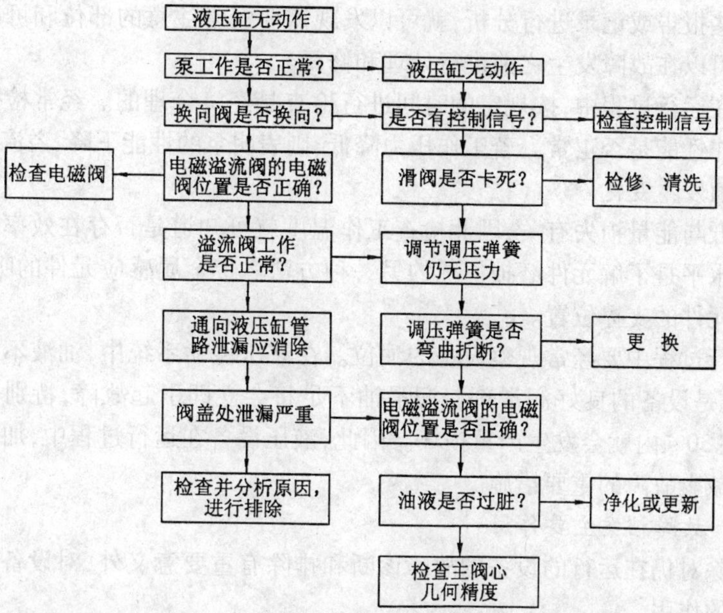

图 12-5 液压缸无动作逻辑诊断流程图

12.1.5 建立故障档案

液压设备的故障档案就是设备病历，是设备技术档案的重要组成部分。

设备故障档案是设备维修工作记载的原始资料，对了解设备运行过程中的历史状况、分析故障产生原因和排除对策有重要参考价值。因此设备故障档案是设备技术管理的基础资料，必须长期保存。

12.1.5.1 故障记录与报告

建立设备故障档案的通常办法是设计一种设备故障记录卡，记录卡的内容应根据不同的设备和不同的管理体制而有所区别，主要以实用为准。表 12-1 为简单的设备故障记录卡格式。

表 12-1 液压设备故障记录卡

设备型号			设备名称		使用单位			设备编号	
序号	发生故障时间	故障部位、现象	故障原因	处理对策	修理工时	停机工时	修理费用	主要修理人员	备注
记录		使用单位负责人		主管部门负责人			主管工程师		

检测与排除液压系统的故障应是定期维修工作中的重要组成部分。为了从维护的实践中得到收益，应该建立报告和记录制度。这些记录可包括以下内容：

（1）检测的数据和故障征兆说明；

（2）初步试验及其结果说明；

（3）采取修复工作说明，更换零部件记录；

（4）修理日期、停止时间；

（5）加油或更换油的记录；更换滤芯或清洗过滤网的记录。

经常对这些报告或记录进行分析，就可以发现需要经常注意的部位和可能重复发生的故障。这样就可以在故障发生之前进行处理和修复。

液压系统在运行过程中，按规定的时间进行检查是经济合理的。经常检查工作压力可以发现泵的工作性能是否正常。若工作压力降低，则表明泵的性能下降、溢流阀或者补偿装置的调定压力值发生变化。

由于效率低与能量损失有关，因此检查工作温度就可知道是否存在效率降低问题。检查设备的噪声水平是了解元件磨损情况的另一种方法。带金属感应元件的听诊器，常可以用来检测损坏元件的支撑位置。

在设备运行过程中要经常观察设备的油位。在液压传动系统中，油液不仅是传递能量的介质，而且也是设备的良好润滑剂。润滑油不足将会立即引起故障，特别是动压轴承润滑不足，最长在30 s内就会发生严重损坏。因此，液压设备在运行过程中，加强报告与记录制度是防止与减少故障的重要措施。

12.1.5.2　故障档案主要作用

故障档案除对仍在运行的设备的故障诊断和排除有重要意义外，对设备的综合技术管理也有很重要的作用。

（1）针对产生故障的普遍原因和故障的特征，改进管理方法，制订有关章程。设备故障档案可作为设备使用管理人员、维护处理人员进行技术培训的一方面内容。

（2）根据容易出现故障的部位、系统存在的缺陷、修理中遗留下来的问题，可供制订下一次的修理计划和技术准备作参考。

（3）可为制订修理工作量和工时定额作参考。

（4）可为估价故障的直接经济损失作参考。

（5）设备故障档案还可作为设备制造厂家改进设计的依据，对提高设备的可靠性有着重要作用。

12.2　常用液压元件故障原因与消除对策

液压系统出现故障大部分是由各液压元件工作性能发生异常而引起的。液压元件产生故障的原因，有设计制造不佳、调整维护不良以及油液过脏等因素。同类型的液压元件，虽然名称相同，作用一致，但是具体结构不完全相同。因此，它们各自所产生故障的现象和原因也各不相同，所以要根据具体结构对所产生的故障做具体分析和处理。

12.2.1　液压泵故障原因与消除对策

液压泵是液压系统的“心脏”，它是将机械能转化为液压能的能量转换装置。因此，液压泵一旦发生故障就会立即影响到液压系统的正常工作，甚至不能工作。液压泵的故障有结构设计上的原因，也有使用维护及装配方面的问题。液压泵故障原因与消除对策见表12-2。

（1）齿轮泵。齿轮泵常见故障中大部分是由于泵内部摩擦副磨损造成的，其正常磨损使径向间隙和轴向（端面）间隙增大，严重时泵体内孔或两侧板可磨损到无法修复的地步。另外，轴的密封也是常损坏的部件。

表 12-2 液压泵常见故障原因与消除对策

故障现象		原因分析	消除对策
泵不输油	泵轴不转动	电动机轴未转动: (1) 未通上电源 (2) 电器线路故障 (3) 电器件故障	检查电器故障原因并排除
		电动机发热跳闸: (1) 溢流阀调压过高,系统工作时泵闷油 (2) 溢流阀阀心卡住,或直动式溢流阀阀心中心通向端面的油孔堵死,或先导式溢流阀阻尼孔堵死,超压不溢流 (3) 泵出口单向阀装反或单向阀卡死(打不开)而闷油 (4) 电动机故障	(1) 合理调节溢流阀压力值 (2) 检修阀心,使其动作灵活 (3) 检修或重新安装单向阀 (4) 检修或更换电动机
		泵轴或电动机轴(传动轴)上无连接键: (1) 折断 (2) 漏装	(1) 更换键 (2) 补装新键
		泵内部滑动副卡死(柱塞与缸体孔、配油盘与转子或叶片、齿轮与侧板、叶片与转子槽): (1) 配合间隙太小 (2) 零件精度差,装配质量差,齿轮与轴同轴度偏差太大;柱塞头部与滑靴过紧卡死或滑靴脱落使柱塞卡死;叶片垂直度差,转子摆差太大,转子槽有伤口或叶片有伤痕,受力后断裂而卡死 (3) 油液太脏 (4) 油温过高使零件热变形	(1) 拆开检修,按要求选配间隙 (2) 更换零件,重新装配,使配合间隙达到要求 (3) 检查油质,过滤或更换油液 (4) 检查冷却器的冷却效果,检查油箱油量并加油至油位线
		泵的吸油腔进入脏物而卡死(如棉丝,棉布头等)	拆开清洗并在吸油口安装 100~120 目的吸油滤油器
	泵轴反转	电动机轴反转: (1) 电气线路接错 (2) 泵体上旋向箭头指错 (3) 泵体上未注明旋向	(1) 纠正电气线路 (2) 纠正泵体上旋向箭头 (3) 在泵体上打上旋向箭头
	泵不吸油	油箱油位过低	加油至油位线
		吸油滤油器被堵	清洗滤芯或更换
		吸油管被堵	清洗吸油管或更换,检查油质,过滤或更换油液
		泵吸入腔被堵	拆泵检查
		泵或吸油管密封不严	检查或紧固接头处,紧固泵盖螺钉,在泵盖接合处和接头连接处涂上油脂,或先向泵吸油口灌油
		吸油管细长和弯头太多	更换管子,减少弯头,按要求选用管子直径和长度
		吸油滤油器过滤精度太高,或通过面积太小	按要求选用滤油器过滤精度及通过面积
		泵的转速太低	将转速控制在规定的最低转速以上
		油的黏度太高	检查油的黏度,更换适宜的油液,冬季要检查加热器的效果

续表 12 - 2

故障现象		原因分析	消除对策
泵不输油	泵不吸油	叶片泵叶片未伸出，卡死在转子槽内	拆开清洗，合理选配间隙，检查油质，过滤或更换油液
		变量叶片泵变量机构动作不灵，使偏心量为零	更换或调整变量机构
		柱塞泵变量失灵，如加工精度差，装配不良，配合间隙太小，泵内部摩擦阻力过大，伺服活塞、变量活塞及弹簧心轴有卡死，通向变量机构的个别油道有堵塞以及油液太脏，油温太高，使零件热变形等	拆开检查，配修或更换零件，合理选配间隙，过滤或更换油液；检查冷却器效果，检查油箱内的油位并加油至油位线
			更换弹簧
		柱塞泵缸体与配油盘之间不密封（如柱塞泵中心弹簧折断）	拆开清洗重新装配
		叶片泵配油盘与泵体之间不密封	
泵噪声大	吸空现象严重	吸油滤油器有部分堵塞	清洗或更换滤油器
		吸油管伸入油面较浅	适当加长吸油管长度
		吸油位置太高或油箱油位太低	降低泵的安装高度或加油至油位线
		吸油管局部有堵塞现象	拆下清洗吸油管
		泵和吸油管口密封不严	检查连接处和结合面的密封性，并紧固
		油的黏度过高	检查油质，按要求选用油的黏度
		泵的转速太高（使用不当）	控制在最高转速以下
		吸油滤油器通过面积太小	用通过面积大的滤油器
		泵内吸入腔通道不通畅	拆下检查清洗
		辅助泵供油量不足或有故障	修理或更换辅助泵
		油箱中通气孔被堵	清洗通气孔
		泵轴密封件失效	更换
	吸入气泡	油液中溶解一定量的空气，在工作过程中生成气泡	在油箱中增设隔板，将回油经隔板消泡后再吸入。油箱中加消泡剂
		回油涡流太强烈生成气泡	吸油管与回油管要隔开一定距离，回油管口要插入油面下
		管道内或泵壳内存有空气	进行空载运转，排除空气
		吸油管没入油面的深度不够	加长吸油管，往油箱注油使其液面升高
	液压泵运转不良	泵内轴承磨耗严重或破损	拆开清洗，更换
		泵内部零件破损或磨损： (1) 定子圈内表面磨损严重 (2) 齿轮精度太低，摆差大	(1) 更换定子圈 (2) 研配修复或更换
	泵的结构因素	困油严重，产生较大的流量脉动和压力脉动： (1) 卸荷槽设计不佳 (2) 加工精度差	(1) 改进设计，提高卸荷能力 (2) 提高加工精度
		变量泵变量工作不良（间隙过小，加工精度差，油液太脏等）	拆开清洗、修理，重新装配达到性能要求，过滤或更换油液
		双级叶片泵的压力分配阀工作不良（间隙过小，加工精度差，油液太脏等）	拆开清洗，修理，重新装配达到性能要求，过滤或更换油液
	泵安装不良	泵轴和电动机轴同轴度差	重新安装达到技术要求，同轴度一般应达到 0.1 mm 以内
		联轴节安装不良，同轴度差并有松动	重新安装达到技术要求，并用顶丝紧固联轴节

续表 12-2

故障现象		原因分析	消除对策
泵出油量不足	容积效率低	泵内部滑动零件磨损严重： (1) 叶片泵配油盘端面磨损严重 (2) 齿轮端面与侧板磨损严重 (3) 齿轮泵因轴承损坏使泵体孔磨损严重 (4) 柱塞泵柱塞与缸体孔磨损严重 (5) 柱塞泵配油盘与缸体端面磨损严重	拆开清洗、修理和更换 (1) 研磨配油盘端面 (2) 研磨修理或更换 (3) 更换轴承并修理 (4) 更换柱塞并配研磨到要求间隙，清洗后重新装配 (5) 研磨两端面达到要求，清洗后重新装配
		泵装配不良： (1) 定子与转子、柱塞与缸体、齿轮与侧板之间的间隙太大 (2) 叶片泵、齿轮泵泵盖上螺钉拧紧力矩不匀或有松动 (3) 叶片和转子反装	(1) 重新装配，按技术要求选配间隙 (2) 重新拧紧螺钉并达到受力均匀 (3) 纠正方向，重新装配
		油的黏度过低（如用错油或油温过高）	更换油液。检查油温过高原因，提出降温措施
	有吸气现象	参见本表泵噪声大的吸空现象严重和吸入气泡部分	参见本表泵噪声大的吸空现象严重和吸入气泡部分
	泵内部分机构工作不良	参见本表泵噪声大的泵的结构因素部分	参见本表泵噪声大的泵的结构因素部分
	供油量不足	辅助泵供油量不足或有故障	修理或更换辅助泵
压力不足或压力升不高	漏油严重	参见本表泵出油量不足的容积效率低部分	参见本表泵出油量不足的容积效率低部分
	驱动机构功率过小	电动机输出功率过小： (1) 设计不合理 (2) 电动机有故障	(1) 核算电动机功率，若不足应更换 (2) 检查并排除
		机械驱动机构输出功率过小	核算并更换
	泵排量选得过大或压力调得过高	造成驱动机构或电动机功率不足	重新计算匹配压力、流量和功率，使之合理
压力、流量不稳定	有吸气现象	参见本表泵噪声大的吸空现象严重和吸入气泡部分	参见本表泵噪声大的吸空现象严重和吸入气泡部分
	油液过脏	个别叶片在转子槽内卡住或伸出困难	过滤或更换油液

续表 12－2

故障现象		原因分析	消除对策
压力、流量不稳定	泵装配不良	个别叶片在转子槽内间隙过大,造成高压油向低压腔流动	更换叶片,合理选配间隙
		个别叶片在转子槽内间隙过小,造成卡住或伸出困难	修配,使叶片运动灵活
		个别柱塞与缸体孔配合间隙过大,造成漏油量大	修配后使间隙达到要求
	泵的结构因素	参见本表泵噪声大的泵的结构因素部分	参见本表泵噪声大的泵的结构因素部分
	供油量波动	辅助泵有故障	修理或更换辅助泵
异常发热	装配不良	间隙选配不当,造成滑动部位过热烧伤	拆开清洗,测量,重新配研达到规定间隙
		装配质量差(如传动部分同轴度未达到技术要求),运转时有拐紧现象	拆开清洗,重新装配达到技术要求
		轴承质量差,或装配时被打坏,或安装时未清洗干净,造成运转时拐紧	拆开检查,更换轴承,重新装配
		经轴承的润滑油排回油箱的通口不通畅: (1) 通油口螺塞未打开(未接管子) (2) 安装时油道未清洗干净,有脏物堵住 (3) 安装时回油管弯头太多或有压扁现象	(1) 安装好回油管 (2) 清洗管道 (3) 更换管子,减少弯头
	油液质量差	油液的黏温性差,黏度变化大	重新选用油液
		油中含有大量水分,造成润滑不良	更换油液
		油液污染严重	更换油液,增加吸油滤油器
	泄油管故障	泄油管压扁或堵死	清洗更换
		泄油管直径太细,不能满足排油要求	重新设计,更换管子
	受外界条件影响	外界热源高,散热条件差	消除外界影响,增设隔热措施
	内部泄漏大,容积效率低	参见本表泵出油量不足的容积效率低部分	参见本表泵出油量不足的容积效率低部分
轴封漏油	安装不良	密封件唇口装反	重新安装
		骨架弹簧脱落: (1) 轴倒角不适当,密封唇口被挂住,使弹簧脱落 (2) 装轴时不小心,使弹簧脱落	(1) 按图纸要求重新加工 (2) 重新安装

续表 12－2

故障现象		原因分析	消除对策
轴封漏油	安装不良	密封唇部粘有异物	清洗,重新装配
		密封唇口通过花键轴时被拉伤	更换,重新安装
		油封装斜: (1) 沟槽内径尺寸太小 (2) 沟槽倒角太小	(1) 检查沟槽尺寸,按规定重新加工 (2) 按规定重新加工
		安装时油封变形	检查沟槽尺寸及倒角
		密封唇翻卷: (1) 轴倒角太小 (2) 轴倒角处太粗糙	检查轴倒角尺寸及粗糙度,重新打磨,装配时在轴倒角处涂上油脂
	轴和沟槽加工不良	轴加工错误: (1) 轴径不适宜,使油封唇口部位磨损,发热 (2) 轴倒角不合要求,使油封唇口拉伤,弹簧脱落 (3) 轴径外表有车削或磨削痕迹 (4) 轴径表面粗糙使油封唇边磨损加快	(1) 检查尺寸,换轴 (2) 重新加工轴倒角 (3) 修磨,消除磨削痕迹 (4) 重新加工达到技术要求
		沟槽加工错误: (1) 沟槽尺寸过小,使油封装斜 (2) 沟槽尺寸过大,油从外周漏出 (3) 沟槽表面有划伤或其他缺陷,油从外周漏出	更换泵盖,修配沟槽达到配合要求
	油封本身有缺陷	油封胶质不好,不耐油或对油液相容性差,变质、老化、失效造成漏油	更换相适宜的油封橡胶件
	容积效率过低	参见本表泵出油量不足的容积效率低部分	参见本表泵出油量不足的容积效率低部分
	泄油孔被堵	泄油孔被堵后,泄油压力增加,造成密封唇口变形太大,接触面增加,摩擦加大,生热老化,使油封失效,引起漏油	清洗油孔,更换油封
	外接泄油管径过细或管道过长	泄油困难,泄油压力增加	适当增大管径或缩短泄油管长度
	未接泄油管	泄油管未打开或未接泄油管管子	打开螺塞,接上泄油管

(2) 叶片泵。叶片泵与齿轮泵不同,其正常磨损较少,零部件使用寿命较长。一般造成叶片泵故障的大部分原因是油液污染。因为,叶片泵内的一些运动副配合较精密,当污物侵入摩擦副后,容易产生异常磨损或卡死。另外叶片泵的自吸性能不如齿轮泵,特别是小排量的泵更是如

此。所以油液是否清洁和吸油是否畅通,在叶片泵运行中是需要特别注意的两个问题。

(3) 柱塞泵。JT13 型径向柱塞泵在结构和运动性能上的弱点是径向力较大,自吸能力较差,以及柱塞与柱塞孔配合精度高。CY14 型轴向柱塞泵零件加工精度要求高,所以柱塞泵对油液的清洁度要求很高。

12.2.2　液压缸故障原因与消除对策

液压缸是把液压能转换为机械能的执行元件。液压缸的高低压两腔之间用密封件隔离,并保持密封。液压缸从制造、装配到安装、调试和维护都必须保证质量,否则容易出现故障。液压缸故障原因与消除对策见表 12－3。

液压缸使用一段时间后,由于零件磨损,密封件老化失效等原因而常发生故障,即使是新制造的液压缸,由于加工和装配质量不符合技术要求,也容易出现故障。这就需要维 修人员认真观察故障的征兆,仔细分析产生故障的原因,提出有效的排除对策,使液压缸恢复正常运行。液压缸故障有:活塞杆不动;活塞杆移动速度和推力达不到要求的数值;活塞杆运动有"爬行";有撞缸现象,缓冲效果不良;有外泄漏和噪声以及活塞杆表面拉毛等。

表 12－3　液压缸常见故障原因与消除对策

故障现象	原因分析		消除对策
活塞杆不能动作	压力不足	油液未进入液压缸 (1) 换向阀未换向 (2) 系统未供油	(1) 检查换向阀未换向的原因并排除 (2) 检查液压泵和主要液压阀的故障原因并排除
		虽有油,但没有压力 (1) 系统有故障,主要是泵或溢流阀有故障 (2) 内部泄漏严重,活塞与活塞杆松脱,密封件损坏严重	(1) 检查泵或溢流阀的故障原因并排除 (2) 将活塞与活塞杆紧固牢靠,并更换密封件
		压力达不到规定压力值 (1) 密封件老化、失效、唇口装反或有破损 (2) 活塞环损坏 (3) 系统调定压力过低 (4) 压力调节阀有故障 (5) 通过调速阀的流量过小。液压缸内泄漏量增大时,流量不足,影响压力不足	(1) 更换密封件,并正确安装 (2) 更换活塞环 (3) 重新调整压力,直至达到要求值 (4) 检查原因并排除 (5) 调速阀的通过流量必须大于液压缸内的泄漏量
	压力已达到要求,但仍不动作	液压缸结构上的问题 (1) 活塞端面与缸筒端面紧贴在一起,工作面积不足,故不能启动 (2) 具有缓冲装置的缸筒上单向回路被活塞堵住	(1) 端面上要加一条通油槽,使工作液体迅速流向活塞的工作端面,缸筒的进出油口位置应与接触表面错开 (2) 改进结构,疏通单向回路
		活塞杆移动"别劲" (1) 缸筒与活塞、导向套与活塞杆配合间隙过小 (2) 活塞杆与夹布胶木导向套之间的配合间隙过小 (3) 液压缸装配不良(如活塞杆、活塞和缸盖之间同轴度差,液压缸与工作台平行度差)	(1) 检查配合间隙,并配研到规定值 (2) 检查配合间隙,修刮导向套孔,达到要求的配合间隙 (3) 重新装配和安装,对不合格零件应更换
		液压回路引起的原因,主要是液压缸背压腔油液未与油箱相通,回油路上的调速阀截流口调节过小或连通回油的换向阀未动作	检查原因并排除

续表 12-3

故障现象		原因分析	消除对策
速度达不到规定值	内泄漏严重	密封件破损严重	更换密封件
		油的黏度太低	更换适宜黏度的液压油
		油温过高	检查原因并排除
	外载过大	设计错误,选用压力过低	核算后更换元件,调大工作压力
		工艺和使用错误,造成外载比预定值增大	按设备规定值使用
	活塞移动时“别劲”	加工精度差,缸筒孔锥度和圆度超差	检查零件尺寸,对无法修复的零件应更换
		装配质量差 (1) 活塞、活塞杆与缸盖之间同轴度差 (2) 液压缸与工作台平行度差 (3) 活塞杆与导向套配合间隙过小	(1) 按要求重新装配 (2) 按照要求重新装配 (3) 检查配合间隙,修刮导向套孔,达到要求的配合间隙
	脏物进入滑动部位	油液过脏	过滤或更换油液
		防尘圈破损	更换防尘圈
		装配时未清洗干净或带入脏物	拆开清洗,装配时要注意清洁
	活塞在端部行程速度急剧下降	缓冲调节阀的截流口调节过小,在进入缓冲行程时,活塞可能停止或速度急剧下降	缓冲截流阀的开口度要调节适宜,并能起到缓冲作用
		固定式缓冲装置中截流孔直径过小	适当加大截流孔直径
		缸盖上固定式缓冲截流环与缓冲柱塞之间间隙过小	适当加大间隙
	活塞移动到中途,发现速度变慢或停止	(1) 缸筒内径加工精度差,表面粗糙,使内泄量增大 (2) 缸壁发生胀大,当活塞通过增大部位时,内泄漏量增大	(1) 修复或更换缸筒 (2) 更换缸筒
液压缸产生爬行	液压缸活塞杆运动“别劲”	参见本表“活塞杆不能动作,压力已达到要求,但仍不动作部分”	参见本表“活塞杆不能动作,压力已达到要求,但仍不动作部分”
	缸内进入空气	新液压缸、修理后的液压缸或设备停机时间过长的缸,缸内有气或液压缸管道中排气不净	空载大行程往复运动,直至把空气排完
		缸内部形成负压,从外部吸入空气	先用油脂封住结合面和接头处,若吸空情况有好转,则将紧固螺钉和接头拧紧
		从缸到换向阀之间的管道容积比液压缸内容积大得多,油缸工作时,这段管道上油液未排完,所以空气也很难排完	可在靠近液压缸管道的最高处加排气阀,活塞在全行程情况下运动多次,把气排完后再把排气阀关闭
		泵吸入空气(参见液压泵故障)	参见液压泵故障的消除对策
		油液中混入空气(参见液压泵故障)	参见液压泵故障的消除对策

续表 12－3

故障现象		原因分析	消除对策
缓冲装置故障	缓冲作用过度	缓冲调节阀的截流开口度过小	将截流口调节到合适位置并紧固
		缓冲柱塞“别劲”（如柱塞头与缓冲环间隙太小，活塞倾斜或偏心）	拆开清洗，适当加大间隙，对不合格的零件应更换
		在柱塞头与缓冲环之间有脏物	修去毛刺和清洗干净
		固定式缓冲装置柱塞头与衬套之间间隙太小	适当加大间隙
	失去缓冲作用	缓冲调节阀处于全开状态	调节到合适位置并紧固
		惯性能量过大	应设计合适的缓冲机构
		缓冲调节阀不能调节	修复或更换
		单向阀处于全开状态或单向阀阀座封闭不严	检查尺寸，更换锥阀芯或钢球，更换弹簧，并配研修复
		活塞上密封件破损，当缓冲腔压力升高时，工作液体从此腔向工作压力一侧倒流，故活塞不减速	更换密封件
		柱塞头或衬套内表面上有伤痕	修复或更换
		镶在缸盖上的缓冲环脱落	更换新缓冲环
		缓冲柱塞锥面长度和角度不适宜	应修正
	缓冲行程段出现“爬行”	加工不良，如缸盖、活塞端面的垂直度不符合要求，在全长上活塞与缸筒间隙不匀；缸盖与缸筒不同心；缸筒内径与缸盖中心线偏差大，活塞与螺帽端面垂直度不符合要求造成活塞杆挠曲等	对每个零件均仔细检查，不合格的零件不准使用
		装配不良，如缓冲柱塞与缓冲环相配合的孔有偏心或倾斜等	重新装配确保质量
有外泄漏	装配不良	液压缸装配时端盖装偏，活塞杆与缸筒定心不良，使活塞杆伸出困难，加速密封件磨损	拆开检查，重新装配
		液压缸与工作台导轨面平行度差，使活塞伸出困难，加速密封件磨损	拆开检查，重新安装，并更换密封件
		密封件安装差错，如密封件划伤、切断，密封唇装反，唇口破损或轴倒角尺寸不对，装错或漏装	更换并重新安装密封件
		密封压盖未装好 （1）压盖安装有偏差 （2）紧固螺钉受力不均 （3）紧固螺钉过长，使压盖不能压紧	（1）重新安装 （2）重新安装，拧紧螺钉，使其受力均匀 （3）按螺孔深度合理选配螺钉长度
	密封件质量不佳	保管期太长，自然老化失效	更换
		保管不良，变形或损坏	
		胶料性能差，不耐油或胶料与油液相容性差	
		产品质量差，尺寸不对，公差不符合要求	

续表 12－3

故障现象		原因分析	消除对策
有外泄漏	活塞杆和沟槽加工质量差	活塞杆表面粗糙，活塞杆头上倒角不符合要求或未倒角	表面粗糙度应为 $Ra=0.2\ \mu m$，并按要求倒角
		沟槽尺寸及精度不符合要求 (1) 设计图纸有错误 (2) 沟槽尺寸加工不符合标准 (3) 沟槽精度差，毛刺多	(1) 按有关标准设计沟槽 (2) 检查尺寸，并修正到要求尺寸 (3) 修正并去毛刺
	油的黏度过低	用错了油品	更换适宜的油液
		油液中掺有乳化液	
	油温过高	液压缸进油口阻力太大	检查进油口是否畅通
		周围环境温度太高	采取隔热措施
		泵或冷却器有故障	检查原因并排除
	高频振动	紧固螺钉松动	应定期紧固螺钉
		管接头松动	应定期紧固接头
		安装位置变动	应定期紧固安装螺钉
	活塞杆拉伤	防尘圈老化、失效	更换防尘圈
		防尘圈内侵入砂粒切屑等脏物	清洗更换防尘圈，修复活塞杆表面拉伤处
		夹布胶木导向套与活塞杆之间的配合太紧，使活动表面产生过热，造成活塞杆表面铬层脱落而拉伤	检查清洗，用刮刀修刮导向套内径，达到配合间隙

12.2.3 液压阀故障原因与消除对策

液压控制阀用来控制液压系统压力、流量和方向。如果某一液压控制阀产生故障，将对液压系统的稳定性、精确性、可靠性及寿命等都有极大的影响。

液压控制阀的故障原因有：元件本身结构设计不佳；零件加工精度差和装配质量差；弹簧刚度不能满足要求和密封件质量不好；其他外购零件的质量不合格等。另外，还有两个主要因素，即油液过脏或油温过高。

下面以常用的压力阀、流量阀和方向阀为例，分别介绍常见故障原因与消除对策。

12.2.3.1 压力控制阀故障原因与消除对策

各种压力阀的结构、原理十分相似，在结构上有的是局部改变通道状态，有的是进、出油口连接差异，有的是主阀心结构形状作局部改动。但是，只要熟悉各类阀的结构特点，分析故障原因就不会有太大困难。

A 溢流阀常见故障原因与消除对策

溢流阀的作用，是用来稳定或限制系统压力大小，对系统起安全保护作用。溢流阀结构原理见第6章。

直动式溢流阀结构简单，故障原因容易找到，在此不详细分析。先导式溢流阀结构复杂，故障原因多，需对该阀的故障原因进行详细分析，其故障原因与消除对策见表 12－4。

表 12－4 先导式溢流阀常见故障原因与消除对策

故障现象		原因分析	消除对策
无压力	主阀故障	主阀心阻尼孔被堵（装配时主阀心未清洗干净，油液过脏）	清洗阻尼孔使之畅通；过滤或更换油液
		主阀心在开启位置卡死（如零件精度低，装配质量差，油液过脏）	拆开检修，重新装配；阀盖紧固螺钉拧紧力要均匀；过滤或更换油液
		主阀心复位弹簧折断或弯曲，使主阀心不能复位	更换弹簧
	先导阀故障	调压弹簧折断	更换弹簧
		调压弹簧未装	补装
		锥阀或钢球未装	补装
		锥阀碎裂	更换
	远控口电磁阀故障或远控口未加丝堵而直通油箱	电磁阀未通电（常开）	检查电气线路接通电源
		滑阀卡死	检修、更换
		电磁铁线圈烧毁或铁心卡死	更换
		电气线路故障	检修
	装错	进出油口装错	纠正
	液压泵故障	滑动副之间间隙过大（如齿轮泵、柱塞泵）	修配间隙到适宜值
		叶片泵的多数叶片在转子槽内卡死	清洗，把间隙修配达到适宜值
		叶片和转子方向装反	纠正方向
压力升不高	主阀故障（若主阀为锥阀）	主阀心锥面封闭性差： (1) 主阀心锥面磨损或不圆 (2) 阀座锥面磨损或不圆 (3) 锥面处有脏物粘住 (4) 主阀心锥面与阀座锥面不同心 (5) 主阀心工作有卡滞现象，阀心不能与阀座严密结合	 (1) 更换并配研 (2) 更换并配研 (3) 清洗并配研 (4) 修配使之结合良好 (5) 修配使之结合良好
		主阀压盖处有泄漏（如密封垫损坏，装配不良，压盖螺钉有松动等）	拆开检修，更换密封垫，重新装配，并确保紧固螺钉拧紧力均匀
	先导阀故障	调压弹簧弯曲，或太弱，或长度过短	更换弹簧
		锥阀与阀座结合处封闭性差（如锥阀与阀座磨损，锥阀接触面不圆，接触面太宽容易进入脏物或被胶质粘住）	检修更换，使之达到要求
	远控	电磁阀在常闭位置内泄漏严重： (1) 阀口处阀体与滑阀磨损严重 (2) 滑阀换向未达到最终位置，造成封油长度不足	 (1) 检修、更换新阀 (2) 修理，使之达到要求
		远控口管接头处有外泄漏	紧固接头，消除外漏
压力突然升高	主阀故障	主阀心工作不灵敏，在关闭状态突然卡死（如零件加工精度低，装配质量差，油液过脏等）	检修，更换零件，过滤或更换油液
	先导阀故障	与阀座结合面突然粘住，脱不开	清洗修配或更换油液
		调压弹簧弯曲造成卡滞	更换弹簧

续表 12－4

故障现象		原因分析	消除对策
压力突然下降	主阀故障	主阀心阻尼孔突然被堵死	清洗，过滤或更换油液
		主阀心工作不灵敏，在开启状态突然卡死（如零件加工精度低，装配质量差，油液过脏等）	检修更换零件，过滤或更换油液
		主阀盖处密封垫突然破损	更换密封件
	先导阀故障	先导阀阀心突然破裂	更换阀心
		调压弹簧突然折断	更换弹簧
	远控口电磁阀故障	电磁铁突然断电，使溢流阀卸荷	检查电气故障并消除
		远控口管接头突然脱口，或管子突然破裂	紧固或更换管件
压力波动不稳定	主阀故障	主阀心动作不灵活，有时有卡住现象	检修更换零件，压盖螺钉拧紧力应均匀
		主阀心阻尼孔有时堵有时通	拆开清洗，检查油质，更换油液
		主阀心锥面与阀座锥面接触不良，磨损不均匀	修配或更换零件
		阻尼孔孔径太大，使阻尼作用差	适当缩小阻尼孔孔径
	先导阀故障	调压弹簧弯曲	更换弹簧
		锥阀与锥阀座接触不好，磨损不均匀	修配或更换零件
		调节压力的螺钉由于锁紧螺母松动而使压力变动	调压后应把锁紧螺母锁紧
振动与噪声	主阀故障	主阀在工作时径向力不平衡，导致性能很不稳定。造成径向力不平衡的原因： （1）阀体与主阀心几何精度差，棱边有毛刺 （2）阀体内黏附有污物，使配合间隙增大和不均匀	（1）检查零件精度，对不符合要求的零件应更换，并把棱边毛刺去掉 （2）检修更换零件
	先导阀故障	锥阀与阀座接触不良，圆周面的圆度不好，粗糙度数值大，造成调压弹簧受力不平衡，使锥阀振荡加剧，产生尖叫声	把封油面圆度误差控制在 0.005～0.01 mm 以内
		调压弹簧轴心线与端面不够垂直，这样锥阀会倾斜，造成接触不均匀	提高锥阀精度，粗糙度应达 $Ra = 0.4$ μm
		调压弹簧在定位杆上偏向一侧	更换弹簧
		装配时阀座装偏	提高装配质量
		调压弹簧弯曲	更换弹簧
	系统存在空气	泵吸入空气或系统存在空气	排除空气
	使用不当	通道流量超过允许值	在额定流量范围内使用
	回油不畅	回油管路阻力过高或回油管口贴近油箱底面	适当增大管径，减少弯头，回油管口应离油箱底面二倍管径以上
	远控口管径选择不当	溢流阀远控口至电磁阀之间的管子通径不宜过大，过大会引起振动	一般管径取 6 mm 较适

续表 12－4

故障现象		原因分析	消除对策
显著漏油	主阀心精度差	主阀心与阀盖孔配合间隙过大	修理、更换零件
		主阀心锥面与阀座锥面接触不良或磨损严重	修理、更换零件
	先导阀精度差	锥阀与阀座接触不良或磨损严重	修理、更换零件
	日常维护差	各主要部位的螺钉未定期紧固	要实行定期紧固
		各主要管接头未定期紧固	要实行定期紧固
		盖子接合面密封件未定期更换	要实行定期紧固

B　减压阀常见故障原因与消除对策

减压阀的作用是降低和稳定某一液压油路的压力。常用的减压阀多为定压减压阀，其结构原理见第6章，常见故障原因与消除对策见表12－5。

表12－5　减压阀常见故障原因与消除对策

故障现象		原因分析	消除对策
无二次压力	主阀故障	主阀心在全闭位置卡死（如零件精度低）；主阀弹簧折断，弯曲变形；阻尼孔被堵	修理、更换零件和弹簧，过滤或更换油液
	无油源	未向减压阀供油	检查油路消除故障
不起减压作用	使用错误	泄漏口不通： (1) 螺塞未拧开 (2) 泄漏管细长，弯头多，阻力太大 (3) 泄漏管与大回油管道相连，并有回油压力 (4) 泄漏通道被堵	(1) 将螺塞拧开 (2) 更换符合要求的管子 (3) 泄漏管必须与回油管道分开 (4) 清洗泄漏通道
	主阀故障	主阀心在全开位置时卡死（如零件精度低，油液过脏等）	修理、更换零件，检查油质，更换油液
	锥阀故障	调压弹簧太硬，弯曲卡住不动	更换弹簧
二次压力不稳定	主阀故障	主阀心与阀体几何精度差，工作时不灵敏	检修，使其动作灵活
		主阀弹簧太软，变形或在主阀心中卡住，使阀心移动困难	更换弹簧
		阻尼小孔时堵时通	清洗阻尼小孔
	锥阀故障	锥阀与阀座接触不良，如锥阀磨损严重，锥阀面有伤痕，锥阀或阀座不圆，锥阀与阀座同轴度差	研磨锥阀面达到要求
		调压弹簧弯曲变形	更换弹簧
	吸入空气	系统中有空气	排除
二次压力升不高	外泄漏	顶盖结合面漏油，其原因如：密封件老化失效、螺钉松动或拧紧力矩不均	更换密封件，紧固螺钉，并保证力矩均匀
		各丝堵处有漏油	紧固并消除外漏
	锥阀故障	锥阀与阀座接触不良	修理或更换
		调压弹簧太软	更换

C 顺序阀或单向顺序阀常见故障原因与消除对策

顺序阀的结构与直动式溢流阀基本相同，不同之处只是顺序阀的出油口不通油箱，而漏油口必须单独接管子回油箱。顺序阀的作用，是利用压力调定值的不同来实现系统中的几个工作机构按顺序动作。顺序阀与单向阀组合，称为单向顺序阀。顺序阀结构原理见第6章，其常见故障原因与消除对策见表12－6。

表12－6 顺序阀或单向顺序阀常见故障原因与消除对策

故障现象	原因分析	消除对策
始终出油因而不起顺序作用	阀心在打开位置上卡死（如几何精度差，间隙太小，弹簧弯曲、断裂；油液太脏）	修理，使配合间隙达到要求，并使阀心移动灵活；检查油质，若不符合要求应过滤或更换；更换弹簧
	单向阀在打开位置上卡死（如几何精度差，间隙太小，弹簧弯曲、断裂；油液太脏）	修理，使配合间隙达到要求，并使单向阀移动灵活；检查油质，若不符合要求应过滤或更换；更换弹簧
	单向阀密封不良（如几何精度差）	修理，使单向阀的密封良好
	调压弹簧断裂	更换弹簧
	调压弹簧漏装	补装弹簧
	未装锥阀或钢球	补装
	锥阀或钢球断裂	更换
不出油，因而不起顺序作用	阀心在关闭位置上卡死（如几何精度差，弹簧弯曲，油脏）	修理使滑阀移动灵活，更换弹簧；过滤或更换油液
	锥阀心在关闭位置卡死	修理使滑阀移动灵活，过滤或更换油液
	控制油液流动不畅通（如阻尼小孔堵死，或远控管道被压扁堵死）	清洗或更换管道，过滤或更换油液
	远控压力不足，或下端盖结合处漏油严重	提高控制压力，拧紧端盖螺钉并使之受力均匀
	通向调压阀油路上的阻尼孔被堵死	清洗
	泄漏口管道中背压太高，使滑阀不能移动	泄漏口管道不能接在排油管道上一起回油，应单独排回油箱
	调节弹簧太硬	更换弹簧，适当调整压力
调定压力值不符合要求	调压弹簧调整不当	重新调整所需要的压力
	调压弹簧变形，最高压力调不上去	更换弹簧
	滑阀卡死，移动困难	检查滑阀的配合间隙，修配，使滑阀移动灵活；过滤或更换油液
振动与噪声	回油阻力（背压）太高	降低回油阻力
	油温过高	控制油温在规定范围内
单向顺序阀不能回油	单向阀卡死打不开	检修单向阀

12.2.3.2 方向控制阀故障原因与消除对策

方向控制阀在液压系统中应用十分广泛，是液压系统中很重要的一类元件。如果在系统中有某一换向元件发生故障，则立即终断了下一工作程序的进行。

A　液控单向阀常见故障原因与消除对策

单向阀的作用是只允许油液单方向流动，防止反方向流动。液控单向阀是在单向阀的基础上增加一个控制活塞，当需要油液反向流动时，压力油进入控制腔，推开单向阀阀心，则反向畅通。液控单向阀结构原理见第6章，常见故障原因与消除对策见表12－7。

表12－7　液控单向阀常见故障原因与消除对策

<table>
<tr><th>故障现象</th><th colspan="2">原因分析</th><th>消除对策</th></tr>
<tr><td rowspan="6">油液不逆流</td><td rowspan="6">单向阀打不开</td><td>控制压力过低</td><td>提高控制压力使之达到要求</td></tr>
<tr><td>控制管道接头漏油严重，或管道弯曲、被压扁使油不通畅</td><td>紧固接头，消除漏油或更换管子</td></tr>
<tr><td>控制阀心卡死（如加工精度低，油液过脏）</td><td>清洗，修配，使阀心移动灵活</td></tr>
<tr><td>控制阀端盖处漏油</td><td>紧固端盖螺钉，并保证拧紧力矩均匀</td></tr>
<tr><td>单向阀卡死（如弹簧弯曲；单向阀加工精度低；油液过脏）</td><td>清洗，修配，使阀心移动灵活；更换弹簧；过滤或更换油液</td></tr>
<tr><td>控制滑阀泄漏腔泄漏孔被堵（如泄漏孔处泄漏管未接，泄漏管被压扁，泄漏不通畅；泄漏管错接在压力管路上）</td><td>检查泄漏管道，泄漏管应单独回油箱</td></tr>
<tr><td rowspan="4">逆方向不密封，有泄漏</td><td rowspan="4">逆流使单向阀不密封</td><td>单向阀在全开位置上卡死
（1）阀心与阀孔配合过紧
（2）弹簧弯曲、变形、太软</td><td>（1）修配，使阀心移动灵活
（2）更换弹簧</td></tr>
<tr><td>单向阀锥面与阀座锥面接触不均匀
（1）阀心锥面与阀座锥面接触不均匀
（2）阀心外径与锥面不同心
（3）阀座外径与锥面不同心
（4）油液过脏</td><td>（1）检修或更换
（2）检修或更换
（3）检修或更换
（4）过滤油液或更换</td></tr>
<tr><td>控制阀心在顶出位置上卡死</td><td>修配达到移动灵活</td></tr>
<tr><td>控制阀心密封不良</td><td>检查原因并排除</td></tr>
<tr><td rowspan="2">噪声</td><td>选用错误</td><td>通过阀的流量超过允许值</td><td>更换适宜的规格</td></tr>
<tr><td>共振</td><td>和别的阀发生共振</td><td>更换弹簧，消除共振</td></tr>
</table>

B　换向阀常见故障原因与消除对策

换向阀是利用阀心与阀体相对位置的变化来控制液流方向的。对换向阀的主要要求是：换向平稳、冲击小（或无冲击）、压力损失小（以减少温升及功率损失）、动作灵敏、响应快、内泄漏少和动作可靠等。换向阀的控制方式有：电控、电液控、手动、机控等。随着电子技术的发展，机电液一体化、自动化设备上大量应用电磁换向阀或电液换向阀。电液换向阀结构原理见第6章，其常见故障原因与消除对策见表12－8。

表 12-8 电液换向阀常见故障原因与消除对策

故障现象	原因分析		消除对策
主阀心不运动	电磁铁故障	电磁铁线圈烧坏	检查原因,进行修理或更换
		电磁铁推动力不足或漏磁	检查原因,进行修理或更换
		电器线路出故障	消除故障
		电磁铁未加上控制信号	检查后加上控制信号
		电磁铁铁心卡死	检修或更换
	先导电磁阀故障	阀心与阀体孔卡死(如零件几何精度差,阀心与阀孔配合过紧;油液过脏)	修理配合间隙达到要求,使阀心移动灵活;过滤或更换油液
		弹簧弯曲,使滑阀卡死	更换弹簧
	主阀心卡死	阀心与阀体孔几何精度差	修理配研间隙达到要求
		阀心与阀孔配合太紧	修理配研间隙达到要求
		阀心表面有毛刺	修去毛刺,冲洗干净
	液控系统故障	控制油路无油: (1) 控制油路电磁阀未换向 (2) 控制油路被堵塞	(1) 检查原因并消除 (2) 检查清洗,并使控制油路畅通
		控制油路压力不足: (1) 阀端盖处漏油 (2) 滑阀排油腔一端截流阀调节得过小或被堵死	(1) 拧紧端盖螺钉 (2) 清洗截流阀并调整适宜
	油液变化	油液过脏使阀心卡死	过滤或更换油液
		油温过高,使零件产生热变形,产生卡死现象	检查油温过高原因并消除
		油温过高,油液中产生胶质,粘住阀心表面而卡死	清洗,消除高温
		油液黏度太高,使阀心移动困难而卡住	更换适宜的油液
	安装不良	阀体变形	
		安装螺钉拧紧力矩不均匀	重新紧固螺钉,并使之受力均匀
		阀体上连接的管子"别劲"	重新安装
	复位弹簧不符合要求	弹簧力过大	更换适宜的弹簧
		弹簧弯曲、变形,致使阀心卡死	
		弹簧断裂不能复位	
阀心换向后通过的流量不足	开口量不足	电磁阀中推杆过短	更换适宜长度的推杆
		阀心与阀体几何精度差,间隙过小,移动时有卡死现象,不到位	研配达到要求
		弹簧太软,推力不足,使阀心行程达不到终端	更换适宜弹力的弹簧
压力降过大	使用参数选择不足	实际通过流量大于额定流量	应在额定范围内使用
液控换向阀阀心换向速度不易调节	可调装置故障	单向阀封闭性差	修理或更换
		截流阀加工精度差,调节不出最小流量	更换截流阀
		排油腔阀盖处漏油	更换密封件,拧紧螺钉
		锥形截流阀调节性能差	改用三角槽截流阀

续表 12－8

故障现象		原因分析	消除对策
电磁铁过热或线圈烧坏	电磁铁故障	线圈绝缘不好	更换
		电磁铁心不合适吸不住	更换
		电压太低或不稳定	电压变化值应在额定电压的10%以内
		电极焊接不好	重新焊接
	负荷变化	换向压力超过规定	降低压力
		换向流量超过规定	更换规格合适的电液换向阀
		回油口背压过高	调整背压使其在规定值内
	装配不良	电磁铁铁心与阀心轴线同轴度不良	重新装配，保证有良好的同轴度
电磁铁吸力不够	装配不良	推杆过长	修磨推杆到适宜长度
		电磁铁铁心接触面不平或接触不良	消除污物，重新装配
冲击与振动	换向冲击	大通径电磁换向阀，因电磁铁规格大，吸合速度快而产生冲击	需要采用大通径换向阀时，应选用电液换向阀
		液动换向阀，因控制流量过大，阀心移动速度太快而产生冲击	调小截流阀截流口减慢阀心移动速度
		单向截流阀中的单向阀钢球漏装或钢球破碎，造成无阻尼作用	检修单向截流阀
	振动	固定电磁铁的螺钉松动	紧固螺钉，并加防松垫圈

12.2.3.3 流量控制阀故障原因与消除对策

流量控制阀用来控制液压系统中液体的流量，借以控制执行机构的运动速度。

流量控制阀的特点是在一定的压力差条件下，通过改变截流口（截流缝隙）的大小来控制油液的流量，并保证运行平稳。这类阀一般在低速小流量调节段故障率较高，因为低速段截流孔（截流缝隙）较小，对油液的清洁度敏感，对内部结构及其密封性要求严格，并要求速度调节平稳。流量控制阀的工作质量直接影响执行机构运动速度的稳定性。

流量控制阀结构原理第6章，常见故障原因与消除对策见表12－9。

表12－9 流量控制阀常见故障原因与消除对策

故障现象		原因分析	消除对策
调节截流阀手轮，不出油	压力补偿阀不动作	压力补偿阀心在关闭位置上卡死： (1) 阀心与阀套几何精度差，间隙太小 (2) 弹簧弯曲、变形而使阀心卡住 (3) 弹簧太软	(1) 检查精度，修配间隙达到要求移动灵活 (2) 更换弹簧 (3) 更换弹簧
	截流阀故障	油液过脏，使截流口堵死	检查油质，过滤油液
		手轮与截流阀心装配位置不合适	检查原因，重新装配
		截流阀阀心上连接键失落或未装键	更换键或补装键
		截流阀阀心因配合间隙过小或变形而卡死	清洗，修配间隙或更换零件
		控制轴螺纹被脏物堵住，造成调节不良	拆开清洗
	系统未供油	换向阀阀心未换向	检查原因并消除

续表 12-9

故障现象	原因分析		消除对策
执行机构速度不稳定（流量不稳定）	压力补偿阀故障	压力补偿阀阀心工作不灵敏： (1) 阀心有卡死现象； (2) 补偿阀的阻尼小孔时堵时通； (3) 弹簧弯曲、变形，或弹簧断面与弹簧轴线不垂直	(1) 修配，达到移动灵活 (2) 清洗阻尼孔，若油液过脏应更换 (3) 更换弹簧
		压力补偿阀阀心在全开位置上卡死： (1) 补偿阀阻尼小孔堵死 (2) 阀心与阀套几何精度差，配合间隙过小 (3) 弹簧弯曲、变形使阀心卡住	(1) 清洗阻尼孔，若油液过脏应更换 (2) 修理达到移动灵活 (3) 更换弹簧
	截流阀故障	截流口处积有污物，造成时堵时通	拆开清洗，检查油质，若油质不合格应更换
		筒式截流阀外载荷变化会引起流量变化	对外载荷变化大的，或执行机构运动速度要求非常平稳的系统，应改用调速阀
	油液品质劣化	油温过高，造成通过截流口流量变化	检查温升原因，降低油温，并控制在要求范围内
		带有温度补偿调速阀的补偿杆敏感性差，已损坏	选用对温度敏感性强的材料作补偿杆，坏的应更换
		油液过脏，堵死截流口或阻尼孔	清洗，检查油质，不合格的应更换
	单向阀故障	在单向阀的流量控制阀中，单向阀的密封性不好	研磨单向阀，提高密封性
	管道振动	系统中有空气	应将空气排净
		由于管道振动使调定的位置变化	调整后用锁紧装置锁住
	泄漏	内泄和外泄使流量不稳定，造成执行机构工作速度不均匀	消除泄漏，或更换新元件

12.3　液压回路的故障诊断与排除

机械设备的液压系统不管有多么复杂，总是由一些基本回路组成。液压基本回路是由一些液压元件组合起来，能完成特定功能的基本液压系统，例如：调节执行元件（液压缸或液压马达）运动速度的调速回路，控制系统全部或局部压力的调压回路，改变执行元件运动方向的换向回路等。熟悉和掌握这些回路的组成、原理和性能，对液压设备的维护管理、保养维修、保证其正常运行是非常重要的。

液压系统的故障主要就出现在这些基本回路上，而回路的故障原因主要是由于设计考虑不周，元件选用不当，安装调试不合理，维护使用不当等因素造成的。因此，深入分析研究液压回路的故障，并采取相应的措施，是液压系统故障诊断与排除的重要一环。排除了液压基本回路的故障，整个液压系统就能恢复正常的运行状态。

12.3.1　压力控制回路的故障诊断与排除

压力控制回路是利用压力控制阀来控制整个液压系统或局部油路的工作压力，以满足执行元件对力或力矩的要求；或者使液压系统（或局部油路）减压、增压、卸荷、泄压或缓冲，以及工作机构的平衡或顺序动作。压力回路出现故障，液压系统就不能正常工作，必须及时诊断，排除故障。

压力阀的共性都是根据弹簧力和液压力相平衡的原理工作的。因此,常见的故障也有很多共同之处。下面概括地分析一下压力控制阀的主要故障及其产生原因,然后再结合典型回路,分析压力控制回路的故障原因及排除方法。

12.3.1.1　阀本体故障

有关阀本体的故障有:

(1) 压力调不上去的主要原因:

1) 溢流阀的调压弹簧太软、装错或漏装。

2) 先导式溢流阀的主阀阻尼孔堵塞,滑阀在下端油压作用下,克服上腔的液压力和主阀弹簧力,使主阀上移。调压弹簧失去对主阀的控制作用,因此主阀在较低的压力下打开,溢流口溢流。液压系统中,正常工作的压力阀,有时突然出现故障往往是这种原因。

3) 阀心和阀座关闭不严,泄漏严重。

4) 阀心被毛刺或其他污物卡死于开启位置。

(2) 压力过高,调不下来的主要原因:

1) 阀心被毛刺或污物卡死于关闭位置,主阀不能开启。

2) 安装时,阀的进出油口接错,没有压力油去推动阀心移动,因此阀心打不开。

3) 先导阀前的阻尼孔堵塞,导致主阀不能开启。

(3) 压力振动大的主要原因:

1) 油液中混有空气。

2) 阀心与阀座接触不良。

3) 阻尼孔直径过大,阻尼作用弱。

4) 产生共振。

5) 阀心在阀体内移动不灵活。

12.3.1.2　压力控制回路故障

A　调压不正常

a　溢流阀主阀心卡住

在图12-6所示系统中,溢流阀为YF型先导式溢流阀,这种溢流阀的结构为三级同心式,即主阀心上端的圆柱面、中部大圆柱面和下端锥面分别与阀盖、阀体和阀座内孔配合,三处同心度要求较高。这种溢流阀用在高压大流量系统中,调压溢流性能较好。

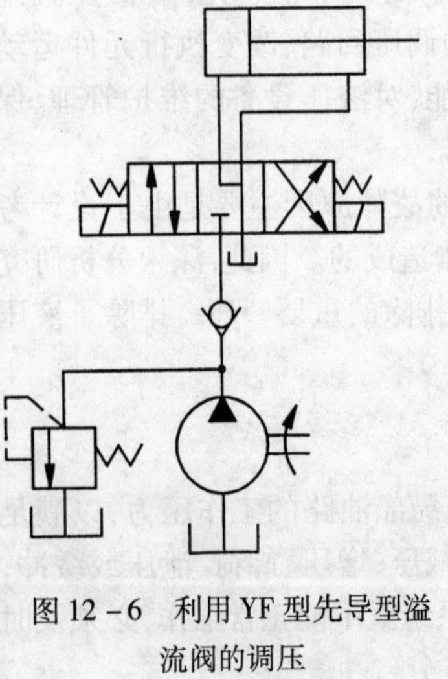

图12-6　利用YF型先导型溢流阀的调压

将系统中换向阀置于中位时,调整溢流阀的压力发现,当压力值在10 MPa之前溢流阀正常工作;当压力调整到高于10 MPa的任一压力值时,系统发出像吹笛一样的尖叫声,此时,可看到压力表指针剧烈振动。经检测发现,噪声来自溢流阀。

在三级同心高压溢流阀中,主阀心与阀体、阀盖两处有滑动配合,如果阀体和阀盖装配后的内孔不同轴度超出设计要求,主阀心就不能圆滑地动作,而是贴在内孔的某一侧做不正常的运动。当压力调整到一定值时,就必然激起主阀心振动。这种振动不是主阀心在工作运动中出现的常规振动,而是主阀心卡在某一位置(此时因主阀心同时承受着液压卡紧力)而激起的高频振动。这种高频振动必将引起弹簧,特别是先导阀的锥阀调压弹簧的强烈振动,并发出异常噪声。

另外,由于高压油不通过正常的溢流口溢流,而是通过被卡住的溢流口和内泄油道溢回油箱。这股高压油流将发出高频率的流体噪声。这种振动和噪声是在系统特定的运行条件下激发出来的,这就是为什么在压力低于10 MPa时不发生尖叫声的原因。

可见,YF型溢流阀的精度要求是比较高的,阀盖与阀体连接部分的内外圆面同轴度,主阀心三台肩外圆面的同轴度都应在规定的范围内。

有些YF型溢流阀产品,阀盖与阀体配合处有较大的自由度,在装配时,应调整同轴度,使主阀心能灵活滑动,无卡紧现象。在拧紧阀盖上四个紧固螺钉时,应按装配工艺要求,按一定顺序拧紧,其拧紧力矩应基本相同。

在检测溢流阀时,若测出阀盖孔有偏心,应进行修磨,消除偏心。主阀心与阀体配合滑动面若有污物,应清洗干净,若被划伤,应修磨平滑。目的是恢复主阀心滑动灵活的工作状态,避免产生振动和噪声。

另外,主阀心上的阻尼孔在主阀心振动时有阻尼作用。当工作油液黏度较低或温度过高时,阻尼作用将相应减小。因此,选用合适黏度的油液和控制系统温升也有利于减振降噪。

b　溢流阀回油液流波动

在图12－7所示液压系统中,液压泵1和液压泵2分别向液压缸7和8供压力油,换向阀5和6都为三位四通Y型电磁换向阀。

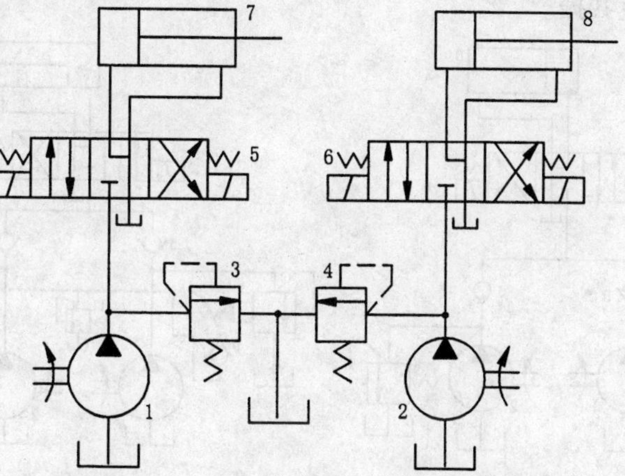

图12－7　两溢流阀共用一回油管的系统
1、2—液压泵;3、4—溢流阀;5、6—换向阀;7、8—液压缸

系统故障现象是启动液压泵,系统开始运行时,溢流阀3和4压力不稳定,并发出振动和噪声。

试验表明,只有一个溢流阀工作时,其调定压力稳定,也没有明显的振动和噪声。当两个溢流阀同时工作时,就出现上述故障。

分析液压系统可以看出,两个溢流阀除了有一个共同的回油管路外,并没有其他联系。显然,故障原因就是由于一个共同的回油管路造成的。

从溢流阀的结构性能可知,溢流阀的控制油道为内泄,即溢流阀的阀前压力油进入阀内,经阻尼孔流进控制容腔(主阀上部弹簧腔),当压力升高至能克服先导阀的调压弹簧时,压力油打开锥阀阀口,油液过阀口降压后,经阀体内泄孔道流进溢流阀的回油腔,与主阀口溢出的油流汇合经回油管路一同流回油箱,因此,溢流阀的回油管路中油流的流动状态直接影响溢流阀的调整压力。例如,压力冲击、背压等流体波动将直接作用在先导阀的锥阀上,并与先导阀弹簧力方向一致。于是控制容腔中的油液压力也随之增高,并随之出现冲击与波动,导致溢流阀的调整压力不稳定,并易激起振动和噪声。

上述系统中,两个溢流阀共用一个回油管,由于两股油流的相互作用,极易产生压力波动。同时,由于流量较大,回油管阻力也增大。这样相互作用,必然造成系统压力不稳定,并产生振动和噪声。为此,应将两个溢流阀的回油管路分别接回油箱,避免相互干扰。若由于某种原因,必须合流回油箱时,应将合流后的回油管加粗,并将两个溢流阀均改为外部泄漏型,即将经过锥阀阀口的油流与主阀回油腔隔开,单独接回油箱,就成为外泄型溢流阀了,就能避免上述故障的发生。

c　溢流阀产生共振

在图 12 - 8*a* 所示液压系统中,泵 1 和泵 2 是同规格的定量泵,同时向系统供液压油,三位四通换向阀 7 中位机能为 Y 型,单向阀 5、6 装于泵的出油路上,溢流阀 3、4 也是同规格,分别并联于泵 1、2 的出油路上。溢流阀的调定压力均为 14 MPa。启动运行时,系统发出鸣笛般的啸叫声。经调试发现噪声来自溢流阀,并发现当只有一侧液压泵和溢流阀工作时,噪声消失,两侧液压泵和溢流阀同时工作时,就发生啸叫声。可见,噪声原因是由于两个溢流阀在流体作用下发生共振。

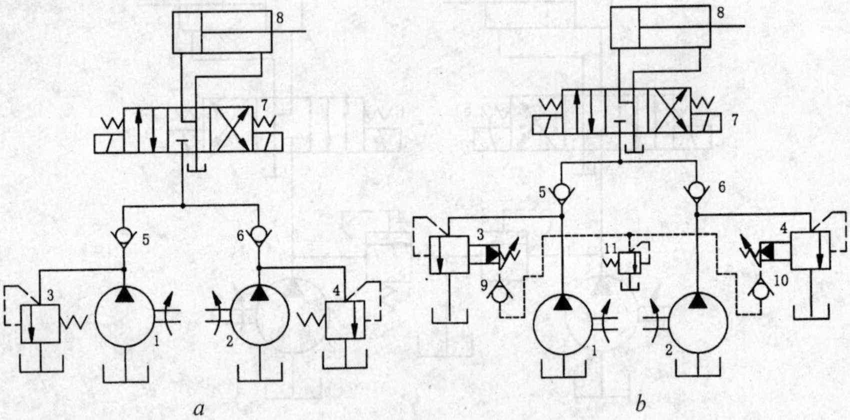

图 12 - 8　两个溢流阀产生共振的回路

1、2—液压泵;3、4—溢流阀;5、6、9、10—单向阀;7—换向阀;8—液压缸;11—远程调压阀

根据溢流阀的工作原理可知,溢流阀是在液压力和弹簧力相互作用下进行工作,因此极易激起振动而发生噪声。溢流阀的入出口和控制口的压力油一旦发生波动,即产生液压冲击,溢流阀内的主阀芯、先导锥阀及其相互作用的弹簧就要振动起来,振动的程度及其状态,随流体的压力冲击和波动的状况而变。因此,与溢流阀相关的油流越稳定,溢流阀就越能稳定地工作,反之就不能稳定地工作。

上述系统中,双泵输出的压力油经单向阀后合流,发生流体冲击与波动,引起单向阀振荡,从而导致液压泵出口压力不稳定,又由于泵输出的压力油本来就是脉动的,因此泵输出的压力油将强烈波动,便激起溢流阀振动。又因为两个溢流阀的固有频率相同,便引起溢流阀共振,并发出异常噪声。

排除这一故障一般有以下几种方法:

(1) 将溢流阀3和4用一个大容量的溢流阀代替,安置于双泵合流处,这样溢流阀虽然也会振动,但不会很强烈,因为排除了产生共振的条件。

(2) 将两个溢流阀的调整压力值错开1 MPa左右,也能避免共振发生。此时,若液压缸的工作压力在13 MPa与14 MPa之间,应分别提高溢流阀的调整值,使最低调整压力满足液压缸的工作要求,并仍应保持1MPa的压力差值。

(3) 将上述回路改为图12－8*b*的形式,即将两个溢流阀的远程控制口接到一个远程调压阀11上,系统的调整压力由远程调压阀确定,与溢流阀的先导阀无直接关系(保证先导阀的调整压力必须高于远程调压阀的最高调整压力)。

d 溢流阀远程控制油路泄漏

在图12－9所示液压系统中,液压泵1为定量泵,换向阀3为三位四通Y型电液换向阀,溢流阀2的回油口接冷却器6,溢流阀的远程控制口接小规格的二位二通换向阀4。当二位二通换向阀电磁铁通电时,系统卸荷;二位二通换向阀不通电时,系统正常工作。

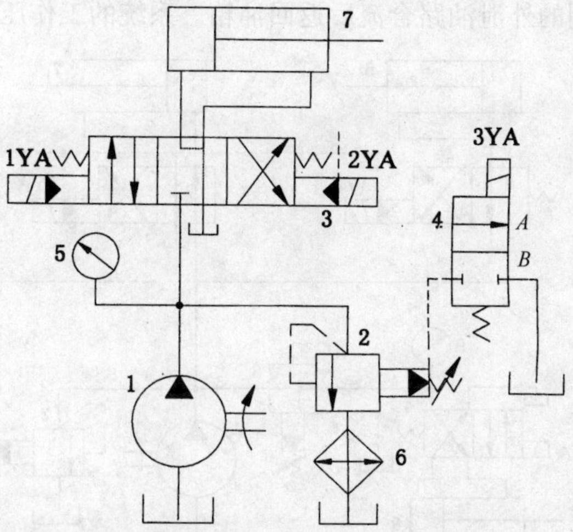

图12－9 溢流阀远控油路泄漏导致系统压力调不上去

1—泵;2—溢流阀;3—换向阀;4—二位二通阀;5—压力表;6—冷却器;7—液压缸

该液压系统运行已达一年以上,逐渐发现系统的压力调不上去。原来系统压力能调到14 MPa,而现在只调到12 MPa就再也调不上去了。

液压系统压力上不去的主要原因有:液压泵1出现故障;溢流阀2的调定值改变了,即溢流阀先导阀的调整手轮的位置变动了,或先导阀出现了故障,例如,锥阀磨损严重、污物置于阀口使锥阀封闭不严;工作油液黏度太小,或因冷却器出现故障,使油温升高,油的黏度降低,内泄漏增加;电磁铁的继电器产生故障,虽然电路断电,实际上电磁铁还是励磁的,使阀心未能完全恢复到原位,或阀心卡住,弹簧力不能使阀心复位,有时看起来好像复位,但实际上并未到位,阀口仍有微小开度;压力表损坏,当压力已达到14 MPa时,指针仍指在12 MPa位置;换向阀磨损严重,内部泄漏加剧等。上述诸项原因均能造成压力上不去。

调试检查。电液换向阀中位时,换向阀是Y型机能,压力上不去也不是液压缸内泄漏引起的。检查电液换向阀中位时的回油口,没有明显泄漏,说明不是电液换向阀问题。由于液压泵为 21 MPa 的柱塞泵,压力调到 12 MPa 上不去,一般不会是泵的问题。检测溢流阀,其工作性能参数正常。在二位二通换向阀不通电时,换向阀处于断的位置,检查其出油口 *B*,发现有明显泄漏。这说明二位二通换向阀的阀心与阀体磨损严重,因间隙增大而泄漏。

检测液压油黏度为 $4\times10^{-5}m^2/s$,温度为 38℃,这两项均属正常。但观察油液,呈现黑色,并且液面还见到泡沫,可见油液污染严重。

因换向阀 4 的 *B* 口泄漏(3YA 不通电时),致使溢流阀的远程控制口总有部分油液回油箱,于是溢流阀的控制容腔内油液压力达不到推动先导阀所需的压力值,就使主阀口打开溢流,即溢流阀是在低于先导阀的调定压力下溢流的,所以压力调不上去。

对于这一系统,应首先排掉被污染的液压油,并彻底清洗液压元件和整个液压系统,消除引起液压元件不正常磨损的因素,再更换新的二位二通换向阀,系统的工作压力就能达到调定值。

B　减压阀阀后压力不稳定

在图 12－10 所示系统中,液压泵为定量泵,主油路中液压缸 7 和 8 分别由二位四通电液换向阀 5 和 6 控制运动方向,电液换向阀的控制油液来自主油路。减压回路与主油路并联,经减压阀 3 减压后,由二位四通电磁换向阀控制液压缸 9 的运动方向。电液换向阀控制油路的回油路与减压阀的外泄油路合流后返回油箱。系统的工作压力由溢流阀 2 调节。

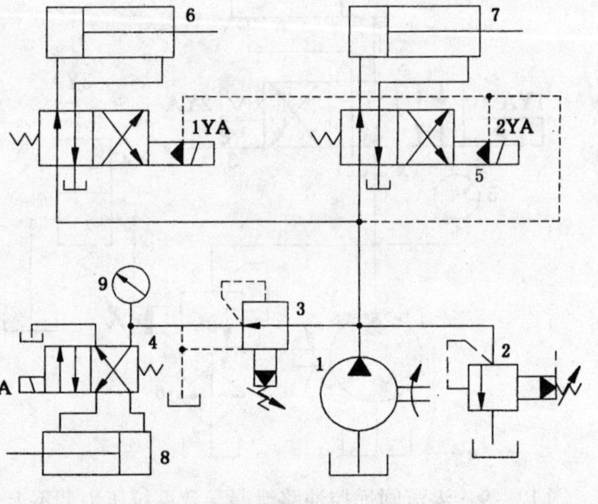

图 12－10　减压阀阀后压力不稳定

1—泵;2—溢流阀;3—减压阀;4、5—换向阀;6、7、8—液压缸;9—压力表

系统中主油路工作正常,但在减压回路中,减压阀的阀后压力波动较大,使液压缸 8 的工作压力不能稳定在调定的 1 MPa 压力值上。

在减压回路中,减压阀的阀后压力即减压回路的工作压力波动较大是经常出现的故障现象,其主要原因有以下几个方面:

(1) 减压阀的阀前压力起伏变化。减压阀的阀后压力能稳定在设定的压力值上的前提条件是:减压阀的阀前压力要高于阀后压力,否则减压阀阀后压力就不能稳定。由于液压系统主油路中执行机构的工况不同,工作压力变化较大。若变化的最低压力值(阀前压力值)高于减压阀的阀后压力,则变化的负载不会对减压阀的阀后压力产生影响。因为在减压阀的阀前压力提高时,可能要使减压阀的阀后压力瞬时提高,但经减压阀调节之后,能迅速恢复到减压阀的阀后调定压力值;反之,若变化的最低压力值(阀前压力值)低于减压阀的阀后压力,则减压阀的阀后压力就要相应地降低,而不能稳定在调定的压力值上。所以,当主油路执行机构的最低工作压力低于减压阀阀后压力时,回路的设计就应采取必要措施,如减压阀的阀前增设单向阀,单向阀与减压阀之间还可以增设蓄能器等,以防止减压阀的阀前压力低于减压阀的阀后压力。

(2) 执行机构的负载不稳定。减压回路中,在执行机构具有足够负载的前提下,减压阀的阀后压力才能保持稳定。也就是说,减压阀的阀后压力仍然要遵循压力决定于负载这个客观规律。没有负载就不能形成压力,负载低,压力就低。如果减压回路中,减压阀的阀后压力是在某时刻的负载工况下调定,但在减压回路的工作过程中,负载降低了,减压阀的阀后压力就要降低,甚至可降为零压。负载增大时,减压阀的阀后压力随之增大,当压力随负载增大到减压阀的调定压力时,压力就不再增大,而保持在减压阀的调定压力值上。所以,在变负载工况下,减压阀的阀后压力值是变化的,这个变化范围,只能低于减压阀的调定值,而不会高于这个调定值。

(3) 液压缸的内外泄漏。在减压回路中,压力油经减压阀减压后,再由换向阀控制压力油的流动方向,进入液压缸推动负载运动,从而完成一定的动作。这时,如果液压缸内外泄漏,特别是内泄漏,即高压腔的液压油经活塞与缸筒和活塞杆的间隙流入低压腔,再由管道流入油箱,此时,虽然负载未变,但泄漏也要影响减压阀阀后压力的稳定。影响的程度,要看泄漏量的大小。当泄漏量较小时,由于减压阀的自动调节功能,减压阀的阀后压力不会降低;当泄漏量较大时,如果液压系统的工作压力和流量不能补偿减压阀的调节作用时,减压阀的阀后压力,就不能保持在稳定的压力值上。

(4) 液压油污染。由于液压油中的污物较多,使减压阀的阀心运动不畅,甚至卡死,如减压阀的主阀心卡死于阀口开度较大或较小位置时,减压阀的阀后压力就要高于或低于调定值,如果减压阀的先导锥阀与阀座由于污物而封闭不严,则减压阀的阀后压力就要低于调定值。因此,经常检查油液的污染状况,检查清洗减压阀是很必要的。

(5) 外泄油路有背压。减压阀的控制油路为外泄油路,即控制油液推开锥阀后,单独回油箱。如果这个外泄油路上有背压而且背压在变化,则直接影响推动锥阀的压力油的压力,引起压力变化,从而导致减压阀的阀后工作压力变化。

图12-10所示系统中的故障现象,经检查分析,是由于减压阀外泄油路有背压变化造成的。不难看出,系统中电液换向阀5和6在换向过程中,控制油路的回油流量和压力是变化的,而减压阀的外泄油路的油液也是波动的,两股油液合流后产生不稳定的背压。经调试发现,当电液换向阀5和6同时动作时,压力表的读数达1.5 MPa,这是因为电液换向阀在高压控制油液的作用下,瞬时流量较大,在泄油管较长的情况下,产生较高的背压。背压增高,使减压阀的主阀口开度增大,阀口的局部压力减小,所以减压阀的工作压力降不下来。

为了排除这一故障,应将减压阀的外泄油管与电液换向阀5和6的控制油路油管分别单独接回油箱,这样减压阀的外泄油液能稳定地流回油箱,不会产生干扰与波动,阀后压力也就会稳定在调定的压力值上。

通过以上分析可以看出,在系统的设计、安装过程中,在了解各元件的工作性能的同时,应认真考虑元件之间是否会相互干扰,这是非常重要的。

C　顺序动作回路工作不正常

a　顺序阀选用不当

在图 12－11*a* 所示系统中，液压泵 1 为定量泵，液压缸 9 所属回路为进油截流调速回路，液压缸 9 的负载是液压缸 8 负载的二分之一。液压缸 8 前设置了顺序阀 4，其压力调定值比溢流阀 2 低 1 MPa。要求液压缸动作的顺序是缸 9 动作完了缸 8 再动作。但当启动液压泵并使电磁换向阀 3 通电，左位工作时，液压缸 9 和 8 基本同时动作，不能实现缸 9 先动作缸 8 后动作的顺序。

系统中，虽然液压缸 9 的负载是缸 8 负载的二分之一，并且缸 8 前安装了顺序阀，好像应该能实现缸 9 先动作，缸 8 后动作的顺序了。但其实不然，因为通向液压缸 9 的油路为截流阀进油截流调速回路，系统中的溢流阀 2 起定压和溢流作用，因此溢流阀的阀前压力是恒定的，并总有一部分油液从溢流阀回油箱。改变截流阀 5 的开口度，进入液压缸 9 的流量也相应改变，于是液压缸 9 的运动速度得到调节。由于液压泵为定量泵，一部分油液经截流阀进入液压缸，另一部分油液必然要溢回油箱。

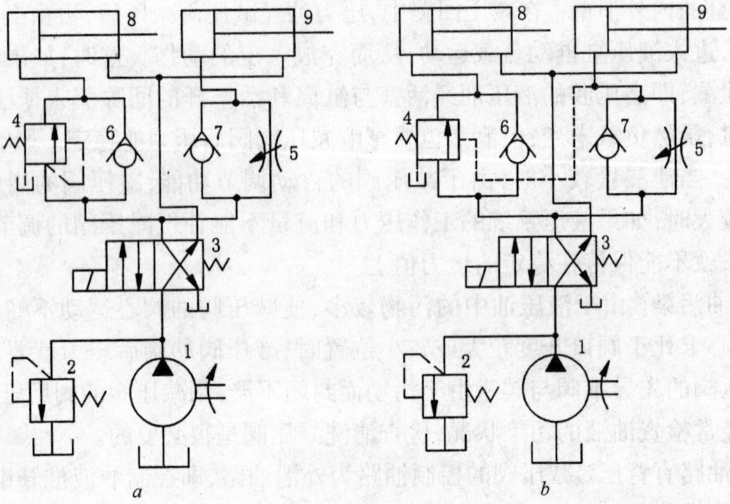

图 12－11　顺序动作回路

1—泵；2—溢流阀；3—换向阀；4—顺序阀；5—截流阀；6、7—单向缸阀；8、9—液压缸

液压缸 8 前安装的是内控式顺序阀。在溢流阀溢流时，系统工作压力已达到打开顺序阀的压力值，所以在液压缸 9 运动时，液压缸 8 也开始动作，这说明内控顺序阀 4 在回路中只能使液压缸 8 不先动作，而不能使其后动作。

如果将回路改进成如图 12－11*b* 所示，将内控顺序阀 4 换成外控顺序阀，并且将顺序阀的远控油路接在液压缸 9 与截流阀之间的油路上，这样与控制顺序阀的入口压力无关。所以将外控顺序阀的控制压力调得比液压缸 9 的负载压力稍高。就能实现缸 9 先动作，缸 8 后动作的顺序。动作过程是，启动液压泵，调节溢流阀的阀前压力，电磁换向阀通电后左位工作，压力油一部分通过截流阀进入液压缸 9，推动缸 9 运动，一部分压力油经溢流阀溢回油箱。当液压缸 9 运动到终点时，其负载压力迅速增高，并达到外控顺序阀的控制压力时，外控顺序阀主油路接通，液压缸 8 开始动作。

这里有两点应该注意：一是外控顺序阀的控制油路不能接在截流阀前；二是液压系统中

溢流阀的调定压力应按液压缸8的负载压力调定，否则将不能排除上述故障，原因是由于液压缸8的负载是液压缸9负载的两倍，液压缸8的工作压力是液压系统的最高压力，所以整个液压系统的工作压力应按液压缸8能正常动作来调定。

b 变载回路设计不周

在图12－12*a*所示系统中，液压泵1为定量泵，三位四通电液换向阀3为Y型。液压缸8推动负载*W*运动。由于负载在中立位置的前半部分为正载荷，在中立位置后半部分为负载荷，即载荷方向与液压缸运动方向相同。顺序阀4与5为外控顺序阀。当液压缸向右推动负载运动时，液压缸无杆腔进油路的油液压力大到能打开外控顺序阀4时，液压缸才能向右推动负载运动。反之，当液压缸拉动负载向左运动时，液压缸有杆腔进油路的油液压力达到打开外控顺序阀5时，液压缸才能向左拉动负载运动。

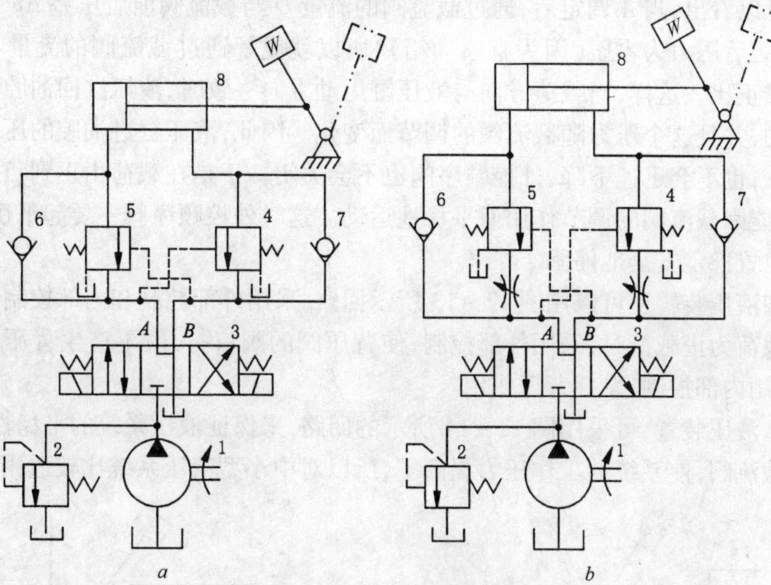

图12－12 平衡回路

1—泵；2—溢流阀；3—换向阀；4、5—顺序阀；6、7—单向阀；8—液压缸

系统的故障是：在负载运动过程中，液压缸产生强烈振动和冲击。

系统中设置外控顺序阀是为了避免液压缸在推动负载运动过程中负载方向改变后，负载急剧向下摆动的故障。液压缸产生振动和冲击的原因是：由于负载过中立位置向右下摆动时，液压缸无杆腔压力迅速降低，以致使进油路压力不能打开外控顺序阀4，于是外控顺序阀4立即关闭，此时正是液压缸在负载的拉动下迅速向右运动，有杆腔的油液迅速向外排出，所以当外控顺序阀关闭时，就产生剧烈地振动和冲击，使正在向右摆动的负载被迫停止运动。

由于外控顺序阀关闭，液压缸有杆腔的油液无法回油箱，使液压缸无杆腔的压力又迅速增高，此时就出现振动和冲击。当液压缸无杆腔的油液压力增高使其进油路压力能打开液控顺序阀4的时候，液压缸有杆腔的油液直通油箱，负载又向右下急剧摆动。这样的过程重复发生，于是就形成振动和冲击。当液压缸拉动载荷向左上摆动时，在载荷超过中立位置向左下摆动时，同样出现振动和冲击现象。

这种故障的排除方法如图12－12*b*所示，在外控顺序阀4和5的出油管路上分别设置截流阀，以调节液压缸的运动速度。当载荷过中立位置，即载荷方向与液压缸运动方向一致时，液压缸回油腔内油液不能无限制地回油箱，而受到截流阀的调节作用。当截流阀的截流口调定后，通过截流阀的流量 Q 由下式决定

$$Q = C_q A\sqrt{\frac{2}{\rho}\Delta p}$$

式中　Q——通过截流阀的流量；

C_q——流量系数；

A——截流阀的开口截面积；

ρ——油液密度；

Δp——截流阀前后压差。

从式中可以看出，当 A 调定后，通过截流阀的流量 Q 与截流阀前后压差 Δp 平方根成正比，而截流阀阀后压力为零压(因为直通油箱)，所以就成了通过截流阀的流量与液压缸回油腔的压力成正比。这样，当载荷方向与液压缸运动方向一致时，液压缸回油腔的油液是有一定的压力的，并且这个压力随截流阀的调节而变化。因此，液压缸进油腔的压力在出现负载荷的工况下，也不会迅速下降，外控顺序阀也不会关闭。于是在载荷由正到负的变化过程中，液压缸仍能因截流阀的调节作用而平稳地运动。这时外控顺序阀主要起平衡作用，使载荷能在任何位置稳定安全地停留。

对于大型液压装置还可以用图 12－13 所示回路，采用外部控制和内部控制同时进行的背压阀。当载荷为正载荷时，采用外部控制，使背压阀的阀口打开，不产生背压。当载荷为负载荷时，采用内部控制，发挥背压作用。

对于小型液压装置，可采用图 12－14 所示的回路，来保证液压系统的平稳性和可靠性。由于增加了截流阀，使系统的工作压力提高了，所以对中小型液压系统比较适用。

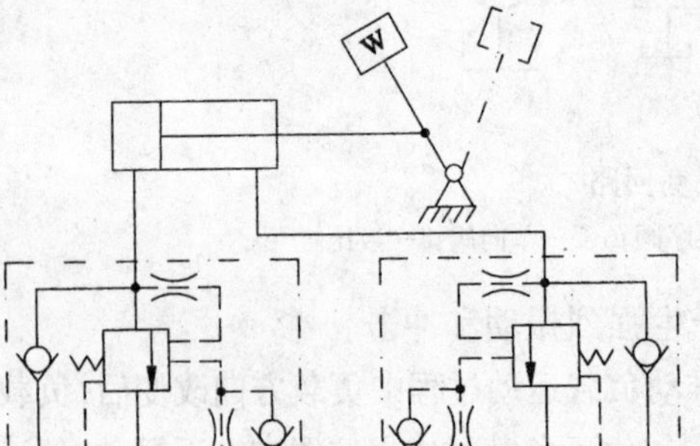

图 12－13　采用内外控制的背压阀回路

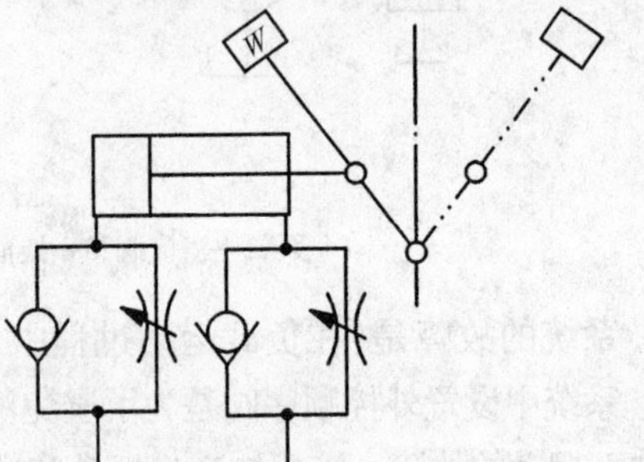

图 12－14　加装截流阀回路

从以上系统的故障分析可以看出，工况分析是液压系统设计中至关重要的问题。工况分析不明，系统设计考虑不周到，必将出现这样或那样的故障，甚至整个液压系统无法工作。因此，对承受载荷方向交变的系统，要仔细分析受力情况，绘制工况图后，再进行液压系统的设计。

c 压力调定值不匹配

在图12-15所示系统中，液压泵为定量泵，顺序阀5控制液压缸6在液压缸7运动到终点后再动作；顺序阀4控制液压缸6在液压缸7回到初始位置时再开始回程运动。

在系统运动中发现液压缸6的运动速度比预定的速度慢。

造成液压缸运动速度比预定速度慢，一般有以下几方面原因：

(1) 液压泵流量未达到要求值。液压系统的压力油是由液压泵供给的，一般选用合理的泵不会出现供油不足现象。由于油液污染、滤油器堵塞等原因造成泵吸油不足，于是泵必定出现流量不足现象。液压泵由于使用时间较长，或因油液污染造成泵内零件严重磨损，内泄漏严重，容积效率急剧下降，也是造成泵排油不足的原因。

(2) 换向阀内部泄漏严重。换向阀内密封靠阀心与阀孔间隙保证的。由于各种原因造成阀心与阀孔间隙增大，于是由泵来的压力油进入换向阀后，将会从其内部环形缝隙由高压腔流入低压腔，使经过换向阀的油液流量大大降低，从而使流入液压缸的流量减少。

(3) 液压缸本身内部泄漏严重。当液压缸运动时，液压缸高压腔中的压力油向低压腔泄漏。泄漏的原因是活塞与缸筒间隙因磨损而过大，或活塞密封圈破损。液压缸的运动速度是输入液压缸的流量与活塞有效面积之比。由于泄漏使推动活塞运动的实际流量减少，因而液压缸运动速度降低。这时应更换活塞，以保证活塞与缸筒的合理间隙。若活塞密封圈破损应更换新件。

对图12-15液压系统故障进行检查时发现，不存在上述原因。在检查溢流阀的回油管时发现，当液压缸6运动时，有大量油液从回油管流出，可见溢流阀开始溢流，说明溢流阀与顺序阀的压力调定值不匹配。当把溢流阀的压力调到比顺序阀的压力高0.5~0.8 MPa时，回路故障立即消除。

在压力控制系统中，压力阀的压力调定值的匹配是非常重要的，不同的系统应根据实际情况，对各种压力阀进行合理地调节。上述系统中，顺序阀4和5的调节压力应比液压缸7的工作压力高0.4~0.5 MPa，如果溢流阀2的压力也按这一数值调节，那么在顺序阀打开通压力油时，溢流阀也开始溢流。或溢流阀的压力调得虽比顺序阀高，但高出的数值不够，这样当液压缸6运动过程中遇外载增大时，即液压缸6的工作压力达到溢流阀的调定压力时，溢流阀便开始溢流，液压缸6的运动速度便会慢下来。因此，这样的系统，溢流阀、顺序阀的调节压力应合理、适宜。

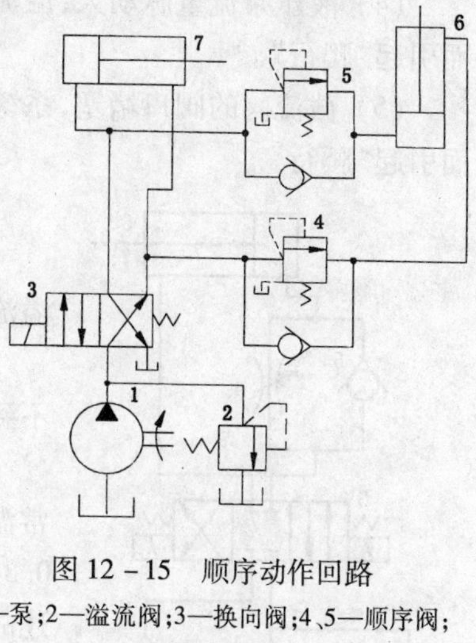

图12-15 顺序动作回路

1—泵；2—溢流阀；3—换向阀；4、5—顺序阀；6、7—液压缸

12.3.2 速度控制回路的故障诊断与排除

液压传动的优点之一是能方便地进行无级调速。液压系统的调速方法，一般有截流调

速、容积调速以及容积截流调速。

速度调节是液压系统的重要内容，液压系统的执行机构速度不正常，液压机械就无法工作。下面概括分析液压系统速度控制的主要故障和产生原因，然后再结合典型系统实例，来分析故障的原因和排除方法。

12.3.2.1　执行机构（液压缸、液压马达）不能低速运动的主要原因

（1）截流阀的截流口堵塞，导致无流量或小流量不稳定。

（2）调速阀中定差减压阀的弹簧过软，使截流阀前后压差低于0.2～0.35MPa，导致通过调速阀的流量不稳定。

（3）调速阀中减压阀卡死，造成截流阀前后压差随外负载而变。经常见到的是负载较小时，低速达不到要求。

12.3.2.2　负载增加时速度显著下降的主要原因

（1）液压缸活塞或系统中元件的泄漏随负载压力增高而显著增大。

（2）调速阀中的减压阀卡死于打开位置，则负载增加时，通过截流阀的流量下降。

（3）液压系统中油温升高，油液黏度下降，导致泄漏增加。

12.3.2.3　执行机构“爬行”的主要原因

（1）系统中进入空气。

（2）由于导轨润滑不良，导轨与缸轴线不平行，活塞杆密封压得过紧，活塞杆弯曲变形等原因，导致液压缸工作时摩擦阻力变化较大而引起“爬行”。

（3）在进油截流调速系统中，液压缸无背压或背压不足，外负载变化时导致液压缸速度变化。

（4）液压泵流量脉动大，溢流阀振动造成系统压力脉动大，引起液压缸输入压力油波动而引起“爬行”。

（5）截流阀的阀口堵塞，系统泄漏不稳定，调速阀中的减压阀心不灵活造成流量不稳定而引起“爬行”。

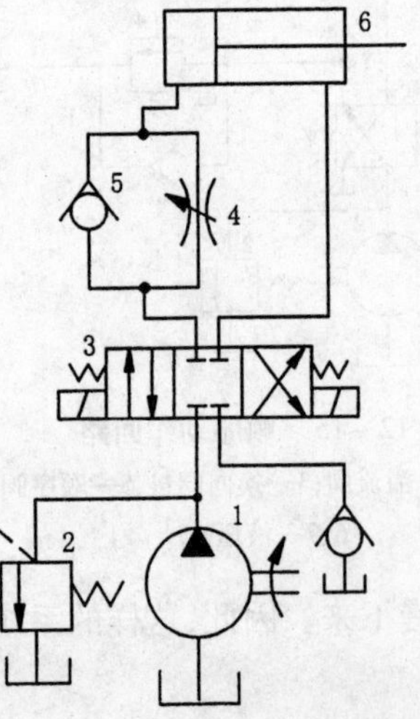

图12－16　进油截流调速回路
1—泵；2—溢流阀；3—换向阀；4—截流阀 5—单向阀；6—液压缸

12.3.2.4　截流阀前后压差小致使速度不稳定

图12－16所示系统为进油截流调速系统。在调速过程中溢流阀是常开的，起定压与溢流作用。

系统的故障现象是液压缸推动负载运动时，运动速度达不到调定值。

经检查，系统中各元件工作正常，油液温度为40℃，属正常温度范围。溢流阀的调节压力比液压缸工作压力高0.3 MPa，压力差值偏小，即溢流阀的调节压力较低，是产生上述故障的主要原因。

在进油截流调速回路中，液压缸的运动速度是由通过截流阀的流量决定的。通过截流阀的流量又取决于截流阀的过流断面 A 和截流阀前后压差 Δp。Δp 一般要达到0.2～0.3 MPa，再调节 A，就能使通过截流阀的流量稳定。

在上述回路中，油液通过换向阀的压力损失为0.2 MPa，溢流阀的调定压力只比液压缸的工作压力高0.1 MPa，这样就

造成截流阀前后压差 Δp 低于允许值，通过截流阀的流量 Q 就达不到设计要求的数值，于是液压缸的运动速度就不可能达到调定值。

故障的排除方法是：提高溢流阀的调节压力到0.5～1 MPa，使截流阀的前后压差达到合理压力值，再调节 A，液压缸的运动速度就能达到调定值。

从以上分析不难看出，在截流阀调速回路中一定要保证截流阀前后压差达到一定数值，低于合理的数值，执行机构的运动速度就不稳定，甚至造成液压缸“爬行”。

12.3.2.5 调速阀前后压差过小

图12－17所示系统为调速阀回油截流调速系统。系统的故障现象是在外负载增加时，液压缸的运动速度明显下降。这个现象与调速阀的调速特性显然是不一致的。

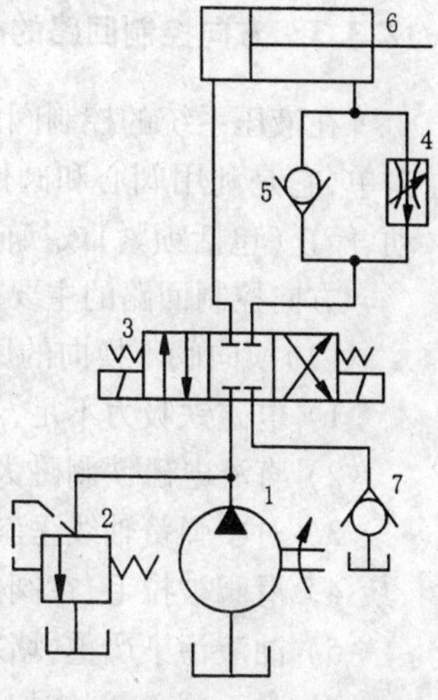

图12－17 回油截流调速回路
1—泵；2—溢流阀；3—换向阀；4—调速阀；5、7—单向阀；6—液压缸

经检测与调试发现，系统中液压元件工作正常。液压缸运动在低负载时，速度基本稳定；增大负载时，速度明显下降。调节溢流阀的压力，当将溢流阀的压力调高时，故障现象基本消除；将溢流阀的压力调低时，故障现象表现非常明显。

调速阀用于系统调速，其主要原理是利用一个能自动调整的可变液阻（串联于截流阀前的定差减压阀），来保证另一个固定液阻（串联于减压阀后的截流阀）前后压差基本不变，从而使经过调速阀的流量在调速阀前后压差变化的情况下保持恒定，于是执行机构运动速度在外负载变化的工况下仍能保持恒速。

在调速阀中，由于两个液阻是串联的，所以要保持调速阀稳定工作，其前后压差要高于截流阀调速时的前后压差。一般调速阀前后压差应保持在0.5～0.8 MPa范围内。若为0.5 MPa，定差减压阀不能正常动作，也就不能起压力补偿作用，使截流阀前后压差不能恒定。于是通过调速阀的流量便随外负载变化而变化，执行机构的速度也就不稳定。

要保证调速阀前后的压差在外负载增大时仍保持在允许的范围内，必须提高溢流阀的调节压力值。溢流阀的调定压力要保证与负载压力、回路压力损失相平衡，即如下式所示：

$$(p_{溢} - \Delta p_{换} - \Delta p_{管})A_1 = F + (\Delta p_{调} + \Delta p_{换} + \Delta p_{背} + \Delta p_{管})A_2$$

$$p_{溢} = \frac{F + (\Delta p_{调} + \Delta p_{换} + \Delta p_{背} + \Delta p_{管})A_2}{A_2} + \Delta p_{换} + \Delta p_{管}$$

式中 $p_{溢}$——溢流阀调定压力；
A_1——液压缸无杆腔活塞面积；
$\Delta p_{换}$——换向阀的压力损失；
F——外负载；
$\Delta p_{调}$——调速阀前后压差；
$\Delta p_{背}$——背压阀前后压差；
$\Delta p_{管}$——管路的压力损失。

从上式可知，溢流阀的调节压力，必须满足上式的取值范围才能使执行机构运动速度在变负载下保持恒速，所以该系统故障的排除方法是提高溢流阀的调定压力值。

另外,这种系统执行机构的速度刚性,也受液压缸和液压阀的泄漏、减压阀中的弹簧力、液动力等因素变化的影响,在全负载下的速度波动值最高可达 ±4%。

12.3.3　方向控制回路的故障诊断与排除

在液压系统的控制阀中,方向阀在数量上占有相当大的比例。方向阀的工作原理比较简单,它是利用阀心和阀体间相对位置的改变实现油路的接通或断开,以控制执行元件启动、停止(包括锁紧)或换向。

方向控制回路的主要故障及其产生原因有以下几个方面:

(1)换向阀不换向的原因:

1)电磁铁吸力不足,不能推动阀心运动;

2)直流电磁铁剩磁大,使阀心不复位;

3)对中弹簧轴线歪斜,使阀心在阀内卡死;

4)滑阀被拉毛,在阀体内卡死;

5)油液污染严重,堵塞滑动间隙,导致阀心卡死;

6)由于阀心、阀体加工精度差,产生径向卡紧力,使阀心卡死。

(2)单向阀泄漏严重,或不起单向作用的原因:

1)锥阀与阀座密封不严,须重新研磨封油面;

2)锥阀或阀座被拉毛,或在环形密封面上有污物;

3)阀心卡死,油流反向时锥阀不能关闭;

4)弹簧漏装或歪斜,使阀心不能复位。

12.3.3.1　滑阀没完全回位

图 12－18 所示系统为回油截流调速系统。液压缸回程液压油由单向阀进入液压缸的有杆腔,溢流阀在系统中起定压和溢流作用。

系统故障现象是:液压缸回程时速度缓慢,没有达到最大回程速度。

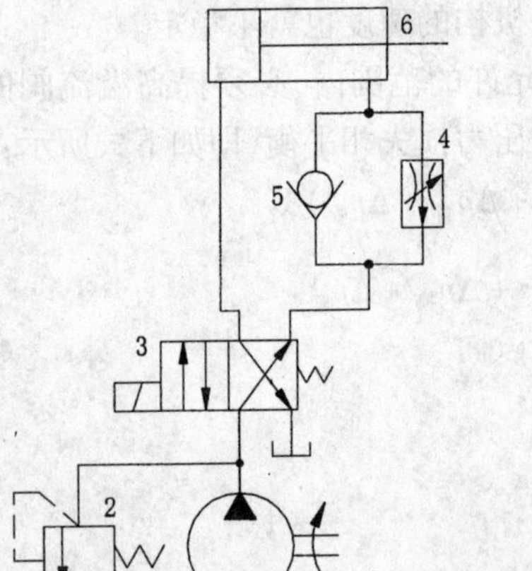

图 12－18　回油截流调速回路
1—泵;2—溢流阀;3—换向阀;4—调速阀;5—单向阀;6—液压缸

对系统进行检查和调试,液压缸快进和工进运动都正常,只是快退回程时不正常,检查单向阀,其工作正常。液压缸回程时无工作负载,此时系统压力应较低,液压缸的出口流量全部输入液压缸有杆腔,使液压缸产生较高的速度。但发现液压缸回程速度缓慢,而且此时系统压力还很高。拆检换向阀,发现换向阀回位弹簧不仅弹力不足,而且存在歪斜现象,导致换向阀的滑阀在电磁断电后未能回到原始位置,于是滑阀的开口量过小,对通过换向阀的油液起截流作用。液压泵输出的压力油大部分由溢流阀溢回油箱,此时换向阀阀前压力已达到溢流阀的调定压力,这就是液压缸回程时压力升高的原因。

由于大部分压力油溢回油箱,经过换向阀进入液压缸有杆腔的油液必然较少,所以液压缸回程达不到最大速度。

这种故障的排除方法是:更换合格的弹簧。如果是由于滑阀精度差，而产生径向卡紧，应对滑阀进行修磨，或重新配制，一般阀心的圆度和锥度允差为0.003～0.005 mm。最好使阀心有微量锥度（可为最小间隙的四分之一），并使它的大端在低压腔一边，这样可以自动减小偏心量，从而减小摩擦力，减小或避免径向卡紧力。

引起阀心回位阻力增大的原因还可能有：脏物进入滑阀缝隙中而使阀心移动困难；阀心和阀孔间的间隙过小，以致当油温升高时阀心膨胀而卡死；电磁铁推杆的密封圈处阻力过大，以及安装紧固电磁阀时使阀孔变形等。只要能找出卡紧的真实原因，排除也就比较容易了。

12.3.3.2　控制油路无压力

图12－19所示系统的故障现象是：当电液阀中电磁阀换向后，液动换向阀不动作。

检测液压系统，在系统不工作时，液压泵输出压力油经液动阀3的中位直接回油箱，回油路无背压。检查液动阀的滑阀，运动正常，无卡紧现象。

因为电液阀为外控式，外回油，对于中低压电液阀控制油路中油液一般必须有0.2～0.3 MPa的压力，供控制油路操纵液动阀之用。

启动系统运行时，由于泵输出油液是通过M型液动阀3直接回油箱，所以无压力，电液换向阀的控制油路也无压力。当电液阀中的电磁阀换向后，控制油液不能推动液动阀换向，所以电液阀中的液动阀不动作。

系统出现这样的故障属于设计不周造成的，排除这个故障的方法是：在泵的出油路上安装一个单向阀，此时电液阀的控制管路接在泵与单向阀之间，或者在整个系统的回油路安装一个背压阀（可用直动式溢流阀作背压阀，使背压可调），保证系统卸荷时油路中还有一定压力。

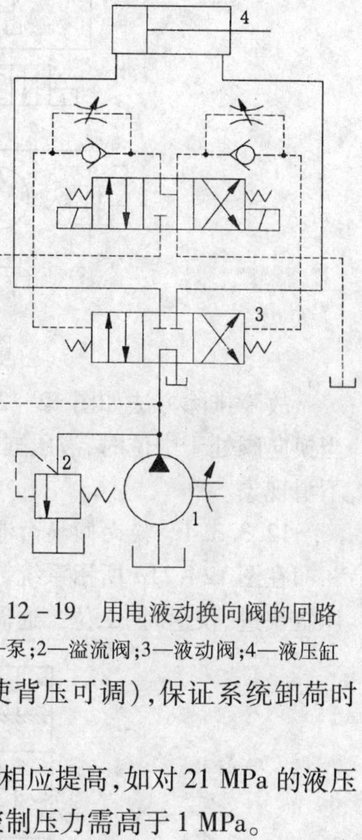

图12－19　用电液动换向阀的回路
1—泵；2—溢流阀；3—液动阀；4—液压缸

电液阀控制的油路压力，对于高压系统来说，控制压力要相应提高，如对21 MPa的液压系统，控制压力需高于0.35 MPa；对于32 MPa的液压系统，控制压力需高于1 MPa。

这里还应注意的是，在有背压的系统中，电液阀必须采用外回油，不能采用内回油形式。

12.3.3.3　换向阀选用不当引起的故障

图12－20*a*所示系统中，三位四通电磁换向阀中位机能为O型。当液压缸无杆腔进入压力油时，缸有杆腔油液由截流阀（回油截流调速）或二位二通电磁阀（快速下降）、液控单向阀和顺序阀（作平衡阀用）流回油箱。三位四通电磁换向阀换向后，液压油经单向阀和液控单向阀进入液压缸有杆腔，实现液压缸回程运动。液压缸行程由行程开关控制。

系统的故障现象是：在换向阀处于中位时，液压缸不能立即停止运动，而是偏离指定位置一小段距离。

系统中由于换向阀采用O型，当换向阀处于中位时，液压缸进油管内压力仍然很高，常常打开液控单向阀，使液压缸的活塞下降一小段距离，偏离接触开关，这样当下次发信号时，就不能正确动作，这种故障在液压系统中称为“微动作”故障。虽然这种故障不会直接引起大的事故，但同其他机械配合时，可能会引起二次故障，因此必须加以消除。

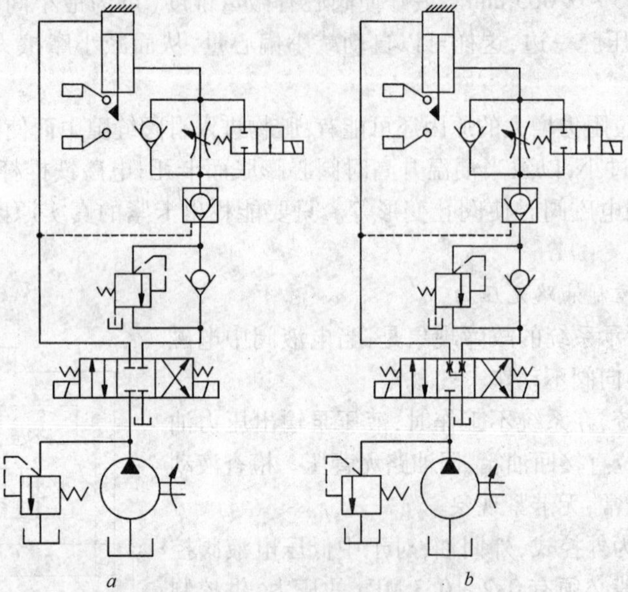

图 12－20　利用液控单向阀的锁紧回路

故障排除方法如图 12－20*b* 所示，将三位四通换向阀中位机能由 O 型改为 Y 型，这样当换向阀处于中位时，液压缸进油管和油箱接通，液控单向阀保持锁紧状态，从而避免活塞下滑现象。

12.3.3.4　换向阀换向滞后引起的故障

在图 12－21*a* 所示系统为进油截流调速系统。三位四通换向阀中位机能为 Y 型。液压缸快进、快退时，二位二通阀接通。

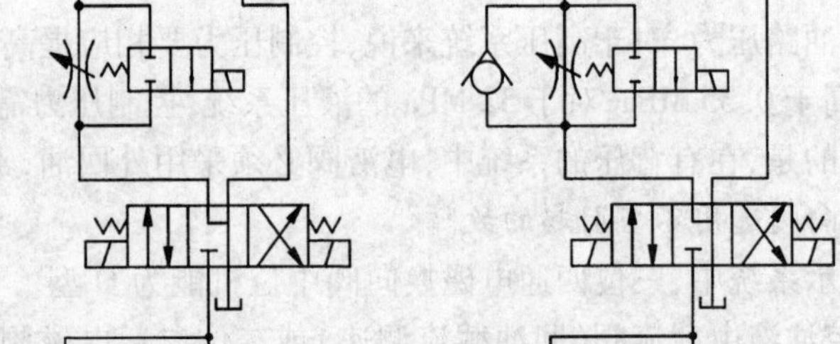

图 12－21　速度换接回路

系统故障是：液压缸在开始完成快退动作时，首先出现向工作方向前冲，然后再完成快退动作。此种现象影响加工精度，严重时还可能损坏工件和刀具。

在组合机床和自动线液压系统中，一般要求液压缸实现快进→工进→快退的动作循环。循环动作速度转换时，要求平稳无冲击。

该系统为什么会出现上述故障呢？这是因为液压系统在执行快退动作时，三位四通电磁换向阀和二位二通换向阀必须同时换向。由于三位四通换向阀换向时间的滞后，即在二位二通换向阀接通的一瞬间，有部分压力油进入液压缸工作腔，使液压缸出现前冲。当三位四通换向阀换向终了后，压力油才全部进入液压缸的有杆腔，无杆腔的油液才经二位二通阀回油箱。

三位四通换向阀比二位二通换向阀换向滞后的现象，在设计液压系统时应充分考虑。排除上述故障的方法是：在二位二通换向阀和截流阀上并联一个单向阀，如图 12－21*b* 所示。液压缸快退时，无杆腔油液经单向阀回油箱，二位二通阀仍处于关闭状态，这样就避免了液压缸前冲的故障。

12.4　液压系统常见故障及排除方法

液压系统的故障多种多样，不同的液压设备，由于组成液压系统的液压基本回路不同，组成各基本回路的元件不同，出现的故障也就不同。系统中产生的故障，有的是由某一液压元件失灵而引起的，有的是由系统中液压元件综合性因素引起的，有的是由机械、电器以及外界因素引起的。液压系统中有些故障用调整的方法即可解决，有些故障则因使用年久、精度超差，需经修复才能恢复其性能。也有些故障是因原始设计结构不良，必须改进设计才能排除。

液压系统大部分故障并不是突然发生的，一般总有一些预兆，如噪声、振动、冲击、“爬行”、污染、气穴和泄漏等。如果这些现象能及时发现，并加以适当控制与排除，系统故障就可以消除或相对减少。

12.4.1　振动和噪声

一般情况下，已经建成的液压装置不允许对其尺寸和形状做较大的变动，所以在完成配管以后，发生了振动和噪声再来采取措施，是有困难的。因此，首先在设计、装配时，应对可能发生振动和噪声的部位，采取预防措施。其次必须在使用场合注意改善使用条件。

12.4.1.1　*液压元件的合理选择*

因为液压系统是由元件组成的，一个系统性能的好坏同其组成元件的性能好坏分不开，要降低液压系统的振动与噪声，设计系统时，选择元件除要考虑工作性能外，还要考虑元件的噪声状况，尤其是驱动电机、液压泵和控制阀等元件，对其流体噪声、结构噪声和空气噪声三个方面都应该有所要求，否则就不能形成低噪声系统。

12.4.1.2　*液压泵吸油管路的气穴现象*

一般石油基液压油在大气压力和室温下，通常能吸收大约 9%（按体积计）的空气。液压泵工作时，如果吸油管路（包括滤油器、导管和泵内通道）阻力很大，油液来不及填充泵腔，造成局部真空，形成低压。当压力低到油的“空气分离压”时，工作油液内溶解的空气就大量分解出来，游离成气泡。如果压力极低，达到油的饱和蒸气压时，则油的蒸气和空气一起大量析出，形成油的沸腾现象。随着泵的运转，这种混在油中的气泡一起被带进高压区。在高压区，由于高压作用，气泡被击破，然后迅速缩小、溶解和消失。在气泡被击破的瞬时，局部范围产生幅值很大的高频冲击压力，有时可高达 150 ~ 200 MPa，还伴随有局部高温。

这种高频液压冲击作用,一方面要对液压元件的金属表面引起破坏作用,产生金属剥落、麻点等所谓“气蚀”现象,另一方面使泵产生很大的压力波动,激发其高频噪声。

排除方法:

(1)增加吸油管道直径,减少或避免吸油管道的弯曲,以降低吸油速度,减少管路阻力损失。

(2)选用适当的吸油滤油器,并且要经常检查清洗,避免阻塞。

(3)液压泵的吸入高度要尽量小(一般小于 500 mm)。自吸性能差的液压泵应设低压辅助泵。

(4)避免由于油的黏度过高而产生吸油不足现象,所以应根据地区、季节、气温的变化而选用不同黏度的液压油。温度低,油液黏度就增高,所以,当室温偏低时,液压设备工作运转前要进行预运转,以提高系统油液温度。

(5)使用正确的配管方法。例如,在使用具有一个吸油口的双联泵时(见图 12 - 22),若配管方式不对,就会造成油液易于流向大容量泵,而小容量泵(高压腔)引起气穴。两个液压泵容量差别越大,这种现象越容易产生。

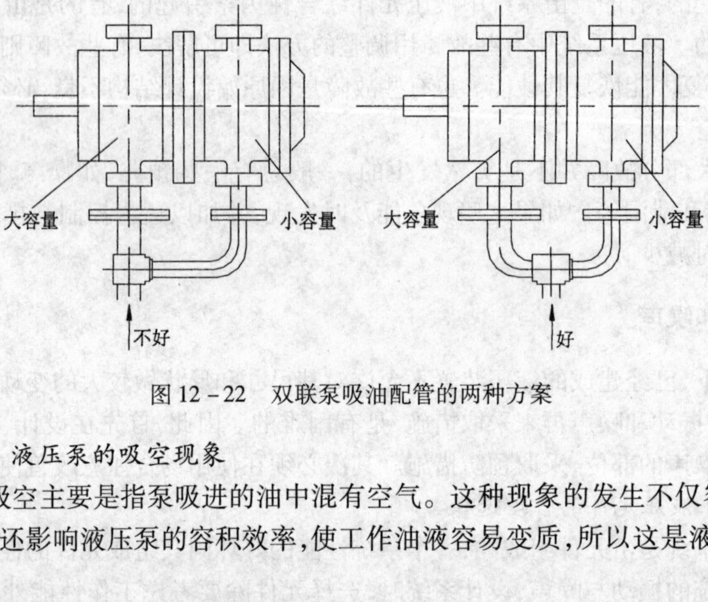

图 12 - 22　双联泵吸油配管的两种方案

12.4.1.3　液压泵的吸空现象

液压泵的吸空主要是指泵吸进的油中混有空气。这种现象的发生不仅容易引起气蚀,增加噪声,而且还影响液压泵的容积效率,使工作油液容易变质,所以这是液压系统中不允许存在的现象。

混入油中的空气通常呈细小气泡状悬浮在油中,使油颜色变黄并浑浊。产生这种现象的主要原因是油箱设计和油管安排不合理,油面太低,从回油管中冲出的油使油箱中的油液剧烈搅动,使空气混入油内,或从吸油管吸入气泡;或是吸油管接头处密封不严而吸入空气。液压泵吸入带有空气泡的油后,在低压处空气泡就膨胀,当油进入压力区后,混入其中的空气泡受到剧烈的压缩,破裂并在压力油中溶解,产生气蚀现象,因而使噪声增加。图 12 - 23*a* 所示为混入空气的百分比对噪声的影响;图 12 - 23*b* 表示在油中的气泡被除去以后,噪声特别是高频部分降低的情况。产生吸空现象的其他原因还有油箱中的油液不足;吸油管浸入油箱太浅;液压泵吸油位置太高;油液的黏度太大;液压泵的吸油口通流截面过小,造成吸油不畅;滤油器表面被污物阻塞;管道泄漏或回油管没有浸入油箱而造成大量空气进入油液中。

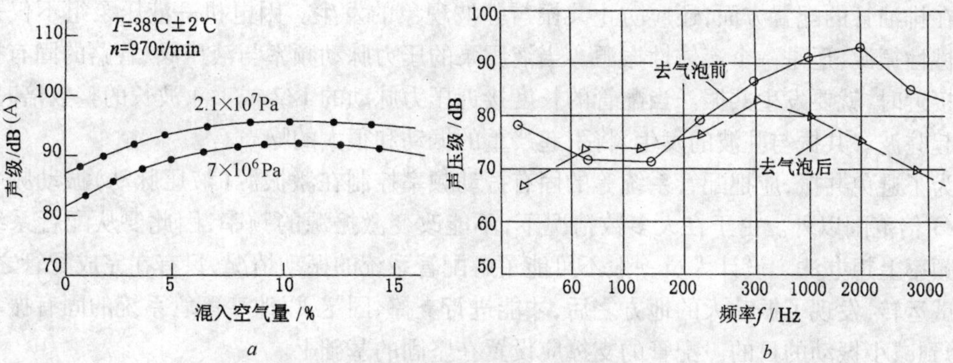

图 12－23　油液中的气体对噪声的影响

a—空气混入量与噪声的关系；*b*—油液中的气泡对噪声的影响

排除方法：

(1)液压泵吸油管道连接处需严格密封，防止吸入空气。液压泵本身有关部分(如出油端)也要严加密封，防止泵内出现短时间低压而吸入空气。

(2)合理设计油箱，回油管要以45°的斜切口面朝箱壁并靠近箱壁插入油中。流速不应太高，防止回油冲入油箱时搅动液面而混入空气。油箱中要设置隔板，使油中气泡上浮后不会进入吸油管附近。

(3)油箱中的油液要加到油标线所指示的高度，吸油管一定要浸入油箱的2/3深度处，液压泵的吸油口至液面的距离尽可能短，以减小吸油阻力。若油液黏度太高，要更换黏度较低的油液。滤油器堵塞要及时清除污物，这样就能有效地防止过量空气侵入。

(4)采用消泡性好的工作油液，或在油内加入消泡添加剂，这样油中气泡就能很快上浮而消失。

12.4.1.4　*液压泵的噪声与控制*

液压泵的噪声与控制参见表 12－2。

12.4.1.5　*排油管路和机械系统的振动*

振动沿着排油管路传递是个难题。振动的性质和振幅大小，取决于管长、管径、管路材料、管路支撑形式和位置以及管路所连接构件的性质。在管子接头处(如同油箱连接)使用软管对振动(尤其是高频振动)的缓冲是有好处的；总之，应使排油管路同支撑构件与邻近的构件隔离开来，以免振动，相互影响。

为了防止电机—液压泵组振动的传递，可采用图 12－24 所示形式，即将电机—液压泵组与阀、管路等钣金结构在各个方向上用减振软管连接。软管还有吸收液压脉动和减小噪声作用。

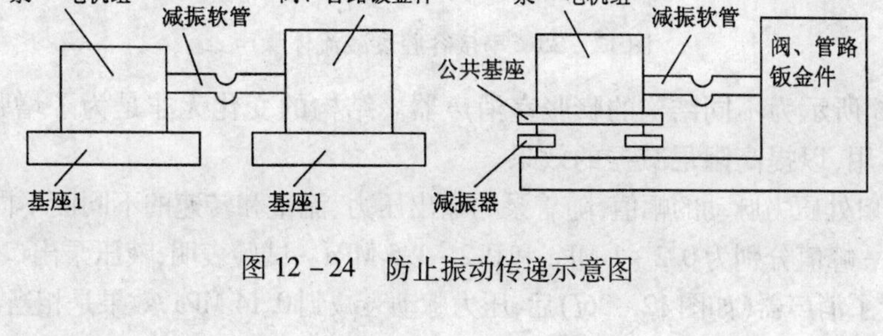

图 12－24　防止振动传递示意图

在排油管的配置方面,还应防止共振与驻波现象的发生。因电机—液压泵组不仅是一个机械性振源,还是一个流体性振源。当液压泵的压力脉动频率与液压阀、管路的固有振动频率接近时,就要发生共振。当配管的长度接近压力脉动的1/2或1/4波长的整数倍时,就会引起驻波。共振与驻波的发生,将引起严重的振动和很大的噪声。

为了避免共振,应把配管系统等的固有振动频率控制在激振源(液压脉动)振动频率的1/3~3倍范围以外。由于在大多数情况下,不能改变激振源的频率,因此要从配管系统等固有频率上想办法。设计人员一般不可能了解配管系统的振动情况,只有在完成配管之后,经过试运转,发现了振动大的地方之后,才能进行支撑、固定,以改变配管系统的固有振动频率,达到减小振动的目的。配管的支撑应设置在坚固的基础上。

12.4.1.6 *液压系统噪声的衰减、阻尼和隔离*

液压系统的主要噪声源是液压泵。为了降低其噪声,在液压泵的结构设计上下工夫,可以消除一些机械冲击和压力冲击。但较难消除由几何空间变化的不均匀性所造成的压力脉动。然而,虽然不能从根本上消除这种压力脉动,却可以利用脉动衰减器来防止它扩散到整个系统。

衰减器的主要形式有能量吸收型和反射消除型两类。噪声的衰减过程不会是全部吸收和全部反射,通常是一起发生的。但在许多情况下,在一定的频率范围可以看到一个特定过程,或者主要是吸收,或者主要是反射。能量吸收型衰减器是利用某些材料的特性,通过黏阻摩擦,将声能转变成热能,所以它只能衰减传进缓冲材料内的噪声。为了扩大缓冲材料同液体的接触面积,应把缓冲材料做成多孔的,以同心管形式布置在主油路的通道上。

常见的流体噪声(压力脉动)控制措施有:

(1) 管路中设置蓄能器,也可以衰减系统的压力脉动。蓄能器是一个反射形装置,它主要是利用气体弹性来吸收和释放液体压力能,依靠入射波和分流波之间的相位关系来减少声波的传播。

(2) 安装减振软管,可平滑液压泵压力脉动。因为挠性软管容易膨胀,所以它能够起到平滑液压泵压力(或流量)脉动的作用。

(3) 管路上安装消声器。消声器是一种扩张式脉动衰减器,是利用液体本身的压缩性来衰减液压脉动,也属于反射形装置。消声器的基本工作原理是通过入射波与反射波的相互作用,将波形峰值部分的容量吸收填入到波谷部分,这样可减小流量变化,即消除压力脉动。

消声器使用最简单的例子,是在液压泵的出油口串接一个大的容腔(膨胀室),以衰减流体噪声,如图12-25所示。

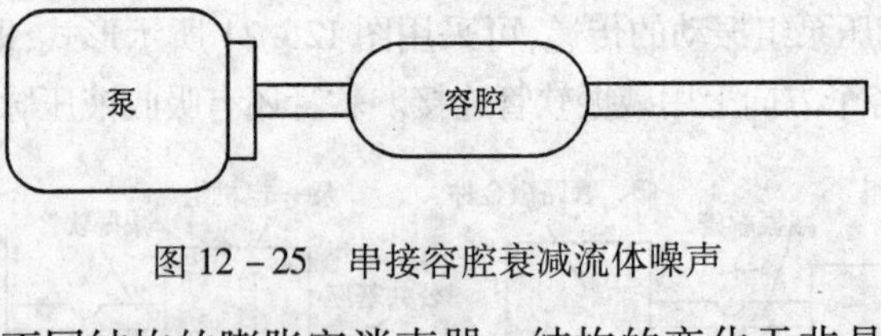

图12-25 串接容腔衰减流体噪声

图12-26所示为不同结构的膨胀室消声器。结构的变化无非是为了增强其中压力波的相互干涉作用,以提高阻尼减振的效果。

液压泵出口处压力脉动的幅值,随着泵的输出压力、流量和转速的不同而不同,一般叶片泵和柱塞泵的峰—峰值分别为0.2~1 MPa和0.2~1.5 MPa。试验表明,液压泵出口压力脉动原为1.31 MPa,设置了消声器(如图12-26*f*)后,压力脉动衰减到0.14 MPa,效果是相当显著的。

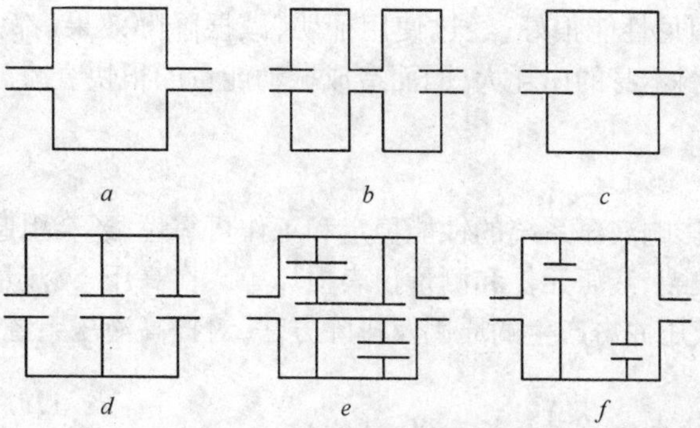

图 12－26　膨胀室式消声器的各种结构形式

（4）在管道中串接滤声器。滤声器是一种以相位消除为主的声学装置，因其作用主要是用来消除流量脉动，故也称脉动消减器，如图 12－27 所示。这是一个开有无数小孔的用橡皮套包着的多孔管，介于多孔管与橡皮套之间有定心金属网，外围充入氮气。当压力波峰传进时，经小孔（起阻尼吸收能量作用）使橡皮套膨胀以得到衰减。因它工作频率范围一定，所以应用时必须根据压力脉动频率和流量来选择。这种滤声器的优点是安装在管路上，不增加管路的阻力损失，而且无需维护；其缺点是体积较大，费用也较高。由于其本身是一个声辐射器，使用时要以隔声材料加以包裹，否则要影响使用效果。

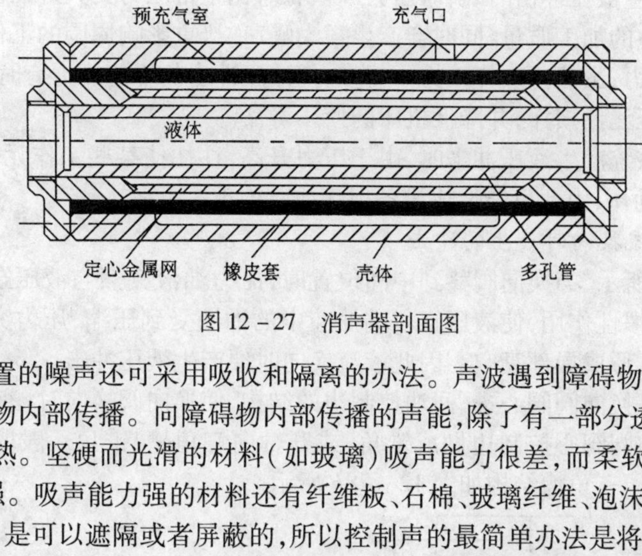

图 12－27　消声器剖面图

（5）液压装置的噪声还可采用吸收和隔离的办法。声波遇到障碍物时，一部分被反射，一部分则向障碍物内部传播。向障碍物内部传播的声能，除了有一部分透射出去外，其余皆因摩擦而转化为热。坚硬而光滑的材料（如玻璃）吸声能力很差，而柔软多孔的材料（如毛毡）吸声能力就强。吸声能力强的材料还有纤维板、石棉、玻璃纤维、泡沫塑料等。

声与光类似，是可以遮隔或者屏蔽的，所以控制声的最简单办法是将噪声大的元件或装置用隔声罩罩起来。像高压泵一类非常强的噪声源，目前较多采用的措施是把动力装置单独地放在一个房间内封闭起来，只让进出油口管道通到工作机构，一些参数的调节在远离工作地点的操纵台上通过遥控进行，以减少噪声对周围操作人员的辐射。

（6）系统机械结构振动的阻尼。振动隔离的效果是局部的，进一步减少噪声的传播，避免一些零件的共振，可以在管道、罩壳、板状零件等表面贴上或涂上一层阻尼材料，使得这些零件的振动因阻尼作用而得到衰减，从而减少空气噪声的辐射。这种方法对抑制高频噪声尤为有效。阻尼材料一般都是内损耗大的材料，如沥青、聚硫酯橡胶或聚氨脂橡胶以及其他高分子涂料等。国外目前采用的高阻尼材料如锰铜合金、镍钛合金以及含高碳片的孕育铸铁等作泵体或阀体。近几年来，国内也开始试生产高阻尼材料，如锰铜合金 MC-77 和铁铬铝合金 AJ-1,它们的阻尼性能很好,经过使用证明,减振降噪效果,都比较明显。高阻尼材料的最大特点在于材料本身的内耗大,因而造成振动能量的很快衰减。

12.4.2 液压冲击

液压冲击不仅会影响液压系统的性能稳定和工作可靠性,还会引起振动和噪声、连接件松动,甚至造成管道破裂、液压元件和测量仪表损坏等。在高压、大流量的系统中,其后果更为严重。因此,研究液压冲击产生的原因及排除方法,对提高液压系统的工作稳定性有着非常重要的意义。

12.4.2.1 液压冲击的原因分析及影响

液压冲击的原因分析详见第 2 章第 2.4 节。

在机床液压系统中,高速运动工作部件的惯性力也可引起系统中的压力冲击。例如,在工作部件要换向或制动时,常在排油管路中用一个控制阀关闭油路,这时油液不能再从液压缸中继续排出,但运动部件由于惯性作用仍在向前运动,经过一段时间后运动才能完全停止,这样也会引起液压缸和管道中的油压急剧升高而产生液压冲击。

由于液压系统中某些元件反应动作不够灵敏,也可能造成液压冲击,例如,当液压系统中压力升高时,溢流阀不能及时迅速打开而造成压力超调,或限压式自动调节的变量泵不能及时减少输油量而造成液压冲击等。

在液压系统产生液压冲击时,瞬时压力峰值有时比正常压力要大好几倍,这样容易引起机床振动,影响工件的加工质量,同时会产生很大噪声,严重影响周围的工作环境。此外,液压系统中的冲击压力,虽然比破坏压力小得多,但液压冲击的峰值压力有时已足以使密封装置、导管及其他液压元件损坏,并降低机床的使用寿命。

另外,在液压系统产生液压冲击时,由于压力升高,往往使某些工作元件(如阀、压力继电器等)产生错误动作,由此可能造成设备损坏或其他重大事故。

12.4.2.2 液流换向时产生的冲击

如图 12-28*a* 所示,当换向阀移到中间位置时,压力油液突然与液压缸切断,此时由于运动部件及液流的惯性作用,使液压缸一端油腔中的油液受到压缩,压力突然升高,而另一端油腔中压力下降,形成局部真空。因此液流换向时便产生液压冲击。

排除方法:改进换向阀阀心进、回油控制边的结构,使换向阀换向时,液流运动状态逐渐改变。为此,将换向阀阀心控制边做成锥角,或开轴向三角槽,锥角一般取 1.5°~4°,锥长视密封边长度而定。三角槽结构如图 12-28*b* 所示。

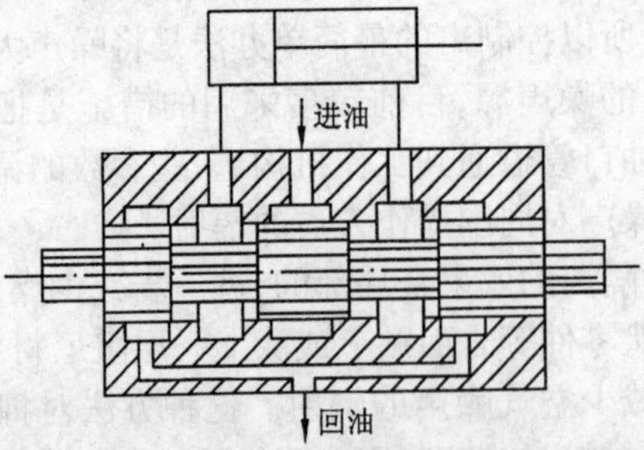

a

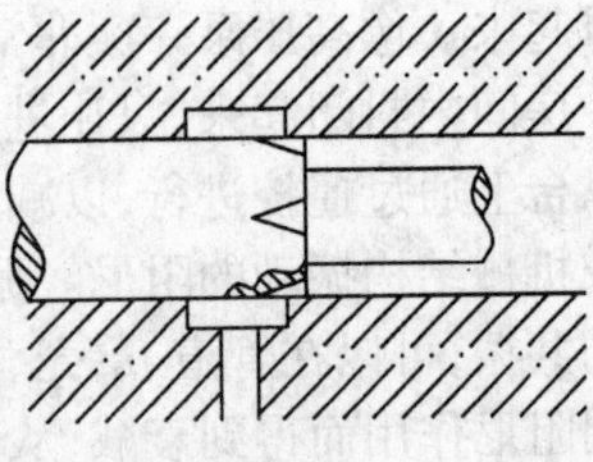

b

图 12-28 换向时的液压冲击及排除方法

12.4.2.3 截流缓冲装置失灵引起的液压冲击

（1）液压缸端部缓冲。内圆磨床工作台换向缓冲结构设置在工作缸的一端，如图12－29所示。当工作台移到端点时，液压缸活塞一端的缓冲柱塞，进入液压缸端盖的柱塞孔内，使端盖柱塞孔内的油液经过截流槽回油箱，于是工作台逐渐制动。当缓冲柱塞外圆与液压缸端盖柱塞孔因磨损而配合间隙过大时，制动锥或制动三角缓冲槽不起缓冲作用，便形成较大的液压冲击。

排除方法：修复或配制缓冲柱塞，根据液压缸端盖柱塞孔实际尺寸，确定其配合间隙。修复的方法一般是将缓冲柱塞磨圆后，镀一层硬铬，再磨至所需尺寸精度。

（2）带截流阀的缓冲装置。在一些机床上（如组合机床），液压缸的缓冲装置如图12－30所示。当活塞移动到行程终点时，活塞上的缓冲柱塞与液压缸端盖上的柱塞孔配合间隙较小，无缓冲油液通过，使缓冲柱塞端的油液经端盖小孔回油，在小孔的通道上设置可调节的截流装置，以便控制活塞的制动速度。如果截流装置调整不当或堵塞，也将会产生液压冲击。

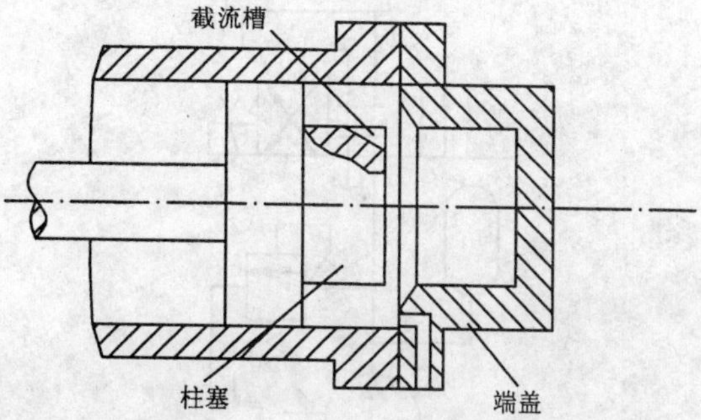

图12－29 液压缸端部缓冲

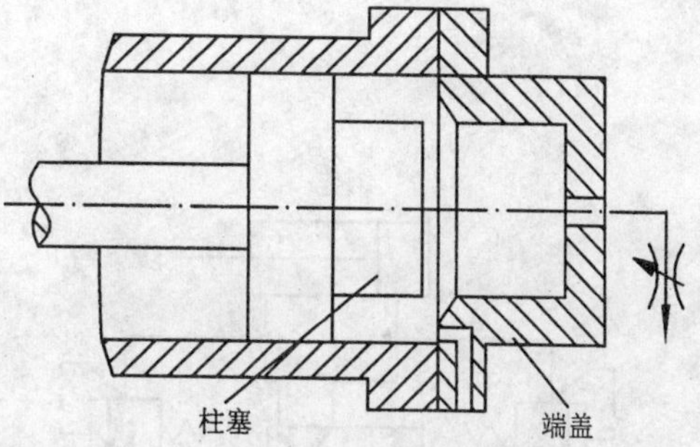

图12－30 带截流阀的缓冲装置

（3）截流缓冲装置。在磨床操纵箱上，一般均有如图8-21所示的截流缓冲装置，外圆磨床液压系统中的行程控制制动式换向回路就属于这一类。

在这种类型的系统中，当换向阀两端的截流阀调整不当或单向阀密封不严时，都会产生工作台换向时的液压冲击现象。这种冲击的大小与工作台速度有关，一般工作速度越高，换向时液压冲击就越大，例如，平面磨床工作台的运动速度一般比较快，换向阀两端的截流缓冲装置一旦失灵，产生的液压冲击就很大。

排除方法：将换向阀两端的截流阀调节手轮顺时针方向旋进，适当增加缓冲阻尼，若仍不起作用，可以判定是单向阀密封存在问题，应检查单向阀内泄漏的原因，并根据情况进行排除。

（4）电磁换向阀动作快，容易产生换向液压冲击，如图12－31所示。有些系统有点液压冲击不影响设备使用性能，而有些系统就不然，如磨床或其他比较精密的液压设备，为了消除换向冲击，可以改用机动－液动换向阀的换向回路，使换向时有过渡过程，即缓冲过程，冲击将会明显减小或根本消除。

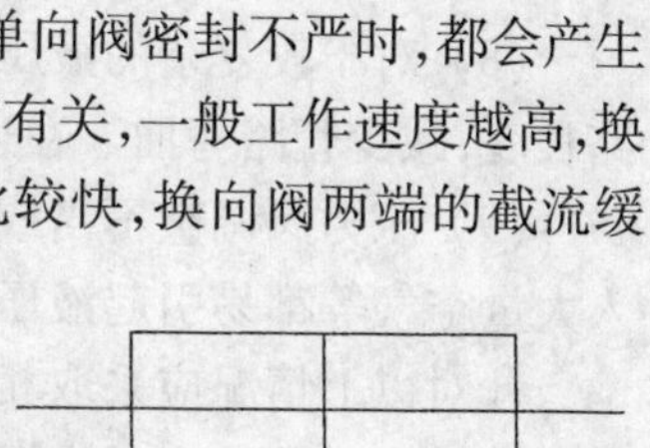

图12－31 液压冲击示意图

(5) 有些液压设备,如立式动力头、液压机等,液压缸两端没有缓冲装置,在液压系统中设置背压阀或在设备上设置平衡锤,以消除液压冲击。否则,当动力头、压力机的活塞带动滑动横梁快速下降时,将产生较大的重力加速度,形成液压冲击。

(6) 一般液压缸两端均设有缓冲装置,使液压缸在全行程工作时能平滑停止。但当活塞在行程中途停止或反向运动时,由于运动部件和液流的惯性,仍会引起剧烈的冲击。

排除方法:可以在液压缸进出油口处设置反应快、灵敏度高的小型溢流阀或顺序阀,以消除冲击。其原理如图 12－32 所示。此时溢流阀的调定压力应比系统最高工作压力高 5%～10%,以保证系统正常工作。

(7) 液压系统某些部位,由于种种原因而产生液压冲击,可采用皮囊波纹形蓄能器来消除,如图 12－33 所示。蓄能器应尽可能安装在容易发生冲击的地方,并且应垂直安装,使油口在下方,气体部分在上方,否则将影响蓄能器正常工作。

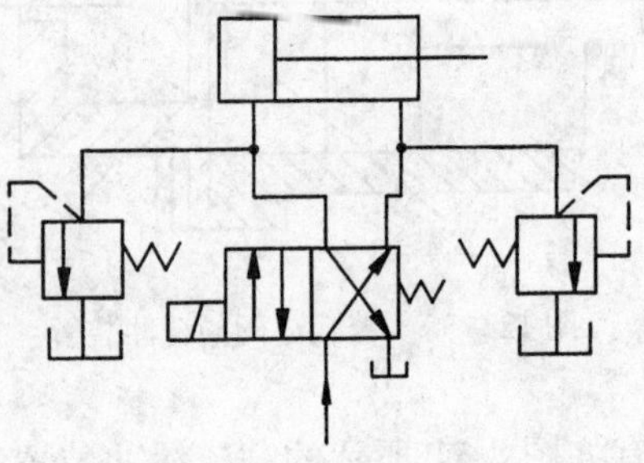

图 12－32　电磁换向阀回路

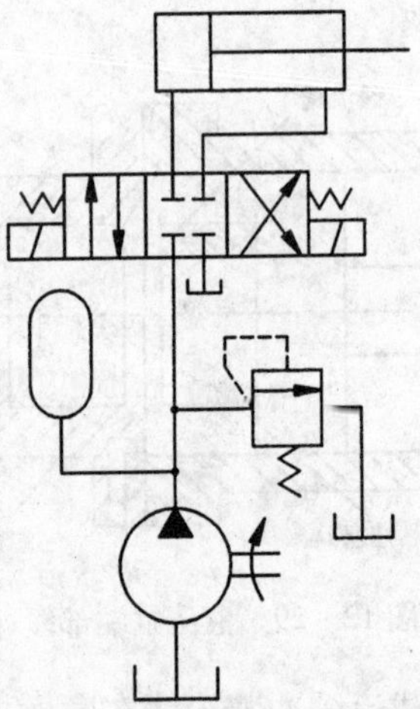

图 12－33　用蓄能器的缓冲回路

(8) 对于较复杂的液压系统,由于管路多,拐弯也多,为了减小液压冲击,应尽量缩短管路长度,减少管路弯曲。在适当的部位接入软管,对减小冲击和振动都有良好的效果。

(9) 压力阀调整不当或发生故障,油温过高,泄漏增加,截流和阻尼作用减弱,系统中进入大量空气等都易引起液压冲击。

针对以上情况应采取相应措施。例如,对压力阀应排除其故障,并合理调整其工作压力;油温较高,应找出产生温升的原因,并加以排除。在不能有效地排除温升故障的情况下,可更换黏度较高的油液,以保证截流缓冲装置的稳定工作。系统中有大量气体,应针对进气的原因予以解决,如检查各管接头是否漏气,特别是泵的吸油系统容易进入空气。

12.4.3 “爬行”

“爬行”是液压传动中经常出现的不正常运动状态。轻微的“爬行”使运动件产生目光不易觉察的振动,显著的“爬行”使运动件产生大距离的跳动。

“爬行”现象一般发生在低速运动。因为在低速时润滑油形成油膜的能力会减弱,油膜厚度较小,油膜承受不了运动件向下压的质量而部分被破坏,使相对运动件凸起部分发生直接接触并承受一部分负荷。由于接触面积小,压力高而发生塑性变形和局部高温,进一步促使润滑油膜破坏,而润滑油膜的破坏使摩擦面的摩擦阻力发生变化。运动件快速相对运动时,润滑油的油膜作用强,形成的润滑油膜厚度较接触面凹凸不平的高度大,运动件在油膜上滑动,因此摩擦力很小。

液压系统中的“爬行”现象是很有害的,特别是在机床液压传动中。例如磨床工作台产生“爬行”时,被磨工件表面粗糙度高。若是在坐标镗床等工作位置要求很高的机床中产生“爬行”,则精确定位很难实现。因此,消除“爬行”现象对于改善液压系统稳定性和提高机床加工件的精度是非常重要的。

12.4.3.1　驱动刚性差引起的“爬行”

空气进入油液中后,一部分溶于压力油液中,其余部分就形成气泡浮游在压力油中,因为空气有压缩性,使液压油产生明显的弹性。因此,油液中或液压缸内有过量的空气,必将产生“爬行”现象。

(1)液压系统中有空气存在,不但会产生“爬行”现象,而且还会产生以下种种故障:

1）使工作机构产生振动和噪声。

2）由于振动,管接头容易松动,甚至油管断裂,造成泄漏。

3）油箱中出现大量气泡,使油液容易氧化变质,缩短油液的使用寿命。

4）影响运动部件的换向精度,如定位不准、换向倒回等不良现象。

5）由于空气存在于油液中,使工作压力不稳定。当切削阻力大时,刀具向后退;当切削阻力小时,刀具向前冲,这样既影响被加工工件的质量,又缩短了刀具的使用寿命。

(2) 空气混入液压系统中的原因:

1）有连续、断续和往复运动的零件之间,需要有一定的配合间隙,空气易从这些间隙混入。

2）液压油管的连接一般采用硬性接口套、管接头和螺帽。若硬性接头密封不严或受振动影响,接头螺帽易松动,空气由此进入系统中。

3）液压元件中的零件因同轴度或平行度不良,密封垫厚薄不均匀,连接螺钉没有拧紧等原因而造成各种泄漏。

4）油箱中吸油管与回油管设置不当,使其距离太近,回油飞溅,搅成泡沫,使液压泵吸油管吸入空气。

5）液压泵吸油管处的滤油器被污物堵塞,在吸油管中形成局部真空。

6）油箱中油液不足或吸油管插入油中深度不够,造成液压泵吸油时混入空气。

7）密封件损坏或质量不佳,使密封不严。例如,液压缸两端活塞杆密封不良,造成泄漏。

8）回油路上没有背压阀,使管中进入空气。

9）液压系统中局部压力低于空气分离压,使溶于油液中的空气分离出来。

10）系统设计不合理,在机床停止工作时,液压缸左、右腔互通并通回油路。当用手摇动工作台时,油液在位能作用下流回油箱,在液压缸和管路中形成局部真空,空气从各个渠道进入系统。

(3) 防止空气进入系统的措施:

1）在制造和修配零件时,应严格达到公差要求,在装配时要保证配合间隙。

2）紧固各管道连接处,防止泄漏。

3）均匀紧固各接合面处的连接螺钉,修整液压元件有关零件的精度,密封垫应均匀,且不允许用多层纸垫。

4）油箱中进出油管应尽量保持一定的距离，也可以设置隔板，将进出油管隔开。

5）清除附着于滤油器上的脏物，如滤油器容量不够，应更换容量足够的滤油器。

6）加足油液，应保持油液不低于油标指示线。

7）调整密封装置，或更换已损坏的密封件。

8）为了保证系统中各部分能经常充满油液，在液压泵出口处应装单向阀，在回油路上设置背压阀。

9）设法防止系统中各点局部压力低于空气分离压。

10）改进液压系统，使机床处于"停"位时，启动液压泵可使压力油通液压缸左、右两腔，工作腔保持高压，非工作腔保持低压。在没有排气装置时应增设放气阀或排气塞。

12.4.3.2 液压元件内零件磨损、间隙大引起的"爬行"

液压元件内零件磨损，间隙过大，将引起输油量和压力不足或严重波动而产生"爬行"。

A 运动件低速运动引起的"爬行"

运动件低速运动时，一旦发生了干摩擦或半干摩擦，阻力增加。这时要求液压泵提高压力，但由于液压泵间隙大而严重漏油，不能适应执行元件因阻力的变化而形成的压力变化，结果工作台的速度便减慢或停止。待压力升高后，工作台向前跳跃，压力又降低，工作台速度又减慢或停止。这样反复循环而产生"爬行"。

排除方法：

对液压泵内磨损严重的零件进行修复或更换新件，装配时保证规定的间隙，以减少液压泵的泄漏。

B 控制阀失灵引起的"爬行"

各种控制阀的阻尼孔及截流口被污物堵塞，阀心移动不灵活等，使压力波动大。如溢流阀失灵，调定的压力不稳定，则对工作台的推力时大时小，因而工作台时快时慢。又如当截流阀的截流口很小时，油中杂质和污物很容易附着在截流口处，油液高速流动产生高温，使油析出的沥青颗粒也积聚在截流口处，使流量减小，压力差增大。然后，压力脉动又将污物或杂质从截流口处冲走，又使通过截流口的流量增加。如此反复造成"爬行"。

排除方法：

液压油中的杂质，如胶质、沥青、炭渣、铁末等进入液压系统后，引起阀心卡死，小孔或缝隙堵塞，影响液压系统的工作性能，甚至使系统不能正常工作。同时油中的机械杂质能促使油膜破坏，恶化液压元件相对滑动面的润滑，磨损加剧，缩短液压元件的使用寿命。因此，除了使用各种滤油器来防止杂质进入系统外，还要经常保持油液清洁，定期更换，加强维护保养，以防液压油污染。

C 元件磨损引起的"爬行"

由于阀类零件磨损，使配合间隙增大，部分高压油与低压油互通，引起压力不足。

液压缸活塞与缸体内孔配合间隙因磨损而增大，使高压腔压力油通过此间隙流到低压腔，液压缸两腔压差减小，以致推力减小，在低速时因摩擦力的变化而产生"爬行"。

排除方法：

认真检验各零件的配合间隙，研磨或珩磨阀孔和缸孔，重做阀心和活塞，使配合间隙在规定的公差范围内，并要保证零件的尺寸和几何精度要求。检验密封件，若密封件有缺陷，应更换新件。

12.4.3.3 摩擦阻力变化引起的“爬行”

(1) 机床导轨精度达不到规定要求,局部金属表面直接接触,油膜被破坏,出现干摩擦或半干摩擦。有时,导轨几何精度虽符合规定技术要求,但由于修刮或配磨,使金属面接触不良,油膜不易形成。这种情况在新机床或经修刮过的机床中出现较多。对于多段导轨,由于接头处不平,使运动件在该处的摩擦阻力增加而产生跳动,同时导轨油槽的结构形式不合理,也易产生“爬行”。

排除方法:

导轨精度达不到技术要求时,应重新修复导轨。在修刮导轨前,应校正机床安装水平。若两导轨面接触不良,可在导轨接触面上均匀地涂上一层薄薄的氧化铬,用手动的方法(切勿用机动),使之对研运动几次,以减少刮研点所引起的阻力,对研后必须清洗干净,并加上一层润滑油。

(2) 液压缸出现故障引起的“爬行”。液压缸的中心线与导轨不平行,活塞杆局部或全长弯曲,缸筒内圆被拉毛刮伤,活塞与活塞杆不同轴,缸筒精度达不到技术要求,活塞杆两端油封调整过紧等因素会引起“爬行”。

排除方法:

逐项检验液压缸的精度及损伤情况,并进行修复,不能修复的零件应更换新件。液压缸的安装精度应符合技术要求。

(3) 润滑油不良引起的“爬行”。相对运动件的接触面间润滑油不充分或润滑油选用不当会引起“爬行”。近年来,在重型和高精度机床上,如大型龙门刨床、立式车床、磨床及镗床普遍采用静压润滑,它具有在低速下润滑性能稳定等优点。但如果静压导轨的润滑油控制装置失灵,造成润滑油供应不稳定也易引起“爬行”。

排除方法:

调节润滑油的压力与流量,润滑油的流量应适当,若流量过多,会产生运动件上浮,黏度大的润滑油上浮更明显,这样将影响加工精度。一般能观察到导轨表面有一层薄薄的润滑油即可。润滑压力一般在0.05~0.15 MPa范围内。

相对运动件在运动过程中,摩擦与润滑是交织在一起的,若两摩擦面间有一薄层(0.005~0.008 mm)润滑油膜,则摩擦大大减小。一般情况,提高油液的黏度能提高油膜的强度,并对“爬行”与振动均有阻尼吸收作用,所以对润滑油的选择是非常重要的。通常在中、低压往复运动的液压润滑系统中,采用$°E_{50}=2\sim3$的润滑油;在旋转传动中,因速度高,温升快,故采用$°E_{50}=3\sim3.5$的润滑油;在精密机床液压传动装置中,如液压随动装置,宜采用10号液压油;如果移动部件很重或速度很低,则可采用抗压强度高的5~7号导轨油。此外,在润滑油中增加某些添加剂,也有很好效果。

出现“爬行”时,若是由于油膜建立不佳,可在导轨面上涂一层二硫化钼。若静压导轨的润滑油控制装置失灵,应及时进行调整,并要严格防止油液的污染。

(4) 导轨结构故障引起的“爬行”。导轨间隙的楔铁或压板调得太紧,或弯曲,也易造成“爬行”。

排除方法:

重新进行调整或配刮,使运动部件无阻滞,不能修复的零件应更换新件。

12.4.4　液压卡紧

有相当数量的阀类元件都采用圆柱形滑阀结构。阀心和阀体理论上是完全同心的,因此,不管它在多大的压力下工作,移动阀心所需的力只需克服黏性摩擦力就行,数值上应该是很小的(0.5～5N)。但实际情况并非如此,特别是在中、高压系统中,当阀心停止运动一段时间(一般约5 min)后,这个阻力可以大到几百个牛顿,使阀心重新移动十分费劲,这就是所谓滑阀的液压卡紧现象。例如,顺序阀和减压阀在高压下常产生很大的轴向卡紧力,有时甚至"卡死",使动作失灵。又如某滑阀式控制阀,阀心直径为16 mm,台肩宽12 mm,与阀体配合间隙为0.012 mm,在25 MPa压力作用下工作。若中间停留2 min,则启动阀心需要500 N的力。阀心启动后,在同样工作压力下,移动阀心仅需1 N的力。可见,液压轴向卡紧力相当大,对滑阀工作性能产生很大影响。

液压系统中产生液压卡紧,容易增加滑阀的磨损,降低元件的使用寿命。在控制系统中,阀心的位移通常用力量较小的电磁铁和弹簧驱动,液压卡紧将使阀心动作不灵或不能动作,使系统运行产生不良后果。如减压阀的阀心在持续高压下工作,泄压后有复位滞后或不能复位现象。电磁换向阀也因卡紧现象而产生换向切换缓慢,甚至不能换向。

12.4.4.1　径向力不平衡引起的液压卡紧

滑阀副几何形状误差和同心度变化引起径向不平衡的液压力,是产生液压卡紧的主要原因。图6-30表示阀心上产生不平衡液压力的几种情形。

12.4.4.2　油液中极性分子的吸附作用

不平衡径向力使阀心向阀孔一边靠近,因而产生阻碍阀心运动的摩擦力。间隔一段时间后,轴向卡紧力突然增加,甚至在泄压后仍紧密地黏附在孔壁上,这是由于油液中的极 性分子堵塞所致。在高压下,轴向卡紧力总是迅速(高压下停留8～600 s)产生,然后趋向一个最大值。泄压后,轴向卡紧自然消失的时间比形成的时间稍长。

12.4.4.3　油液中杂质楔入间隙

油液中杂质楔入配合间隙,就会形成卡紧现象。另外,阀心在高压下变形或装配管件时引起阀体的变形,也是产生卡紧现象的原因。

消除方法:

为了减小径向不平衡力,一般在阀心上开有环形平衡槽(均压槽)。阀心偏斜时开环形槽的效果可从图6-31看出,详见第6章。

为了减小径向不平衡力,应严格控制阀心和阀孔的制造精度。一般阀心的圆度和锥度允差为0.003～0.005 mm,而且应带顺锥;阀心的表面粗糙度 R_a 应小于0.1 μm,阀孔 R_a 小于0.2 μm,配合间隙要合理,过大会增加泄漏,过小则当油温升高时,阀心会因热膨胀卡死。

为了避免灰尘颗粒或其他污物进入滑阀缝隙中而使阀芯移动困难或卡死,应精滤油液,一般采用5～25 μm过滤精度的精滤油器。

12.4.5　温度过高

液压系统是以油液作为介质来实现能量转换的。能量传递过程中,油液沿管道流动并流经各控制阀,由于黏性摩擦产生压力损失,而由泄漏产生容积损失的同时也产生压力损失,运动件间摩擦产生机械损失。这些能量损失将转化为热能,其中一部分散到大气中去,大部分传到液压元件和油液中,使液压系统温度升高。如果油路和油箱设计不当,散热不良,则温升更高,结果导致各种故障发生。

试验与实践证明,油箱内油液的温度通常可按图12－34油温标定范围来控制。

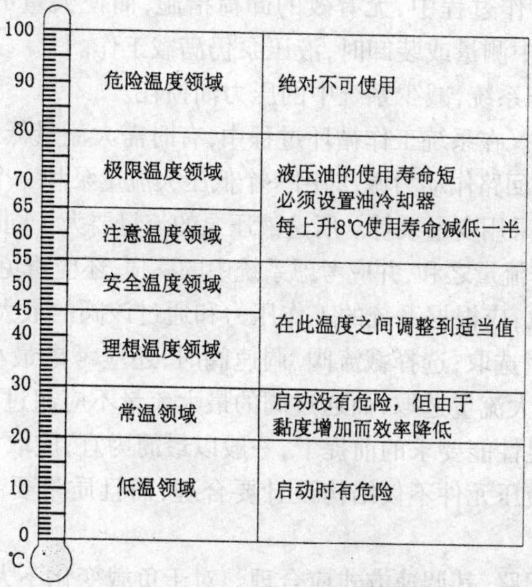

图12－34 液压油温度标准

液压系统工作温度一般以30～55℃为宜,温度过高将会引起一系列故障的发生。

由于温度过高,油液黏度显著下降。例如20号机械油,20℃时为100 cSt,50℃时为20 cSt,70℃时只有9 cSt。由于黏度下降,泄漏显著增加,液压泵及整个系统的效率也显著下降。另外,由于黏度下降,滑移部位油膜被破坏,摩擦阻力增加,磨损加剧,于是又引起系统发热,更增加了温升。同时,低黏度的油液流过截流元件时,元件特性发生变化,造成压力、速度调节不稳定。

液压系统油液温度过高,将引起材料膨胀系数不同的运动副之间的间隙变化。间隙变大,造成泄漏增加;间隙变小,将引起运动件动作不灵活甚至卡死。

油温过高使油液氧化加剧,油液使用寿命降低,石油基油液形成胶状物质,并在过热的元件表面上形成沉积物,容易堵塞各种控制小孔,使之不能正常工作。水—油乳化液过热时会分解而失去工作能力。

温度过高的油液使橡胶密封件、软管早期老化、失效并降低使用寿命。

液压系统油温过高的原因及排除方法如下:

(1)液压系统设计不合理。

1)如机床上有的工作机构在某段工作时间内,要保持高压,运动速度要求很慢,甚至保压不动。空行程时,压力较低,流量要求较大。在这种情况下,若按系统中最高压力与最大流量选定液压泵(单个定量泵供油),则系统工作时,大量压力油经溢流阀流回油箱,造成很大的压力损失,引起油液发热。

2)液压系统中液压元件规格选用不合理。选用阀时,由于规格过小,造成能量损失太大而引起系统发热;或因阀内流速过高而引起噪声。选用泵时,泵的流量大,则多余的油液从溢流阀溢出而引起发热。

3）液压系统中存在多余的液压回路或多余的液压元件。

4）系统中液压元件结构不合理，制造质量差，油液通过阀后，压力损失大，内泄漏严重。

5）截流调整方式选择不当。

6）液压系统在非工作过程中，无有效的卸荷措施，而使大量的压力油损耗，使油液发热。如在工件加工过程中测量或装卸时，液压泵仍满载工作。

排除方法：改进液压系统，减少系统中的压力油损耗。

1）合理选择液压泵。在系统工作循环过程中，有时需大流量低压力，有时需小流量高压力，此时可选用双泵供油回路作动力源，即用一个低压大流量泵和一个高压小流量泵组成复合泵（如图 8-18*c* 所示），或采用变量泵等。所选液压泵的流量要大于同时动作的几个液压缸（或液压马达）所需最大工作流量之和，并应考虑系统中的漏损，还应避免选用流量过大的液压泵。

2）液压元件的选取，应根据系统的工作压力和通过该阀的最大流量选取。选择溢流阀时，按液压油的最大流量选取；选择截流阀、调速阀时，还应考虑最小稳定流量；其他阀类应按其接入的回路所需最大流量选取，而通过阀的最大流量不应超过其额定流量的 20%。

3）液压系统在满足性能要求的前提下，一般以最简为宜，应取消多余的回路和元件。

4）系统中使用的液压元件不仅结构设计要合理，而且质量要高。对于结构不合理、质量次的元件要更换。

5）系统中的调速回路，其调速方式应合理。对于负载变化不大的机床宜用进油截流调速回路；对于负载变化较大，而运动平稳性要求较高的系统，宜用回油截流调速回路；对于负载变化较大，而运动平稳性要求不高的系统，宜采用旁路截流调速回路。

若系统中负载变化较大，而速度要求较稳定，可将上述三种调速回路中的截流阀分别更换成调速阀，即可得到速度负载特性较好的回路。

6）在液压系统运行中，工作过程之间总间隔着非工作过程。在非工作过程的时间段内必须使液压泵卸荷，才能防止油温上升。卸荷的方法参见第 8 章。

（2）压力损耗大使压力能转换成热能。

1）液压系统中管路设计、安装不合理，如管路长、弯曲多、截面变化频繁等均引起压力损失加大，使油液发热。

2）管路长期未清洗和保养，内孔壁附着污物，增加油液流动时的压力损失。

3）误用黏度过高的液压油。

4）油液在管路、阀内流速过大。如管道直径太小，当油液通过时液阻增大，产生很大压力损失，使油温急剧上升，并产生振动和噪声。

排除方法：

1）合理设计管路，尽可能缩短管长，减少弯曲，减少截面变化。

2）对管路要定期保养，定期清洗，使管道内壁保持光滑，减小液流通过时的压力降。

3）合理选择液压油。若黏度偏高，应更换黏度较低的液压油。对于不同精度等级的液压设备，应选择相应档次和质量的液压油，并尽可能采用黏温特性曲线变化较小的液压油。

4）液压系统中的管路，要根据允许通过的流速对管径进行计算。推荐允许油流速度：压力油管：$v = 2 \sim 5$ m/s；系统压力 $p < 2.5$ MPa 时，取 $v = 2$ m/s；$p = 2.5 \sim 14$ MPa 时，取 $v \leqslant 3 \sim 4$ m/s；$p > 14$ MPa时，取 $v \leqslant 5$ m/s。回油管：取 $v = 0.5 \sim 1.5$ m/s。短管道及局部收缩处：$v \leqslant 5 \sim 7$ m/s。

若验算结果管径过小,可以适当加大,特别是回油管,应使回油通畅,同时也必须保证吸油通畅,把吸油管端切成45°以增加吸油面积。管径也不能取得太大,否则,结构不紧凑,浪费材料并使弯管困难。

(3) 容积损耗大而引起的油液发热。

原因分析:液压泵、各连接处、配合间隙处等的内外泄漏使油液发热。

排除方法:减少容积损耗,防止内外泄漏。

(4) 机械损耗大引起的油液发热。

原因分析:

1) 液压元件的加工精度和装配质量不良。

2) 相对运动件润滑不良。

3) 安装精度差,如液压缸与导轨不平行。

4) 密封件质量差,或因泄漏而调整过紧,摩擦力增加而发热。

排除方法:

1) 液压元件的加工质量应得到保证,不合格的元件不能装入系统使用。相对运动件的安装精度必须保证达到规定的技术要求。

2) 改善相对运动件的润滑条件,并做到定期检查,发现润滑条件差,要立即排除。

3) 安装液压缸时,要以导轨为基准进行测量,以保证缸轴线和导轨的平行度要求。

4) 选用密封件质量要高,即要保证几何精度、耐油特性和强度性能等方面的技术要求,同时还应选择摩擦系数小的密封件。密封装置松紧调整要合理,虽然密封件与配合面压得越紧,密封效果越好,但摩擦阻力也随之增大。因此密封装置要获得良好的密封性能,主要从密封结构设计方面下工夫,使用时应按规定的压缩量调整。

(5) 压力调整过高(甚至超过许可的峰值压力),导致压力损失大、温度升高。

原因分析:因导轨之间的润滑条件不良,机床零件加工精度和装配质量差,增加了运行阻力,系统需调高压力才能正常工作,因而增加了能量损耗,使油液发热。

排除方法:提高加工精度和装配质量,合理调整系统中各种压力阀的压力,在满足系统正常工作的条件下,尽可能调至机床说明书所规定的下限压力甚至更低,如系统中有背压阀,背压阀的压力调整以保证工作速度的稳定性为准。

(6) 油箱容积小,散热条件差导致温度升高。

原因分析:油箱容积应根据不同系统的使用状况(如行走机械或固定机械)和散热条件来确定。设计不合理,安装位置不当,造成散热不良,使油液发热。

排除方法:改善散热条件,有效地发挥箱壁的散热效果,适当增加油箱容量。若温升过高,可采取强制冷却措施。

1) 油箱底面不应与地面接触。

2) 油箱上应开设通气口,使空气流通,提高散热效果。同时应使大气和油箱相通,使油箱内的压力为大气压力。

3) 从回油管的出口流向吸油管的入口,油流应沿着箱壁流动,其路程应尽可能地长,这样不仅有利于散热,而且便于气泡析出。

4) 油箱应设置在通风并远离热源的地方。

5) 如不便于增加油箱容量,可安装冷却装置降温。

附录　常用液压元件图形符号

附表 1　基本符号和管路及连接

名　称	符　号	名　称	符　号
工作管路	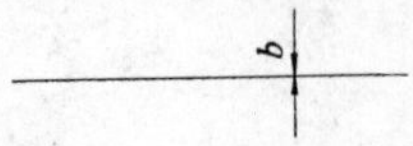	管口在液面以下油箱	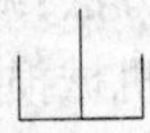
控制管路	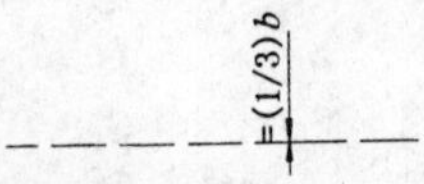	管端连接与油箱底部	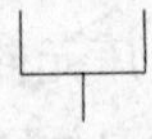
连接管路		密闭式油箱	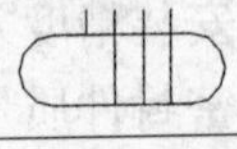
交叉管路	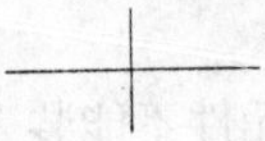	带单向阀快换接头	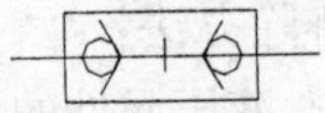
柔性管路		不带单向阀快换接头	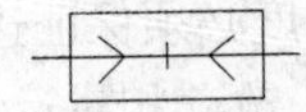
组合元件线		单通路旋转接头	
管口在液面以上油箱	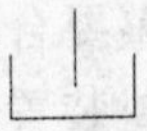	三通路旋转接头	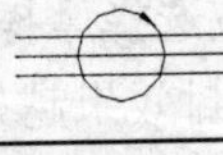

附表 2　控制机构和控制方法

名　称	符　号	名　称	符　号
按钮式人力控制	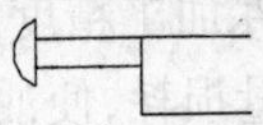	液压先导控制	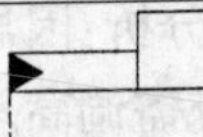
手柄式人力控制	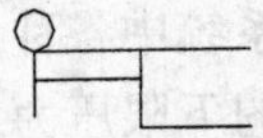	弹簧控制	
踏板式人力控制	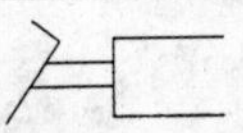	滚轮式机械控制	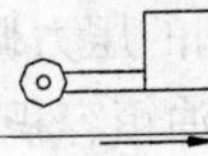
顶杆式机械控制	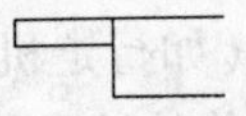	单向滚轮式机械控制	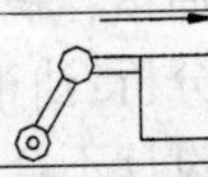
内部压力控制	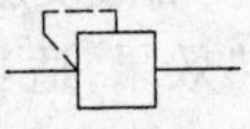	单作用电磁控制	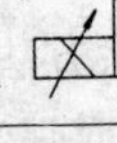
外部压力控制	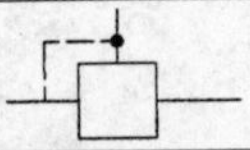	双作用电磁控制	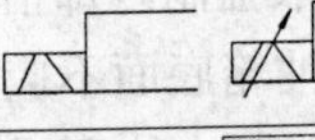
加压或泄压控制	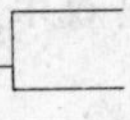	液压先导泄压控制	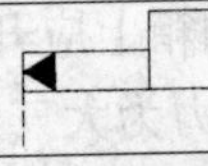
液压二级先导控制		电反馈控制	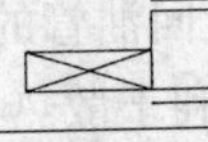
电液先导控制	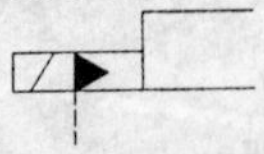	差动控制	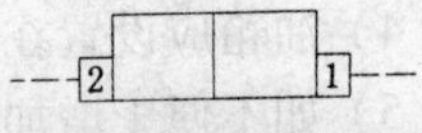

附表 3　泵和马达

名　称	符　号	名　称	符　号
单向定量液压泵		液压整体式传动装置	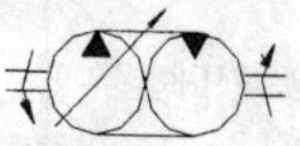
双向定量液压泵	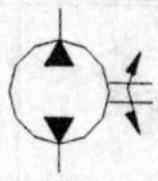	摆动马达	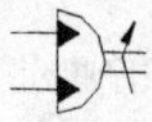
单向变量液压泵		单向变量马达	
双向变量液压泵	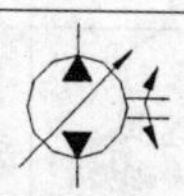	双向变量马达	
单向定量马达		定量液压泵 - 马达	
双向定量马达		变量液压泵 - 马达	

附表 4　执行元件

名　称	符　号	名　称	符　号
单作用弹簧复位缸	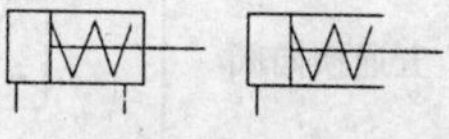	单向缓冲缸	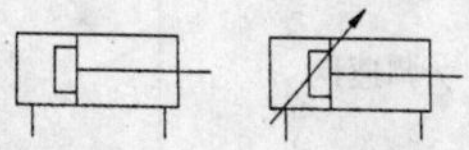
单作用伸缩缸	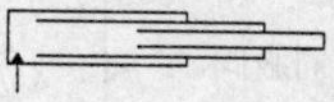	双向缓冲缸	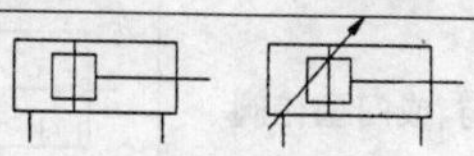
双作用单活塞杆缸	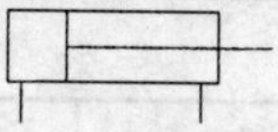	双作用伸缩缸	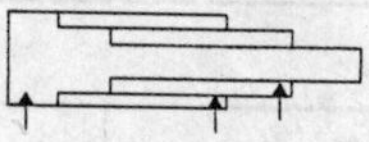
双作用双活塞杆缸	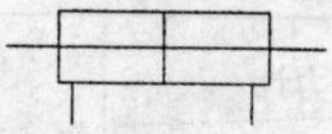	增压缸	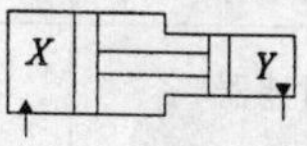

附表 5　控制元件

名　称	符　号	名　称	符　号
直动型溢流阀	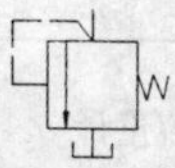	先导型顺序阀	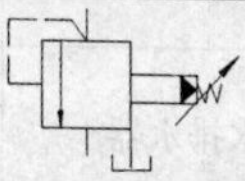
先导型溢流阀	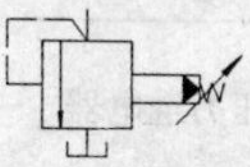	直动型减压阀	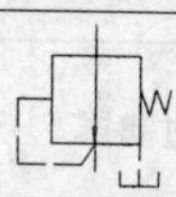
先导型比例电磁溢流阀	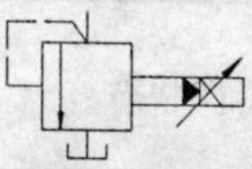	先导型减压阀	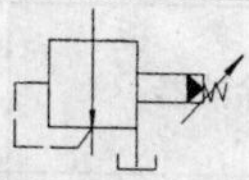
定比减压阀	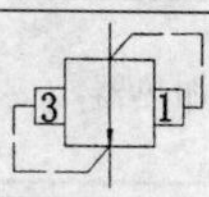	不可调截流阀	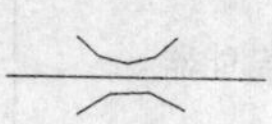

续附表5

名　称	符　号	名　称	符　号
定差减压阀	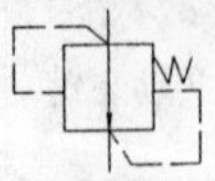	可调截流阀	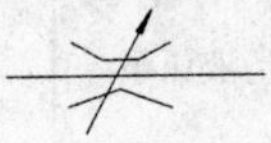
直动型顺序阀	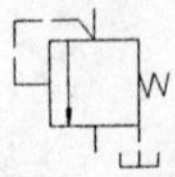	直动型泄荷阀	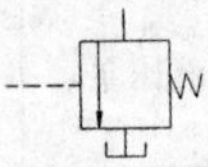
分流阀	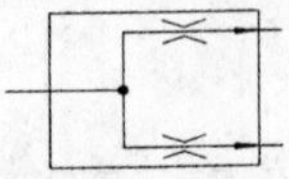	温度补偿调速阀	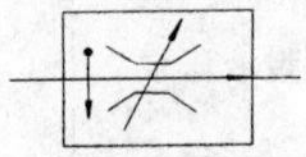
集流阀	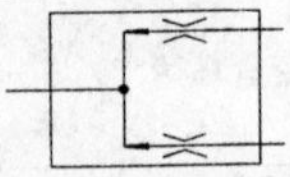	旁通型调速阀	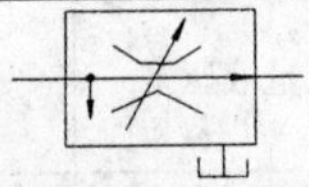
分流集流阀	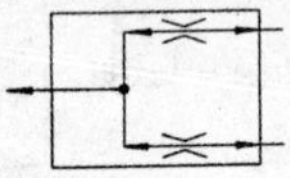	二位二通换向阀	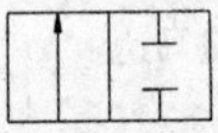
单向阀		二位三通换向阀	
液控单向阀		二位五通换向阀	
调速阀	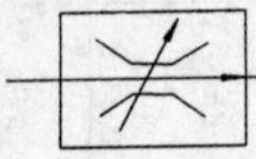	三位五通换向阀	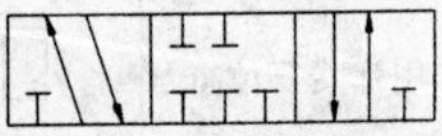
与、或门型梭阀	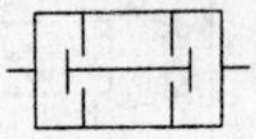 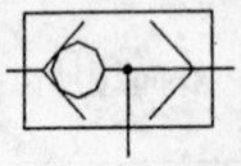	四通伺服阀	

附表6　辅助元件

名　称	符　号	名　称	符　号
过滤器	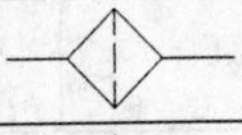	压力计	
磁芯过滤器	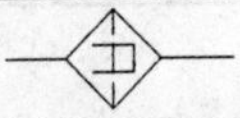	液面计	
污染指示过滤器	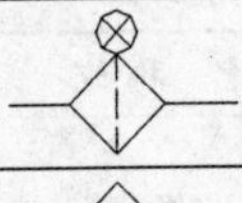	温度计	
分水排水器	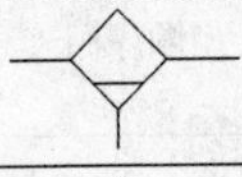	流量计	
空气过滤器	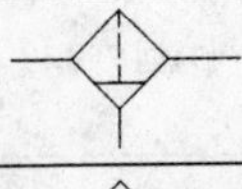	压力继电器	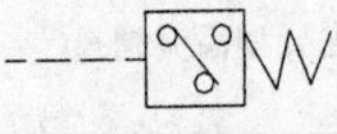
除油器	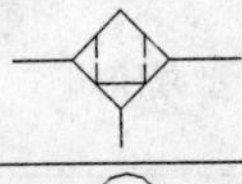	冷却器	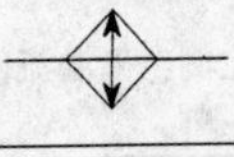
蓄能器		加热器	

参考文献

1 曹玉平,阎祥安.液压传动与控制.天津:天津大学出版社,2003
2 何存兴,张铁华.液压传动与气压传动.武汉:华中科技大学出版社,2000
3 卢长耿,李金良.液压控制系统的分析与设计.北京:煤炭工业出版社,1991
4 关景泰.机电液压控制技术.上海:同济大学出版社,2003
5 何存兴.液压元件.北京:机械工业出版社,1982
6 李昌熙,乔石.矿山机械液压传动(修订版).北京:煤炭工业出版社,1995
7 马永辉.起重运输与工程机械液压传动.北京:机械工业出版社,1989
8 章宏甲,周邦俊.金属切削机床液压传动.南京:江苏科学技术出版社,1980
9 李芳民.工程机械液压与液力传动.北京:人民交通出版社,2000
10 骆简文,雷宝荪,张卫.液压传动与控制.重庆:重庆大学出版社,1994
11 孙执书,李缤.采掘机械与液压传动.徐州:中国矿业大学出版社,1995
12 薛祖德.液压传动.北京:中国广播电视大学出版社,1995
13 贾铭新.液压传动与控制解难和练习.北京:国防工业出版社,2003
14 詹永麒.液压传动.上海:上海交通大学出版社,1999
15 路甬祥.液压气动技术手册.北京:机械工业出版社,2002
16 徐灏.机械设计手册.北京:机械工业出版社,1995
17 史纪定,嵇光国.液压系统故障诊断与维修技术.北京:机械工业出版社,1990
18 嵇光国,吕淑华.液压系统故障诊断与排除.北京:海洋出版社,1992
19 马玉贵,马志军.液压件检修与故障排除问答.北京:中国建材工业出版社,2001
20 王维新.流体力学.北京:煤炭工业出版社,1999

术语索引

保压回路 148
比例控制阀 87
闭式系统 169
闭死容积 48
伯努利方程 18
层流 27
单向阀 2
单作用叶片泵 42
调速阀 101
调压回路 145
定常流动 20
多路换向阀 115
额定流量 44
额定压力 43
额定转速 44
方向控制阀 3
非定常流动 20
分集流阀 87
缝隙流 36
浮动回路 165
工作介质 1
工作介质的污染 11
工作压力 2
功率 4
过水断面
滑阀机能 108
缓冲制动回路 165
缓冲装置 79
换向阀 3
机械效率 45
减压阀 93
减压回路 146
截流调速回路 145
截流阀 3
开式系统 169
孔口 18
快速运动回路 150
困油现象 48
雷诺数 18
理论流量 44
连续性方程 18
零开口四边滑阀 200
零位阀系数 201
流量 2
流量控制阀 3
流量—压力系数 201
流量增益 201
流束 21
流线 21
滤油器 3
逻辑阀 120
逻辑流程图分析法 244
莫迪图 34
黏性 5
排量 43
排气装置 9
配流装置 43
平衡回路 97
气蚀 5
容积调速回路 145
容积截流调速回路 150
容积效率 44
湿周 22
实际流量 3
输出扭矩 46
输入流量 2
双作用叶片泵 42
水力半径 22
顺序阀 95
顺序回路 97

伺服控制阀 87
速度换接回路 150
同步回路 150
微小流束 21
紊流 29
效率 4
卸荷回路 97
蓄能器 4
压力继电器 97
压力控制阀 3
压力增益 201
液压泵 2
液压冲击 5
液压动力元件 3
液压辅助元件 4
液压缸 2
液压控制元件 3
液压执行元件 3
溢流阀 3
油箱 1
增压回路 146
正开口四边滑阀 203
执行元件的负载图 184
执行元件的工况图 185
主回路 169
总效率 44

部分习题与思考题的答案

1－5　$A_2 = 32.67\ cm^2$；$t = 196\ s$

3－6　$v_1 = 9.6\ m/s$；$v_2 = 6.4\ m/s$；$v_3 = 3.2\ m/s$；$Q_1 = 2.4\ m^3/s$，$Q_2 = 1.6\ m^3/s$，$Q_3 = 0.8\ m^3/s$

3－7　$p = 13.55\ kPa$

3－8　$v = 4.43\ m/s$；$Q = 3.48 \times 10^{-2}\ m^3/s$；$p_M = 4904\ N/m^2$

3－9　$p_A = p_C = 1.04 \times 10^5\ Pa$，$p_B = 1.13 \times 10^5\ Pa$，$p_D = 1.10 \times 10^5\ Pa$，$p_E = 9.66 \times 10^4\ Pa$

3－10　$d = 0.03\ m$

3－11　$Q = 3.85 \times 10^2\ m^3/s$

3－12　$p_2 = 12\ MPa$

3－13　$p = 13\ MPa$

4－13　1）$Q = 137.75\ L/min$　2）$p_i = 26.85\ kW$

4－14　1）$T_t = 318.3\ N \cdot m$　2）$Q = 120\ L/min$　3）10.5 kW；13.96 kW

4－15　1）$\eta = 0.95$　2）$Q = 34.72\ L/min$　3）$p_1 = 4.91\ kW$　$p_2 = 1.69\ kW$

4－16　$Q = 3.5\ L/min$　$p = 36.9 \times 10^5\ Pa$

4－17　$q = 9.36\ mL/r$　$p = 59.8 \times 10^5\ Pa$　$p_i = 1.02\ kW$

5－5　$Q_1 = 50\ L/min$，$Q_2 = 200\ L/min$

5－6　$D = 103.04\ mm$，$d = 72.86\ mm$，$\delta = 6.6\ mm$

5－7　$R = 10\ kN$；$\Delta R = 12.5\ kN$；$v_1 = 0.027\ m/s$；$v = 0.021\ m/s$

5－8　缸Ⅱ运动到底后缸Ⅱ再动，$v_1 = 0.2\ m/s$，$v_2 = 0.1\ m/s$，$p_{max} = 2.25\ kW$

8－33　1YA 通电时，泵出口压力 $p = 6\ MPa$

1YA 断电时，泵出口压力 $p = 12\ MPa$

8－34　活塞运动期间 $p_A = p_B \approx 0$

碰到死挡铁后 $p_A = 6\ MPa$，$p_B = 2\ MPa$（设系统外负载无穷大）

能量损耗 $\Delta p = 800\ W$

8－35　顺序阀 $p_x \geqslant 37.45 \times 10^6\ Pa$

溢流阀 $p_y \geqslant 40 \times 10^6\ Pa$

8－36　（1）$p_y = 3.25\ MPa$

（2）$p = 3.25\ MPa$，$p_2 = 6.5\ MPa$

8－37　$T_{max} = 191.1\ N \cdot m$

$N_{0max} = 10 \times 10^3\ W$

$R_p = 5$

11－7　$x_v = 5 \times 10^{-2}\ mm$

11－10　输入信号引起的加工误差 $\delta_V = 1.44 \times 10^{-5}\ m$

切削力引起的加工误差

径向加工误差：$\delta_{F1} = 7.5 \times 10^{-9}\ m$

轴向加工误差：$\delta_{F2} = 1.22 \times 10^{-8}\ m$

11－11　答案：不稳定。